Physik

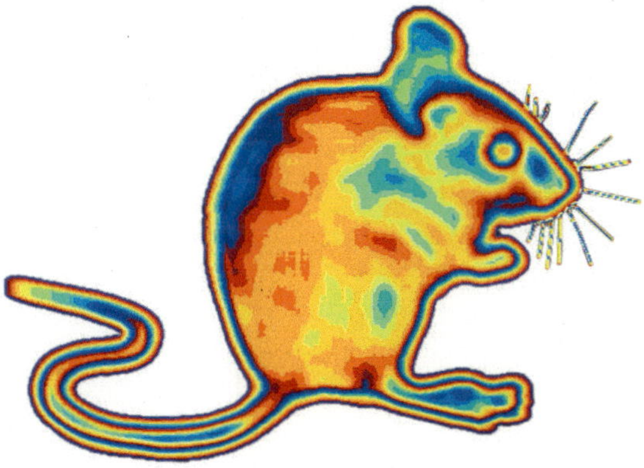

Klassen 9/10
Sekundarschule Sachsen-Anhalt

Neue Ausgabe

VOLK UND WISSEN

Autoren:
Prof. Dr. Udo Backhaus
Dr. Jessie Best
Dr. Christiane Gruhnert
Dr. Jochim Lichtenberger
Uwe Kopte
Prof. Dr. Klaus Liebers
Prof. Dr. Helmut F. Mikelskis
Dr. Rolf Otto
Prof. Dr. Thorid Rabe
Harald Schepers
Prof. Dr. Lutz-Helmut Schön
Dr. Rüdiger Schülbe
Prof. Dr. Hans-Joachim Wilke
Hendrik Wilke

Unter Planung und Mitarbeit der Verlagsredaktion
Bettina Conrad-Rosenkranz, Henry Dölitzsch, Thomas Boschütz

Illustrationen: Gabriele Heinisch, Roland Jäger,
Karl-Heinz Wieland, Hans Wunderlich

Technische Zeichnungen: Rainer Götze, Peter Hesse

Umschlaggestaltung: Studio SYBERG, Berlin

Layout: Wladimir Perlin

www.cornelsen.de

1. Auflage, 4. Druck 2020

Alle Drucke dieser Auflage sind inhaltlich unverändert
und können im Unterricht nebeneinander verwendet werden.

Druck und Bindung: Livonia Print, Riga

ISBN 978-3-06-010440-6

PEFC
PEFC/12-31-006

PEFC zertifiziert
Dieses Produkt stammt aus nachhaltig bewirtschafteten Wäldern und kontrollierten Quellen.

www.pefc.de

Inhalt

Hinweise auf die Basiskonzepte findest du an den Stellen im Lehrbuch, die mit folgenden Symbolen gekennzeichnet sind:

Basiskonzept Energie

Basiskonzept Materie

Basiskonzept System

Basiskonzept Wechselwirkung

Bewegungen von Körpern

Bewegungen im täglichen Leben, beim Sport und in der Technik kann man beschreiben und vorhersagen. Oft entscheiden winzige Unterschiede in den Geschwindigkeiten über Erfolg oder Misserfolg. Wodurch lassen sich hohe Geschwindigkeiten erzielen? Wieso werden Bewegungen abgebremst? Kann man Geschwindigkeiten ins Unermessliche steigern? Unser tägliches Leben wird von Naturgesetzen beeinflusst. Physiker untersuchen die unbelebte Natur und können Vorgänge begründet vorhersagen. Isaac Newton untersuchte z. B. Vorgänge in der Mechanik intensiv und formulierte drei grundlegende Gesetze, die noch heute Gültigkeit besitzen.

Gleichförmige Bewegungen

1

Bis man mit Ski Freestyle fahren kann, braucht man nicht nur viel Übung, sondern auch Kenntnisse über die Physik des Fahrens: Wie kann man sein Gewicht verlagern und Drehungen des Oberkörpers beherrschen? Wie hält man die Balance und weshalb braucht man eine bestimmte Geschwindigkeit? Wie erreicht man hohe Geschwindigkeiten? Wie lassen sich Richtungen ändern?

Beschreiben von Bewegungen

Was ist eine Bewegung? Nach welchen Merkmalen lassen sich Bewegungen sinnvoll vergleichen? Einfache Merkmale reichen aus, um die unterschiedlichsten Bewegungen zu ordnen und damit einen Überblick zu erhalten. Welche Bahn beschreibt der Körper während seiner Bewegung? Wird der Körper schneller oder langsamer?
Die folgenden Bilder zeigen verschiedene Bewegungen. Betrachte die Bilder und beschreibe, welche Bewegungen du siehst.

↑Basiskonzept System

2 Bahn eines Flugzeugs

3 Flasche im Rückgabeautomat

4 Personen auf Rollband

5 Sprinterin beim Start

6 Glocke mit Klöppel

7 Fallschirmspringer

1
Skispringer

2
Autos in Zone mit Tempolimit

3
Segwayfahrer

Körper bewegen sich, wenn sie ihren Ort verändern. Du kennst bereits verschiedene *Bewegungsformen*, die sich aus der Bahnform ergeben: die geradlinige Bewegung, die Kreisbewegung und die Schwingung.
Man unterscheidet außerdem zwei *Bewegungsarten*. Bewegungen bei denen die Geschwindigkeit gleich bleibt, nennt man gleichförmige Bewegungen. Das ist z. B. die Bewegung von einer Person auf einem Transportband. Ändert sich die Geschwindigkeit bei einer Bewegung, so spricht man von ungleichförmigen Bewegungen. Start- und Bremsvorgänge sind z. B. ungleichförmige Bewegungen.

4

Bezugssystem. Möchtest du feststellen, ob sich Objekte oder Körper bewegen, benötigst du einen Bezugskörper. Nur in Relation zu einem Bezugskörper kannst du Ortsveränderungen und somit Bewegungen beschreiben.
Paul wird von seinem Vater mit dem Auto zur Schule gefahren. Vor der Einfahrt zum Schultor steht ein Verkehrsschild. Neben diesem Schild wartet sein Freund Leo (Bild 5).
Verschiedene Beobachter beschreiben die Situation unterschiedlich. Paul ist sowohl in Bewegung als auch in Ruhe. Leo ist in Ruhe. Erst mit Festlegung eines Bezugskörpers lassen sich genaue Aussagen treffen.
Für Leo sind Paul und sein Vater in Bewegung.
Für Paul, der Beifahrer ist, ist sein Vater aber in Ruhe.
Bezogen auf das Schild ist Leo in Ruhe, Paul und sein Vater sind jedoch in Bewegung.
Diese Überlegungen verdeutlichen die Bedeutung eines Bezugskörpers für die Beschreibung von Bewegungen.

5

Ein Körper ist in Bewegung, wenn sich sein Ort gegenüber einem Bezugskörper verändert.

Das Modell Punktmasse

Viele Menschen lassen sich durch Navigationsdienste mithilfe von Smartphones oder Navigationsgeräten sicher an ihr Ziel leiten (Bild 6). Auf diesen Geräten wird die aktuelle Position durch einen Punkt auf einem Stadtplan oder einer Landkarte angegeben. Man stellt sich vor, dass das Auto zu einem Punkt zusammengeschrumpft ist.

6
Navigationsgerät. Das Auto ist hier als kleiner Pfeil dargestellt.

Diese Vereinfachung, also die Darstellung eines Körpers durch einen Punkt, wird in der Physik häufig verwendet, um Bewegungen zu beschreiben und zu berechnen. Man vernachlässigt die Einzelheiten und die Abmessungen des Körpers. Die gesamte Masse des Körpers ist in einem Punkt vereinigt, der sogenannten *Punktmasse* (Bild 1).

Zur vereinfachten Beschreibung der Bewegungen eines Körpers nutzt man das Modell Punktmasse. Man stellt sich vor, dass die gesamte Masse eines Körpers in einem Punkt vereinigt ist. Volumen und Form werden vernachlässigt.

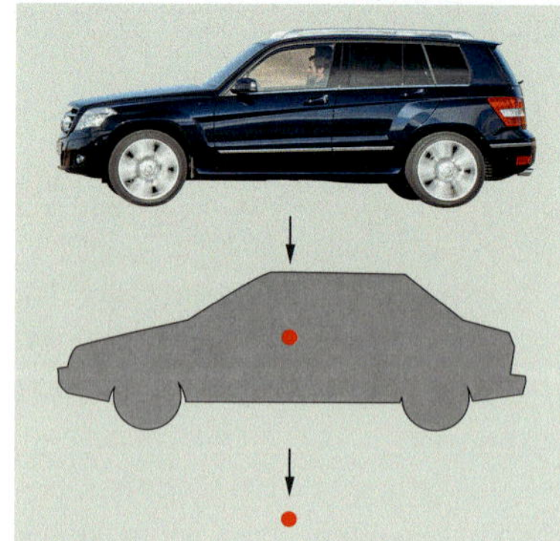

1
Vereinfachung vom Körper zur Punktmasse

Gesetze der gleichförmigen geradlinigen Bewegung

Die Geschwindigkeit der Fließbänder im Flughafen ist genau so eingestellt, dass der Gepäcktransport problemlos abläuft (Bild 2).

2

Mit mehreren Messungen in gleichen Zeitabständen wurden die zurückgelegten Wege eines Gepäckstücks auf dem Transportband ermittelt und in einer Tabelle festgehalten (Bild 3).

Zeit t in s	0	5	10	15
Weg s in m	0	2,5	5	7,5

3

Ob sich ein Körper gleichförmig bewegt, lässt sich mithilfe eines Diagramms prüfen.
Die ermittelten Messwerte werden in einem **Weg-Zeit-Diagramm** dargestellt (Bild 4). In gleichen Zeitabständen werden vom Gepäckstück gleiche Wegstrecken zurückgelegt. Alle Messpunkte in diesem **Weg-Zeit-Diagramm** liegen auf einer Geraden, die durch den Koordinatenursprung verläuft. Bildet man den Quotienten aus Weg und Zeit, ist dieser stets gleich groß, d. h. die Geschwindigkeit ist konstant: $v=\frac{s}{t}$.

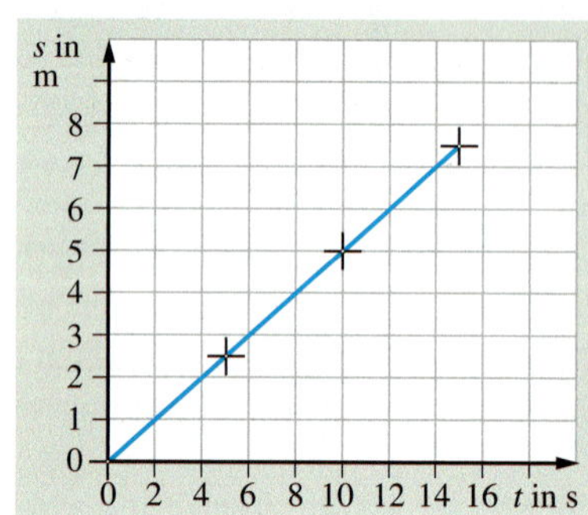

4
Weg-Zeit-Diagramm

Durch Umstellen der Gleichung für die Geschwindigkeit nach dem Weg erhält man das **Weg-Zeit-Gesetz** für die gleichförmige geradlinige Bewegung: $s=v\cdot t$.

Trägt man für eine gleichförmige geradlinige Bewegung die Geschwindigkeit v über die Zeit t auf, so ist der Graph eine Gerade, die parallel zur Zeitachse verläuft. Bild 5 zeigt das **Geschwindigkeit-Zeit-Diagramm** für die Bewegung des Gepäckstücks.

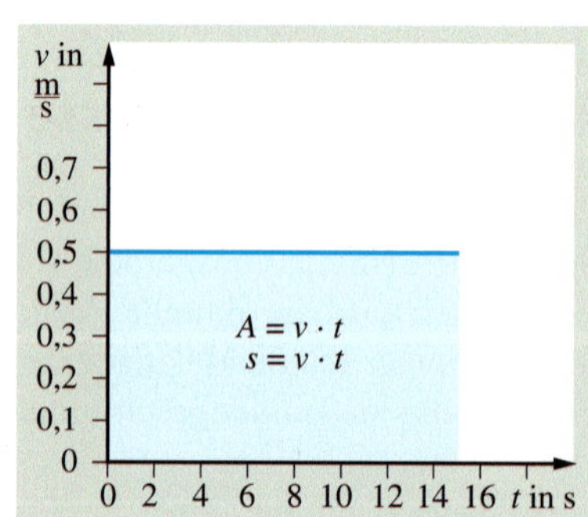

5
Geschwindigkeit-Zeit-Diagramm

Die Fläche unter dem Graphen in Bild 5 stellt ein Rechteck dar. Für den Flächeninhalt des Rechtecks gilt $A=v\cdot t$. Nach dem Weg-Zeit-Gesetz gilt $s=v\cdot t$. Also ist der Flächeninhalt ein Maß für den Weg s, den der Körper zurückgelegt hat.
Für das Beispiel mit dem Transportband heißt das: Die Geschwindigkeit des Gepäckstücks beträgt 0,5 m/s, die Zeit bis zur Aufnahme des Gepäcks beträgt 20 s. Das Gepäck hat in dieser Zeit einen Weg von 10 m zurückgelegt.

Bei einer gleichförmigen Bewegung ist der Betrag der Geschwindigkeit konstant. In gleichen Zeiten werden gleiche Wege zurückgelegt.
Weg-Zeit-Gesetz: $s=v\cdot t$.
Geschwindigkeit-Zeit-Gesetz: $v=\frac{s}{t}$.

Gleichförmige Kreisbewegung

Die Bewegungen, die in der Natur und Technik am häufigsten vorkommen, sind die Bewegungen auf gekrümmten Bahnen. Ein besonderer Fall liegt vor, wenn die Bahn eines Körpers an allen Stellen gleich stark gekrümmt ist. Dann ist die Bewegung eine Kreisbewegung.
Eine solche Bewegung führt z. B. der Fahrgast auf einem Kettenkarussell aus (Bild 1). Während des Anfahrens eines Karussells nimmt die Geschwindigkeit des Fahrgastes zu, bis er dann für einige Runden gleich schnell rotiert. Der Betrag seiner Geschwindigkeit bleibt dabei gleich, aber die Bewegung ändert ständig die Richtung. Eine solche Bewegung nennt man eine *gleichförmige Kreisbewegung*.

1 Die Bahngeschwindigkeit hängt vom Radius der Kreisbahn ab.

Die Geschwindigkeit von Körpern auf einer Kreisbahn wird als *Bahngeschwindigkeit* bezeichnet. Sie ist der Quotient aus Weg und Zeit. Der Weg, den ein Körper auf einer Kreisbahn bei einem vollständigen Umlauf zurücklegt, gleicht dem Umfang des Kreises. Er berechnet sich nach der Gleichung $s = u = 2\pi \cdot r$, wobei r der Abstand zum Mittelpunkt ist.
Die Zeit für ein vollständiges Durchlaufen einer Kreisbahn nennt man *Umlaufzeit T*. Daraus ergibt sich für die Geschwindigkeit der gleichförmigen Kreisbewegung: $v = \frac{s}{t} = \frac{2\pi \cdot r}{T}$.
Anhand der Gleichung ist zu sehen, dass die Bahngeschwindigkeit proportional zum Radius der Kreisbahn ist: Je größer der Radius der Kreisbahn ist, desto größer ist die Bahngeschwindigkeit bei gleicher Umlaufzeit.

Gewinner sitzen innen im Zentrum. 2

Diesen Zusammenhang zwischen Radius und Geschwindigkeit kannst du auch spüren, wenn du im Freizeitpark sogenannte Taifunscheiben benutzt. Sieger wird, wer sich am längsten auf der Drehscheibe hält (Bild 2). Außen auf der Scheibe ist die Geschwindigkeit größer und erfordert deshalb große Anstrengung, um nicht wegzurutschen.

Beispiel für eine Berechnung des Weges
Die Bahn der Erde um die Sonne ist annähernd eine Kreisbahn mit dem Radius $r = 150\,000\,000$ km. Die Umlaufzeit der Erde beträgt 1 Jahr.
Welche Strecke legt die Erde auf ihrem Weg um die Sonne in 1 Minute zurück?

Gesucht: s (in 1 min)

Gegeben: $r = 150\,000\,000\,\text{km}$
$T = 365\,\text{d} = 365 \cdot 24 \cdot 3\,600\,\text{s} = 31\,536\,000\,\text{s}$
$t = 1\,\text{min} = 60\,\text{s}$

Lösung: $v = \frac{2\pi \cdot r}{T}$ $\qquad s = v \cdot t$

$v = 2\pi \cdot \frac{150\,000\,000\,\text{km}}{31\,536\,000\,\text{s}}$ $\qquad s = 29{,}9\,\frac{\text{km}}{\text{s}} \cdot 60\,\text{s}$

$v = 29{,}9\,\frac{\text{km}}{\text{s}}$ $\qquad \underline{\underline{s = 1\,794\,\text{km}}}$

Ergebnis: Die Erde bewegt sich in jeder Minute um etwa 1 800 km weiter.

3 Kreisbahnen mit extrem großem Radius

Methode

Interpretieren von Diagrammen

Diagramme enthalten viele Informationen. Wie kann man diese Informationen aus den Diagrammen gewinnen?

Im **Weg-Zeit-Diagramm** ist der Graph für eine gleichförmige Bewegung eine Gerade durch den Koordinatenursprung (Bild 1). Der Weg ist der Zeit proportional.
Je höher die Geschwindigkeit der Bewegung ist, desto steiler ist der Anstieg der Geraden.
Aus dem Verlauf des Graphen lassen sich die Wege ablesen, die in bestimmten Zeiten zurückgelegt wurden.
Aus dem Anstieg der Geraden im Weg-Zeit-Diagramm kann man die Geschwindigkeit ermitteln. Man wählt einen bestimmten Abzissenwert (t-Achse) und liest den zugehörigen Wert an der Ordinate (s-Achse) ab. In Bild 2 wurde zum Zeitpunkt $t = 3\,\text{s}$ ein Weg von $s = 60\,\text{cm}$ zurückgelegt.

Dann ist: $v = \frac{s}{t} = \frac{60\,\text{cm}}{3\,\text{s}} = \frac{0{,}6\,\text{m}}{3\,\text{s}} = 0{,}2\,\frac{\text{m}}{\text{s}}$.

Im **Geschwindigkeit-Zeit-Diagramm** ist der Graph für eine gleichförmige Bewegung eine Gerade, die parallel zur t-Achse verläuft. Im Geschwindigkeit-Zeit-Diagramm ist die Fläche unter dem Graphen der Geschwindigkeit und der t-Achse ein Rechteck. Die Größe dieser Fläche ist ein Maß für den zurückgelegten Weg s zu einem bestimmten Zeitpunkt t.
Ein Körper, der sich mit der Geschwindigkeit $v_2 = 20\,\text{m/s}$ bewegt, hat nach der Zeit $t = 4\,\text{s}$ einen Weg $s = v \cdot t = 20\,\frac{\text{m}}{\text{s}} \cdot 4\,\text{s} = 80\,\text{m}$ zurückgelegt.

So gehst du beim Interpretieren vor:

1 Betrachte die Achsenbeschriftungen. Gib an, zwischen welchen Größen ein Zusammenhang dargestellt ist.
2 Beschreibe den Verlauf des Graphen.
3 Nenne Bedingungen, unter denen der dargestellte Zusammenhang gilt.
4 Überlege, ob der Zusammenhang zwischen den dargestellten Größen eine weitere physikalische Größe kennzeichnet. In diesem Fall ist der Anstieg des Graphen ein Maß für diese Größe.
5 Nenne ein praktisches Beispiel für diesen Zusammenhang.

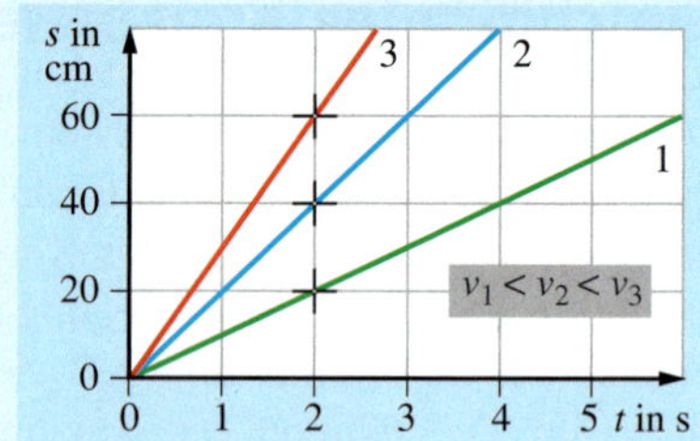

1
Weg-Zeit-Diagramm

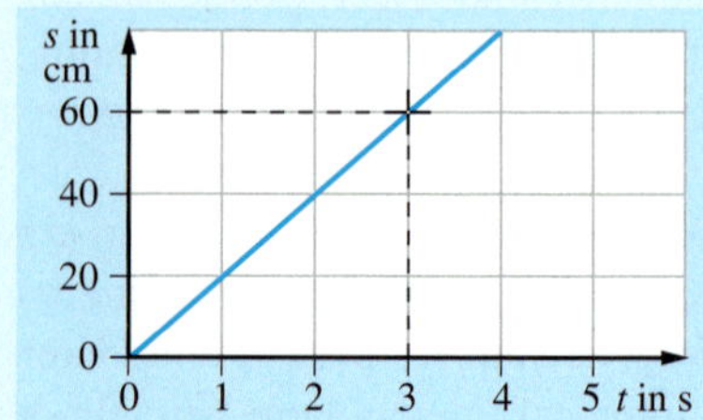

2
Weg-Zeit-Diagramm

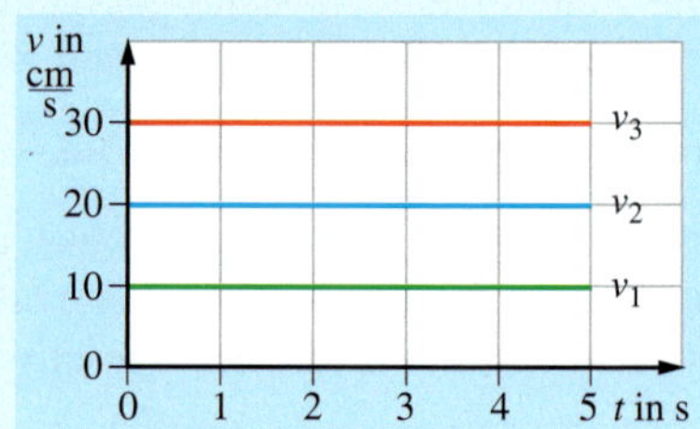

3
Geschwindigkeit-Zeit-Diagramm

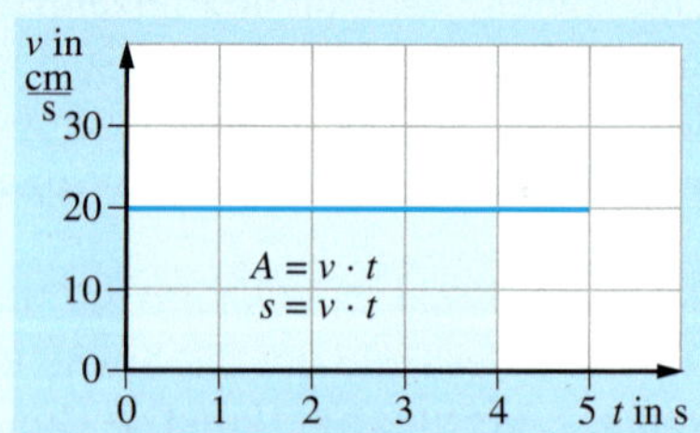

4
Geschwindigkeit-Zeit-Diagramm

Weißt du es? Kannst du es

1. Passagiere in einem Flugzeug (Bild 5): Sie sind in Ruhe – und bewegen sich doch! Beschreibe ihre Bewegung von verschiedenen Bezugskörpern aus!
2. a) Versuche verschiedene Bewegungen aus dem Alltag mit dem Modell Punktmasse zu beschreiben!
   b) Findest du Fälle, bei denen das Modell nicht hilfreich ist? Beschreibe diese Bewegungen!

5

3. Welche der nachfolgenden Bewegungen sind (in der Regel) gleichförmig, welche ungleichförmig?
   a) Auto im Straßenverkehr
   b) Minutenzeiger auf einer Uhr
4. Bei einem Experiment wurde Folgendes gemessen:

s in m	0	0,3	0,6	0,9	1,2	1,5
t in s	0	1,0	2,1	2,9	4,2	5,1

   a) Zeichne ein $s(t)$-Diagramm für die Bewegung!
   b) Ist es eine gleichförmige Bewegung? Begründe!
   c) Zeichne ein $v(t)$-Diagramm!
   d) Ermittle aus dem $s(t)$-Diagramm die Zeit für $s = 1$ m und den Weg für $t = 2{,}5$ s!
5. Berechne die Geschwindigkeiten v_1, v_2 und v_3 für die in Bild 1 dargestellten Bewegungen!

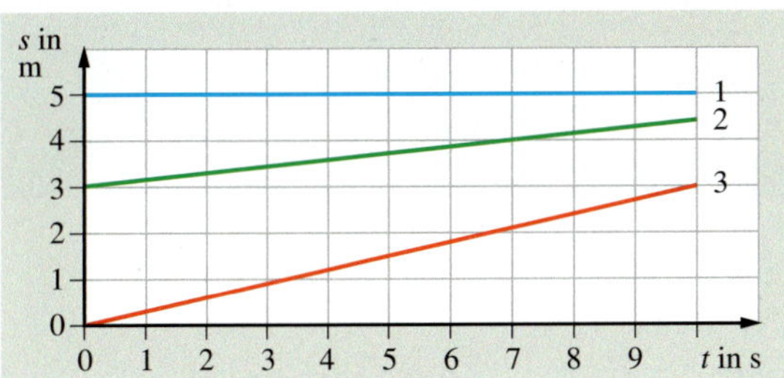

1

6. Wie könnte man überprüfen, ob ein Tachometer eines Autos die richtige Geschwindigkeit anzeigt?
7. Berechne die zurückgelegten Wege s_1, s_2 und s_3 für die in Bild 2 dargestellten Bewegungen!

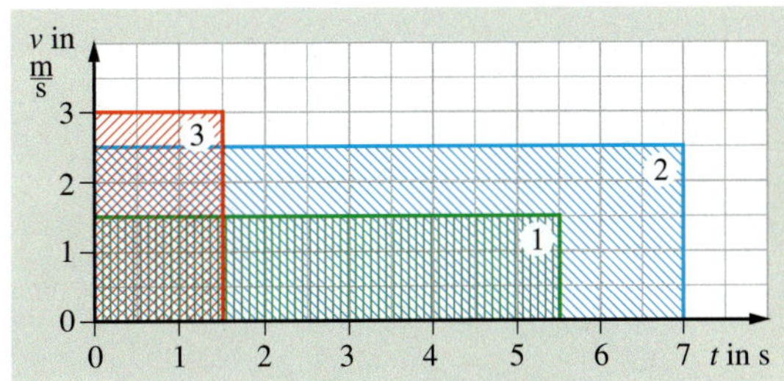

2

8. Beim Fahrradcomputer wird zur Geschwindigkeitsmessung ein kleiner Magnet an einer Speiche im Vorderrad befestigt, der bei jedem Umlauf des Rades einen Impuls an einem am Rahmen befindlichen Empfänger übermittelt. Erkläre wie der Computer aus diesen Daten den zurückgelegten Weg und die Geschwindigkeit des Fahrers ermittelt! Warum ist es wichtig den Impulsgeber in einem bestimmten Abstand zur Radachse anzubringen? Wie wirkt sich ein zu weit außen angebrachter Impulsgeber auf die am Computer angezeigte Geschwindigkeit aus?

Kurz und knapp !

Bewegung. Ein Körper ist in Bewegung, wenn sich sein Ort gegenüber einem Bezugskörper verändert.

Modell Punktmasse. Zur vereinfachten Beschreibung der Bewegung eines Körpers nutzt man das Modell Punktmasse. Man stellt sich vor, dass die gesamte Masse eines Körpers in einem Punkt vereinigt ist. Volumen und Form des Körpers werden vernachlässigt.

Gleichförmige Bewegung. Eine Bewegung mit konstantem Betrag der Geschwindigkeit heißt gleichförmige Bewegung.

Weg-Zeit-Gesetz für die gleichförmige Bewegung: $s = v \cdot t$.

Geschwindigkeit-Zeit-Gesetz für die gleichförmige Bewegung: $v = \frac{s}{t}$.

Für die Bahngeschwindigkeit bei einer gleichförmigen Kreisbewegung gilt:

$v = \frac{s}{t} = \frac{2\pi \cdot r}{T}$. r Radius der Kreisbahn

T Umlaufzeit (Zeit für einen vollständigen Umlauf um die Drehachse)

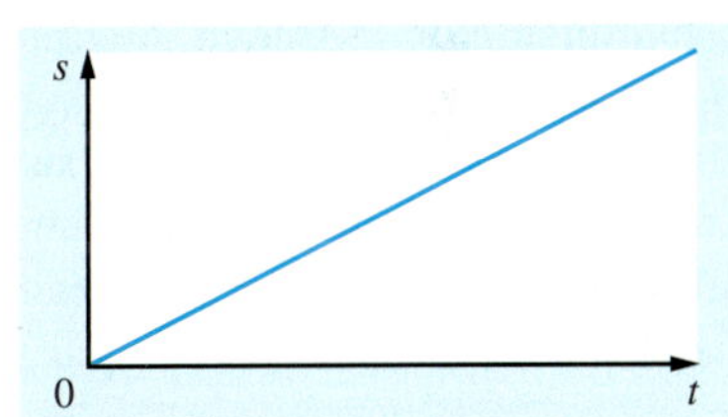

$s(t)$-Diagramm. Der Graph ist eine Gerade durch den Koordinatenursprung. Der Anstieg entspricht der Geschwindigkeit.

$v(t)$-Diagramm. Der Graph ist eine Gerade, die parallel zur Zeitachse verläuft.

Gleichmäßig beschleunigte Bewegungen

1

Das Erreichen einer hohen Geschwindigkeit in kürzester Zeit entscheidet in vielen Sportarten über Sieg oder Niederlage. Wie gewinnt man beim Start aus der Ruhe schnell an Geschwindigkeit, um eine hohe Endgeschwindigkeit zu erreichen? Welche Zusammenhänge bestehen zwischen Weg, Zeit und Geschwindigkeit? Kann die Änderung der Geschwindigkeit gemessen und berechnet werden?

Beschleunigung

In der Schule lassen sich beschleunigte Bewegungen mit einfachen Experimenten untersuchen. Für die mathematische Beschreibung von Bewegungen wird wiederum das Modell Punktmasse genutzt.
Welche Größen müssen gemessen werden?

↑Basiskonzept System

Zusammenhang zwischen Weg und Zeit bei der gleichmäßig beschleunigten Bewegung. Zur Untersuchung dieses Zusammenhangs werden eine Metallschiene und Stativmaterial zu einer geneigten Ebene kombiniert. Eine Kugel rollt die geneigte Ebene hinab. Mithilfe eines akustischen Signalgebers werden die zurückgelegten Wege im 1-s-Takt erfasst. Das Experiment wird für verschiedene Neigungswinkel β durchgeführt.

EXPERIMENT 1

1 Schalte eine Uhr ein, die im 1-s-Takt ein akustisches Signal gibt. Lass die Kugel beim Ertönen eines Signaltons los.
2 Stelle Stativstäbe so auf, dass sie beim Ertönen des Signals den Ort der Kugel kennzeichnen.
3 Wiederhole den Vorgang mehrmals.
4 Notiere die Wertepaare für Weg und Zeit in einer Messwertetabelle.
5 Berechne den Quotienten $\frac{s}{t^2}$ und trage ihn in die Messwertetabelle ein.
6 Ändere den Neigungswinkel und wiederhole die Messungen.

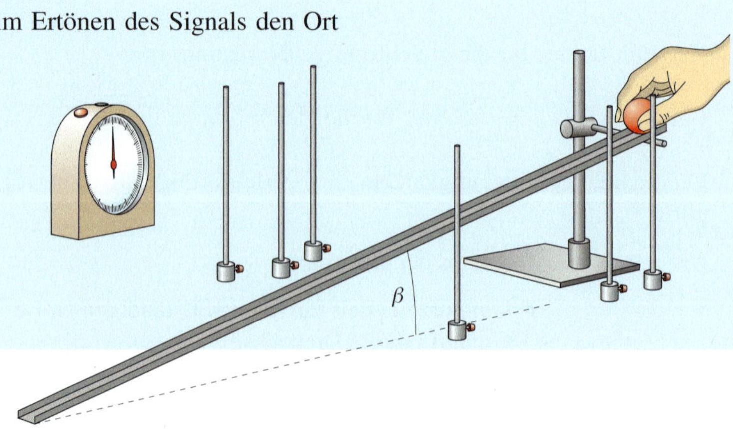

2

Mögliche Ergebnisse zeigen die folgenden Tabellen. Mithilfe des Quotienten s/t^2 wird die Abhängigkeit zwischen Weg und Zeit untersucht.

Neigungswinkel β_1			
t in s	s in cm	t^2 in s^2	$\frac{s}{t^2}$ in $\frac{cm}{s^2}$
0	0	0	–
1	5	1	5,0
2	20	4	5,0
3	45	9	5,0
4	81	16	5,1

Neigungswinkel β_2			
t in s	s in cm	t^2 in s^2	$\frac{s}{t^2}$ in $\frac{cm}{s^2}$
0	0	0	–
1	10	1	10,0
2	39	4	9,8
3	91	9	10,1
4	160	16	10,0

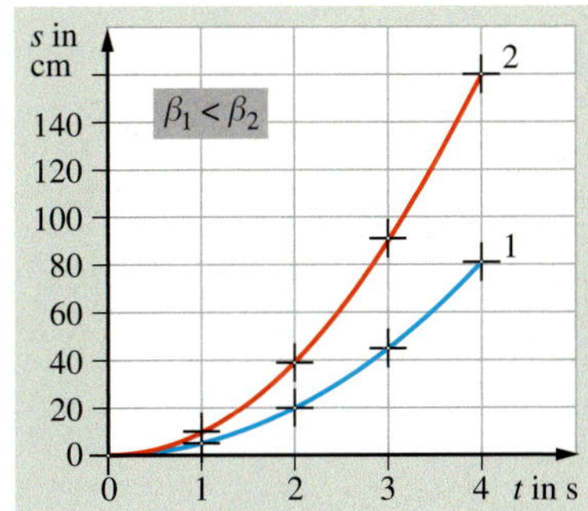

1

Je größer die Neigung der Schiene, desto größere Wege werden in gleichen Zeiten zurückgelegt.

Die gemessenen Wege sind im **Weg-Zeit-Diagramm** dargestellt (Bild 1). Die Graphen sind Parabeläste, die durch den Koordinatenursprung verlaufen. Sie gehören zu quadratischen Funktionen und zeigen, dass ein quadratischer Zusammenhang zwischen dem zurückgelegten Weg s und der dazu benötigten Zeit t besteht. Die Quotienten $\frac{s}{t^2}$ sind gleich groß.

Bei der gleichmäßig beschleunigten Bewegung ist der Weg dem Quadrat der Zeit direkt proportional $s \sim t^2$.

Zusammenhang zwischen Geschwindigkeit und Zeit bei der gleichmäßig beschleunigten Bewegung. Die Kugel im Experiment 1 legt in gleichen Zeiten immer größere Wege zurück. In jedem Moment hat die Kugel eine andere Geschwindigkeit. Die Geschwindigkeit, die die Kugel in jedem Moment besitzt, heißt Augenblicksgeschwindigkeit. Sie lässt sich nicht direkt aus der Messung von s und t bestimmen. Sie lässt sich näherungsweise bestimmen, indem man die Zeit Δt misst, die der Körper für eine kleine Strecke Δs benötigt. Dann gilt:

$$v \approx \frac{\Delta s}{\Delta t}.$$

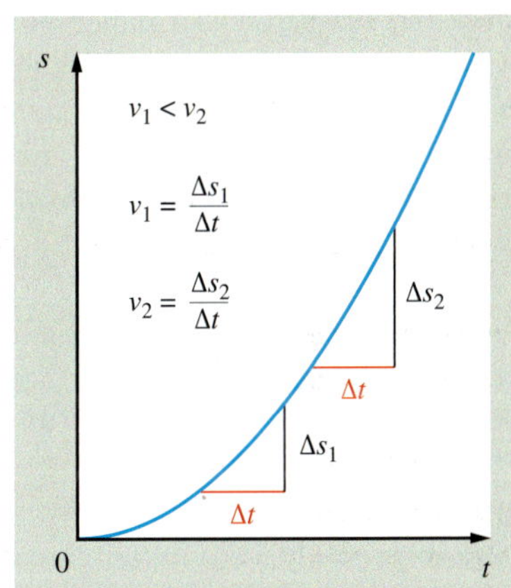

2

Bei einer beschleunigten Bewegung ändert sich ständig die Augenblicksgeschwindigkeit. Diese Veränderung der Augenblicksgeschwindigkeit soll für die Kugel beim Neigungswinkel β_1 genauer untersucht werden: Aus den Messwerten erhält man folgende Ergebnisse:

t in s	s in cm	Δs in cm	Δt in s	v in cm/s
0	0			
		5	1	5
1	5			
		15	1	15
2	20			
		25	1	25
3	45			
		36	1	36
4	81			

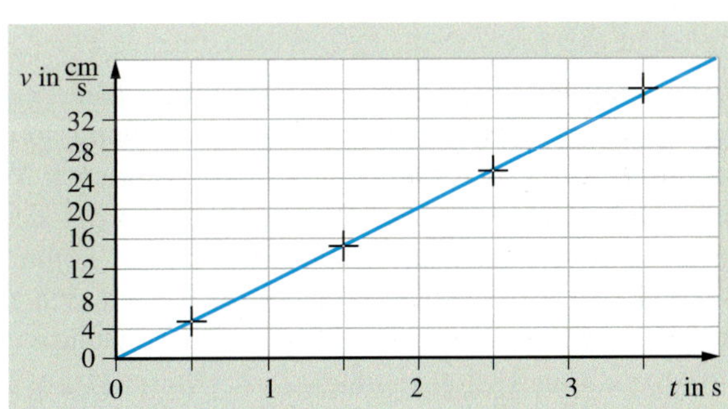

3

Werden die Messwerte in ein **Geschwindigkeit-Zeit-Diagramm** eingetragen, ergibt sich eine Gerade (Bild 3).

Die Geschwindigkeitsänderung ist in jedem Zeitintervall gleich groß. Man spricht in diesem Fall von einer gleichmäßig beschleunigten Bewegung.

Bei der gleichmäßig beschleunigten Bewegung ist die Geschwindigkeit der Zeit direkt proportional $v \sim t$.

Den Quotienten $\frac{v}{t}$ nennt man Beschleunigung. Das Formelzeichen für die Beschleunigung ist a; $a = \frac{v}{t}$. Die Einheit der Beschleunigung ist $\frac{\mathrm{m}}{\mathrm{s}^2}$.

Die Beschleunigung gibt an, wie stark sich die Geschwindigkeit ändert.

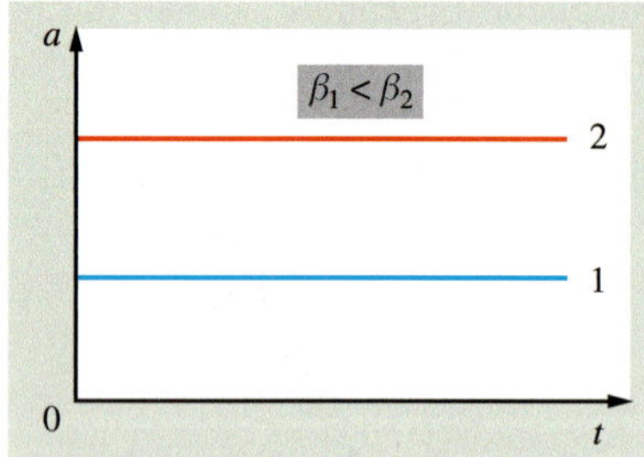

1

Im Beschleunigung-Zeit-Diagramm ergeben sich Geraden parallel zur Zeit-Achse.

Gesetze der gleichmäßig beschleunigten Bewegung

Durch Umformung der Gleichung für die Beschleunigung erhält man das **Geschwindigkeit-Zeit-Gesetz** der gleichmäßig beschleunigten Bewegung. Es lautet: $v = a \cdot t$.

Um das Weg-Zeit-Gesetz für gleichmäßig beschleunigte Bewegungen zu ermitteln, soll wie bei gleichförmigen Bewegungen das v-t-Diagramm betrachtet werden. Der Flächeninhalt A des Dreiecks unter dem Graphen in Bild 2 ist ein Maß für den zurückgelegten Weg. Der Weg lässt sich berechnen als $s_1 = \frac{1}{2} v_1 \cdot t_1$. Setzt man $v_1 = a \cdot t_1$, so erhält man $s_1 = \frac{1}{2} a \cdot t_1{}^2$.

Das **Weg-Zeit-Gesetz** für die gleichmäßig beschleunigte Bewegung lautet somit: $s = \frac{1}{2} a \cdot t^2$.

Die Beziehung $s \sim t^2$ wurde bereits in Experiment 1 gefunden.

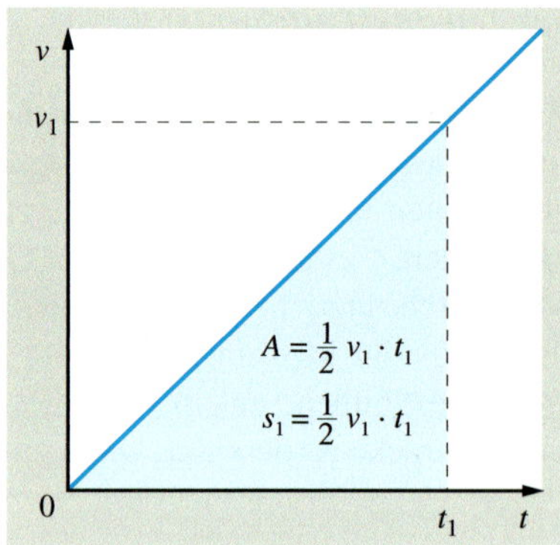

2

Geschwindigkeit-Zeit-Gesetz für die gleichmäßig beschleunigte Bewegung:
$v = a \cdot t$.
Weg-Zeit-Gesetz für die gleichmäßig beschleunigte Bewegung:
$s = \frac{1}{2} a \cdot t^2$.

Bremsvorgänge. Auch wenn ein Körper langsamer wird, ändert sich seine Geschwindigkeit. Statt von einer Beschleunigung spricht man bei einem langsamer werdenden Körper in der Regel von einer **Verzögerung**. Bild 3 zeigt das $v(t)$-Diagramm eines Bremsvorgangs: Zur Zeit $t = 0$ hat das Fahrzeug die Geschwindigkeit $v_0 = 20\,\mathrm{m/s}$. Nach 5 s kommt es zum Stillstand. Auch hier ist der Graph eine Gerade, es handelt sich also um eine *gleichmäßig* verzögerte Bewegung: Die Geschwindigkeit wird in jeder Sekunde um den gleichen Betrag vermindert. Der Bremsweg s_B einer solchen Bewegung lässt sich so berechnen wie der Weg bei einer Beschleunigung aus dem Stand. Das Geschwindigkeit-Zeit-Gesetz lautet bei der verzögerten Bewegung $v = v_0 - a \cdot t$. Dieses Gesetz beschreibt den Verlauf des Graphen im $v(t)$-Diagramm: Der Faktor $-a$ gibt die Steigung der Geraden an.

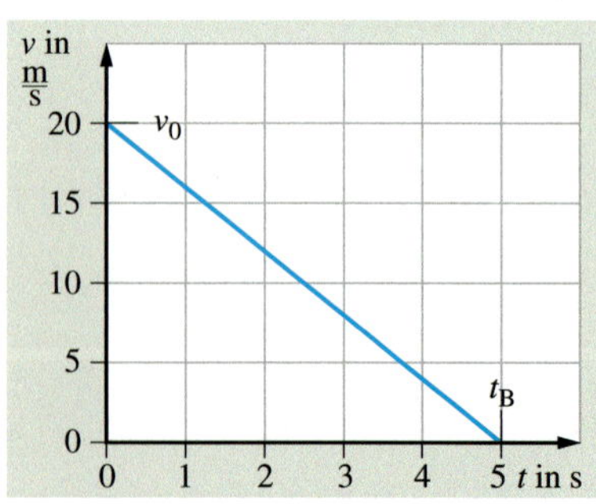

3

$v(t)$-Diagramm eines Bremsvorgangs mit gleichmäßiger Verzögerung

Freier Fall

Lässt man Steine, Metallkugeln und kompakte Holzstücke aus etwa gleicher Höhe fallen und beobachtet deren Weg zum Erdboden, so stellt man fest: Alle diese Körper benötigen für eine gleich lange Fallstrecke etwa die gleiche Zeit – unabhängig von Größe und Material.
Die Geschwindigkeit beim Aufprall ist umso größer, je größer die Fallstrecke ist. Die Geschwindigkeit nimmt während des Fallens ständig zu. Das merkt man an der Heftigkeit, mit der die Gegenstände aufprallen. Man kennt es auch vom Springen: Ein Sprung aus 0,5 m Höhe macht in der Regel gar nichts aus. Ein Sprung aus 1 m Höhe kann schon mächtig schmerzen.

1
Fallexperiment

Lässt man eine Holzkugel, einen Tischtennisball, Papierstückchen oder Vogelfedern aus gleicher Höhe fallen, so erkennt man, dass diese Gegenstände nicht gleichzeitig unten ankommen. Ursache für diese Unterschiede ist der Luftwiderstand, der bei einer Vogelfeder eine viel größere Wirkung hat als bei einem Bleiplättchen gleicher Masse. Dies kann man auch mithilfe einer sogenannten Fallröhre zeigen, in der sich eine Feder und ein Bleiplättchen befinden (Bild 2). Die Röhre wird umgedreht, sodass beide Körper nach unten fallen. Dabei wird das Bleiplättchen immer schneller, während die Feder wegen ihres großen Luftwiderstandes nur langsam nach unten sinkt.
Wird nun die Luft aus der Röhre herausgepumpt und das Experiment wiederholt, fällt die Feder tatsächlich so schnell wie das Bleiplättchen nach unten. Eine solche Bewegung, bei der ein Körper ohne Luftwiderstand nach unten fällt, wird als **freier Fall** bezeichnet.

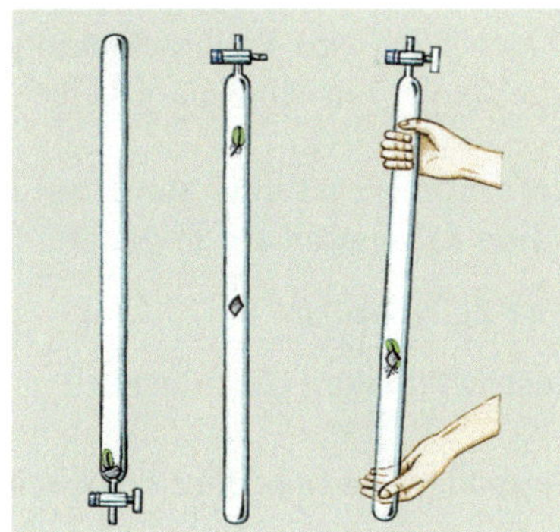
2
Fallröhre mit Feder und Bleiplättchen

Der Luftwiderstand spielt bei kompakten Körpern wie Metallkugeln und bei kleinen Geschwindigkeiten – also etwa beim Fall aus 1 m Höhe – kaum eine Rolle. Daher kann zur Untersuchung des freien Falls ein Experiment wie das folgende durchgeführt werden.

EXPERIMENT 2
Bestimmung der Fallzeit einer Stahlkugel: Die Kugel hängt zunächst an einem Elektromagneten. Zum Starten der Fallbewegung wird der Magnet ausgeschaltet. Dies wird von einer elektronischen Uhr registriert. Nach dem Durchfallen der Strecke *s* trifft die Kugel auf einen Kontakt, der die Uhr stoppt. Die Messung wird für unterschiedliche Fallhöhen durchgeführt. Die Ergebnisse werden in eine Tabelle eingetragen.

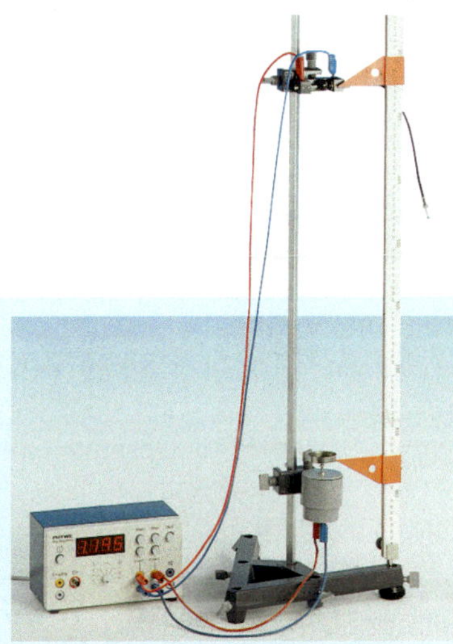
3

Eine Messreihe aus Experiment 2 könnte folgendermaßen aussehen:

s in m	0	0,1	0,2	0,3	0,4	0,5	0,6	0,7	0,8	0,9	1,0
t in s	0	0,14	0,20	0,25	0,28	0,32	0,35	0,38	0,41	0,43	0,45
a in $\frac{m}{s^2}$		10,2	10,0	9,6	10,2	9,8	9,8	9,7	9,5	9,7	9,9

↑Basiskonzept Wechselwirkung

↑Basiskonzept System

Bild 1 zeigt das zugehörige $s(t)$-Diagramm. Aus den Messwerten lässt sich erkennen:
- Bei doppelter Fallzeit ist der Fallweg viermal so groß.
- Bei dreifacher Fallzeit ist der Fallweg neunmal so groß.

Der Fallweg s ist proportional zum Quadrat der Fallzeit t: $s \sim t^2$, der Graph im $s(t)$-Diagramm ist eine Parabel. Das ist ein Merkmal einer gleichmäßig beschleunigten Bewegung.
Die Werte für die Beschleunigung a können daher nach dem Weg-Zeit-Gesetz für die gleichmäßig beschleunigte Bewegung berechnet werden.

Dazu wird $s_1 = \frac{1}{2} a \cdot t_1^2$ umgeformt zu $a = \frac{2s}{t^2}$.

Für die Beschleunigung a ergibt sich also beim freien Fall ein Wert von etwa $9{,}8\,\mathrm{m/s^2}$ (siehe Tabelle auf der vorhergehenden Seite).
Dieser Wert wird **Fallbeschleunigung g** genannt. Genauere Messungen ergeben für g in Mitteleuropa einen Wert von $9{,}81\,\mathrm{m/s^2}$.

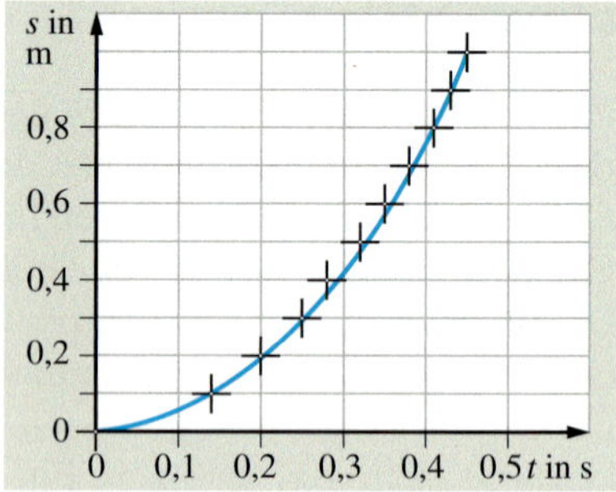

1 $s(t)$-Diagramm zu Experiment 2

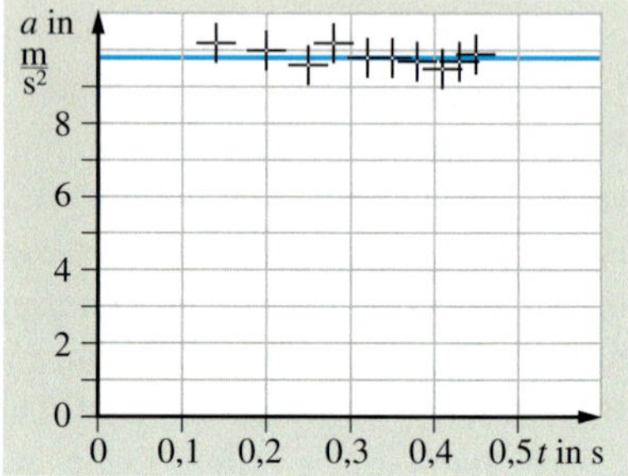

2 $a(t)$-Diagramm zu Experiment 2

Der freie Fall ist eine gleichmäßig beschleunigte Bewegung. Für den freien Fall gelten die folgenden Gesetze:

Weg-Zeit-Gesetz	$s = \frac{1}{2} g \cdot t^2$;	$g = 9{,}81\,\frac{\mathrm{m}}{\mathrm{s}^2}$
Geschwindigkeit-Zeit-Gesetz	$v = g \cdot t$	

Beispiel: Berechnung der Endgeschwindigkeit

Wie groß ist die Geschwindigkeit, mit der ein Springer bei einem Sprung aus 30 m Höhe auf dem Wasser auftrifft? Der Luftwiderstand soll vernachlässigt werden.

Gesucht: v_{End} *Gegeben:* $s = 30\,\mathrm{m}$

Lösung: Die Geschwindigkeit am Ende der Fallbewegung ist

$$v_{\mathrm{End}} = g \cdot t_{\mathrm{End}}.$$

Die Fallzeit t_{End} lässt sich nach dem Weg-Zeit-Gesetz berechnen:

$t_{\mathrm{End}} = \sqrt{\frac{2s}{g}}$, wobei s die gesamte Fallhöhe ist.

Daher gilt: $v_{\mathrm{End}} = g \cdot t_{\mathrm{End}} = g \cdot \sqrt{\frac{2s}{g}} = \sqrt{2g \cdot s}$.

$$v_{\mathrm{End}} = \sqrt{2 \cdot 9{,}81\,\frac{\mathrm{m}}{\mathrm{s}^2} \cdot 30\,\mathrm{m}} = 24{,}3\,\frac{\mathrm{m}}{\mathrm{s}} = \underline{\underline{87{,}5\,\frac{\mathrm{km}}{\mathrm{h}}}}$$

Ergebnis: Bei Vernachlässigung des Luftwiderstandes beträgt die Endgeschwindigkeit etwa 88 km/h.

So lässt sich nun für jeden Wert s die Endgeschwindigkeit v (Aufprallgeschwindigkeit) berechnen.

Aus $v = \sqrt{2 \cdot g \cdot s} = \sqrt{2 \cdot g} \cdot \sqrt{s} = \sqrt{2 \cdot 9{,}81} \cdot \sqrt{s}$ folgt:

$v = 4{,}43 \cdot \sqrt{s}$ mit v in $\frac{\mathrm{m}}{\mathrm{s}}$ und s in m.

ÜBRIGENS

Ein Fallschirmspringer legt die ersten Meter nach Absprung aus einem Flugzeug mit geschlossenem Schirm im freien Fall zurück. Nach kurzer Zeit erreicht er eine konstante Fallgeschwindigkeit von ca. 200 km/h oder 56 m/s.

3

Fallversuche mit rohen Eiern

Aus welcher Höhe kann man rohe Eier fallen lassen, ohne dass sie zerbrechen?

Eier sind zerbrechliche Gegenstände. Wenn man sie fallen lässt, gehen sie in der Regel zu Bruch. Damit sie beim Fallen nicht zerbrechen, muss man Vorkehrungen treffen:
- Man kann das Fallen durch Fallschirme oder Ähnliches verlangsamen.
- Man kann den Aufprall durch Verpacken der Eier mildern.
- Man kann die Eier in ein Sprungtuch fallen lassen.

Präzisierung des Projektthemas:
Rohe Eier sollen einen Fall aus einer vorgegebenen Höhe überstehen, ohne zu zerbrechen.

Vorgehen:
Legt zunächst möglichst genaue Bedingungen fest.
- Aus welcher Höhe sollen die Eier fallen?
- Wie soll der Boden beschaffen sein, auf den die gebastelten Geräte aufprallen?
- Welche Materialien dürfen verwendet werden?
- Dürfen Fallschirme eingesetzt werden? Wie groß dürfen diese sein?

Durchführung:
Von den gebastelten Geräten sollen vor und nach dem Versuch Fotos gemacht werden. Die Versuchsdurchführung kann zusätzlich mit einer Videokamera aufgenommen werden. Messt Fallzeit und Fallhöhe.

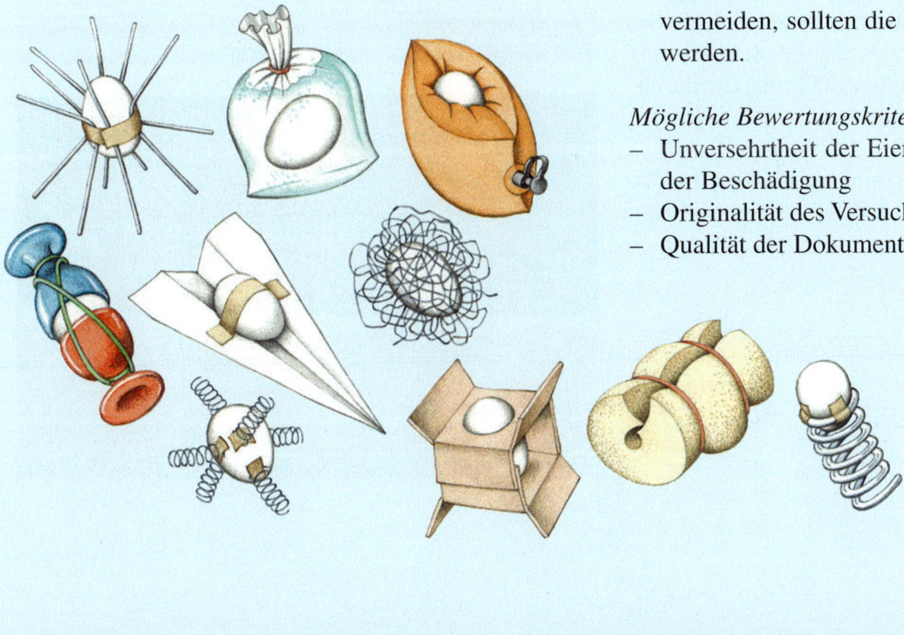
1

2

Dokumentation:
Gebt die Namen der Schüler und Schülerinnen an, die an der jeweiligen Konstruktion mitgearbeitet haben. Beschreibt eure Konstruktion und erläutert eure Ideen, die zum Bau der Konstruktion führten. Neben den Fotos sollten auch Fallhöhe, Fallzeit und natürlich die Angabe, ob das Ei den Fall überstanden hat, in der Dokumentation enthalten sein. Für den Fall, dass das Ei den Fall nicht überstanden hat, solltet ihr Verbesserungsvorschläge für eure Konstruktion machen.

Hinweise:
- Ihr solltet die Versuche möglichst mit Eiern durchführen, deren Haltbarkeitsdatum bereits überschritten wurde.
- Um eine Verschmutzung durch zerberstende Eier zu vermeiden, sollten die Eier in Folienbeutel gepackt werden.

Mögliche Bewertungskriterien:
- Unversehrtheit der Eier oder gegebenenfalls Stärke der Beschädigung
- Originalität des Versuchsgeräts
- Qualität der Dokumentation

Methode

Analyse von Bewegungen

Im Physiklabor gibt es verschiedene Experimentieranordnungen, um Bewegungen zu untersuchen und zum Beispiel Geschwindigkeiten möglichst genau zu messen.

Man kann aber auch reale Bewegungsabläufe auswerten, wenn man einen Fotoapparat, eine Videokamera und einen Computer mit der entsprechenden Software zur Hilfe nimmt.
Jedes einzelne Bild einer Fotosequenz oder eines Videos gibt einen Moment der Bewegung wieder. Mithilfe von Markierungen in den Bildern können zurückgelegte Strecken gemessen werden und wenn zwischen zwei aufeinanderfolgenden Bildern immer die gleiche Zeitspanne liegt, läuft gewissermaßen eine Uhr zur Zeitmessung mit.
Aus diesen Daten kann man dann z. B. auf Geschwindigkeiten und Beschleunigungen schließen.

Bewegungsanalyse mit Fotosequenzen

Für recht gute Messergebnisse reicht beispielsweise eine Digitalkamera (nach Möglichkeit auf einem Stativ), die kurze Fotosequenzen aufnehmen kann.
Eine Fotosequenz besteht aus vielen Einzelbildern, die mit gleichen Zeitabständen aufgenommen wurden (Bilder 1 bis 4). Die Zeitabstände können an der Kamera eingestellt werden.
Für die Streckenmessung genügt es, einen gut ablesbaren Meterstab oder ein Maßband auf den Boden zu legen, bevor man mit der Aufnahme beginnt.
Nun kann man durch Vergleichen von zwei Bildern die Streckenlänge bestimmen, um die sich ein Punkt bewegt hat. Teilt man diese durch die Zeitdifferenz zwischen den beiden Bildern, so erhält man die durchschnittliche Geschwindigkeit in diesem Intervall.

Frage: Wie schnell war die Läuferin (Bilder 1 bis 4), wenn die Digitalkamera die Bilder im Abstand von 0,8 s aufnahm?

1

2

3

4

Bewegungsanalyse mit Videosequenzen

Mit einer Digitalkamera oder auch einer digitalen Videokamera kannst du ein Video aufnehmen. Diese Videos müssen ebenso mithilfe einer Software in Einzelbilder zerlegt werden. Die Zeitabstände zwischen den Einzelbildern sind viel geringer als bei der Aufnahme von Fotosequenzen. Um die Zeitdifferenz zwischen zwei Einzelbildern zu bestimmen, gibt es mehrere Möglichkeiten:

- Man kann in einer eigenen Videosequenz eine sehr genaue Uhr, am besten eine Digitaluhr, filmen und die Einzelbilder betrachten. Vergleicht man z. B. die Uhrzeit auf dem ersten und dem zehnten Bild, lässt sich daraus die Zeitdifferenz zwischen zwei Einzelbildern bestimmen.
- Man dividiert die Gesamtdauer der Videosequenz durch die Gesamtzahl der Einzelbilder.

ÜBRIGENS

Mittlerweile gibt es schon Spielzeug-Radarpistolen zu kaufen, die bei Geschwindigkeiten bis 150 km/h recht brauchbare Ergebnisse liefern.

1

Videoanalyse mithilfe einer Software

Sehr komfortabel kann man ein aufgenommenes Video analysieren und damit die Geschwindigkeiten einzelner Punkte messen, wenn man Software zur Videoanalyse zur Verfügung hat. Mit diesen Programmen kann man in den Einzelbildern Messpunkte setzen und diese Messpunkte dann grafisch oder rechnerisch auswerten lassen.

Mithilfe eines solchen Programms kann man auch eine bekannte Strecke auf dem Video kalibrieren. Manche Programme setzen die Messpunkte automatisch aufgrund einer Farberkennung.

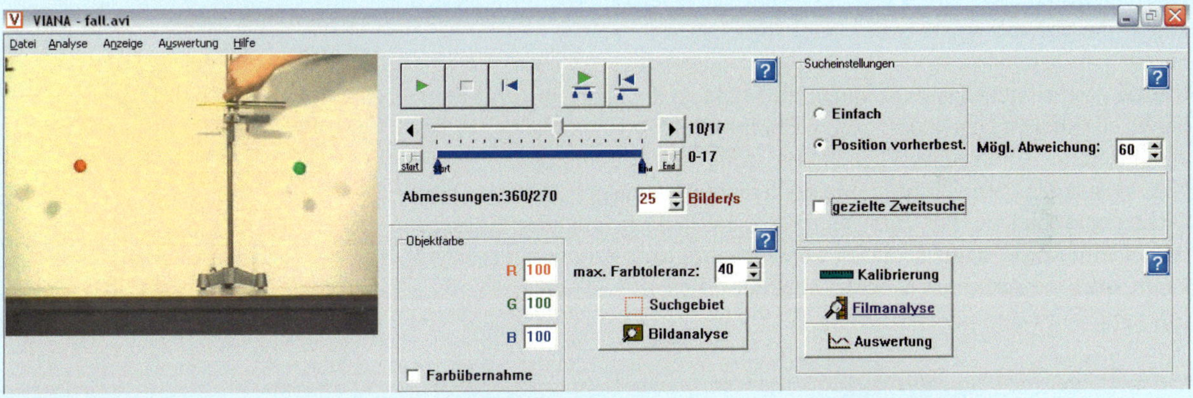

2

Das Programm VIANA zur Videoanalyse gibt es kostenlos aus dem Internet.

Sehr hilfreich ist eine tabellarische Aufstellung der Messwerte, die dann elektronisch (z. B. in einem Tabellenkalkulationsprogramm) weiterverarbeitet werden können.

Aufträge

Bestimmt mit einer der oben genannten Methoden die Durchschnittsgeschwindigkeit
- eines 100-m-Läufers,
- eines Radfahrers,
- einer Kugel beim Bowling,
- eines herab fallenden Softballs.

Wie ändert sich diese Durchschnittsgeschwindigkeit, wenn die Zeitintervalle verkleinert werden?

GALILEO GALILEI

(* 15. 2. 1564 in Pisa, † 8. 1. 1642 bei Florenz)

1

GALILEO GALILEI studierte von 1581 bis 1585 in Pisa Medizin, Philosophie und Mathematik. Im Alter von 25 Jahren wurde er Professor für Mathematik an der Universität Pisa und hielt dort Vorlesungen über Planetensysteme. Man vertrat seinerzeit noch die Lehre von PTOLEMÄUS, wonach die Erde und nicht die Sonne im Mittelpunkt steht.
In den Jahren 1610 bis 1633 fand er viele Belege für das kopernikanische Weltsystem, wonach die Sonne im Mittelpunkt steht und von Planeten umkreist wird. Das widersprach der von der Kirche in Rom vertretenen Lehre vom geozentrischen Weltbild. Das Werk „Dialogo" (Dialog über die beiden hauptsächlichen Weltsysteme, das ptolemäische und das kopernikanische) wurde unmittelbar nach seinem Erscheinen vom Papst verboten. 1633 wurde gegen GALILEI ein Inquisitionsprozess angestrengt. Unter Androhung von Folter schwor GALILEI der kopernikanischen Lehre ab, blieb aber unter der Aufsicht der Heiligen Inquisition. Er verfasste die „Discorsi" (Unterredungen und mathematische Darlegungen über zwei neue Wissenschaften, Festigkeit und Bewegtheit), die 1638 erschienen. Die „Discorsi" sind gleichzusetzen mit dem Beginn der neuzeitlichen Physik. GALILEIS Physik war die Kinematik. Zur Dynamik fehlte ihm ein geeigneter Kraftbegriff. Auch zur allgemeinen Formulierung des Trägheitsprinzips kam er nicht. Die sollte NEWTON vorbehalten bleiben. GALILEI wurde erst 1992 – also 350 Jahre nach seinem Tod – durch den Papst vom Vorwurf der Ketzerei freigesprochen.

GALILEI stellte stets das Experiment als Frage an die Natur in den Mittelpunkt, um theoretische Aussagen zu überprüfen. Vor allem suchte er Beziehungen in den Naturerscheinungen, denn die Mathematisierung der Naturwissenschaften war bis dahin noch nicht groß ausgeprägt.
GALILEIS besonderes Forschungsinteresse galt jedoch fallenden Körpern. Allgemein wurde damals die Bewegungslehre von ARISTOTELES anerkannt, nach der schwerere Körper schneller fallen als leichtere.

2

GALILEI untersucht die „verlangsamte Fallbewegung" einer Kugel, indem er sie eine schwach geneigte Ebene hinabrollen lässt.

Lange vor Galilei war Aristoteles ein berühmter Philosoph in Griechenland und man zählt ihn noch heute zu den ersten, die sich Gedanken über Bewegungen von Körpern gemacht haben. Fast 2000 Jahre lang galt seine Theorie als richtig. Sie wurde an allen Universitäten gelehrt. Er behauptete: „Schwere Körper drängen stärker nach unten als leichte. Sie müssen daher umso schneller fallen, je schwerer sie sind.“

Galilei stand diesen Auffassungen besonders kritisch gegenüber. Durch diszipliniertes Arbeiten und Forschen konnte er nachweisen, dass das Gewicht bzw. die Masse der Körper beim freien Fall keine Rolle spielt. Es ist allerdings eine Legende, dass er hierzu Experimente am Schiefen Turm von Pisa durchgeführt hat.

Beinahe 20 Jahre seines Lebens widmete er den Untersuchungen zur Fallbewegung. Fehlende moderne Messapparaturen sowie fehlende präzise Geräte für Zeit- und Geschwindigkeitsmessungen erschwerten die zahlenmäßige Erfassung von Messdaten. Der Einfluss des Luftwiderstandes erschwerte die Untersuchungen.

Zielstrebig analysierte er die Bewegung von Körpern in verschiedenen Stoffen und notierte in seinen Aufzeichnungen:

„In Quecksilber fällt nur das Gold, während das Blei steigt, im Wasser fallen beide, aber das Gold deutlich voraus, beim freien Fall in Luft sind die Unterschiede minimal. Angesichts dessen glaube ich, dass, wenn man den Widerstand der Luft ganz aufhöbe, alle Körper gleich schnell fallen würden.“

Die Idee vom Vakuum als luftleerem Raum und das Fehlen des Luftwiderstandes waren der Schlüssel und die Lösung für die Beantwortung der Problemfrage „Fallen Körper mit unterschiedlicher Masse gleich schnell?“ Diese Erkenntnisse fanden ihre Niederschrift in Galileis bekanntem und 1638 veröffentlichtem Buch „Discorsi“.

Dieses Werk ist in Form von Gesprächen formuliert und umfasst insgesamt 6 Kapitel, wobei die Kapitel in Tagen gegliedert sind. Des Weiteren beschreibt er den Zusammenhang zwischen Weg und Zeit und den gesetzmäßigen Zusammenhang zwischen der Zunahme der Geschwindigkeit und der zurückgelegten Strecke aus geometrischen Überlegungen.

Aus dem bis dahin geltenden falschen Gesetz $v \sim s$ leitete Galilei 1604 durch eine lange Rechnung mit mehreren Fehlern die richtige Gleichung $s \sim t^2$ her. Später erkannte er dann, dass $v \sim t$ gelten muss.

1

Titelbild von Galileis „Dialogo“

Durch Galileis unermüdliches Wirken und aufgrund seiner zahlreichen Forschungen entstand erst im17. Jahrhundert eine Naturwissenschaft in unserem heutigen Sinne. Seine Neugier an Phänomenen und sein unbändiger Forscherdrang sind Voraussetzungen dafür gewesen, die mittelalterliche Bewegungslehre entscheidend weiterzuentwickeln.

Noch heute nutzen Naturwissenschaftler die von Galileo Galilei begründete Theorie der Erkenntnisgewinnung – die sogenannte experimentelle Methode:

1. Beobachtung und Erklärung von Beobachtungen durch Aufstellen mehrerer Hypothesen
2. Ableiten der experimentell prüfbaren Folgerungen aus den Hypothesen
3. Durchführen von Experimenten zum Prüfen der Folgerungen
4. Deuten der Ergebnisse und vergleichen mit den Folgerungen aus den Hypothesen

Weißt du es? Kannst du es

1. Beschreibe Vorgänge aus dem täglichen Leben, wo man auf beschleunigte Bewegungen trifft!
2. Welche Einheit hat die Beschleunigung a?
3. Ein Pkw wird gleichmäßig mit $a = 2\,\text{m/s}^2$ beschleunigt. Welche Zeit und welchen Weg benötigt er, um eine Geschwindigkeit von 72 km/h zu erreichen?
4. Skizziere für die gleichmäßig beschleunigte Bewegung das
   a) $s(t)$-Diagramm
   b) $v(t)$-Diagramm
   c) $a(t)$-Diagramm
5. Das Bild 1 zeigt die Bewegungsabläufe verschiedener Fahrzeuge.

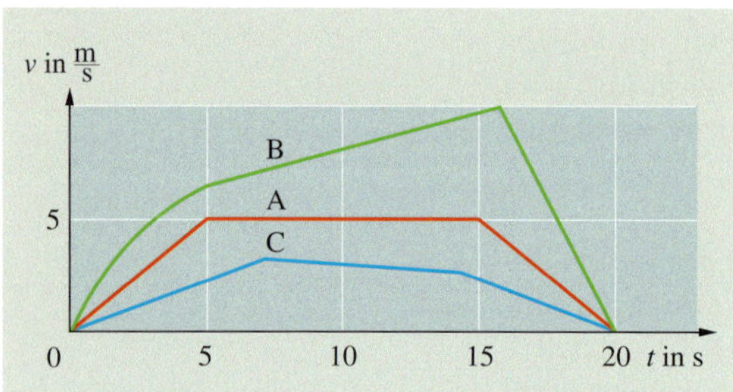

1

   a) Beschreibe die drei Bewegungsvorgänge, die im Bild als Diagramm dargestellt sind!
   b) Berechne den zurückgelegten Weg für die Bewegung A und gib an, ob die Wege bei B und C länger oder kürzer sind als bei A! Begründe deine Aussage!
6. Bei dem in Bild 4 dargestellten Experiment tropft das Wasser im 1-s-Takt.
   a) Zeichne das Weg-Zeit-Diagramm.
   b) Berechne die Augenblicksgeschwindigkeiten und zeichne das Geschwindigkeit-Zeit-Diagramm.
   c) Weise nach, dass es sich hier um eine gleichmäßig beschleunigte Bewegung handelt.
7. Welches Diagramm in Bild 2 gehört zu einer gleichförmigen Bewegung und welches zu einer gleichmäßig beschleunigten Bewegung? Begründe!

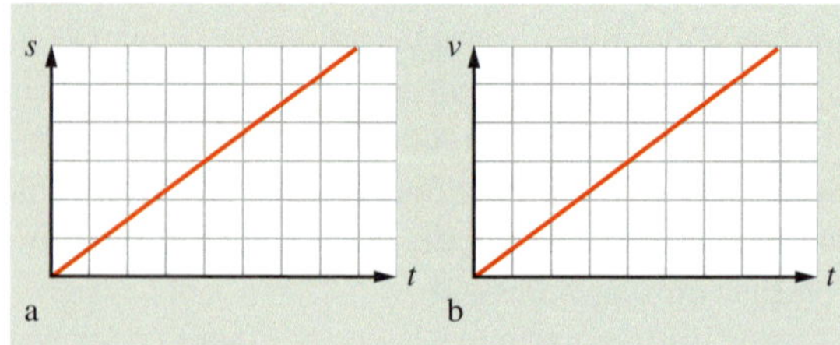

2

8. Für das Hinabrollen einer Kugel auf einer geneigten Ebene ergeben sich folgende Messwerte:

t in s	0	0,5	1,0	1,5	2,0	2,5
s in cm	0	3,1	12,1	27,4	94,6	77,1

Weise zeichnerisch und rechnerisch nach, dass die Kugel eine gleichmäßig beschleunigte Bewegung ausführt!

9. Mit diesem Spielzeug kannst du einen Beschleunigungsmesser bauen. Wichtig ist die kleine Luftblase in der Glasglocke. Wo befindet sich die Luftblase, wenn sich die Glocke mit konstanter Geschwindigkeit bewegt? Wo befindet sie sich, wenn die Glocke beschleunigt wird?

3

10. Entscheide, ob folgende Aussagen wahr oder falsch sind. Begründe deine Entscheidungen.
    a) Körper unterschiedlicher Masse fallen gleich schnell.
    b) Je größer die Masse eines Körpers ist, desto schneller fällt er.
    c) Je größer die Masse eines Körpers ist, desto langsamer fällt er.

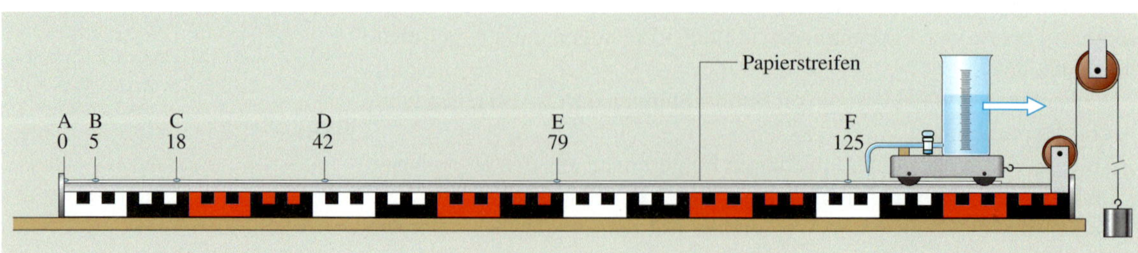

4

11. Lasst aus einer Bürette Wassertropfen auf eine Blechdose so fallen, dass sich der nachfolgende Tropfen gerade dann von der Bürette ablöst, wenn der vorangehende auf die Dose auftrifft. Bestimmt die Fallzeit eines Tropfens (Tipp: Messt die Zeit für 10 Tropfen und dividiert durch 10!). Bestimmt die Fallbeschleunigung $g = 2\,s/t^2$!

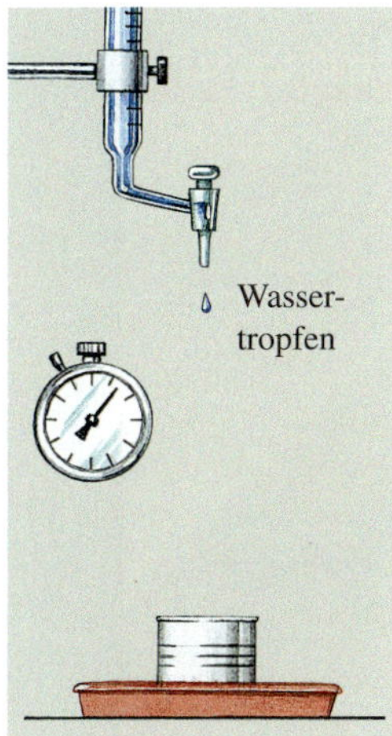

1

12. Auf einer 3,0 m langen Fallschnur sind im Abstand von jeweils 30 cm sieben Schraubenmuttern geknotet. Lasst diese Fallschnur im Treppenhaus der Schule auf ein Blechgefäß senkrecht nach unten fallen.
    a) Vermutet zunächst, welche Aufprallgeräusche ihr hören werdet.
       – Geräusche im gleichen Zeitabstand
       – Geräusche in immer kleiner werdenden Zeitabständen
       – Riesenknall
    b) Wie kann man erreichen, dass die Schraubenmuttern in gleichen Zeitabständen auftreffen?
       Probiert es aus.
13. Ein Stein fällt in einen Brunnen. Du hörst, dass er nach 5 Sekunden aufschlägt. Wie tief ist der Brunnen?

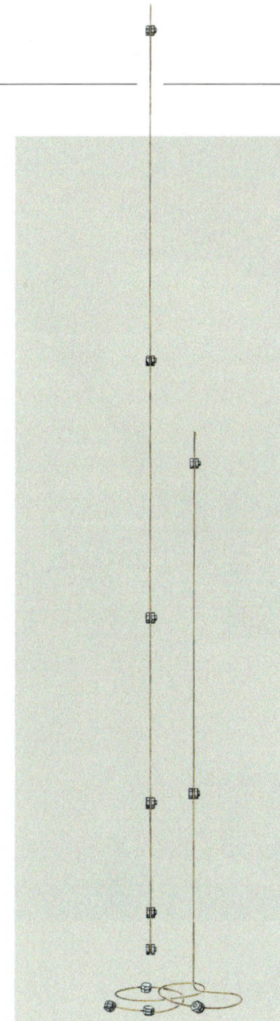
2

Kurz und knapp !

Beschleunigung
Die Beschleunigung gibt an, wie schnell sich die Geschwindigkeit eines Körpers ändert.
Formelzeichen der Beschleunigung: a
Einheit der Beschleunigung: $\mathrm{m/s^2}$

Berechnung: $a = \frac{v}{t} = \frac{2\,s}{t^2}$

Weg-Zeit-Gesetz für die gleichmäßig beschleunigte Bewegung:

$s = \frac{1}{2}\, a \cdot t^2$.

Geschwindigkeit-Zeit-Gesetz für die gleichmäßig beschleunigte Bewegung: $v = a \cdot t$.

Freier Fall
Der freie Fall ist eine gleichmäßig beschleunigte Bewegung. Es gelten das Geschwindigkeit-Zeit-Gesetz und das Weg-Zeit-Gesetz der beschleunigten Bewegung. Die Beschleunigung ist die ortsabhängige Fallbeschleunigung g. $g = 9{,}81\ \mathrm{m/s^2}$.

$v = g \cdot t$

$s = \frac{1}{2}\, g \cdot t^2$

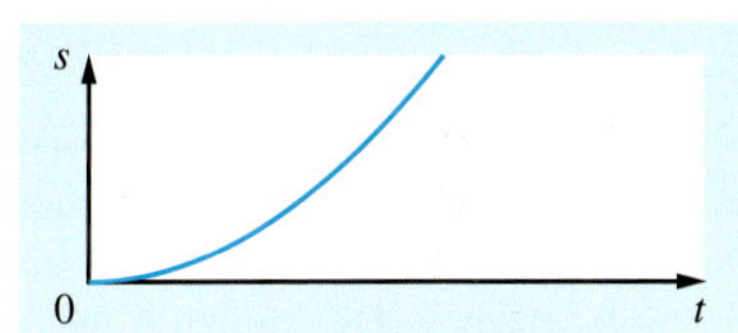

$s(t)$-Diagramm. Der Graph ist ein Parabelast, der durch den Koordinatenursprung verläuft. In gleichen Zeitabschnitten werden mit zunehmender Zeit immer größere Strecken zurückgelegt.

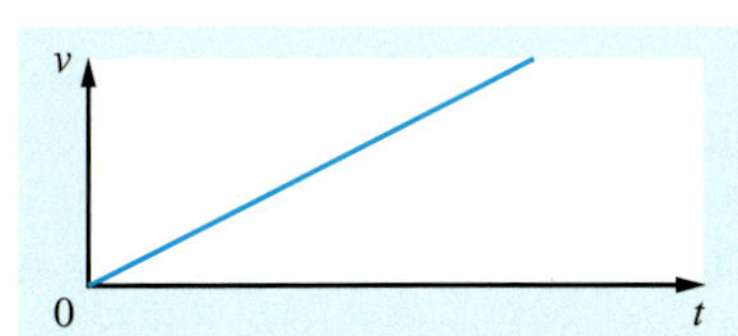

$v(t)$-Diagramm. Der Graph ist eine Gerade, die durch den Koordinatenursprung verläuft. In gleichen Zeitabschnitten ändert sich die Geschwindigkeit um denselben Betrag.

Reibung und Bewegung

1

Im Winter kommt es durch Schnee und Glatteis immer wieder zu Unfällen und Beeinträchtigungen im Straßenverkehr. Ohne eine ausreichende Reibungskraft zwischen den Rädern und der Straße ist eine sichere Fortbewegung unmöglich. Bisher wurde der Einfluss von Reibung auf Bewegungen stets vernachlässigt.
Was genau ist Reibung? Kann Reibung mathematisch beschrieben werden? Ist Reibung immer erwünscht?

Reibung

↑Basiskonzept Wechselwirkung
↑Basiskonzept Materie

Wie sehr wir täglich auf die Reibung angewiesen sind, spüren wir oft erst dann, wenn sie unerwartet klein wird.
Im Winter kommt es manchmal zu Staus, wenn Autos auf vereister Fahrbahn einen Berg nicht hinaufkommen. Ihre Reifen drehen durch, da die Reibung zwischen ihnen und der Eisschicht sehr gering ist. Gäbe es gar keine Reibung, so könnten weder Autos noch Fahrräder auf ebener Strecke anfahren, auch Fußgänger oder Schlittschuhläufer kämen nicht voran.
Der Einfluss von Reibung wird auch beim Bewegen von Möbelstücken deutlich spürbar. Die meisten Möbel haben in einem Zimmer einen bestimmten Platz. Dort stehen sie oft viele Jahre an der gleichen Stelle. Soll einmal ein Schrank verschoben werden, so kann das zu Schwierigkeiten führen (Bild 2). Verschieben lässt er sich zunächst meistens nicht. Man muss aufpassen, dass er nicht umkippt. Da sollte man versuchen, die Kraft etwas weiter unten auf den Schrank wirken zu lassen, damit er sich nicht zu stark neigt. Auf glattem Fußboden (Fliesen) lässt sich der Schrank leichter verschieben, wenn er auf trockenen Tüchern steht (Bild 3). In jedem Fall wird die Bewegung des Schrankes behindert. Diese Behinderung nennt man Reibung
Der Grund für die Reibung liegt in der Rauigkeit der beteiligten Oberflächen: Die Flächen verzahnen sich ein wenig ineinander. Unter dem Mikroskop werden selbst auf polierten Oberflächen kleine Verzahnungen sichtbar (Bild 4).

2

3

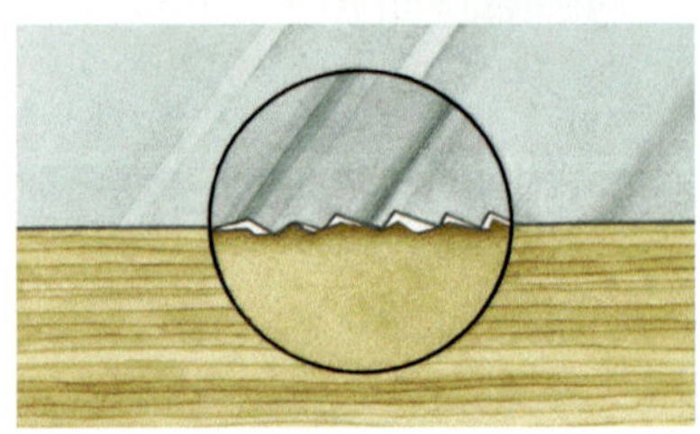
4

Bei der Reibung treten zwei Körper in Wechselwirkung. Reibung kann Bewegung behindern. Reibung macht Bewegung aber häufig erst möglich.

Reibung und Kräfte

Bild 1 zeigt die Kräfte, die auf einen Körper wirken, der auf einer waagerechten Unterlage steht. Der Körper befindet sich in Ruhe, also im Kräftegleichgewicht. Die Zugkraft $\vec{F}_Z$ wird ausgeglichen von der Reibungskraft $\vec{F}_R$, die an der Unterseite des Körpers angreift. Außerdem wirkt auf den Körper die Gewichtskraft $\vec{F}_G$, die durch die Kraft von der Unterlage $\vec{F}_U$ ausgeglichen wird. Die Kraftpfeile sind dabei so gezeichnet, als würden alle Kräfte im selben Punkt angreifen

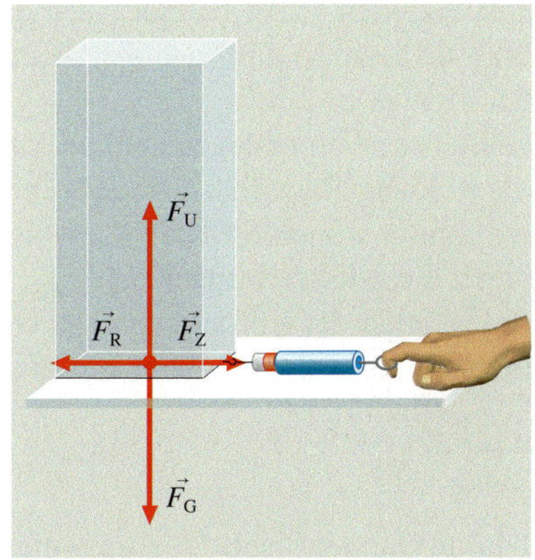

1

Bild 2 zeigt die Kräfte für den Fall, dass man beim Schieben des Schranks ganz oben ansetzt. $\vec{F}_Z$ und $\vec{F}_R$ sind zwar gleich groß und entgegengesetzt gerichtet, aber ihre Wirkungslinien sind unterschiedlich. Sind die Kräfte hinreichend groß, kippt der Schrank zur Seite.

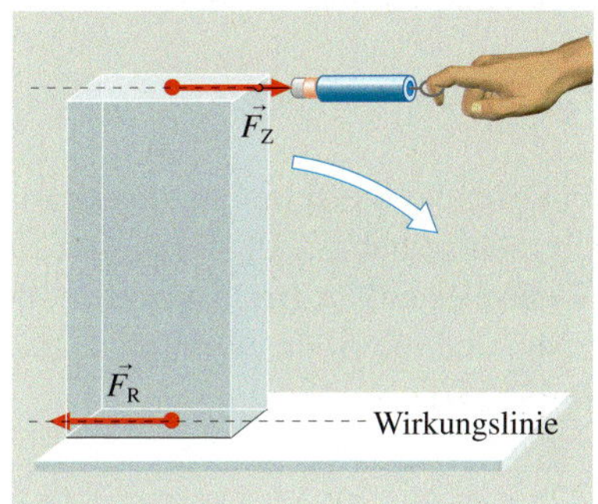

2

Haftreibung. Wer einen ruhenden Schrank wie im Bild 2 in Bewegung setzen will, stellt fest: Bei einer geringen Schubkraft bewegt sich der Schrank noch gar nicht. Er beginnt erst zu gleiten, wenn die Schubkraft einen bestimmten Betrag überschritten hat. Und von dem Moment an, in dem der Schrank sich in Bewegung setzt, muss man sich nicht mehr ganz so stark anstrengen.

Die **Haftreibungskraft $\vec{F}_{HR}$** ist die maximale Reibungskraft, bei der sich die Körper noch nicht gegeneinander bewegen. Wird die Zug- oder Schubkraft größer als die Haftreibungskraft, so beginnt die eine Fläche über die andere zu gleiten. Die Haftreibungskraft ist abhängig von der **Normalkraft $\vec{F}_N$**, mit der ein Körper auf seine Unterlage drückt. Die Normalkraft steht senkrecht auf der Unterlage.

EXPERIMENT 1

Bestimme die Haftreibungskraft eines Holzquaders ($m = 100$ g) auf einem Tisch.

1 Die Normalkraft beträgt zunächst 1 N. Miss die Zugkraft, die notwendig ist, um den Quader gerade in Bewegung zu setzen!
2 Erhöhe nach und nach die Normalkraft um jeweils 1 N, indem du 100-g-Wägestücke auf den Quader stellst. Ermittle jeweils die zugehörige Haftreibungskraft. Trage die Ergebnisse in eine Tabelle ein!
3 Wiederhole die Messungen auf anderen Unterlagen (Glas, Sandpapier)!

3

Je größer die Normalkraft ist, desto größer ist die Haftreibungskraft. Der Quotient aus Haftreibungskraft F_{HR} und Normalkraft F_N ist konstant, man nennt ihn Haftreibungszahl μ_{HR}. Es gilt: $\mu_{HR} = \frac{F_{HR}}{F_N}$.

Die Haftreibungszahl ist umso größer, je rauer die Oberflächen sind.

Für die Haftreibungskraft gilt: $F_{HR} = \mu_{HR} \cdot F_N$.

Gleitreibung. Um einen Schlitten mit gleich bleibender Geschwindigkeit zu bewegen, muss man horizontal mit einer bestimmten Kraft an ihm ziehen. Der Schlitten selbst befindet sich dann im Kräftegleichgewicht: Die Zugkraft ist genauso groß wie die Gleitreibungskraft $\vec{F}_{GR}$. Das Gleiche gilt für den Quader im Bild 1.

Gleitet ein Körper dagegen ohne Antrieb auf einer Fläche, so wird er durch die Reibung abgebremst. Je größer die Gleitreibungskraft ist, desto schneller kommt er zum Stillstand.

Auch die **Gleitreibungskraft $\vec{F}_{GR}$** ist abhängig von der Normalkraft $\vec{F}_N$, mit welcher der Körper auf seine Unterlage drückt. In Experimenten stellt man fest, dass der Quotient μ_{GR} aus den beiden Kräften konstant ist:

$$\mu_{GR} = \frac{F_{GR}}{F_N}.$$

Dieser Quotient heißt Gleitreibungszahl. Er ist umso größer, je rauer die Oberflächen sind.

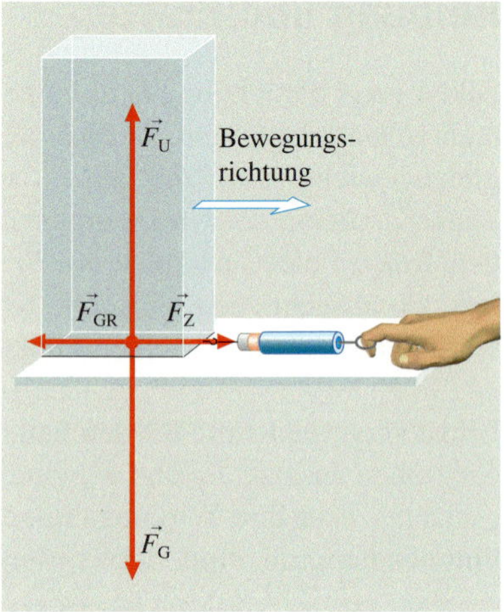

1

Bei konstanter Geschwindigkeit ist hier die Gleitreibungskraft so groß wie die Zugkraft.

Für die Gleitreibungskraft gilt: $F_{GR} = \mu_{GR} \cdot F_N$.

Für gleiche Stoffkombinationen ist die Gleitreibungszahl stets kleiner als die Haftreibungszahl. Dies ist beim Bremsen von Fahrzeugen wichtig: Wenn bei einem Bremsvorgang die Räder blockieren, rutscht das Fahrzeug, und die Bremswirkung lässt nach. Einige Reibungszahlen:

Reibungspartner	Reibungszahlen	
	μ_{HR}	μ_{GR}
Holz auf Stein	0,70	0,30
Holz auf Holz	0,50	0,30
Stahl auf Stahl	0,15	0,12

Reibung und Entwertung kinetischer Energie

↑Basiskonzept Energie

Bei allen Bewegungsvorgängen wird kinetische Energie infolge von Reibung entwertet, also in thermische Energie umgewandelt, die an die Umgebung abgegeben wird. Sie steht für weitere Energieumwandlungen nicht mehr zur Verfügung.

Im Alltag und in der Technik wird versucht, diese Energieumwandlungen auf ein Minimum zu reduzieren.

In Achslagern z. B. am Fahrrad will man Gleitreibung vermeiden. Deshalb verwendet man Kugellager oder Wälzlager und reduziert so die Einflüsse der Reibung (Bild 3), da nur noch Rollreibung auftritt.

Rollen die Räder eines Autos antriebslos und ungebremst, liegt **Rollreibung** vor. Die Rollreibungskraft ist meist viel kleiner als die maximale Haftreibungskraft und die Gleitreibungskraft. Die Rollreibung sorgt aber neben dem Luftwiderstand dafür, dass nicht angetriebene Autos immer langsamer werden und schließlich stehen bleiben.

Die Rollreibungskraft hängt von den Materialien und von der Radgröße ab. Bei Stahlrädern, die auf Stahlschienen rollen, beträgt die Rollreibungszahl etwa 0,001.

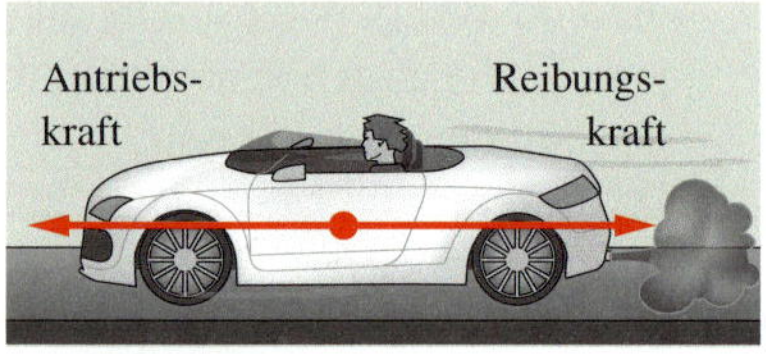

2

3

Auf die Haftreibung kommt es an!

Reifen. Sicheres Autofahren setzt einen festen Halt der Reifen auf der Fahrbahn voraus. Rollen die Reifen über die Straße, verhaken sich winzige Unebenheiten des Gummis mit denen des Straßenbelags und müssen wieder gelöst werden. Bei nassem oder eisigem Untergrund drehen die Antriebsräder beim Anfahren durch. Und beim Bremsen fehlt der Halt zum Stehenbleiben.

1

Im Bild 2 ist die Haftreibung eines Autoreifens bei unterschiedlichen Fahrbahnen eingezeichnet. Außerdem ist der dazugehörige Bremsweg s_B dargestellt, den ein Fahrzeug bei einer Anfangsgeschwindigkeit von $v_0 = 50\,\mathrm{km/h}$ (mit ABS) benötigen würde. Rennwagen fahren mit weichem Reifenmaterial mit wenig Profil (Bild 1). Solche Reifen haben einen sehr hohen Verschleiß, ermöglichen jedoch extremes Bremsen, Beschleunigen und Kurvenfahren.

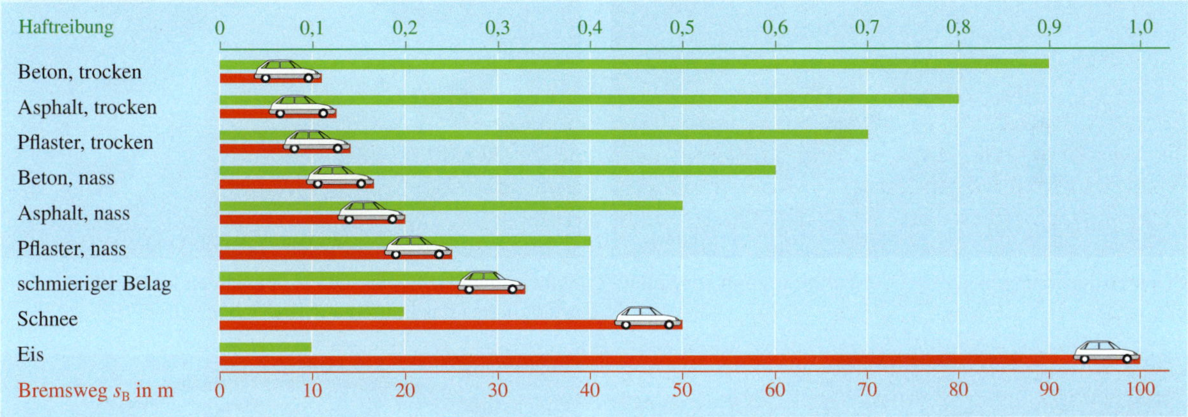

2

Bremsen. Bei einem Auto mit Scheibenbremsen befindet sich an den Rädern eine Stahlscheibe, die sich mitdreht. An diese Bremsscheibe werden beim Bremsen von beiden Seiten mit großer Kraft die Bremsbeläge gepresst. Durch die Gleitreibung zwischen Scheibe und Belag wird das Rad abgebremst. Gleichzeitig bewirkt die Haftreibung zwischen Straße und Reifen, dass das Auto langsamer wird und zum Stillstand kommt.

3

Glühende Bremsscheiben nach starkem Bremsen

Wenn die Räder bei starkem Bremsen blockieren, wird das Fahrzeug durch Gleitreibung zwischen Reifen und Straße abgebremst. Die Gleitreibungskraft ist aber geringer als die Haftreibungskraft, die Bremswirkung also nicht mehr so groß. Außerdem lässt sich das Fahrzeug nicht mehr lenken. Man muss die Bremse loslassen, damit die Räder wieder rollen und lenkbar werden. Das **Anti-Blockier-System (ABS)** regelt solch stotterndes Bremsen mit einem Computer.

Droht ein Fahrzeug auszubrechen, bremst **ESP** einzelne Räder gezielt ab und hält so den Wagen auf Kurs. Die Abkürzung ESP bedeutet **Elektronisches-Stabilitäts-Programm**. Drängt z. B. bei einer Kurvenfahrt das Heck nach außen, wird das äußere Vorderrad verzögert. Zusätzlich verhindert ESP bei rasantem Anfahren durchdrehende Räder. Ein ESP-System enthält neben dem Fahrzeugregler, der dem Schleudern entgegen wirkt, auch immer ABS und eine **Antischlupfregelung (ASR)**.

Keine Fortbewegung ohne Reibung

Flüssigkeitsreibung. Der Regenwurm hat eine Hülle aus Schleim, die ihn feucht hält und das Gleiten in der Erde erleichtert. Schnecken erleichtern ihre Fortbewegung durch eine feuchte Kriechsohle am Fuß (Bild 1). Besonders aktiv sind Schnecken, wenn die Pflanzen nass sind.
Eisbären können sich auf dem glatten Eis geschickt bewegen, weil sie an ihren Fußflächen Haare haben (Bild 2). Dadurch entsteht eine ausreichend große Reibungskraft und sie rutschen nicht so leicht aus.
Zur Zeit der Schneeschmelze, bei Wolkenbrüchen oder bei Dauerregen treten verstärkt Erdrutsche auf (Bild 3). Der Boden wird stark mit Wasser durchtränkt. Zwischen dem Boden und dem Felsen – einer wasserundurchlässigen Schicht – entsteht eine dünne Wasserschicht. Auf ihr gleitet die feuchte Erde hinab und kann großen Schaden anrichten.

1
Flüssigkeitsreibung begünstigt die Fortbewegung der Schnecke.

2
Schwimmender Eisbär. Die Haare an den Laufsohlen ermöglichen das Laufen auf Eisflächen.

3
Erdrutsch. Sehr starke Regenfälle führten dazu, dass die obere Erdschicht nach unten rutschte.

4
Das Wasser in der Rutschrinne vermindert die Reibung – ohne Wasser würde es auch ungemütlich heiß werden.

Sicheres Gehen. Bild 5 zeigt den Schuh einer Person, die gerade losläuft: Das Bein drückt den Schuh nach hinten. Die Haftreibung zwischen Sohle und Boden verhindert, dass der Schuh nach hinten gleitet. Die Reibungskraft, die auf den Schuh wirkt, ist in diesem Fall nach vorn gerichtet. Die Haftreibung als Gegenkraft wirkt über die Schuhe in umgekehrter Richtung. Solange die Kraft, die auf den Untergrund wirkt, nicht größer ist als die größtmögliche Haftreibungskraft zwischen Schuh und Untergrund, ist ein sicheres Gehen möglich. Auf einer Eisfläche oder feuchtem Laub muss man also gefühlvoll losgehen.
Nicht die Kraft auf den Untergrund bewegt uns vorwärts, sondern die Haftreibungskraft als Gegenkraft zu ihr. Aber nur wenn sie wirkt, kann die Haftreibungskraft als Gegenkraft entstehen.

5
Haftreibung beim Laufen

Weißt du es? Kannst du es

1. Nenne Beispiele aus dem täglichen Leben für unterschiedliche Arten von Reibung!
2. Beschreibe wie die Fahrt eines Autos ohne Reibungskräfte verlaufen würde!
3. Vergleiche die unterschiedlichen Arten der Reibungskräfte hinsichtlich ihrer Größe. Welche Reibungskraft ist am größten?
4. Von welchen Größen ist die Gleitreibungskraft eines Körpers abhängig?
   a) von der Masse
   b) von der Farbe
   c) vom Gewicht
   d) vom Flächeninhalt
5. Welche Vorteile bietet ein Antiblockiersystem (ABS) beim Bremsen eines Pkw? Begründe!
6. Ein Schlitten ($F_G = 40\,\text{N}$) mit Stahlkufen, auf dem ein Kind sitzt ($F_G = 360\,\text{N}$), wird über das Eis eines Sees gezogen. Die Gleitreibungszahl für Stahl auf Eis beträgt $\mu_{GR} = 0{,}01$.
   Wie groß muss die Zugkraft am Schlitten bei konstanter Geschwindigkeit sein?
7. Um die Reibung zwischen festen Körpern zu verringern, kann man Flüssigkeiten als Schmiermittel benutzen. Nenne einige Beispiele. Auch Wasser kann ein Schmiermittel sein. Weshalb ist dieses „Schmiermittel" unerwünscht?
   Für Experten: Informiere dich über *Aquaplaning*.
8. Ein leerer Schlitten wird auf festgefahrenem Schnee gezogen. Wie verändert sich die Reibungskraft, wenn der Schlitten:
   a) mit einer Schultasche beladen wird?
   b) an den Kufen gewachst wird?
   c) auf sandgestreutem Weg gezogen wird?
   d) über eine Eisfläche gezogen wird?
   Begründe deine Entscheidungen!
9. Für Experten: Ein Autofahrer hat 60 m lange Bremsspuren hinterlassen und ist am Ende doch noch in eine Abschrankung hinein gefahren. Er behauptet von sich, nicht schneller als die erlaubten 80 km/h gefahren zu sein.
   Die Polizei untersucht die Reifen (die einen ziemlich abgefahrenen Eindruck machen) und stellt auf der fraglichen Straße einen Gleitreibungskoeffizienten von 0,4 fest.
   a) Leite die Gleichung $s = \frac{v^2}{2\mu_{GR} \cdot g}$ her und berechne damit den Bremsweg unter der Annahme, der Autofahrer sei ehrlich!
   b) Wie schnell war der Autofahrer (in km/h) mindestens?

Kurz und knapp!

Bei der Reibung treten zwei Körper in Wechselwirkung. Reibung kann Bewegung behindern. Reibung macht Bewegung aber häufig erst möglich.

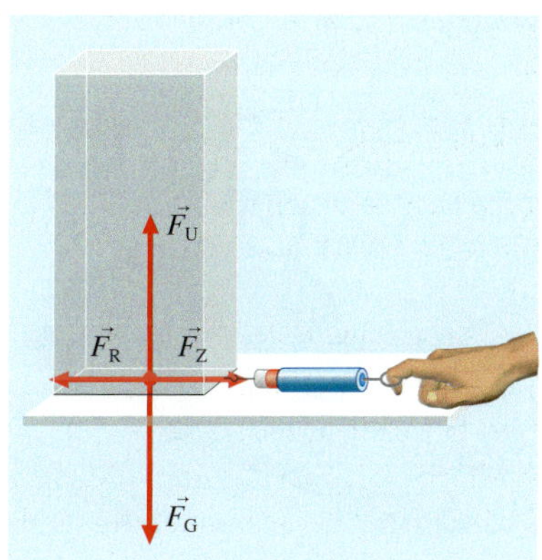

Haft- und Gleitreibungskraft hängen von der Normalkraft $\vec{F}_N$ ab. Die **Normalkraft** $\vec{F}_N$ ist die Kraft, mit der ein Körper senkrecht auf seine Unterlage drückt.

Die **Haftreibungskraft** $\vec{F}_{HR}$ ist die maximale Reibungskraft, bei der sich Körper noch nicht gegeneinander bewegen.

Es gilt: $F_{HR} = \mu_{HR} \cdot F_N$.

Die **Gleitreibungskraft** $\vec{F}_{GR}$ hängt von der Normalkraft $\vec{F}_N$ und der Gleitreibungszahl μ_{GR} ab.

Es gilt: $F_{GR} = \mu_{GR} \cdot F_N$.

Reibung führt immer zur Entwertung kinetischer Energie.

Kräfte und Bewegungen

1

Kräfte beeinflussen Bewegungen: Die Beschleunigung von Flugzeugen beim Start ist derart groß, dass Passagiere in ihre Sitze gedrückt werden. Schaltet eine Ampel an einer Kreuzung auf „Grün", fährt ein Pkw meist schneller an, als ein Lkw, der neben ihm steht.
Und beim Stabhochsprung nutzt der Sportler das Verbiegen des Stabes, um an Höhe zu gewinnen. Wie können solche Ereignisse erklärt werden?
Vor über 300 Jahren formulierte ISAAC NEWTON als Erster Bewegungsgesetze, die noch heute ihre Gültigkeit besitzen.

Trägheitsgesetz

↑Basiskonzept Wechselwirkung

Vorsicht Lebensgefahr: Selbst kleine Gepäckstücke im Auto können bei einem Auffahrunfall zu gefährlichen Geschossen werden. Ein Straßenatlas (ca. 1,5 kg), der auf der Hutablage liegt, fliegt bei einer Vollbremsung in Bruchteilen von Sekunden als scharfkantiges Geschoss nach vorn, dessen Kraftwirkung ca. 810 N entspricht.
Und wenn ein Fahrrad nicht richtig fest auf dem Dachgepäckträger montiert ist, kann es sich beim Anfahren oder beim plötzlichen Bremsen lösen (Bild 2).

2

Leider kein bisschen lustig: Schlecht befestigte Fahrräder auf Autodächern können schwere Unfälle verursachen.

1 Jeder Körper setzt einer Bewegungsänderung einen Widerstand entgegen. Diese Eigenschaft des Körpers nennt man Trägheit. Die Trägheit eines Körpers ist umso größer, je größer seine Masse ist.

Ein Ball, der auf dem Boden liegt, bleibt in Ruhe, solange keine Kraft auf ihn ausgeübt wird. Wir würden uns auch sehr wundern, wenn es anders wäre und sich ein Körper plötzlich ohne Ursache in Bewegung setzten würde. Jeder rollende Ball bleibt irgendwann liegen. Reibungskräfte bewirken, dass er immer langsamer wird. Je geringer die Reibung ist, umso weiter rollt der Ball.
Eine fast völlig reibungsfreie Bewegung kann auf einer Luftkissenbahn erreicht werden (Bild 1). Der Gleiter bewegt sich lange Zeit mit nahezu konstanter Geschwindigkeit zwischen den Fahrbahnenden hin und her. Zum Aufrechterhalten dieses Bewegungszustandes bedarf es keiner Kraft.

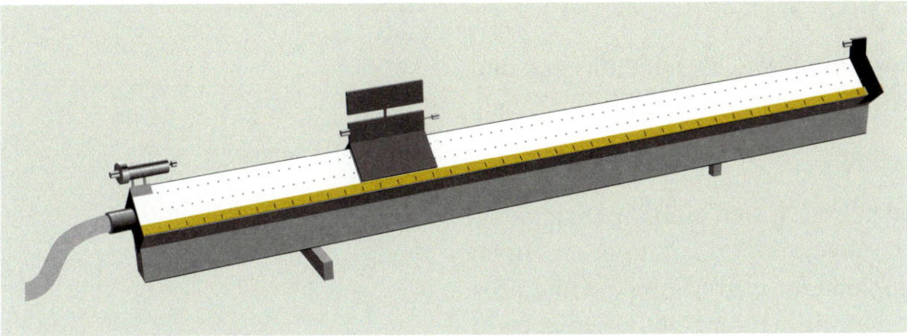
1

Der Gleiter bewegt sich nahezu reibungsfrei zwischen den Umkehrpunkten auf der Luftkissenfahrbahn.

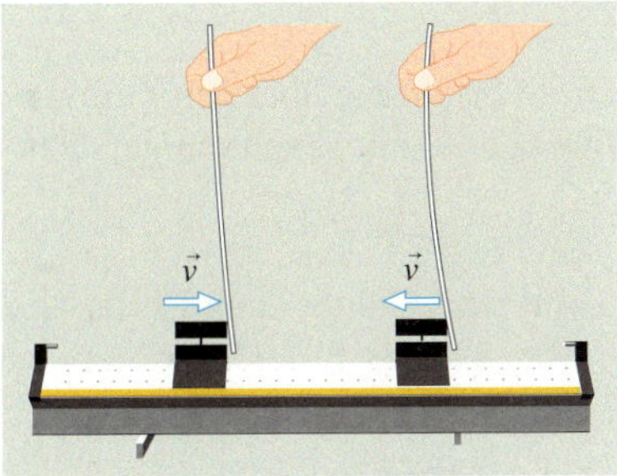

2

Abbremsen und Beschleunigen erfordert Kraft.

Soll die Geschwindigkeit des Gleiters vergrößert oder verringert werden, muss eine Kraft auf ihn ausgeübt werden. Man kann den Gleiter z. B. mit einem Lineal, an dem sich die Kraftwirkung durch Verformung zeigt, abbremsen und beschleunigen (Bild 2).

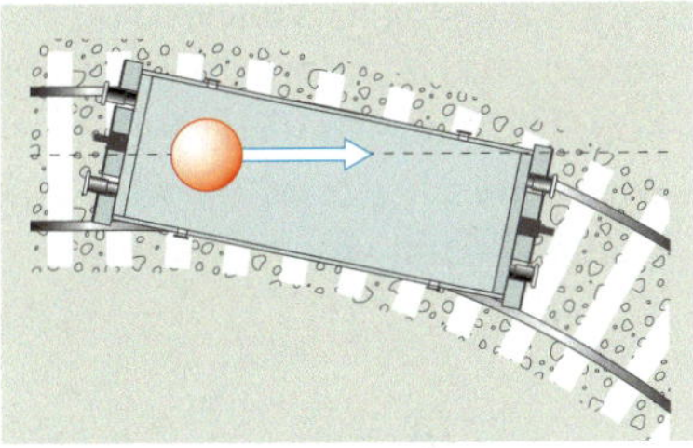
3

Die Gültigkeit dieses Gesetzes zeigt sich auch bei der Kurvenfahrt: Aufgrund ihrer Trägheit bewegt sich die Kugel geradeaus weiter.

Trägheitsgesetz
Jeder Körper verharrt im Zustand der Ruhe oder gleichförmiger geradliniger Bewegung, solange keine Kraft auf ihn ausgeübt wird.

Grundgesetz der Mechanik

Die Regeln eines Kartrennens sind bekannt: Der schnellste Fahrer holt sich den Sieg. Überlege, welche physikalischen Bedingungen den Ausgang des Rennens beeinflussen. Unter welchen Bedingungen hätten alle Fahrer die gleiche Ausgangssituation? Welche physikalischen Größen der Mechanik bestimmen den Sieg?

4

Eine Kraft kann einen Körper aus der Ruhe in Bewegung versetzen, sie kann seine Bewegung schneller oder langsamer machen:
Ein Körper kann durch die Wirkung einer Kraft beschleunigt werden.

1

Zum Beschleunigen braucht man Kraft.

Wenn man Fahrrad fährt und schneller werden will, ändert man die Geschwindigkeit. Die Geschwindigkeitsänderung wird durch eine Beschleunigung bewirkt. Sie ist umso größer, je größer die wirkende Kraft ist, d. h. je kräftiger man in die Pedale tritt.
Bei gleicher Kraftwirkung wird jedoch die Beschleunigung umso kleiner sein, je größer die Masse von Fahrrad plus Fahrer und Gepäck ist (Bild 1).

Diese Erfahrung über den Zusammenhang von Kraft, Beschleunigung und Masse soll nun genauer untersucht werden:

EXPERIMENT 1

Auf dem Gleiter einer Luftkissenbahn befinden sich einige gleich große Wägestücke. Ein Wägestück wird heruntergenommen und an einen Faden über eine Rolle gehängt. Schaltet man das Luftkissen ein und lässt den Gleiter los, bewegt er sich beschleunigt. Eine Vorrichtung, gekoppelt aus Lichtschranke und Uhr, misst bei Bewegungsbeginn die Zeit für das Durchlaufen der Wegstrecke. Durch Anhängen weiterer Wägestücke wird das Experiment wiederholt. Die Kraft am Fadenende wird dadurch größer, die Masse des Gleiters bleibt jedoch konstant.

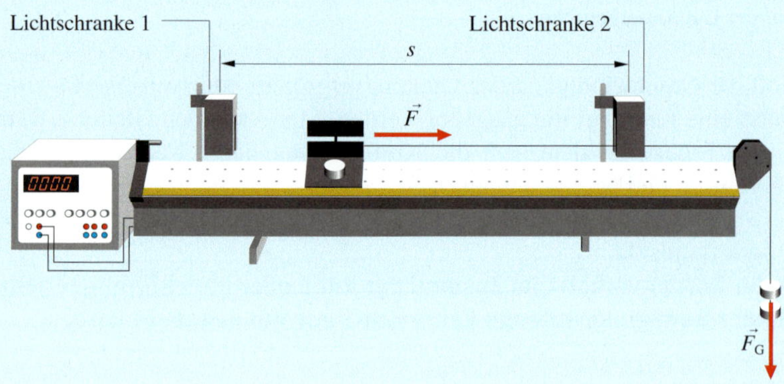

2

Man erhält eine Messwertetabelle wie die folgende. Mithilfe von Messungen an verschiedenen Orten s kann man nachweisen, dass es sich jeweils um eine gleichmäßig beschleunigte Bewegungen handelt. Die Beschleunigungen können daher mit der Gleichung

$a = \frac{2s}{t^2}$ berechnet werden.

Messwertetabelle

F in N	m in kg	s in m	t in s	a in $\frac{\text{m}}{\text{s}^2}$
0,02	0,190	0,80	4,0	0,10
0,03	0,190	0,80	3,3	0,15
0,04	0,190	0,80	2,9	0,19
0,05	0,190	0,80	2,5	0,26
0,06	0,190	0,80	2,3	0,30

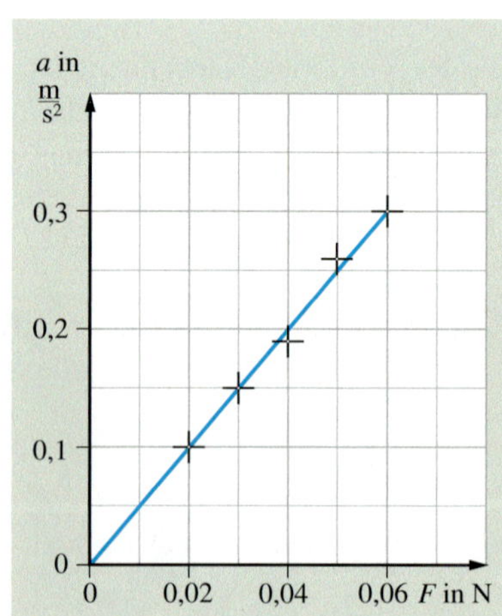

3

Beschleunigung in Abhängigkeit von der Kraft (bei konstanter Masse).

Stellt man in einem Diagramm die Beschleunigung in Abhängigkeit von der Kraft dar, so erkennt man, dass Kraft und Beschleunigung einander proportional sind (Bild 3, vorhergehende Seite): $F \sim a$.
Ohne Kraft ($F = 0$) gibt es auch keine Beschleunigung: $a = 0$.

In einem weiteren Experiment mit der Luftkissenbahn soll die zu beschleunigende Masse verändert, die Kraft jedoch konstant gehalten werden. Die zugehörigen Beschleunigungen werden aus den gemessenen Zeiten ermittelt und in eine Tabelle eingetragen.

Messwertetabelle

m in kg	s in m	t in s	a in $\frac{\text{m}}{\text{s}^2}$	$m \cdot a$ in kg $\cdot \frac{\text{m}}{\text{s}^2}$
0,090	0,80	2,0	0,40	0,036
0,140	0,80	2,4	0,28	0,039
0,190	0,80	2,8	0,20	0,038
0,240	0,80	3,2	0,16	0,038
0,290	0,80	3,6	0,13	0,038

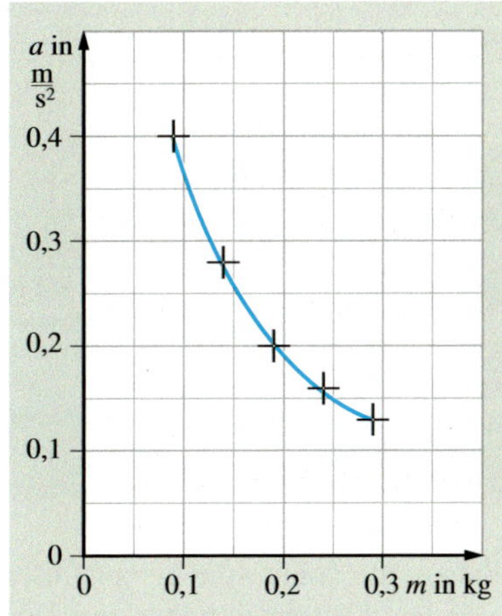

1
Beschleunigung in Abhängigkeit von der Masse (bei konstanter Kraft)

Mit zunehmender Masse wird die Beschleunigung geringer. Aus der Tabelle lässt sich ablesen, dass das Produkt aus Masse und Beschleunigung konstant ist: Die Beschleunigung ist umgekehrt proportional zur Masse: $a \sim \frac{1}{m}$.

Die beiden Zusammenhänge $a \sim \frac{1}{m}$ und $F \sim a$ hat der englische Physiker Isaac Newton vor über 300 Jahren in einer Gleichung zusammengefasst:

$$a = \frac{F}{m} \quad \text{bzw.} \quad F = m \cdot a.$$

Weil das eine fundamentale Beziehung zwischen Kraft, Masse und Beschleunigung ist, nennt man sie auch das Grundgesetz der Mechanik.

Grundgesetz der Mechanik
Wird auf einen beweglichen Körper der Masse *m* die Kraft *F* ausgeübt, so wird er beschleunigt. Es gilt dabei: $F = m \cdot a$.

Die Einheit der Kraft ist Newton (N). $1\,\text{N} = 1\,\frac{\text{kg} \cdot \text{m}}{\text{s}^2}$.

Für das Kartrennen im Beispiel am Anfang des Abschnitts lässt sich also folgern:

1. Je größer die Motorleistung eines Fahrzeugs, desto größer die erzielte Beschleunigung.
2. Je größer die Masse von Fahrer und Fahrzeug, desto kleiner die erzielte Beschleunigung.

Die Einheit Newton. Anhand der Gleichung $F = m \cdot a$ wird deutlich, dass die Einheit der Kraft sich auf die sogenannten Basiseinheiten Kilogramm, Meter und Sekunde zurückführen lässt.
1 N ist also die Kraft, die bei einem Körper der Masse 1 kg eine Beschleunigung von 1 m/s² bewirkt.

↑Basiskonzept Energie

Wechselwirkungsgesetz

↑Basiskonzept Wechselwirkung

1

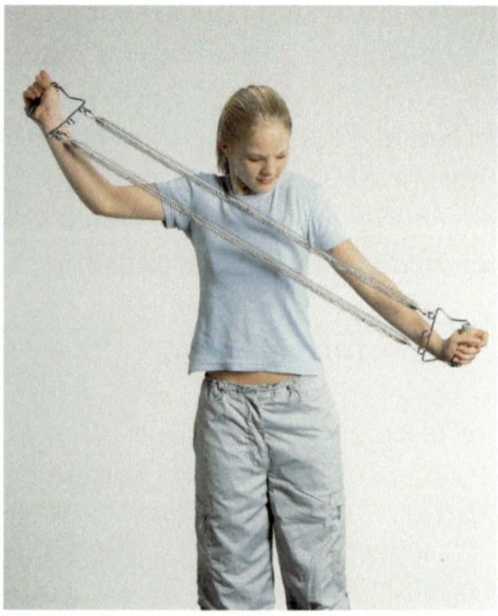
2

Wie konnte das nur passieren? Offenbar wollte der Junge in Bild 1 an Land springen. Das scheint aber gar nicht so einfach zu sein. Beim Sprung aus einem Boot spürt man eine Wirkung, die sich auf jede Bewegung einstellt. Wenn man das Boot verlassen möchte und nach vorn hinaus springt, bewegt sich das Boot genau in die entgegengesetzte Richtung.
Ein ähnliches Verhalten spürt man bei Übungen mit einem Expander. Hält man den Expander nicht mit beiden Händen fest, schnellt er in die entgegengesetzte Richtung.
Die Wirkung von Kraft und Gegenkraft findet man ebenso in der Elektrizität und beim Magnetismus. Im Bild 3 stoßen sich zwei Körper mit gleicher Ladung ab. Die Magnete im Bild 4 ziehen sich gegenseitig an. Dabei haben die Körper keinen direkten Kontakt miteinander.

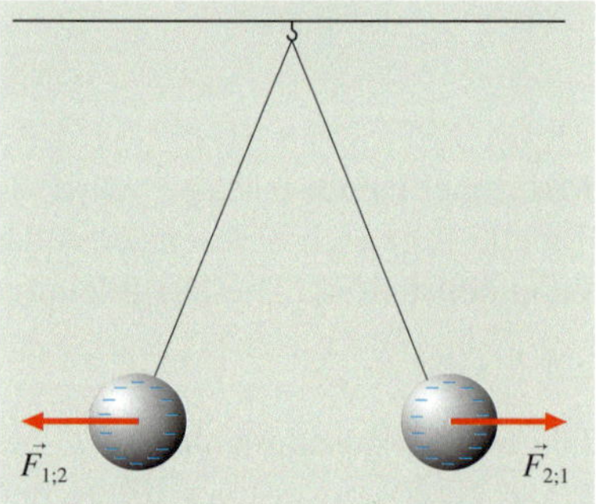

3

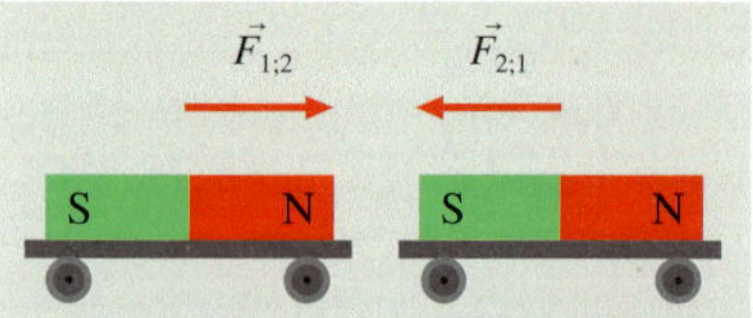

4

Die Erfahrung zeigt, übt ein Körper eine Kraft auf einen zweiten Körper aus, so wirkt stets gleichzeitig eine Kraft vom zweiten Körper auch auf den ersten Körper zurück. Dabei haben beide Kräfte entgegengesetzte Richtungen und verschiedene Angriffspunkte aber den gleichen Betrag.

Wechselwirkungsgesetz
Übt ein Körper A auf einen zweiten Körper B eine Kraft aus, so übt auch B eine Kraft auf A aus. Beide Kräfte sind gleich groß und einander entgegengesetzt gerichtet. Kraft und Gegenkraft greifen an verschiedenen Körpern an.

Das Wechselwirkungsgesetz ist in der Physik bekannt unter: actio = reactio. Eine Kraft (actio) kann also nach NEWTON nie alleine auftreten. Sie hat immer eine Gegenkraft (reactio), die an einem anderen Körper angreift.
Dieses Gesetz spielt in vielen Bereichen des täglichen Lebens und in der Technik eine wichtige Rolle, besonders für die Fortbewegung.
Ein Beispiel ist der Raketenantrieb. Bei der Rakete werden die Treibstoffgase durch eine Kraft (actio) mit großer Geschwindigkeit ausgestoßen. Die Gegenkraft (reactio) des Treibstoffs beschleunigt die Rakete in Flugrichtung.

5

Kräftegleichgewicht und Bewegung

1

Zwei Zugmaschinen ziehen in entgegengesetzte Richtungen an einem Quader – der Quader setzt sich nicht in Bewegung, obwohl zwei Kräfte auf ihn ausgeübt werden (Bild 1). Die bewegungsändernden Wirkungen der Kräfte heben sich gegenseitig auf.
Genauso ist es, wenn man eine Tasche hält (Bild 2): Auf die Tasche wird die nach unten gerichtete Gewichtskraft ausgeübt. Zusätzlich übt die Schülerin eine Kraft nach oben aus. Die bewegungsändernden Wirkungen beider Kräfte heben sich auf. Die Tasche bewegt sich nicht.

2

Greifen an einem Körper gleichzeitig mehrere Kräfte so an, dass sich ihre bewegungsändernden Wirkungen gegenseitig aufheben, sagt man: Der Körper ist im Kräftegleichgewicht.

Fährt ein ICE mit gleichbleibender Geschwindigkeit (Bild 3), müssen dauernd die Elektromotoren die Räder antreiben: An den Rädern übt die Schiene eine *Kraft in Fahrtrichtung* auf den ganzen Zug aus. Er wird aber nicht mehr schneller. Die Reibung der Luft an dem Zug führt zu einer Gegenkraft. Die Luft übt also eine *Kraft gegen die Fahrtrichtung* auf den Zug aus. Wenn diese beiden entgegengesetzten Kräfte den gleichen Betrag haben, fährt der Zug mit konstanter Geschwindigkeit.

3

Werden auf einen bewegten Körper zugleich mehrere Kräfte ausgeübt, deren Wirkungen sich gegenseitig aufheben, dann ändert sich seine Geschwindigkeit nicht.

Kein Gleichgewicht der Kräfte. Wenn es bei der Achterbahn bergab geht (Bild 4), dann werden die Wagen immer schneller. Wenn nur eine Kraft in Bewegungsrichtung auf einen Körper ausgeübt wird, wenn also kein Kräftegleichgewicht besteht, dann nimmt die Geschwindigkeit des Körpers zu: Er wird beschleunigt. Ist ein Körper bereits in Bewegung und wird nur eine Kraft auf ihn ausgeübt, die der Bewegungsrichtung entgegengesetzt gerichtet ist, dann nimmt die Geschwindigkeit des Körpers ab, er wird gebremst.
Beim Start eines Pkw versetzen Motor und Getriebe die Räder in Drehung. Wenn nicht gerade Glatteis herrscht, wird das Auto anfahren und schneller werden. Hier wechselwirken die Räder mit der Straße. Die Räder üben eine Kraft nach hinten auf die Straße aus und gleichzeitig übt die Straße über die Räder eine Kraft nach vorn auf das Auto aus.

4

5

Beim Bremsen übt die Straße über die Räder und Bremsbacken eine Kraft auf das bewegte Auto aus und bremst es.

Wird auf einen Körper eine Kraft ausgeübt, dann ändert sich seine Geschwindigkeit: Der Betrag der Geschwindigkeit nimmt zu oder ab, oder die Richtung der Geschwindigkeit ändert sich.

Aus der **Geschichte**

Sir Isaac Newton

Herkunft und Schulzeit. Isaac Newton kam 1642 im englischen Dorf Woolsthorpe als Halbwaise zu Welt. Sein Vater, ein Bauer, war verstorben und seine Mutter gab das Kind bei der Großmutter in Pflege. Die Dorfschule besuchte er nur mit mäßigem Erfolg, auch galt er als eigenbrötlerisch und schwächlich.
Als Jugendlicher widersetze sich Newton dem Wunsch seiner Mutter, Bauer zu werden; er interessierte sich mehr für seine Bücher. Newton drängte seine Mutter immer wieder, eine weiterführende Schule besuchen zu dürfen. Schließlich gab seine Mutter nach und brachte ihn bei einer befreundeten Apothekerfamilie in der Kreisstadt unter. Hier hatte er nicht nur reichlich Literatur zur Verfügung, sondern er konnte auch technische Modelle bauen und kleinere Hilfstätigkeiten beim Anmischen von Medikamenten ausüben.
Der Schuldirektor, dem der Junge wegen seiner außergewöhnlichen Fähigkeiten bald aufgefallen war, setzte sich dafür ein, dass Newton ab 1660 an einer der berühmtesten Universitäten Englands studieren konnte, dem Trinity College in Cambridge.

Anni mirabiles. Im Jahr 1665 musste das College wegen der Beulenpest geschlossen werden, und Newton kehrte nach Woolsthorpe zurück. Dieses und das folgende Jahr werden in Newtons Biografie oft als die „anni mirabiles" bezeichnet, die Jahre der Wunder. Innerhalb kurzer Zeit gelangte Newton zu grundlegenden Erkenntnissen für die Mathematik, er erklärte die Bewegungsgesetze für die Planeten und entwickelte eine Theorie der Gravitation; außerdem unternahm er Experimente zur Spektralzerlegung des Lichtes mit einem Prisma. Aus dieser Zeit stammt auch die Legende, dass Newton unter einem Apfelbaum die Erkenntnis hatte: So wie der herabfallende Apfel (der Newton angeblich am Kopf traf) von der Erde angezogen wird, so müsste auch der Mond von der Erde angezogen werden. Die Anziehung der Erde lenkt den Mond von der geradlinigen Bahn auf eine Kreisbahn ab.

Professor in Cambridge. Nach seiner Rückkehr an die Universität legte Newton einige seiner neuen Erkenntnisse seinem Lehrer Isaac Barrow vor. Dieser zeigte sich davon dermaßen beeindruckt, dass er seine Professur zugunsten seines genialen Schülers aufgab. Die Lehrveranstaltungen Newtons fanden jedoch nur wenig Begeisterung. Viele Studenten konnten dem Stoff nicht folgen und blieben den Vorlesungen fern – immerhin gewann Newton dadurch Zeit für eigene Forschung.
Das Werk, durch das Newton schon zu Lebzeiten Berühmtheit erlangte, ist die „Philosophiae naturalis principia mathematica" (1687). Hierin sind die Grundlagen der Mechanik dargestellt, die über Jahrhunderte als Vorbild aller Naturwissenschaften angesehen wurde.
Kurz nach seinem 50. Geburtstag erlitt Newton einen schweren Nervenzusammenbruch. Obwohl er sich davon wieder erholte, leistete er danach keine bedeutenden Beiträge zur Wissenschaft mehr. Stattdessen lieferte er sich heftige Auseinandersetzungen über die Urheberschaft von Forschungsergebnissen, wobei er seine Machtstellung als Präsident der englischen Akademie der Wissenschaften einsetzte.

1 Isaac Newton (1642–1727)

2 Aus dem Titelblatt der „Philosophiae naturalis principia mathematica" (Naturphilosophie nach mathematischen Prinzipien)

3 Ein-Pfund-Note, die bis 1990 im Umlauf war. Sie zeigt Isaac Newton mit Prisma, Fernrohr und elliptischen Planetenbahnen.

ÜBRIGENS

Das Geburtsjahr Newtons wird manchmal auch mit 1643 angegeben. In England galt aber damals, anders als auf dem europäischen Kontinent, noch der julianische Kalender, nach dem das neue Jahr noch nicht begonnen hatte. Und nach diesem Kalender fällt dann Newtons Geburtsjahr mit dem Todesjahr von Galilei zusammen: 1642.

Crashtest

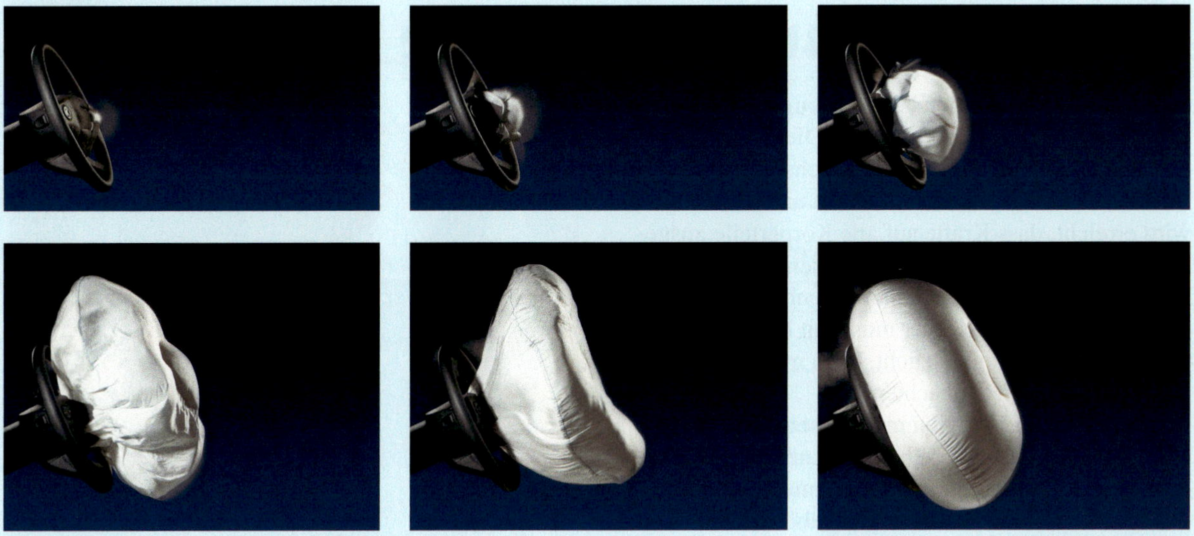

1

2

Das Trägheitsgesetz ist die physikalische Begründung dafür, dass sich Fahrzeuginsassen bei Vollbremsungen oder Unfällen zunächst geradlinig mit der ursprünglichen Geschwindigkeit weiterbewegen. Beim Aufprall auf die Frontscheibe oder andere Teile des Fahrzeuginnenraums treten dann enorme Kräfte auf, die zu schwerwiegenden Verletzungen führen können. Zur Vermeidung von Personenschäden sind im Auto spezielle Vorrichtungen vorhanden: Knautschzone, Sicherheitsgurt und Airbag (Bild 1).

Die verformbare Knautschzone im Frontbereich eines Pkw soll die kinetische Energie des Fahrzeuges so umwandeln, dass die Insassen möglichst unversehrt bleiben. Die auftretenden Kräfte werden bei Crashtests exakt in Abhängigkeit von der Geschwindigkeit und dem Fahrzeugtyp gemessen (Bild 2).

Sie lassen sich aber auch einfach abschätzen: Die Fahrzeuggeschwindigkeit werde gleichmäßig von 50 km/h (= 14 m/s) auf 0 gesenkt. Dabei verkürzt sich die Fahrzeugfront um etwa 0,5 m. Aus der Gleichung

$s=\frac{1}{2}v\cdot t$ ergibt sich dann als „Bremszeit" $t=0{,}07\,\mathrm{s}$.

Die Beschleunigung beträgt $a=v/t=200\,\mathrm{m/s^2}$. Das ist das 20-fache der Fallbeschleunigung. Auf den Fahrer wirkt also während dieses Vorgangs eine Kraft, die 20-mal so groß ist, wie seine Gewichtskraft. Es ist unmöglich, diese Kraft mit Armen oder Beinen abzufangen: Kein Fahrer ($m\approx 75\,\mathrm{kg}$) kann eine Masse von 1,5 Tonnen stemmen. Abgesehen davon treten beim Aufschlag auf das Armaturenbrett noch etwa 10-mal größere Kräfte auf als bei dieser als gleichmäßig angenommenen Beschleunigung.

Die Sicherheitsgurte dehnen sich bis zu 20 cm aus, was den Bremsweg für die Insassen verlängert. Sie müssen immer straff anliegen, sonst brechen die Rippen vom „Aufprall" in die Gurte.

Einen möglichen Aufprall auf Lenkrad und Armaturenbrett trotz anliegender Gurte soll der Airbag verhindern (Bild 3). Die abbremsenden Kräfte werden dabei gleichmäßig „verteilt".

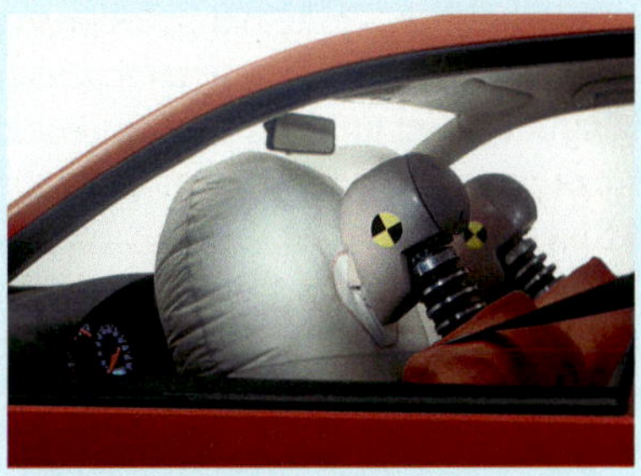

3

Bau einer einfachen Wasserrakete

1

2

Mit handelsüblichen Plastikflaschen kannst du einfache Wasserraketen bauen. 0,5- bis 1,5-Liter-Flaschen sind besonders geeignet, da sie sehr stabil sind und einen hohen Druck aushalten. Neben der Flasche benötigst du einen Korken, einen alten Fahrradschlauch mit Ventilschaft und ein Fahrradventil (Bild 1).

Als Erstes schneidest du aus dem Fahrradschlauch das Ventil aus. Achte darauf, dass noch etwas Gummi von der Größe des Korkendurchmessers am Ventilschaft bleibt. Dann bohrst du ein Loch längs durch den Korken. Die Bohrung muss so groß sein, dass der Ventilschaft mit Ventil und aufgeschraubter Ventilkappe gerade in den Korken eingeführt werden können.
Der Korken wird in der Länge so weit gekürzt, dass das Ventilgewinde herausragt und das Pumpen mit einer Luftpumpe möglich ist (Bild 3).
Fülle die Rakete zu 25 bis 30 % mit Wasser und verschließe sie mit dem Korken.
Mit einer Fahrradluftpumpe und einem Ventiladapter lässt sich durch Pumpen ein Überdruck in der Flasche erzeugen. Nun muss nur noch ein geeigneter Start- und Landeplatz gesucht werden.

! **Wichtig!**
Bei allen Experimenten zu Raketenstarts und -landungen sind bestimmte Sicherheitshinweise zu beachten. Achtet unbedingt darauf, dass
- die Rakete immer senkrecht startet,
- während der Startphase sich niemand über die Rakete beugt und sich die Beobachter außerhalb des Gefahrenbereichs befinden,
- bei Start und Landung für die Beobachter eine Sicherheitszone zugewiesen wird,
- ausschließlich Plastikflaschen verwendet werden,– möglichst leichte und nur unbeschadete Plastikflaschen verwendet werden,
- beim Umgang mit Farben und Klebstoffen, die Bestimmungen des Gesundheits- und Brandschutzes zu beachten sind.

3

Weißt du es? Kannst du es

1. Beschreibe und begründe, wie folgende Situationen auf Insassen eines Fahrzeugs wirken.
   a) Abbremsen an der roten Ampel
   b) Auffahrt auf die Autobahnspur
   c) Kurvenfahrt
2. Legt man eine Münze auf eine Postkarte über ein Gefäß und zieht ruckartig die Karte weg, fällt die Münze ins Gefäß. Erkläre und führe aus!
3. Warum sollte man vor Fahrtantritt sämtliche schwere Gegenstände, z. B. Atlas, Trinkflaschen, sicher verstauen und nicht lose auf Rücksitz und Konsole lagern?
4. Staple einige Cent-Stücke gleicher Größe übereinander. Nutze dein Lineal, um an beliebiger Stelle deines Turms eine Münze herauszuschlagen, ohne den Turm umzukippen. Begründe dein Vorgehen!
5. Erkläre die Notwendigkeit der Gurtpflicht in Pkws und die Aufgabe von Airbags und Kopfstützen! Warum sollten Kopfstützen vor Fahrtantritt für den jeweiligen Insassen eingestellt werden?
6. Folgende physikalische Aussagen sind auf ihre Richtigkeit zu überprüfen und gegebenenfalls zu korrigieren. Formulieren sie physikalisch richtig.
   a) Damit sich ein Körper gleichförmig geradlinig bewegt, muss auf ihn eine konstante Kraft wirken.
   b) Ein Stein fällt schneller als eine Vogelfeder.
   c) Kräfte wirken zwischen Körpern.

7. An einem Körper der Masse m greift eine Kraft F an. Dieser Körper bewegt sich mit der Beschleunigung a.
Wie ändert sich die Beschleunigung, wenn ein anderer Körper den ersten mit
   a) doppelter Masse
   b) halber Masse
   c) vierfacher Masse ersetzt?
8. Die Zugkraft einer Lokomotive beträgt 250 kN, ihre Masse 200 t. Der Zug besteht aus 10 Wagen mit je 30 t Masse.
   a) Wie groß ist die Beschleunigung beim Anfahren?
   b) Welche Geschwindigkeit hat der Zug nach 60 s erreicht, wenn er aus dem Stillstand heraus beschleunigt?
9. Suche eine Begründung des Trägheitsgesetzes mithilfe der Grundgleichung der Mechanik!
10. Ein Fahrgast mit der Masse 60 kg hält sich in einer Straßenbahn fest, die mit 40 km/h fährt und plötzlich bremsen muss. Der Bremsvorgang dauert 4 s. Wie groß ist die aufzubringende Kraft, mit der sich der Fahrgast abstützt?
Was geschieht, wenn diese Kraft
   a) kleiner
   b) gleich
   c) größer ist?
11. Warum ist das unmöglich (Bild 1)?
12. Beurteile die beiden Sätze:
   a) „Auf einen Körper, der sich im Kräftegleichgewicht befindet, werden keine Kräfte ausgeübt."
   b) „Ein Körper, der sich im Kräftegleichgewicht befindet, ist immer in Ruhe."

1

13. Bei jeder Wechselwirkung tritt ein Paar von Kräften auf, die gleich groß und entgegengesetzt gerichtet sind. Auch beim Kräftegleichgewicht eines Körpers kann man oft ein Paar gleich großer, entgegengesetzt gerichteter Kräfte erkennen. Erläutere anhand einer Skizze, worin der Unterschied der beiden Kräftepaare besteht!
14. Wie funktioniert dieser Rasensprenger (Bild 2)?

2

Kurz und knapp !

Trägheitsgesetz

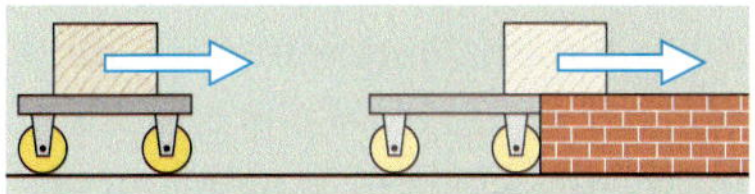

Alle Körper sind träge. Jeder Körper verharrt in seinem Zustand der Ruhe oder der gleichförmigen Bewegung, wenn er nicht durch einwirkende Kräfte gezwungen wird, seinen Zustand zu ändern.

Grundgesetz der Mechanik

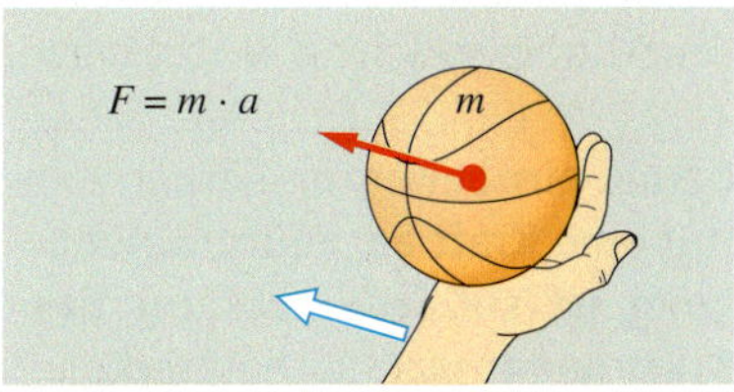

Wirkt auf einen beweglichen Körper der Masse m die Kraft F, so wird der Körper beschleunigt. Es gilt: $F = m \cdot a$.

Wechselwirkungsgesetz

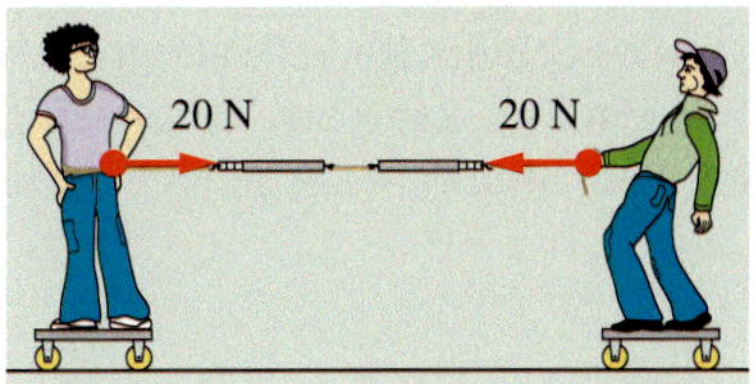

Übt ein Körper A auf einen zweiten Körper B eine Kraft aus, so übt auch B eine Kraft auf A aus. Beide Kräfte sind gleich groß, sie sind einander entgegengesetzt gerichtet. Kraft und Gegenkraft greifen an verschiedenen Körpern an.

Kräfte bei der Kreisbewegung

1

Damit das Wurfgerät einer Hammerwerferin eine große Geschwindigkeit erreicht, muss sich die Werferin sehr schnell um ihre eigene Achse drehen. Das Gerät bewegt sich dabei auf einer Kreisbahn um die Werferin. Da es nicht vorzeitig davonfliegen darf, muss diese mit beiden Händen eine große Kraft aufwenden. Welche Kräfte sind nötig, um einen Körper auf einer Kreisbahn zu bewegen?

Die Radialkraft

Eine Kugel liegt auf einer glatten horizontalen Tischplatte. Lässt man auf die Kugel durch einmaliges Anstoßen eine Kraft wirken, so führt sie eine geradlinige Bewegung aus.
Um die Kugel auf eine Kreisbahn zu bringen, ist eine weitere Kraft notwendig.

2

EXPERIMENT 1
1 Lege einen Ball in ein Netz!
2 Lass den Ball mit gleichbleibender Geschwindigkeit über deinem Kopf horizontal kreisen (Bild 2)!

↑Basiskonzept Wechselwirkung

Beim Experimentieren spürst du, dass eine Kraft erforderlich ist, um den Ball auf einer Kreisbahn zu halten.
Die Kraft, die beim Schleudern des Balles mit konstanter Geschwindigkeit über dem Kopf auftritt, wirkt senkrecht zur Bewegungsrichtung. Sie ist auf den Mittelpunkt der Kreisbahn gerichtet und wird **Radialkraft** F_r genannt.

1 Damit ein bewegter Körper eine Kreisbewegung ausführt, muss auf ihn eine Kraft ausgeübt werden. Bei einer gleichförmigen Kreisbewegung ist sie senkrecht zur Bewegung des Körpers gerichtet. Diese Kraft nennt man Radialkraft.

3

Das Wirken der Radialkraft ist auch bei den folgenden Beispielen erkennbar. Ein Pkw kann eine Kurve (Bild 3) nur durchfahren, wenn die Räder auf dem Straßenbelag genügend Reibung finden und dadurch eine ausreichende Radialkraft wirkt. Bei vereister Fahrbahn kann die Radialkraft nicht wirken und der Pkw wird nicht auf eine Kreisbahn gezwungen, er rutscht aus der Kurve heraus.

1

Wenn du in einem Kettenkarussell sitzt (Bild 1), dann bewirken die Ketten während der Fahrt, dass eine Kraft auf den Sitz ausgeübt wird. Die Ketten, an denen der Sitz hängt, üben eine zur Drehachse des Karussells gerichtete Kraft aus. Sie zieht den Sitz nach innen.

Dass die Radialkraft für eine Kreisbewegung notwendig ist, kannst du beobachten, wenn die Hammerwerferin den Hammer loslässt (Bild 2). Die Verbindung zum Drehzentrum wird unterbrochen und somit kann die Radialkraft nicht mehr wirken. Dann bewegt sich das Wurfgerät nach dem Trägheitsgesetz geradlinig weiter in Richtung der momentanen Geschwindigkeit.

2

Wovon hängt die Radialkraft ab?

Abhängigkeit der Radialkraft von der Bahngeschwindigkeit. Wenn man mit einem Fahrrad in die Kurve fährt, dann muss man sich ein bisschen „in die Kurve legen".
Und je schneller man in einer bestimmten Kurve fahren will, umso mehr muss man das Fahrrad neigen.

EXPERIMENT 2

1. Binde einen kleinen Sandsack von etwa 50 g Masse an einen 60 cm langen Faden mit Schlaufe!
2. Ziehe die Schlaufe durch ein trichterförmig aufgeweitetes Kunststoff- oder Glasrohr und hänge an die Schlaufe einen Federkraftmesser!
3. Drehe das Säckchen etwa einmal pro Sekunde im Kreis!
4. Führe das Experiment mit doppelter Bahngeschwindigkeit aus (2 Umdrehungen pro Sekunde).
   Lies in beiden Fällen die Radialkraft ab!

3

Die Radialkraft ist umso größer, je größer die Bahngeschwindigkeit v ist.

Abhängigkeit der Radialkraft von der Masse. Wenn die Hammerwerferin statt der Stahlkugel einen leichten Volleyball an der Kette hätte, dann brauchte sie sich (bei gleicher Geschwindigkeit) nicht so anzustrengen.

EXPERIMENT 3

Wiederhole Experiment 2 mit den gleichen Bahngeschwindigkeiten aber der doppelten Masse (100 g)!

Die Radialkraft ist umso größer, je größer die Masse m ist.

Abhängigkeit der Radialkraft vom Bahnradius. Wenn du im Auto sitzt und ihr fahrt in eine Kurve, dann spürst du, wie du zur Seite gedrückt wirst. Fahrt ihr mit gleicher Geschwindigkeit in eine noch engere Kurve, dann wirst du stärker zur Seite gedrückt.

EXPERIMENT 4

1 Halte einen Arm vertikal nach oben und schleudere einen kleinen Ball im Netz auf einer Kreisbahn über den Kopf. Der Faden soll ca. 1,50 m lang sein.

2 Halte nun den Arm still und beobachte.

1

Der Faden wickelt sich immer mehr auf den Arm auf. Dabei wird die Bahn des Balls enger. Die Bahngeschwindigkeit des Balls bleibt unverändert. Die Zeit, die der Ball für einen Umlauf benötigt, wird immer kürzer, der Ball rotiert zunehmend schneller um den Arm. Dabei wird der Faden immer straffer, d. h., die Radialkraft nimmt zu.

Die Radialkraft ist umso größer, je kleiner der Bahnradius r ist.

Eine Gleichung zur Berechnung der Radialkraft

Aus den experimentell untersuchten Zusammenhängen der Radialkraft lassen sich folgende Proportionalitäten ableiten:

- Sind Bahngeschwindigkeit und Radius konstant, so gilt $F_r \sim m$.
- Sind Masse und Bahnradius konstant, so gilt $F_r \sim v^2$.
- Bei konstanter Masse und Bahngeschwindigkeit ist $F_r \sim \frac{1}{r}$.

Sie werden durch folgende Gleichung beschrieben:

Gleichung für die Radialkraft: $F_r = m \cdot \frac{v^2}{r}$.

Vergleicht man die Gleichung für die Radialkraft mit dem Newton'schen Grundgesetz $F = m \cdot a$, so erkennt man, dass beide Gleichungen den gleichen Aufbau besitzen. In beiden Gleichungen steht links vom Gleichheitszeichen eine Kraft und rechts davon die Masse m. Ganz rechts steht im Newton'schen Grundgesetz die Beschleunigung a und in der Gleichung für die Radialkraft $\frac{v^2}{r}$.

Stellt dieser Quotient wie a eine Beschleunigung dar?
Die physikalische Größe Geschwindigkeit ist durch Betrag und Richtung gekennzeichnet. Der Betrag der Bahngeschwindigkeit ändert sich bei der gleichförmigen Kreisbewegung nicht. Die Richtung der Geschwindigkeit ändert sich jedoch ständig. Es handelt sich also um eine beschleunigte Bewegung. Der Quotient $\frac{v^2}{r}$ stellt eine Beschleunigung dar.

Die Gleichung für die Radialkraft ist ein Sonderfall des Newton'schen Grundgesetzes. Das Newton'sche Grundgesetz gilt für jede Art von Bewegungen. Die Veränderung des Betrages der Geschwindigkeit oder die Veränderung der Richtung der Geschwindigkeit oder beides ruft eine Beschleunigung hervor.

ÜBRIGENS

Die Bahngeschwindigkeit eines Gegenstandes auf der Erdoberfläche ist sehr groß: In Mitteleuropa bewegen wir uns mit über 1000 km/h um die Erdachse. Dennoch ist die Radialkraft, mit der wir auf dieser Bahn gehalten werden müssen, sehr klein, denn der Bahnradius ist sehr groß.

Gravitationskraft

Betrachtet man die Bewegung des Mondes um die Erde als Kreisbewegung, so stellt sich die Frage nach der Radialkraft dieser Bewegung: Welche Kraft sorgt dafür, dass der Mond auf eine Kreisbahn gezwungen wird? Da die Erde im Zentrum dieser Bewegung steht, liegt es nahe, dass die Erde diese Kraft auf den Mond ausübt. ISAAC NEWTON fand eine Antwort auf diese Frage. Er übertrug die gefundenen Gesetze zum freien Fall auf der Erde auf die Bewegung der Himmelskörper.
Jeder Körper, in NEWTONS Gedankenexperiment ein Apfel, fällt unter der Annahme des freien Falls mit konstanter Beschleunigung g zu Boden. Diese Kraft, die dabei auf den Apfel ausgeübt wird, kann mit dem Newton'schen Grundgesetz $F = m \cdot a$ berechnet werden. Sie ist die Gewichtskraft F_G. Die Beschleunigung ist die Fallbeschleunigung g. Es gilt: $F_G = m \cdot g$.
NEWTON stellte sich die Frage, welche Bewegung der Apfel vollführt, wenn er ihn durch Ausüben einer einmaligen Kraft waagerecht von der Erdoberfläche abschießt. Der Apfel wird von seiner geradlinigen Bahn auf eine gekrümmte Bahn zur Erde abgelenkt. NEWTON dachte sich nun: Ist die Abschussgeschwindigkeit des Apfels so groß, dass er hinter dem Horizont nicht mehr auf die Erde trifft, so würde der Apfel wie der Mond die Erde umkreisen. Die Gewichtskraft des Apfels wirkt dann wie eine Radialkraft, die den Apfel auf die Kreisbahn zwingt.
Er folgerte weiter, dass die Gewichtskraft des Mondes als Radialkraft der Mondbewegung angesehen werden kann.
Stellt man sich als Bezugspunkt gedanklich auf den Mond, so führt die Erde eine Kreisbewegung um den Mond aus. Da es sich um dieselbe Bewegung handelt, wird klar, dass die Kraft, mit der der Mond die Erde anzieht, genauso groß ist wie die Kraft, mit der die Erde den Mond anzieht. Die Anziehung zwischen zwei Körpern heißt Gravitation.

Die Gravitation beschreibt die Anziehung zwischen zwei Körpern. Zwei beliebige Körper üben aufgrund ihrer Masse eine gleich große, entgegengesetzt gerichtete Gravitationskraft aus.

Durch die Gravitation wird deutlich, dass die Fallbeschleunigung auf der Erde und somit die Gewichtskraft sämtlicher Körper in Erdnähe durch die Erde mit ihrer großen Masse ($5{,}974 \cdot 10^{24}$ kg) hervorgerufen wird. Auch der Mond zieht alle Körper an. Da er aber eine kleinere Masse als die Erde hat, ist die Gravitationskraft, die der Mond auf Körper an seiner Oberfläche ausübt, geringer. Sie beträgt nur etwa ein Sechstel von der Gravitationskraft an der Erdoberfläche.
Dies erklärt auch die unterschiedlich große Fallbeschleunigung g an verschiedenen Orten der Erde und des gesamten Universums.

Ort	Fallbeschleunigung g in N/kg
Erdoberfläche	9,78 bis 9,83
in 1 000 km Höhe	7,33
auf dem Mond	1,62
auf dem Jupiter	26

1

Von ISAAC NEWTON wird die folgende Geschichte erzählt: An einem Herbstabend sitzt NEWTON in seinem Garten. Der Mond leuchtet durch die Äste eines Apfelbaums. Da löst sich ein reifer Apfel vom Baum und fällt genau neben ihn ins Gras. Er fragt sich: „Warum fällt der Apfel eigentlich zur Erde – und das immer senkrecht? Und warum fällt der Mond nicht auch zur Erde?“

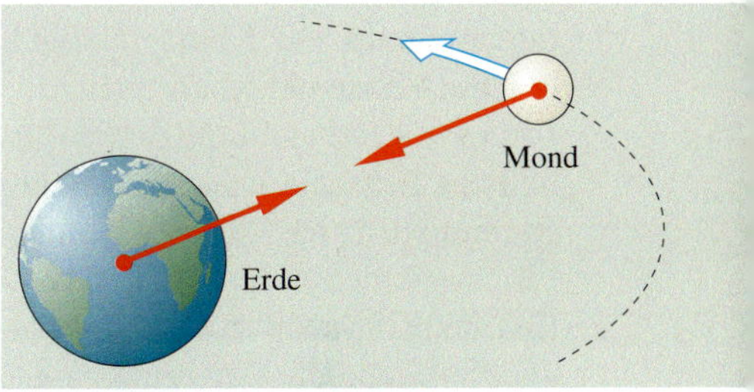

Gravitationskraft Erde–Mond 2

ÜBRIGENS

NEWTON schlussfolgerte auch, dass die Gravitationskraft umso schwächer ist, je weiter der Gegenstand vom Erdmittelpunkt entfernt ist.

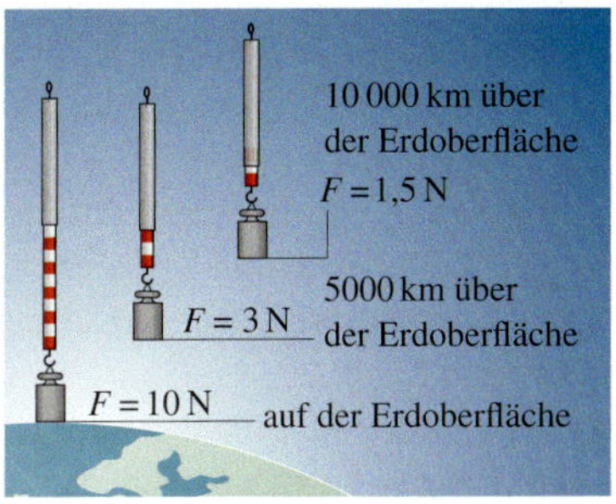

3

Abnehmende Gravitationskraft

Aus der **Geschichte**

Die Bewegung der Himmelskörper

In der Antike schloss man aus den Himmelsbeobachtungen, dass die Erde im Mittelpunkt des Weltalls ruht und die Planeten, unsere Sonne sowie alle anderen Sterne sich um die Erde herum auf teilweise sehr komplizierten Bahnen bewegen. Der griechische Astronom und Mathematiker PTOLEMÄUS (etwa 90–160 n. Chr.) hat die Erkenntnisse seiner Zeit über dieses geozentrische Weltbild um 150 n. Chr. in einem Buch zusammengefasst.

Seine Lehren haben sich lange behauptet, obwohl es später Gelehrte gab, die Zweifel daran anmeldeten. Zu ihnen gehörte auch NIKOLAUS KOPERNIKUS (1473–1543). Bei seinen astronomischen Beobachtungen und langwierigen Messungen und Berechnungen stellte er immer wieder Widersprüche zur Theorie des PTOLEMÄUS fest. Er schloss deshalb, dass die Sonne im Mittelpunkt des Weltalls steht und die Erde und die anderen Planeten sie umkreisen. Die Erde dreht sich in diesem heliozentrischen Weltbild täglich einmal um ihre Achse. KOPERNIKUS gab erst in seinem Todesjahr die Zustimmung zur Veröffentlichung seines Werkes. Nicht zuletzt standen seine neuen Erkenntnisse im Gegensatz zu den Lehren der Kirche. Dieses Buch erregte Aufsehen, denn es enthielt bahnbrechende Gedanken.

GALILEO GALILEI (1564–1642) hielt die Entdeckung der Jupitermonde und ihrer Bewegung um den Planeten für ein wesentliches Argument dafür, dass das heliozentrische Weltbild den Bau des Sonnensystems richtig beschreibt. Die Kräfte, die die Körper auf ihren Bahnen halten, konnte er jedoch noch nicht benennen.

JOHANNES KEPLER (1571–1630) hat das heliozentrische Weltbild schließlich im Ergebnis exakter Messungen und Berechnungen verfeinert. Er erkannte u. a., dass die Bahnen der Planeten um die Sonne die Form von Ellipsen haben (Kepler'sche Gesetze).

Erst dem Physiker ISAAC NEWTON (1643–1727) gelang die Entdeckung der Kraft, der alle Bewegungen der Himmelskörper unterworfen sind und die alle kosmischen Systeme zusammenhält. Im Jahre 1687 veröffentlichte er das Gravitationsgesetz.

1

2

NIKOLAUS KOPERNIKUS

3

JOHANNES KEPLER

4

GALILEO GALILEI

5

ISAAC NEWTON

Weißt du es? Kannst du es

1. Erkläre, wie bei einer Wäscheschleuder die Wassertropfen des Wäschestücks die Trommel verlassen können!
2. Nach dem Bohr'schen Atommodell bewegen sich die Elektronen auf Kreisbahnen um den Kern. Was ist bei dieser Bewegung die Ursache der Radialkraft?
3. Ein Radrennfahrer legt sich beim Durchfahren von gekrümmten Straßen in die Kurve. Begründe warum!
4. Eine Hammerwerferin dreht den Hammer gegen den Uhrzeigersinn im Kreis herum (Bild 6). In welchem Punkt der Bahn muss die Werferin loslassen, damit der Hammer das Ziel Z erreicht?

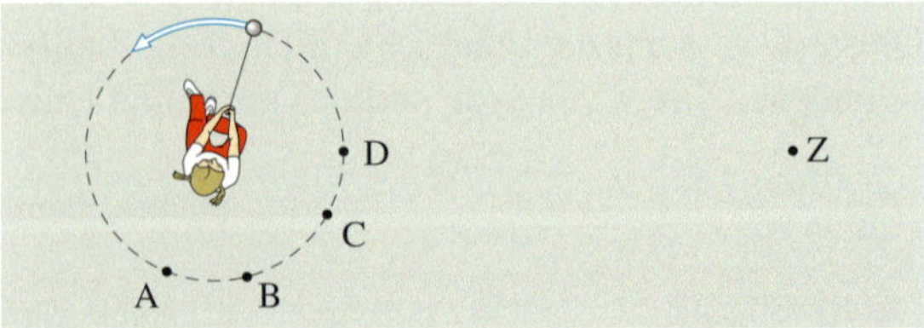

6

5. Zur Steuerung eines Schiffes in eine Kurve wird das Ruder am Heck schräg gestellt. Warum?

6. Schnelle Autos sind oft mit Schalensitzen ausgestattet. Wieso ist das physikalisch sinnvoll?
7. Warum ist bei einer kurvigen Bahnstrecke die äußere Schiene des Eisenbahngleises höher als die innere Schiene angeordnet?
8. Beim Umrühren der Zuckerkristalle in der Kaffeetasse ist eine Kreisbewegung zu beobachten. Was ist für diese Bewegung die Ursache der Radialkraft?
9. Hunde schütteln sich, wenn sie ein nasses Fell haben. Erkläre physikalisch, warum sich dabei das Wasser vom Fell trennt!

1

10. Beschreibe den Unterschied zwischen Gewichtskraft und Masse eines Körpers! Wie hängen Gewichtskraft und Masse zusammen?
11. Am Äquator zeigt ein Federkraftmesser, an dem ein Beutel mit Sand hängt, 100 N an. Muss man am Nordpol Sand herausnehmen oder hinzufügen, damit der Federkraftmesser ebenfalls 100 N anzeigt?
12. Beschreibe den Funkenflug und erkläre, warum die Funken gerade in diese Richtung fliegen (Bild 2).

2

13. Berechne deine Gewichtskraft auf der Erdoberfläche und der Mondoberfläche. Ziehe daraus Schlussfolgerungen über deine benötigte Muskulatur, um dich auf der Mondoberfläche fortzubewegen. Welche Schwierigkeiten ergeben sich daraus für Astronauten mit längerem Aufenthalt auf dem Mond bzw. in der Schwerelosigkeit. Wie wird diesen Problemen entgegengewirkt?
14. Ein Schüler mit der Masse 65 kg steht auf der Erdoberfläche. Mit welcher Kraft wird er von der Erde angezogen? Mit welcher Kraft zieht er die Erde an?

Kurz und knapp !

Radialkraft

Bei der gleichförmigen Kreisbewegung bewegt sich ein Körper mit konstantem Betrag der Geschwindigkeit auf einer Kreisbahn.
Die Kraft, die den Körper auf die Kreisbahn zwingt, nennt man Radialkraft F_r.

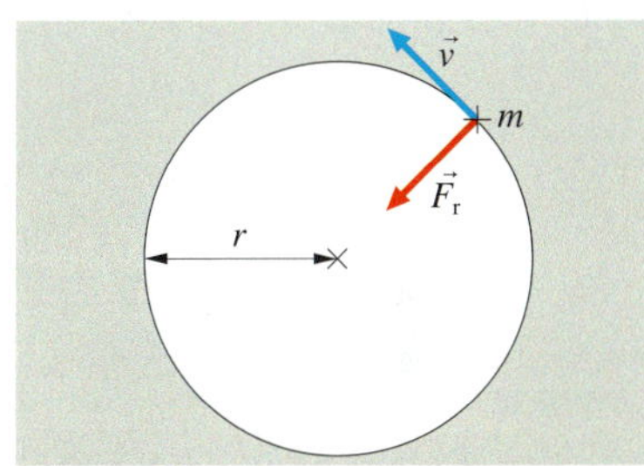

Gewichtskraft

Die Masse eines Körpers ist überall dieselbe, die Gewichtskraft, die auf ihn wirkt, ist ortsabhängig.
Die Gewichtskraft, die auf einen Körper wirkt, ist proportional zu seiner Masse: $F_G = m \cdot g$.
In Mitteleuropa gilt: $g = 9{,}81$ N/kg.

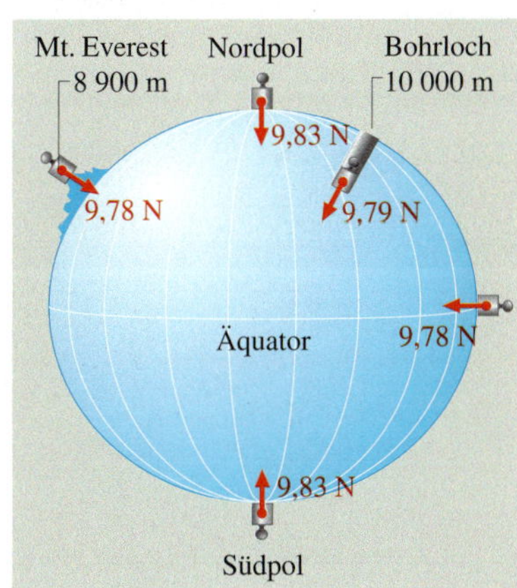

Gravitationskraft

Die Gravitation beschreibt die Anziehung zwischen zwei Körpern. Zwei beliebige Körper üben aufgrund ihrer Masse gleich große, entgegengesetzt gerichtete Gravitationskräfte aus. Sie sind umso größer,
– je größer die Massen der Körper sind und
– je kleiner der Abstand der Körper ist.

Physik erlebt

Auf Kreisbahnen im All unterwegs

Von den unzähligen natürlichen und künstlichen Himmelskörpern (Satelliten) bewegen sich viele auf kreisähnlichen Bahnen. So umlaufen die Planeten auf solchen Bahnen die Sonne, der Mond – der natürliche Satellit der Erde – umkreist die Erde und gemeinsam mit ihr auch die Sonne.

Internationale Raumstation. Raumschiffe, in denen sich Astronauten lange aufhalten, umkreisen die Erde mit geringem Abstand. Die ISS (engl. *International Space Station*) ist eine bemannte Raumstation, die in internationaler Kooperation betrieben und ausgebaut wird. Sie bewegt sich in einer Höhe von etwa 400 km um die Erde. Der Bahnradius beträgt also etwa 6770 km.

Geostationäre Satelliten. Sie kreisen in einer Höhe von etwa 35 800 km über dem Äquator und brauchen – genau wie unsere Erde – für einen vollen Umlauf 24 Stunden. Sie scheinen daher fest über der Erde zu stehen. Dadurch ist z. B. der Fernsehempfang mit fest ausgerichteten „Satellitenschüsseln" möglich, die immer auf die gleiche Stelle am Himmel weisen.

1 ISS

2 Umlaufbahn eines geostationären Satelliten

ÜBRIGENS

Die Zeiten für die Sichtbarkeit der ISS an deinem Wohnort kannst du aus dem Internet erfahren.

3 Fernsehsatellit Astra

4 Wettersatellit Meteosat

Satelliten-Navigationssystem Galileo. Galileo ist ein von der Europäischen Kommission in Zusammenarbeit mit der Europäischen Weltraumorganisation geführtes Programm mit dem Ziel, ein ziviles, globales Satelliten-Navigationssystem aufzubauen. 30 Satelliten, die gleichmäßig auf drei Bahnebenen in ca. 24 000 Kilometer Höhe verteilt sind, sollen eine globale Abdeckung garantieren. Gegenüber dem aktuellen Satelliten-Navigationssystem GPS wird Galileo eine größere Genauigkeit sowie eine höhere Zuverlässigkeit und Verfügbarkeit bieten.

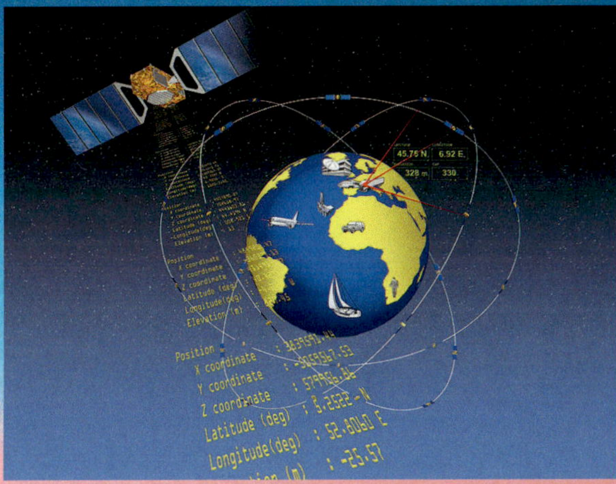

5

Navigationssystem Galileo

Raketen und Raketenantriebe. Um ein Raumschiff auf eine Umlaufbahn um die Erde zu bringen, benötigt man Raketen. Aus den Düsen dieser Raketen treten heiße Verbrennungsgase mit großer Geschwindigkeit aus. Nach dem Wechselwirkungsgesetz wirkt auf die Rakete eine Kraft, die den gleichen Betrag hat wie die Kraft, mit der die Gase ausgestoßen werden. Diese Kräfte sind entgegengesetzt gerichtet und die Rakete wird vorwärtsgetrieben. Dabei wird ihre Bahngeschwindigkeit immer größer. Damit ein Raumschiff die Erde umkreisen kann, muss es eine Bahngeschwindigkeit von mindestens 7,9 km/s aufweisen. Diese Geschwindigkeit nennt man 1. kosmische Geschwindigkeit. Bei ihr ist die Radialkraft so groß, dass das Raumschiff auf eine Kreisbahn um die Erde gezwungen wird.

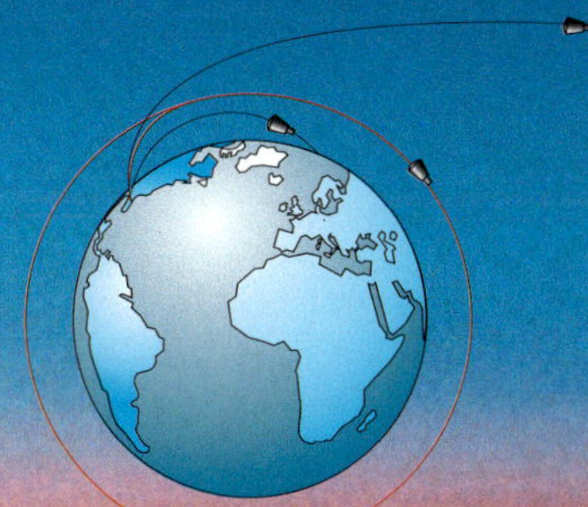

6

1. kosmische Geschwindigkeit

Weltraumschrott. Derzeit gibt es im All nach Hochrechnungen von Experten Hunderttausende Raumfahrtrückstände, die größer als ein Kubikzentimeter sind. Dazu zählen Raketenstufen, ausrangierte Satelliten, aber auch verlorene Schraubenzieher oder Arbeitshandschuhe. Die zurückgebliebenen Trümmerteile kreisen inzwischen neben intakten Satelliten wie ein dichter Bienenschwarm um die Erde. Selbst kirschkerngroße Bruchstücke könnten mit ihrer Geschwindigkeit von über 30 000 km/h beim Aufprall Löcher in Raumfähren reißen oder Satelliten zertrümmern. Experten sprechen inzwischen von einer ernsten Gefahr für die Raumfahrt.

Das Europäische Raumflugkontrollzentrum (ESOC) wacht sehr genau über den Schutt im All mithilfe eines großen Teleskops auf den Kanarischen Inseln und einer Radaranlage in Deutschland. Ein Satellit überwacht außerdem mikroskopisch kleinen Weltraummüll. Auf der Grundlage dieser Informationen kann das ESOC Empfehlungen über den besten Zeitpunkt zum Verlegen eines Raumflugkörpers in eine sicherere Bahn abgeben. Es warnt auch frühzeitig vor dem Wiedereintritt großer Objekte in unsere Atmosphäre.

Weltraumschrott – künstlerische Darstellung. Die Größe der Trümmer ist hier im Vergleich zur Größe der Erde stark vergrößert.

7

Ordnung und Chaos bei Bewegungen

Kann der Flügelschlag eines Schmetterlings in Brasilien einen Tornado in Texas hervorrufen?

1

2

Bei der Wettervorhersage stellte der Meteorologe und Mathematiker EDWARD N. LORENZ einmal diese Frage, nachdem er die Ausgangsparameter für die Computersimulation zur Entwicklung des Wetters nur geringfügig änderte und sich danach auf dem Computer eine völlig andere Wetterlage ergab.
Wie ist die Beobachtung der völlig neuen Wetterlage erklärbar? War es ein Fehler bei der Datenverarbeitung, ein Einzelfall bei einer einmaligen Wetterlage oder sind solche Phänomene auch in anderen Bereichen der Natur zu beobachten?

AUFTRÄGE

1 Lass einen Würfel aus 1 m Höhe aus jeweils gleicher Startposition mehrmals frei auf eine harte Unterlage fallen. Notiere die erzielte Augenzahl und markiere die Endposition des Würfels mit einem Stück Kreide. Was stellst du fest?

2 Blase einen Luftballon auf. Gib die Öffnung frei und lass ihn als Luftrakete fliegen. Wiederhole das Experiment mit gleicher Luftmenge im Ballon und gleicher Startposition. Beobachte jeweils die Flugbahn. Was stellst du fest?

3

3 Lege drei Magnete in gleicher Nord-Süd-Ausrichtung so auf die Tischplatte, dass sie ein gleichseitiges Dreieck bilden. Hänge mithilfe von Stativmaterial eine Eisenkugel an einem Faden über den Mittelpunkt des Dreiecks. Lass die Kugel mehrfach von gleicher Stelle außerhalb des Dreiecks los. Versuche vorherzusagen, über welchem Magneten das Pendel zur Ruhe kommt!

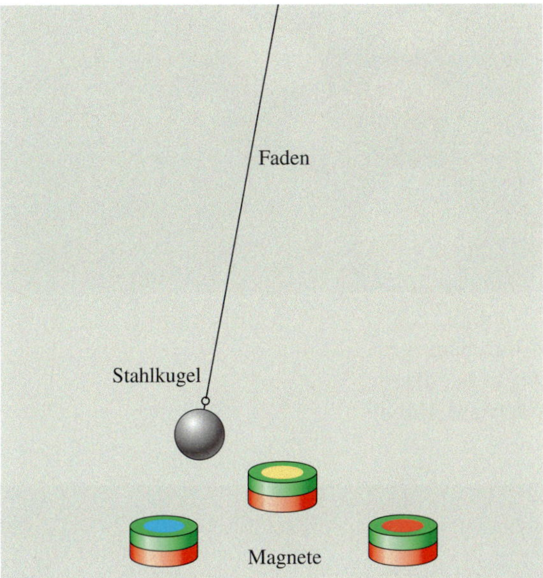

1

4 Lass ein Doppelpendel wiederholt aus einer bestimmten Startposition los. Beobachte den Schwingungsverlauf, bis nur noch kleine Auslenkungen vorliegen. Zähle die Anzahl der Überschläge des kleinen Pendelarms. Was beobachtest du trotz nahezu identischer Startbedingungen?

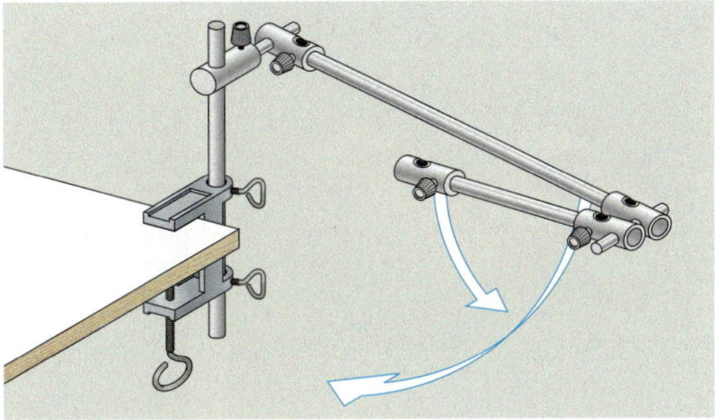
2

5 Fülle ein Glas Wasser bis zur Hälfte und lass einen Tropfen Sirup in die Glasmitte fallen. Fotografiere das Bild der Flüssigkeit nach 10 s mit deinem Handy. Wiederhole das Experiment mit gleichen Anfangsbedingungen und vergleiche die Bilder!

6 Beobachte die Bewegung von zunächst einem, dann zwei und später drei Teilchen auf einem Luftkissentisch unter gleichen Ausgangsbedingungen. Versuche die Bahn der Teilchen vorherzusagen!

Vielleicht hast du schon einmal auf dem Rummel ein „Breakdance-Karussell“ beobachtet. Die unterste Scheibe wird von einem Motor in Bewegungsrichtung angetrieben. Auf den darüber drehbar gelagerten Scheiben sind jeweils mehrere Fahrgastgondeln befestigt, die wiederum drehbar gelagert sind. Während sich die drehbar gelagerten Scheiben in entgegengesetzter Antriebsrichtung drehen und ihre Bewegung somit vorhersagbar ist, scheint sich jede einzelne Fahrgastgondel in willkürlicher Richtung zu drehen. Der Drehsinn der einzelnen Gondel ist nicht vorhersagbar.

3

Ein ähnliches Phänomen kannst du am Poolbillardtisch beobachten. Obwohl beim ersten Stoß zu Beginn des Spiels alle Kugeln in gleicher Position liegen, ist das Bild nach dem ersten Stoß immer ein anderes. Schon kleinste Veränderungen an der Ausgangsposition vor dem Stoß führen offenbar zu einem völlig neuen Ergebnis nach dem Stoß.

1

2

Bowlingspieler üben immer wieder den ersten Wurf mit durchaus vergleichbaren Ausgangssituationen. Trotzdem gelingt ihnen nicht bei jedem Wurf ein Strike, da schon geringste Störungen (etwas Staub auf Kugel oder Bahn) zu einem anderen Ergebnis führen.

3

Diese Vorgänge zeigen, dass es in der Natur Bewegungen gibt, die sich nicht mehr so zuverlässig beschreiben und vorhersagen lassen, wie du es bisher aus dem Physikunterricht gewohnt bist. Dabei wirken sich kleinste Veränderungen und winzige, nicht direkt sichtbare Störungen sehr stark auf den weiteren Verlauf der Bewegung aus. Solche Bewegungen nennt man *chaotische Bewegungen*.

Ursachen des Chaos. Um die Bewegung eines Körpers zu beschreiben, also vorhersagen zu können, zu welcher Zeit er sich an einem bestimmten Ort befindet, benötigt man:
- den Ort, an dem sich der Körper am Anfang der Bewegung befindet,
- alle während der Bewegung auf den Körper wirkenden Kräfte und
- die physikalischen Gesetze der entstehenden Bewegung.

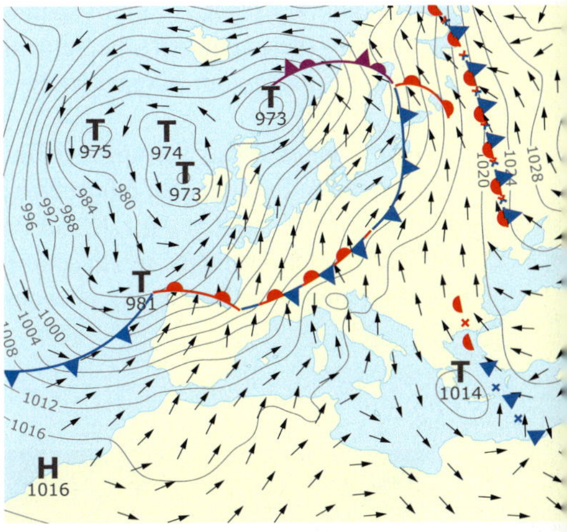

1

Einige Gesetze hast du schon im bisherigen Physikunterricht kennengelernt (Gesetz der geradlinig gleichförmigen Bewegung, Gesetz der gleichförmigen Kreisbewegung ...). Beim Anwenden dieser Gesetze musstest du jedoch viele äußere Einwirkungen von Kräften während der Bewegung vernachlässigen (Reibung zwischen Körper und Unterlage, Reibung durch den Luftwiderstand, Gravitation mit anderen Körpern ...). Zur Vereinfachung der Beschreibung der Bewegung wurden dazu Modelle geschaffen, die diese komplizierten äußeren Einflüsse ausklammern (Modell Massepunkt ...).

In der Natur ist die Beschreibung von Bewegungen realer Körper durch die vielfältigen äußeren Einflüsse weitaus komplizierter. Dies wird besonders am Beispiel der täglichen Wettervorhersage deutlich. Sicher hast du auch schon beobachtet, dass die getroffenen Vorhersagen nicht immer eintreten.

Dass dies nicht zwingend auf eine schlechte Arbeit der Meteorologen zurückzuführen ist, wird ersichtlich wenn man versucht, die Bewegung der einzelnen Luftteilchen mit physikalischen Gesetzen zu beschreiben. Um vorhersagen zu können, wo die Teilchen sich hinbewegen, um so Strömungen von Luftmassen vorauszuberechnen, müssen alle Kräfte, die während der Bewegung auf die Teilchen wirken, bekannt sein. Dabei handelt es sich jedoch nicht nur um ein Teilchen, wie du es vom Physikunterricht her kennst, sondern um Größenordnungen von 10^{23} Teilchen auf engstem Raum. Stellt man für jedes Teilchen sein physikalisches Bewegungsgesetz auf, dann müsste zur Vorausberechnung der Bewegung der Teilchen ein System von 10^{23} Bewegungsgleichungen gelöst werden.
Abgesehen davon, dass kein Computer diese Datenmengen bewältigen kann, wurde schon am Beispiel des obigen Karussells oder des Billardtisches deutlich, dass sich schon Systeme mit weitaus weniger Körpern in ihrer Bewegung als chaotisch und somit nicht vorhersagbar erweisen. Kleine Störungen können zu einer völlig anderen Bewegung der Teilchen führen.
Dadurch ist es praktisch unmöglich, die Bewegung der Luftmassen, die maßgeblich das Wetter beeinflussen, genau vorherzusagen.
So wird verständlich, dass die Frage des Meteorologen EDWARD N. LORENZ, ob der Flügelschlag eines Schmetterlings in Brasilien einen Tornado in Texas hervorrufen kann, berechtigt ist.

Bewegungen, bei denen eine offensichtlich gleiche Ausgangsposition eines Körpers und gleiche Bedingungen während der Bewegung zu verschiedenen Endpositionen des Körpers führen, heißen chaotische Bewegungen.

AUFTRAG

7 Suche weitere Beispiele aus deiner Umgebung für Systeme, die chaotische Bewegungen ausführen könnten. Überprüfe sie durch Beobachtungen im Hinblick auf die Vorhersagbarkeit ihrer Bewegung!

Bei den Aufträgen 1 bis 6 konntest du beobachten, dass trotz gleicher Ausgangsbedingungen unterschiedliche Ergebnisse auftraten. Bild 1 zeigt einige Bahnen vom Magnetpendel aus Auftrag 3.

Bild 2 ist eine Auswertung der Bewegung des Magnetpendels mit einem Computer. Es zeigt sehr eindrucksvoll, wie das Ergebnis vom „Loslassort" des Pendels abhängt. Ist z. B. ein Punkt der Ebene gelb eingefärbt, so wird das Pendel, welches in diesem Punkt losgelassen wird, beim gelben Magneten seine Bewegung beenden.

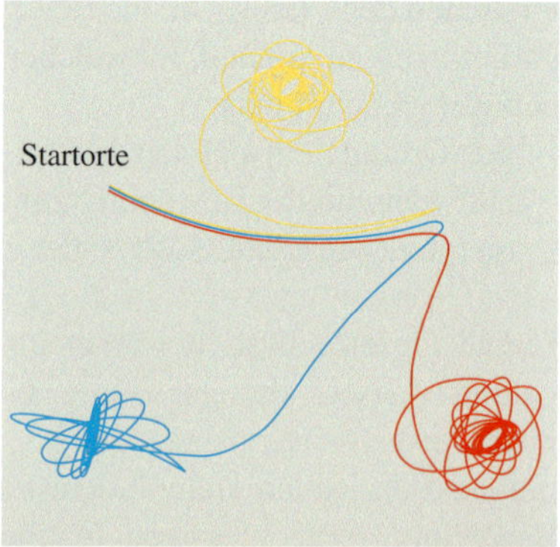

Nahe nebeneinanderliegende Startorte führen auf verschlungenen Wegen zu verschiedenen Endzuständen.

1

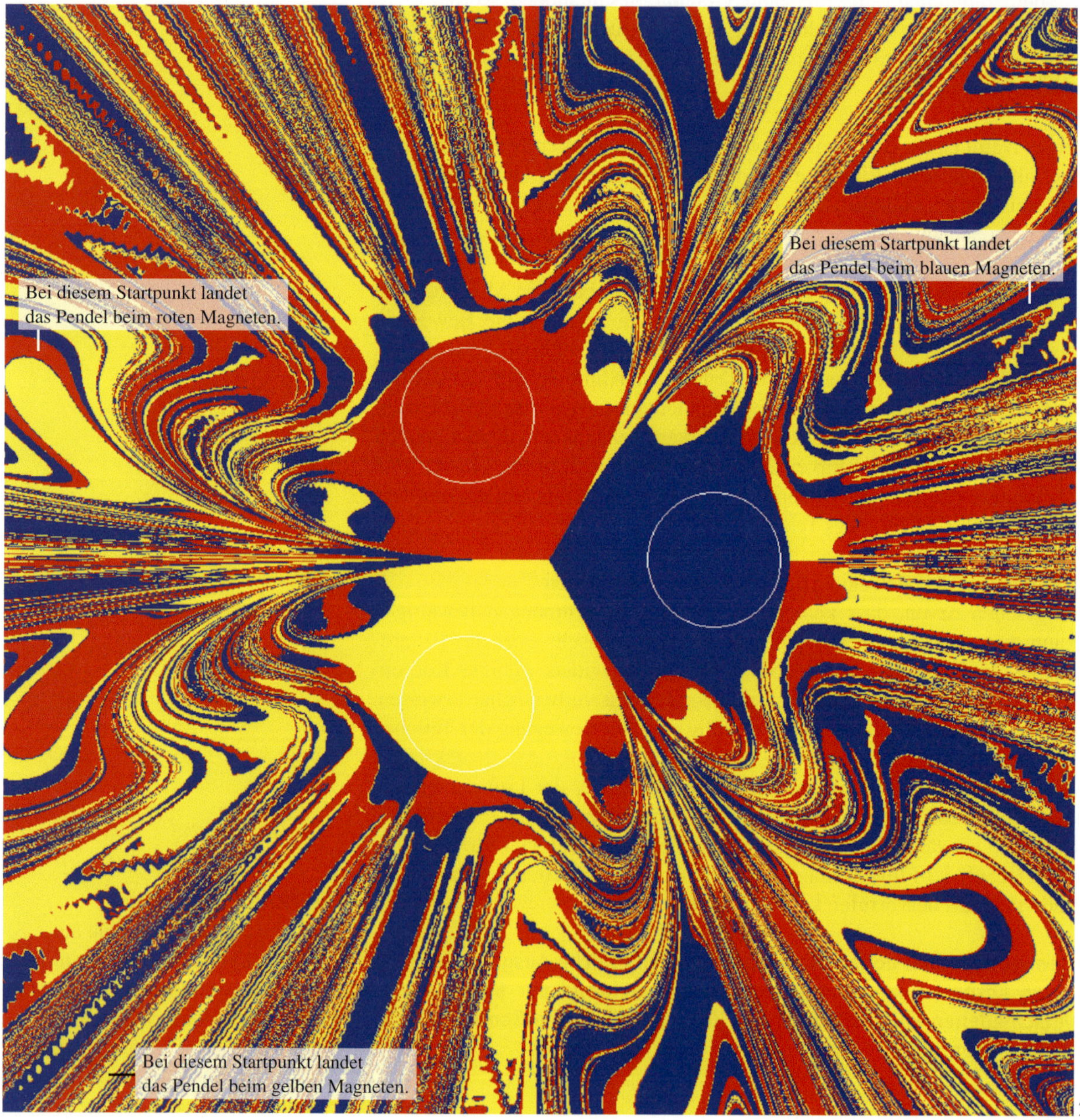

2

Aus der Geschichte. Gegen Ende des 19. Jahrhunderts feierte die Astronomie große Erfolge. Durch das Anwenden von Gesetzen der Kreisbewegung und der Gravitation auf die Planetenbewegung konnten die Bahnen der Planeten Jupiter und Saturn berechnet werden. Damit konnte der Aufenthaltsort von Jupiter und Saturn im Universum zu jedem Zeitpunkt vorhergesagt werden. Bei der Beobachtung dieser Planeten auf ihrer Bahn um die Sonne ergaben sich jedoch Abweichungen zwischen berechneten und beobachteten Bewegungsdaten. Die Abweichungen wurden durch die Annahme der Existenz zweier weiterer Planeten korrigiert.
Letztendlich führte so die Anwendung physikalischer Gesetze zur Vorhersage und Entdeckung der Planeten Neptun und Uranus.

1

Diese Erfolge vermittelten den Eindruck, dass durch Anwenden der Gesetze der Mechanik sämtliche Bewegungen im Universum vorausberechnet werden können. Der französische Mathematiker Pierre Simon Laplace (1749–1827) formulierte diesen Standpunkt schon 1776: „Der momentane Zustand des Systems Natur ist offensichtlich eine Folge dessen, was er im vorherigen Moment war, und wenn wir uns eine Intelligenz vorstellen, die zu einem gegebenen Zeitpunkt alle Beziehungen zwischen den Teilen des Universums verarbeiten kann, so könnte sie Orte, Bewegungen und allgemeine Beziehungen zwischen all diesen Teilen für alle Zeitpunkte in Vergangenheit und Zukunft vorhersagen."
Daraufhin wurde im Jahr 1889 zum 60. Geburtstag von Oskar II., König von Norwegen und Schweden, ein mathematischer Wettbewerb veranstaltet, mit der Aufgabe zu beweisen, dass das Sonnensystem ein stabiles System darstellt, d. h., dass die Planeten sich bis in alle Ewigkeit mit vorausberechneter Bahn um die Sonne bewegen.
Dieses Preisausschreiben gewann der französische Mathematiker Henri Poincaré allerdings für den Nachweis, dass dieser Beweis unmöglich zu führen ist und dass es sich beim Sonnensystem um kein stabiles System handelt. Poincaré zeigte, dass es Ausgangssituationen gibt, die eine langfristige Vorhersage der Planetenbahnen praktisch unmöglich machen. Die Planetenbewegung erweist sich über einen langen Zeitraum betrachtet als chaotisch.
Was zu Lebzeiten von Poincaré noch als ein Einzelfall und eine Besonderheit planetarer Bewegung erschien, erwies sich bald als fester Bestandteil der Naturgesetze. Fast ein Jahrhundert später fand man dieses chaotische Verhalten in nahezu allen Bereichen der Naturwissenschaften.

2
Henri Poincaré (1854–1912)

Teste dich!

1 Beim Kettenkarussell werden die Sitzplätze meist in 2 Reihen zur Drehachse angebracht. Ist die Bahngeschwindigkeit eines inneren oder eines äußeren Sitzplatzes größer? Begründe!

2 Gib für folgende Beispiele an, ob sich der Körper gleichförmig, beschleunigt oder verzögert bewegt.
a Zug, der in Bahnhof einfährt
b Rolltreppe im Kaufhaus
c fallender Stein

3 Welche Aussage ist richtig? Die Beschleunigung gibt an
a wie schnell sich die Geschwindigkeit ändert.
b wie schnell sich die Reibung ändert.
c wie groß die einwirkende Kraft ist.

4 Tim und Florian bewundern einen Sportwagen. Tim meint, er fahre bestimmt „über 250". Florian nickt und ergänzt, er schaffe die „100 in 4 Sekunden". Von welchen physikalischen Größen sprechen die beiden „Sachverständigen" eigentlich? Gib die von ihnen vermuteten Werte in korrekten Einheiten an.

5 Bei einer Wanderung wirfst du einen Stein in eine 50 m tiefe Schlucht.
a Berechne, wie lange der Stein fällt.
b Bestimme die Geschwindigkeit, mit der der Stein auftrifft.
c Wie verändern sich Fallzeit und Aufprallgeschwindigkeit, wenn du einen zweiten Stein wirfst, der die doppelte Masse hat?

Schätze deine Kenntnisse und Fähigkeiten ein.

Ordne dazu deiner Lösung im Heft ein Smiley zu:
☺ Ich konnte die Aufgabe richtig lösen.
😐 Ich konnte die Aufgabe nicht komplett lösen.
☹ Ich konnte die Aufgabe nicht lösen.

6 Um die Reibung zwischen festen Körpern zu verringern kann man Flüssigkeiten als Schmiermittel benutzen. Nenne einige Beispiele.

7 Berechne die Beschleunigung, mit der sich der Wagen in Bild 1 in Bewegung setzt.

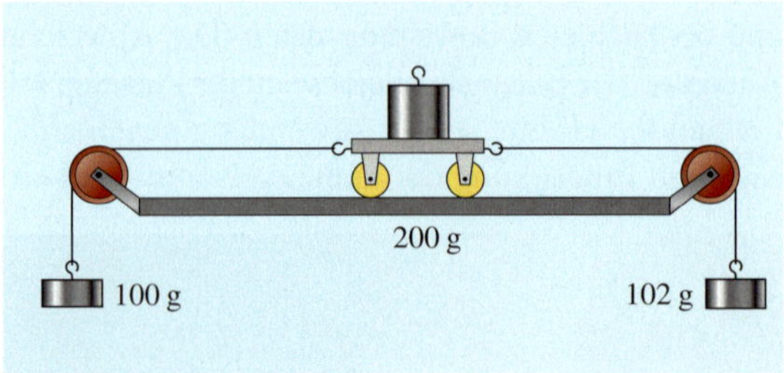

1

8 Warum ist es verboten Fahrzeuge, deren Bremsanlage defekt ist, mit Seilen abzuschleppen?

9 Erkläre, warum Startblöcke beim Sprint starr auf der Bahn befestigt werden?

10 Man kann einen Eimer, der halb mit Wasser gefüllt ist, vertikal im Kreis herumschleudern. Erkläre, warum das möglich ist.

11 Zwei Körper, von denen einer die doppelte Masse des anderen besitzt, werden fallen gelassen. Was kannst du über die Gravitationskraft auf beide Körper aussagen?

› Die Lösungen findest du im Anhang.

Aufgabe	Fähigkeit	Hilfe findest du auf Seite ...
1	Zusammenhang von Radius und Bahngeschwindigkeit bei der gleichförmigen Kreisbewegung erkennen und anwenden.	11
2	Bewegungen erkennen und erklären.	10, 16, 17
3	Definition der physikalischen Größe Beschleunigung kennen.	16
4, 5	Beschleunigte Bewegungen erkennen und erklären.	16, 18
6	Reibung zwischen Körpern erkennen und anwenden.	30
7–9	Newton'sche Gesetze erkennen und anwenden.	32, 35, 36
10	Radialkraft erkennen und erklären.	44
11	Gravitationskraft anwenden.	47

Bereitstellung und Übertragung elektrischer Energie

Diese Stadt benötigt Nacht für Nacht eine elektrische Energie von mehr als 1 000 000 kW · h. In einem Gewirr elektrischer Leitungen fließt ein riesiger Energiestrom von den Kraftwerken zu der ungeheuren Vielzahl und Vielfalt der elektrischen Geräte. Diese Kraftwerke liegen meist außerhalb der Stadt. Geht dabei nicht elektrische Energie ungenutzt verloren, z. B. wenn sich die langen Leitungen durch den Strom erwärmen? Sind die Elektrizitätsleitungen zur Stadt nicht durch Unwetter und Blitzeinschlag gefährdet? Wäre es nicht viel besser, den elektrischen Strom einfach dort zu erzeugen, wo man ihn braucht, also innerhalb der großen Städte?

Elektrische Energie

1

Die elektrische Energie kommt meist von einem Wärmekraftwerk über lange Hochspannungsleitungen in unser Haus.
Eine kleine Gemeinde in Sachsen-Anhalt – Dardesheim – geht einen anderen Weg. Sie gilt als Vorreiter für alternative Energieversorgung. In Dardesheim wird die elektrische Energie ausschließlich aus unerschöpflichen Energiequellen gewonnen. Das schont Ressourcen und Umwelt.
Wie wird die elektrische Energie erzeugt?

↑Basiskonzept Energie

Elektrische Energie aus erschöpflichen Energiequellen

Fast das ganze letzte Jahrhundert lang haben die Menschen in Deutschland ihren Energiebedarf dadurch gedeckt, dass sie Steinkohle, Braunkohle, Erdöl und Erdgas verbrannt haben (Bild 1). Vor einem halben Jahrhundert begann der Einsatz von Kernreaktoren. Innerhalb weniger Jahrzehnte nahm ihre Anzahl schnell zu.
In diesem Zeitraum wurde immer deutlicher, dass es sich dabei um erschöpfliche Energiequellen handelt. Zwar wurden und werden noch immer neue Lagerstätten entdeckt und genutzt. Die geschätzten Zeitspannen, in denen diese Energieträger noch zur Verfügung stehen, werden aber immer kürzer. So nimmt man z. B. an, dass in 150 Jahren die Lagerstätten der Steinkohle weitgehend aufgebraucht sein werden (Bild 3).
Ein problematischer Aspekt ist die Umweltverschmutzung, die insbesondere aus der Verbrennung von Erdöl und Kohle resultiert. Bei der Förderung von Erdgas tritt zusätzlich Methan aus dem Bohrloch aus, welches die Umwelt belastet.
In herkömmlichen Wärmekraftwerken wird Wasserdampf erzeugt. Der Dampf strömt unter hohem Druck auf eine Turbine, die einen Generator antreibt und so elektrische Energie erzeugt.

2

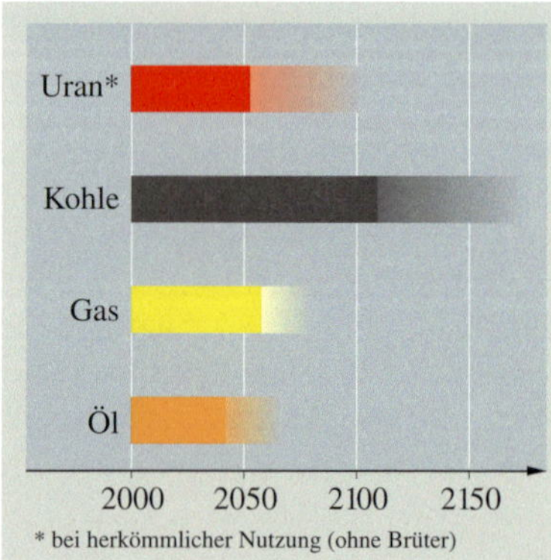

3

Reichweite einiger Energieträger

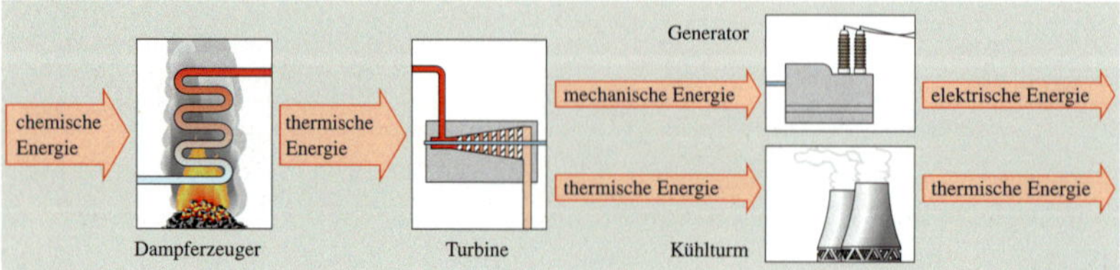

4

Energieflussdiagramm in einem Wärmekraftwerk

Kohle und Erdöl als wichtige chemische Rohstoffe. Kohle und Erdöl sind nicht nur für die Bereitstellung von elektrischer Energie bedeutsam. Sie stellen auch die Grundlage für viele Zweige der chemischen Industrie bereit. Man kann aus ihnen Kunststoffe herstellen sowie Farben und Arzneimittel produzieren. Für Kohle und Erdöl findet man nur schlecht einen Ersatz, wenn sie nicht mehr in ausreichendem Maße zur Verfügung stehen.

ÜBRIGENS
Kohle, Erdöl, Torf und Erdgas werden auch als fossile Energiequellen bezeichnet.

Elektrische Energie kann in Kraftwerken aus der chemischen Energie von erschöpflichen Energiequellen gewonnen werden. Um Umweltschäden zu verringern und Rohstoffe für die chemische Industrie zu erhalten, muss sehr sparsam mit den Vorräten an Stein- und Braunkohle, Erdöl und Erdgas umgegangen werden.

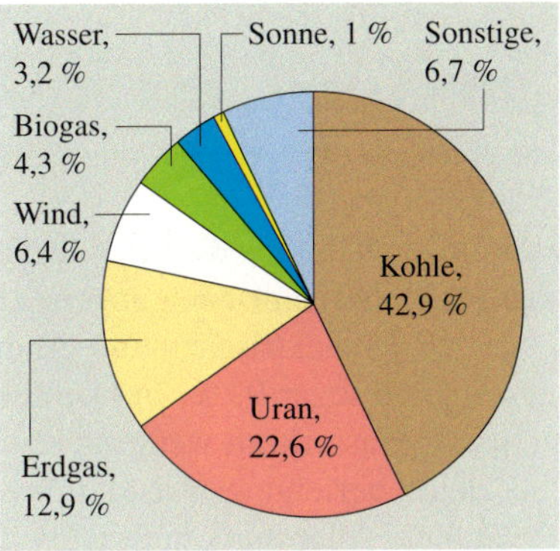

1
Stromerzeugung nach Energieträgern

Elektrische Energie aus unerschöpflichen Energiequellen

Um den Bedarf an elektrischer Energie zu decken und dabei die Umwelt möglichst wenig zu belasten, müssen Energiequellen genutzt werden, die unbegrenzt zur Verfügung stehen.

Energie des gestauten und strömenden Wassers. Unsere Erde besitzt einen riesigen Vorrat an Wasser, der immer erhalten bleibt. Ständig verdunstet Wasser aus Ozeanen, Seen und Flüssen. Auch der Erdboden und Pflanzen geben Wasser an die Luft ab. Das verdunstete Wasser steigt mit der erwärmten Luft auf und bildet Wolken. Sie geben schließlich das Wasser – meist in Form von Regen – wieder ab (Bild 2).

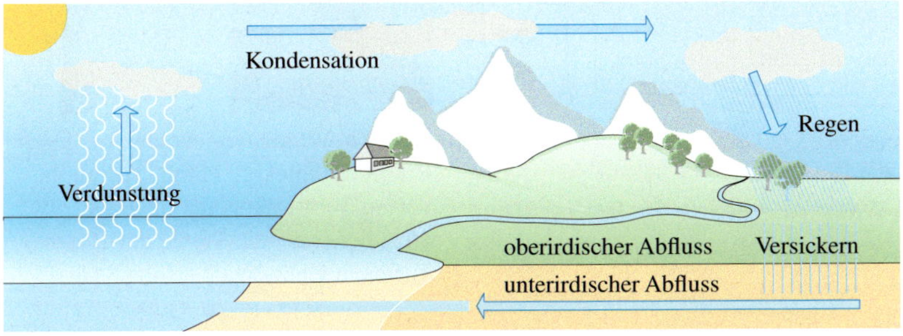

2
Wasserkreislauf

ÜBRIGENS
Unerschöpfliche Energiequellen werden auch erneuerbare oder regenerative Energiequellen genannt. Sie stehen nachhaltig zur Verfügung.

Die Energie des Wassers kann zum Teil in Wasserkraftwerken genutzt werden. Die nutzbare Energie ist umso größer, je größer die Masse des pro Sekunde strömenden Wassers sowie der Höhenunterschied zwischen dem oberen und dem unteren Wasserspiegel sind.
In *Laufwasserkraftwerken* wird die kinetische Energie des Wassers in elektrische Energie umgewandelt. Bei oft nur geringem Höhenunterschied treiben große Wassermassen die Turbinen an. Sie finden in Flussläufen, in den Mittelgebirgen oder im Flachland Verwendung (Bild 3).
In *Speicherkraftwerken* wird die potenzielle Energie des Wassers in elektrische Energie umgewandelt. Speicherkraftwerke arbeiten mit geringen Wassermassen bei großem Höhenunterschied, z. B. bei Stauseen im Gebirge. Das herabströmende Wasser treibt die Turbinen an.

3
Laufwasserkraftwerk Mihla an der Werra

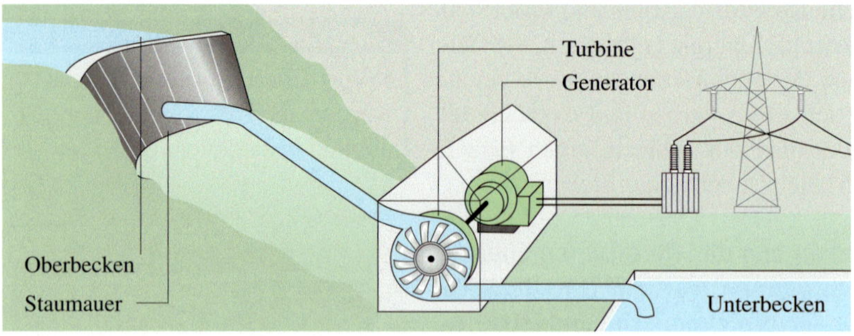

1

Die potenzielle Energie des Wassers wird in elektrische Energie umgewandelt.

2

Speicherkraftwerk Wendefurth

In welchem Umfang die Energie des Wassers genutzt wird, hängt stark von den geografischen Bedingungen in einem Land ab. In Deutschland werden etwa 4 % der elektrischen Energie durch Wasserkraft gewonnen, in Norwegen sind es sogar 99 %. In Deutschland sind die Möglichkeiten zur Nutzung der Wasserkraft weitestgehend erschöpft.
Gestautes beziehungsweise strömendes Wasser ist weitgehend umweltfreundlich. Allerdings stellt auch jedes Wasserkraftwerk – und sei es nur ein kleines Kraftwerk – einen Eingriff in die Natur dar. Wenn man das Wasser in Rohrleitungen transportieren muss, so können die Flussläufe und Bäche im Sommer teilweise austrocknen. Darunter leidet die Pflanzen- und Tierwelt. Infolge der Rohrleitungen fließt das angestaute Wasser nur zu einem kleinen Teil in Gräben, Bächen und Flüssen über der Erdoberfläche. Dort bietet sie den Pflanzen und Tieren nur wenig Lebensraum.

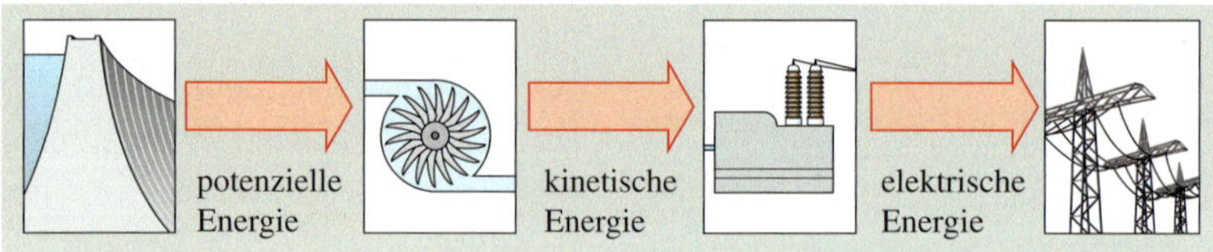

3

Energieflussdiagramm in einem Wasserkraftwerk

4

4,5-MW-Windenergieanlage bei Egeln: Rotordurchmesser 114 m; Turmhöhe 120 m. Selbst die Nabe liegt also etwa 40 m höher als die Spitze des Roten Turms in Halle/Saale (Höhe 84 m).

Durch die Nutzung der Energie des Wassers werden in Deutschland etwa 4 % der elektrischen Energie bereitgestellt. Wasserkraftwerke sind relativ umweltfreundlich.

Energie des Windes. Die kinetische Energie des Windes wurde schon seit Jahrtausenden zum Antrieb von Schiffen und später von Windmühlen benutzt. Das Prinzip einer Windmühle wird heute bei den modernen Windenergieanlagen genutzt. Windräder treiben Generatoren an und wandeln so die kinetische des Windes in elektrische Energie um. Damit man eine möglichst große Leistung erreicht, muss der Rotor einen großen Durchmesser besitzen. Die Rotoren der größten Windräder erreichen mittlerweile Durchmesser von über 100 m, die Turmhöhe beträgt bis zu 200 m (Bild 4). Die Höhe ist auch ein entscheidender Faktor für die Ausbeute, denn in Bodennähe nimmt die kinetische Energie des Windes stark ab. Moderne Propelleranlagen haben Leistungen zwischen 1 und 5 MW.
Der Wirkungsgrad ist abhängig von der Windgeschwindigkeit und liegt maximal bei etwa 60 %. An windreichen Stellen baut man ganze Windparks mit teilweise mehr als 20 Rotoren.

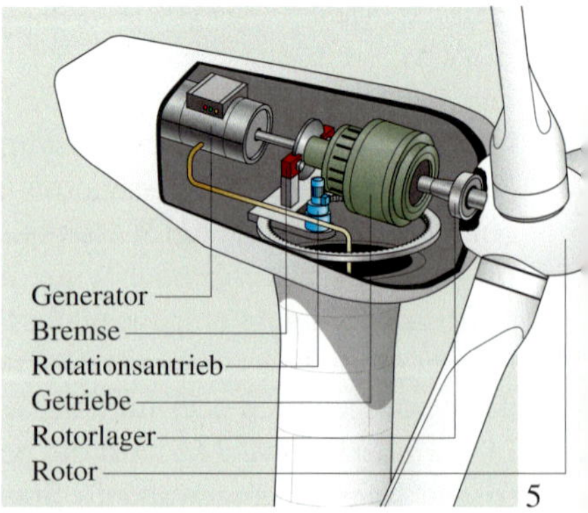

5

Aufbau eines Windrads

1

Windpark Druiberg

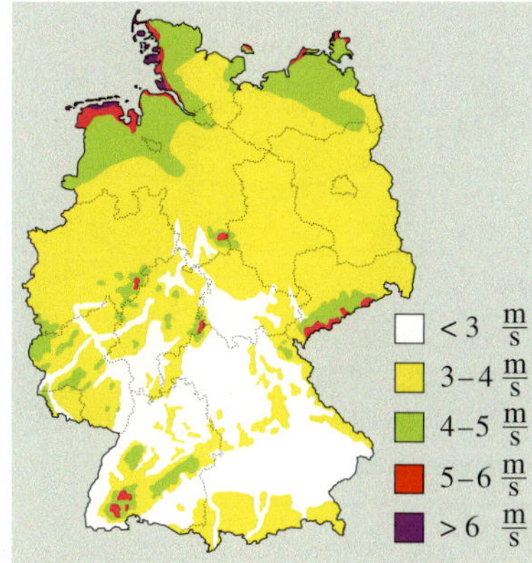

2

Mittlere Windgeschwindigkeiten in Deutschland

Im Jahre 2010 waren in Deutschland über 21 000 Windkraftanlagen in Betrieb. Sachsen-Anhalt gehört zu den führenden Bundesländern.
Da der Wind im Jahr durchschnittlich nur 2000 Stunden mit ausreichender Geschwindigkeit weht, kann man auf andere Kraftwerke nicht verzichten. Bei Windparks auf See in Küstennähe (Offshore-Parks) kann die mittlere nutzbare Stundenzahl wesentlich gesteigert werden. In Deutschland sind 40 Offshore-Windparks geplant. Davon sollen 30 in der Nordsee und 10 in der Ostsee gebaut werden.
Im Jahre 2010 wurden in Deutschland 7 % der benötigten elektrischen Energie durch Windturbinen bereitgestellt. Erwartet wird noch bis zum Ende des nächsten Jahrzehnts eine Steigerung bis auf 25 %.

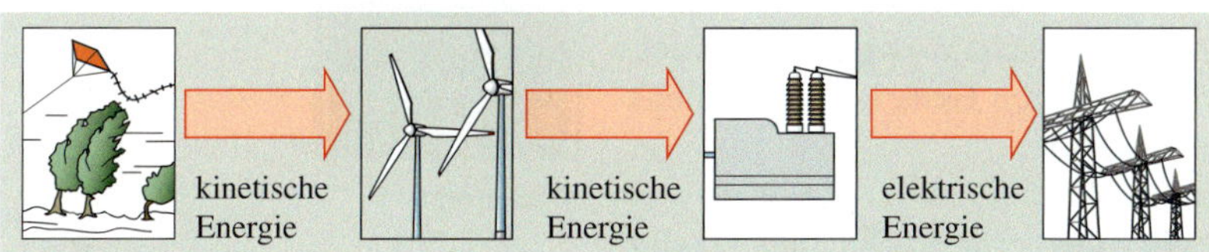

3

Energieflussdiagramm in einem Windkraftwerk

4

Offshore-Windpark Baltic 1 in der Ostsee

Wind ist eine Energieform, die erst zu einem kleinen Teil genutzt wird. Ihr Anteil an der Bereitstellung von elektrischer Energie betrug in Deutschland im Jahre 2010 etwa 7 %. Windkraftwerke sind umweltfreundlich.

Energie von der Sonne. Die bisher beschriebenen Energiequellen gehen letztlich auf die Sonnenenergie zurück. Es ist jedoch auch eine direkte Nutzung der Sonnenenergie möglich.

In *solarthermischen Kraftwerken* kann man teilweise auf die aus Wärmekraftwerken bekannte und vielfältig erprobte Technik zurückgreifen. Der Unterschied besteht darin, dass der Wasserdampf, der die Turbinen antreibt, nicht durch klimaschädigende fossile Brennstoffe oder Uran erzeugt wird, sondern durch Sonnenenergie. Generatoren wandeln die kinetische Energie in elektrische Energie um. Um die zum Verdampfen notwendigen Temperaturen zu erreichen, wird die Sonnenenergie gebündelt. Das kann auf verschiedene Weise geschehen: Bei Turmkraftwerken (Bild 6) konzentrieren Tausende Spiegel das Sonnenlicht auf den „Dampfkessel“, bei Parabolrinnenkraftwerken (Bild 1, folgende Seite) reflektieren zylinderförmige Spiegel das Sonnenlicht auf lange Röhren.

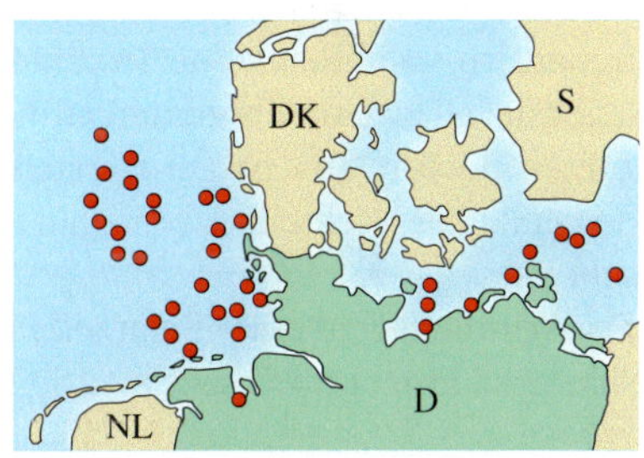

5

Offshore-Windparks in Nord- und Ostsee

6

Solarturmkraftwerk

1
Parabolrinnenkraftwerk

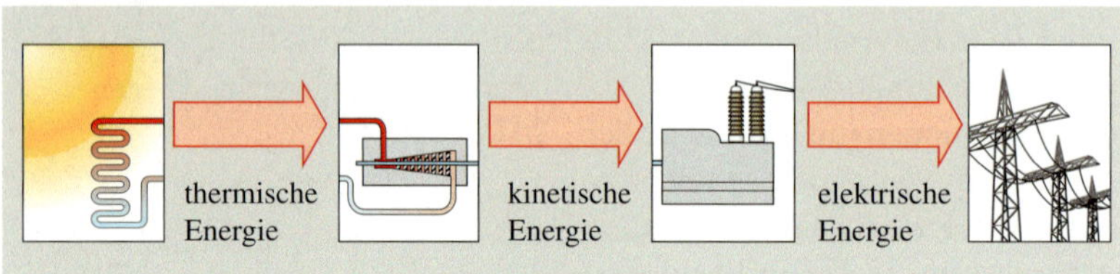

3
Energieflussdiagramm in einem solarthermischen Kraftwerk

↑Basiskonzept Energie

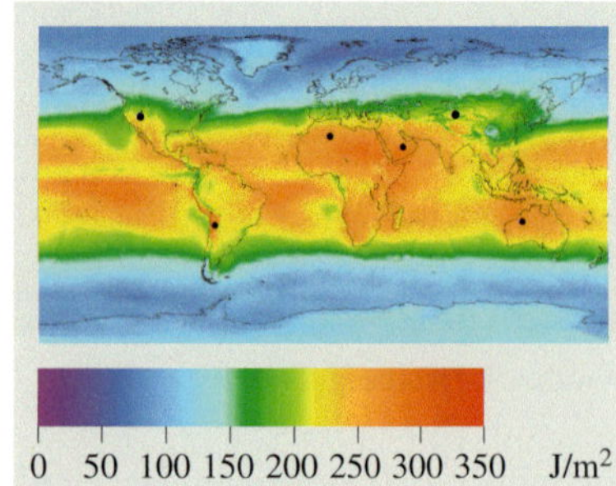

2
Weltweit pro Quadratmeter verfügbare Sonnenenergie – gemittelt über die Jahre 1991–1993. Zur Deckung des gegenwärtigen Weltenergiebedarfs allein durch Solarstrom wären die mit dunklen Flecken gekennzeichneten Flächen ausreichend.

Solarzellen wandeln Sonnenlicht direkt in elektrische Energie um. Bei der Umwandlung von Sonnenenergie in elektrische Energie wird die Eigenschaft von bestimmten Halbleitermaterialien (vor allem Silicium) ausgenutzt, unter dem Einfluss von Licht eine Spannung hervorzurufen. Diese Technik bezeichnet man als *Fotovoltaik*. Je nach Verwendungszweck werden Solarzellen zu mehr oder weniger größeren Einheiten (Modulen) zusammengeschlossen und der Sonne zugewandt.

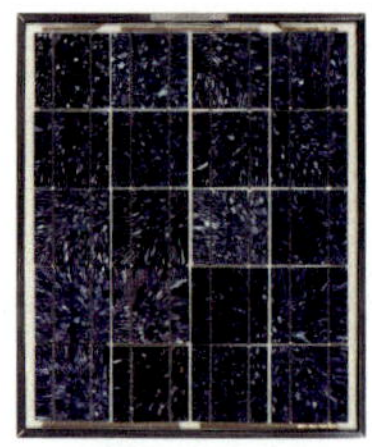
4
Solarmodul

Die Leistung von Solarmodulen ist umso größer, je größer ihre Fläche und je größer die Energie des auftreffenden Lichtes ist.

Im Vergleich zu vielen anderen Energiequellen ist die Fotovoltaik umweltfreundlich. Es fallen keine Treibhausgase an. Außerdem können Solaranlagen in allen Größenordnungen hergestellt werden. Sieht man von den zurzeit noch relativ hohen Herstellungskosten ab, haben die Solarzellen den einzigen Nachteil, dass sie nur so lange Energie liefern, wie die Sonne scheint.
Der Wirkungsgrad einer Solarzelle liegt jedoch trotz jahrzehntelanger Forschungen immer noch sehr niedrig bei etwa 10 bis 15 %.

5
Solarmodule an Hochhausfront

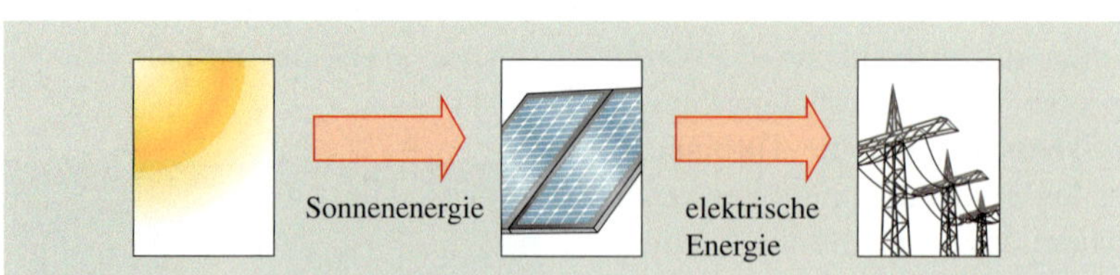

6
Energieflussdiagramm in einem Fotovoltaikkraftwerk

7
Fotovoltaikkraftwerk in Calbe

In Deutschland wird die Nutzung der Fotovoltaik zur Energiebereitstellung ständig weiter ausgebaut. Bisher beträgt der Anteil an der Stromerzeugung etwa 1 %.

Energie aus Erdwärme. Im Innern der Erde steigt die Temperatur alle 100 m um etwa 3 °C an. In vulkanreichen Gebieten trifft man in 1 km Tiefe auf Wasserdampf, der unter hohem Druck steht und weit über 200 °C heiß ist. Mit ihm werden Turbinen und angekoppelte Generatoren angetrieben. In Larderello (Italien) nutzte man schon 1912 heißen Dampf aus der Tiefe zur Erzeugung elektrischer Energie (Bild 1).

1
Erdwärmekraftwerk in Larderello

In der Luft, den Gewässern und im Innern der Erde ist viel thermische Energie gespeichert, die in elektrische Energie umgewandelt werden kann.

Energie aus organischen Reststoffen. Wenn pflanzliche oder tierische Reste unter Sauerstoffabschluss zersetzt werden, entsteht Biogas. In der Landwirtschaft und in Kläranlagen steht es in großer Menge zur Verfügung. Eine Kuh kann durch ihren Dung täglich 1 bis 2 m^3 Biogas liefern. Damit lässt sich in einem Jahr so viel Energie wie aus 300 ℓ Heizöl gewinnen.
Im *Biogaskraftwerk* (Bild 2) gelangt dieses Gas zu einem Biogasmotor, der einen Generator antreibt. Die so produzierte elektrische Energie wird in das Netz eingespeist.
In einer Deponie für Haushaltsmüll fallen große Mengen von Holz und Papier an. Beim Verrotten dieser Materialien entsteht auch Gas. Dieses sogenannte Deponiegas kann ebenfalls in Biogaskraftwerken verwendet werden.
In einem *Biomassekraftwerk* wird elektrische Energie durch die Verbrennung von Biomasse erzeugt. Das sind z. B. Reste aus der Holzverarbeitung, nicht als Nutzholz geeignetes Waldholz, Stroh und Altholz, aber auch Riesen-Chinaschilf oder Textilfasern.
Biogas und Biomasse sind im Gegensatz zu anderen unerschöpflichen Energiequellen wie Wind oder Sonne kontinuierlich verfügbar und lassen sich speichern.

2
Biogaskraftwerk

3

In Biokraftwerken wird mithilfe von Abfällen oder nachwachsenden Rohstoffen elektrische Energie erzeugt. Sie tragen mit einem Anteil von etwa 4,3 % zur Versorgung Deutschlands mit elektrischer Energie bei.

Energieumwandlung und -erhaltung

Die Energie, die in der Natur vorkommt, nennt man oft Primärenergie. Träger der Primärenergie sind z. B. Kohle, Erdöl, Erdgas, bewegtes Wasser und bewegte Luft. Aus dieser Primärenergie gewinnt man die Sekundärenergie. Das geschieht z. B. in Kraftwerken, in denen die Energie der Kohle in elektrische Energie umgewandelt wird, oder in Fernheizwerken, in denen eine Umwandlung der chemischen Energie von Erdgas in thermische Energie erfolgt.
Nutzenergie ist diejenige Energie, die von den Menschen je nach ihren Bedürfnissen eine einfache Verwendung finden kann. Nutzenergie ist z. B. die elektrische Energie. Schließlich wird die Nutzenergie in die Endenergie umgewandelt. Das erfolgt z. B. in den elektrischen Geräten wie dem Wasserkocher.

↑Basiskonzept Energie

↑Basiskonzept System

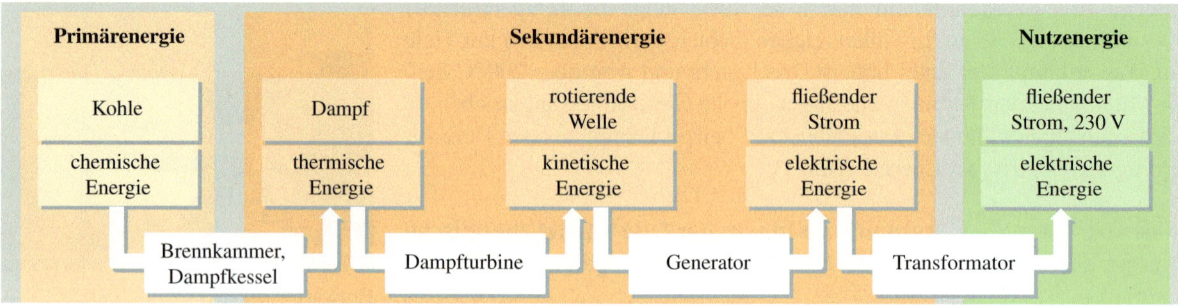

1

Wirkungsgrad. Die Primärenergie kann in einem Kraftwerk nicht vollständig in Sekundärenergie umgewandelt werden. So ist es in einem Wasserkraftwerk möglich, bis zu 95 % der im Wasser gespeicherten potenziellen Energie in mechanische Energie der Turbinen umzuwandeln. Die Energie der Turbinen wird dann in den Generatoren zu 95 % in elektrische Energie umgewandelt.
Im Wasserkraftwerk ist es also möglich, 90 % der Primärenergie in Sekundärenergie umzuwandeln. Die nicht umgewandelte Energie wird als Wärme an die Umgebung abgegeben. Es ist nicht möglich, diese Energie weiter für die Energieumwandlung zu nutzen.
Bei einem Wärmekraftwerk wird die Primärenergie der Brennstoffe zunächst in die thermische Energie des Dampfes und dann in die mechanische Energie der Dampfturbine umgewandelt. Im Generator erfolgt eine Umwandlung in elektrische Energie. Heizkessel und Verbrennungsgase geben thermische Energie an die Umgebung ab. Der ausströmende Dampf besitzt noch eine beträchtliche Energie. In der Turbine wird diese Energie nicht vollständig in mechanische Energie umgewandelt. Auch im Generator treten Verluste auf, die zur Erwärmung führen. Die im Heizkessel vom Generator an die Umgebung abgegebene thermische Energie kann nicht wieder für die gewünschte Energieumsetzung genutzt werden.

Energiewandler	Wirkungsgrad in %
Dampfmaschine	10
Solarzelle	12
offenes Kaminfeuer	15
Benzinmotor	30
Dieselmotor	bis 40
Dampfturbine	40
Sonnenkollektor	50
Ofenheizung	60
Elektrokochplatte	65
Koksheizung	70
Durchlauferhitzer (Erdgas)	80
Zentralheizung (Öl, Gas)	85
Elektromotor	bis 95
Generator	bis 95
Tauchsieder	98

Der Wirkungsgrad gibt an, wie gut oder schlecht eine Anlage eine Energieform in eine andere umwandelt.

Gleichung für den Wirkungsgrad: $\eta = \frac{E_{nutz}}{E_{zug}}$

Dabei ist E_{zug} die Energie, die dem Prozess zugeführt wird. E_{nutz} ist die für den jeweiligen Zweck ausgenutzte Energie.

Kraftwerke mit Gas- und Dampfturbinen (GuD). Herkömmliche Kraftwerke arbeiten mit Dampfturbinen. Schon heute werden 90 % der Bewegungsenergie des Dampfes in mechanische Energie der Turbine umgewandelt. Kraftwerke mit Dampfturbinen erreichen insgesamt einen Wirkungsgrad von etwa 40 %.
In Gasturbinen wird Luft angesaugt, verdichtet und mit Gasbrennern erhitzt. Das Gas dehnt sich aus und tritt mit sehr hoher Geschwindigkeit aus der Brennkammer aus. Der Gasstrom treibt die Turbinen an. Kraftwerke mit Gasturbinen arbeiten heute mit einem Wirkungsgrad von 38 %.
In einem GuD-Kraftwerk werden beide Turbinentypen kombiniert (Bild 1, folgende Seite). Die heißen Abgase der Gasturbinen werden zur Dampfer-

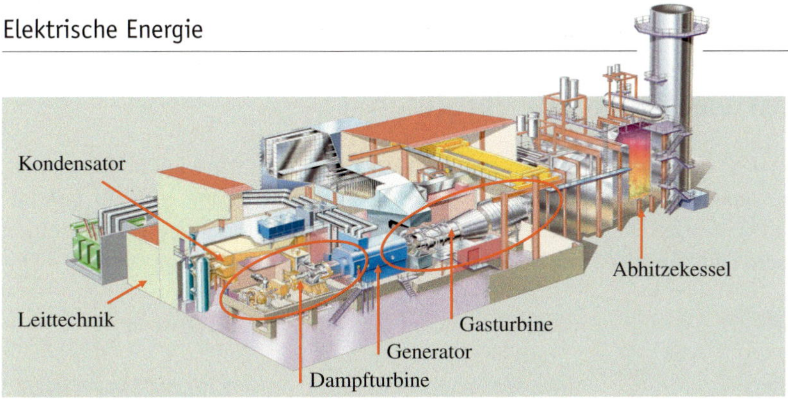

1

GuD-Kraftwerk

zeugung für eine Dampfturbine genutzt. Man erreicht dadurch einen hohen Wirkungsgrad, er liegt bei fast 60 %, also sehr nahe am maximal möglichen Wirkungsgrad.

Minikraftwerke für zu Hause

↑Basiskonzept System

↑Basiskonzept Energie

Ein Wärmekraftwerk gibt den größeren Teil der Energie ungenutzt an die Umgebung ab. Aber ließe sich nicht auch die thermische Energie nutzen? Immerhin wird etwa ein Drittel der im Haushalt benötigten Energie für Heizzwecke aufgewandt!
Bei Kraftwerken lässt sich die thermische Energie nur durch Warmwasserleitungen in aufwendig gedämmten Rohrsystemen zu den nahe gelegenen Haushalten führen. Wenn man aber das Kraftwerk im Keller hätte, könnte die anfallende thermische Energie ohne Verluste direkt ins Zentralheizungssystem eingespeist werden.
Diese Idee wird in Minikraftwerken verwirklicht, bei denen der übliche Heizkessel durch einen Verbrennungsmotor, so wie er in Autos Verwendung findet, ersetzt wird. Statt hochwertiges Erdgas oder Erdöl einfach für Heizzwecke zu verbrennen, wandelt der Verbrennungsmotor die gesamte mechanische Energie über einen Generator in elektrische Energie um, die unmittelbar ins Stromnetz eingespeist wird. Die Abwärme wird wie bei Brennwertkesseln direkt zu Heizzwecken genutzt (Bild 2).
Minikraftwerke liefern zwischen 1 kW und 5 kW elektrische Leistung sowie 3 bis 15 kW thermische Leistung.

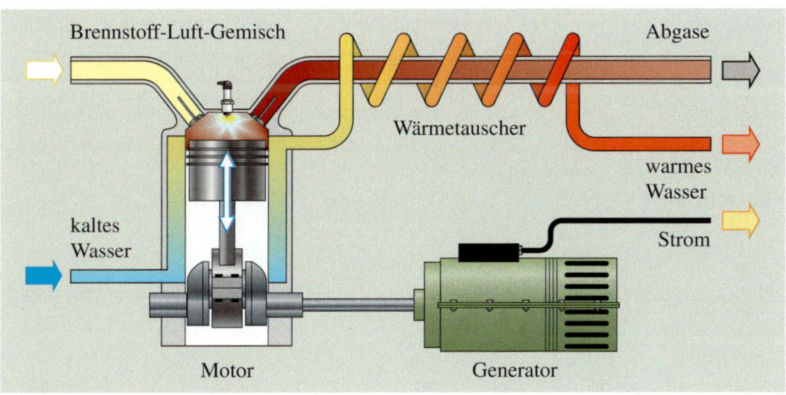

2

Prinzip des Minikraftwerks

Elektrische Energie aus Kraftwerken – ein Vergleich

In Deutschland wurden 2010 etwa 80 % der elektrischen Energie in Wärmekraftwerken aus erschöpflichen Energiequelle (Kohle, Gas, Uran) erzeugt. Die Energie steht den Abnehmern sehr bequem „auf Knopfdruck“ zur Verfügung. Dabei wird leicht übersehen, welche Risiken mit ihrer Erzeugung in Kauf genommen werden: Die natürlichen Energiequellen werden verbraucht, es entstehen Abgase (hauptsächlich Koh-

	Kohlekraftwerk	**Gaskraftwerk**	**Kernkraftwerk**

Energiequelle	Braun- und Steinkohle	Erdgas	Uran
Vorteile	einheimische Brennstoffe; niedrige Baukosten, bei Nutzung der Abwärme Wirkungsgrad bis 85 %	leichter Transport; niedrige Baukosten; bei Nutzung der Abwärme Wirkungsgrad bis 90 %	keine Entstehung von CO_2
Nachteile	Nutzung erschöpflicher Energiequellen; Abwärme (60 % der eingesetzten Energie heizen die Umwelt auf); Verstärkung des Treibhauseffekts durch CO_2-Ausstoß; Schlacke	Nutzung erschöpflicher Energiequellen; Abwärme; Verstärkung des Treibhauseffekts durch CO_2-Ausstoß	Nutzung erschöpflicher Energiequellen; viel Abwärme; radioaktive Abfälle, Sicherheitsrisiko
Aussichten für die Zukunft	noch unverzichtbar; Abgasbelastung kann durch teure Filter verringert werden; Abbau wird zunehmend schwieriger; begrenzte Vorräte (pro Tag wird je Kohlekraftwerk 1 Güterzug voll Kohle gebraucht)	noch unverzichtbar; technische Verbesserungen zur Erhöhung des Wirkungsgrads und zur Verringerung der Umweltbelastung zu erwarten	noch unverzichtbar; geplant ist Ausstieg, da das Sicherheitsrisiko zu hoch und die Endlagerung der radioaktiven Abfälle ungeklärt sind
Anteil an der in Deutschland erzeugten elektrischen Energie (2009)	42,9	12,9	22,6

lenstoffdioxid CO_2, das zur Verstärkung des Treibhauseffektes beiträgt) und feste Abfallprodukte wie Schlacken und radioaktiver Abfall, die schwierig zu entsorgen und noch schwieriger endzulagern sind.

Die Vor- und Nachteile der verschiedenen Kraftwerke müssen also sorgfältig miteinander verglichen und gegen alternative Verfahren der Erzeugung elektrischer Energie abgewogen werden.

Biokraftwerk	**Wasserkraftwerk**	**Windkraftwerk**	**Fotovoltaikkraftwerk**

Biogas Deponiegas nachwachsende Rohstoffe	Wasser	Wind	Sonne
Nutzung unerschöpflicher Energiequellen, die ständig zur Verfügung stehen und speicherbar sind; Abgasbelastung gering durch teure Filter; geringere Verstärkung des Treibhauseffekts durch CO_2-Ausstoß	Nutzung unerschöpflicher Energiequellen; keine Entstehung von CO_2	Nutzung unerschöpflicher Energiequellen; keine Entstehung von CO_2	Nutzung unerschöpflicher Energiequellen; keine Entstehung von CO_2
Abwärme	nur an Staustufen von Flüssen oder an Stauseen im Bergland möglich; Eingriffe in die Natur und ins Landschaftsbild	Beeinträchtigung des Landschaftsbildes; Lärm durch Rotorblätter; flimmernder Schattenwurf durch bewegte Rotorblätter	Beeinträchtigung des Landschaftsbildes; hohe Herstellungskosten; geringer Wirkungsgrad; Sonnenscheindauer in Deutschland nicht optimal
noch ausbaubar; sinnvolle Nutzung von Abfällen und Biomasse	gut; in Deutschland aber kaum noch ausbaubar; nur noch der Bau von kleineren Kraftwerken möglich	gut durch technische Weiterentwicklung; noch ausbaubar, vor allen Dingen als Offshore-Anlagen; Versorgungssicherheit nur durch Verbundnetz möglich	ausbaubar; bei höherem Wirkungsgrad und erheblich geringeren Herstellungskosten gut; Verbundnetz zur Versorgungssicherheit nötig
4,3 %	3,2	6,4 %	1 %

Das Kohlekraftwerk

1

Kohlekraftwerk

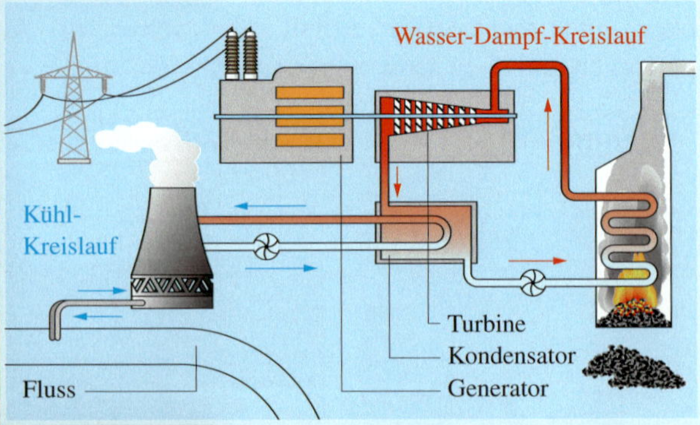

2

Kraftwerksschema

3

Im Kessel (bei der Wartung)

4

Turbine mit Welle

5

Generator

6

Kondensator

Im *Brenner* wird pulverisierte Kohle verbrannt, die Temperatur erreicht 1300 °C. Im 100 m hohen *Kessel* sind Rohrleitungen von 500 km Länge verlegt (Bild 3).
Das sie durchströmende Wasser wird verdampft und der Dampf auf 540 °C erhitzt.

Der heiße Dampf steht unter einem Druck von etwa 200 bar. Er prallt auf die schräg gestellten Schaufeln der *Turbine* und dreht das Turbinenrad (Bild 4).
Je nach Anlage dreht sich das Turbinenrad 12,5- oder 25-mal pro Sekunde, die Schaufelspitzen können dabei Überschallgeschwindigkeit erreichen! Der Dampf gibt so viel Energie an die Turbine ab, dass er hinterher nur noch 35 °C warm ist und einen Druck von 0,05 bar aufweist.

Die Turbine ist durch eine gemeinsame Welle mit dem *Generator* verbunden (Bild 5).
Bei einem 600-MW-Kraftwerk erzeugt er eine Wechselspannung von 21 kV. Die elektrische Energie wird durch dicke Metallschienen zum *Transformator* geleitet, der die Spannung z. B. auf 380 kV erhöht. Von dort beginnt die Reise der Energie zum „Verbraucher".

Der Dampf gelangt in den *Kondensator* (Bild 6). Durch Tausende von Rohren fließt Kühlwasser. An ihnen kühlt der Dampf weiter ab und kondensiert. Die Kondensationswärme gibt er an das Kühlwasser ab. Da der Dampf beim Kondensieren in sich „zusammensackt", nimmt der Druck im Kondensator noch weiter ab. Das entstandene flüssige Wasser wird zum Kessel zurückgepumpt und nimmt dort wieder Energie auf. Der Wasser-Dampf-Kreislauf ist geschlossen.

Energie vom Wind

Die ständig wachsende Anzahl von Windturbinen fordert sowohl Befürworter der Nutzung von Windenergie heraus als auch Gegner.
Die Gegner geben als Gründe an:
- Windturbinen verändern das Landschaftsbild. Sie verursachen Lärm und können den Fernsehempfang stören.
- Sie können Vögel bei ihrer Brut und Rast stören.

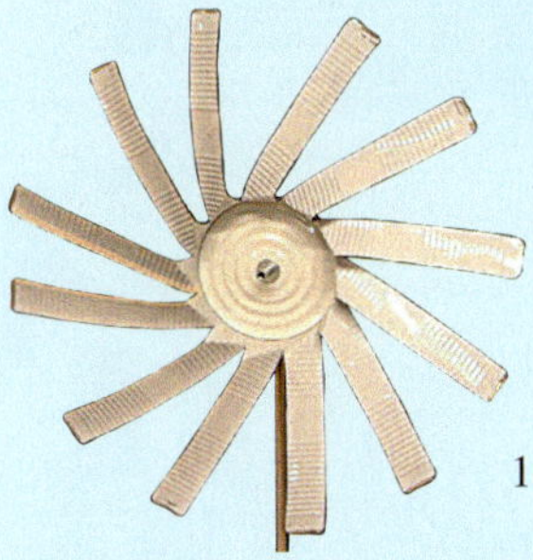
1

2

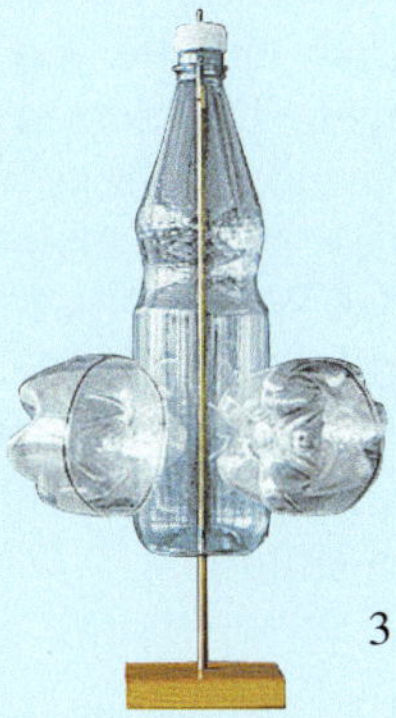
3

AUFTRAG 1
Stelle das Modell einer Windkraftanlage her! Als experimentelle Hilfsmittel kannst du u. a. Kunststoffflaschen und Blechdosen verwenden (Bilder 1 bis 3).
Das Flügelrad kannst du direkt auf der Generatorachse befestigen.
Bei einem großen Rotordurchmesser und starkem Wind ist ein Fahrraddynamo als Generator geeignet, bei kleineren ein Kleinstmotor für Bastlerbedarf.

AUFTRAG 2
Informiere dich über die Vorzüge und Nachteile von Windturbinen! Wie beurteilst du eine noch stärkere Nutzung der Windenergie? Welche Anforderungen würdest du an den weiteren Ausbau der Turbinenanlagen stellen? Gestalte dazu ein Poster!

AUFTRAG 3
Die Entwicklung der Offshore-Windenergie befindet sich in Deutschland im Augenblick in einer sehr dynamischen Phase. Zahlreiche Genehmigungsanträge für große Windparks im Meer wurden schon gestellt.
Viele Fragen sind allerdings noch zu klären: Welche Vorzüge und welche Nachteile ergeben sich daraus? Recherchiere im Internet und fertige eine Präsentation an!

Aus der **Technik**

Energie aus der Wüste

Solarthermische Kraftwerke sind nicht neu. In Kalifornien wird ein solches Kraftwerk seit 25 Jahren betrieben und in Spanien werden seit Anfang 2009 mit dem Andasol-1-Kraftwerk 200 000 Haushalte mit elektrischer Energie versorgt. Neu sind allerdings Pläne, elektrische Energie in großem Maßstab mithilfe von solarthermischen Anlagen zu erzeugen. Der zurzeit wohl ehrgeizigste Plan ist das „Desertec-Konzept". Demnach sollen bis 2050 15 % des europäischen Bedarfs an elektrischer Energie aus den Wüsten Nordafrikas und des Nahen Ostens gedeckt werden. Die elektrische Energie soll mittels 20 Hochspannungsgleichstromleitungen nahezu verlustfrei aus diesen Gebieten nach Europa geleitet werden (Bild 1).

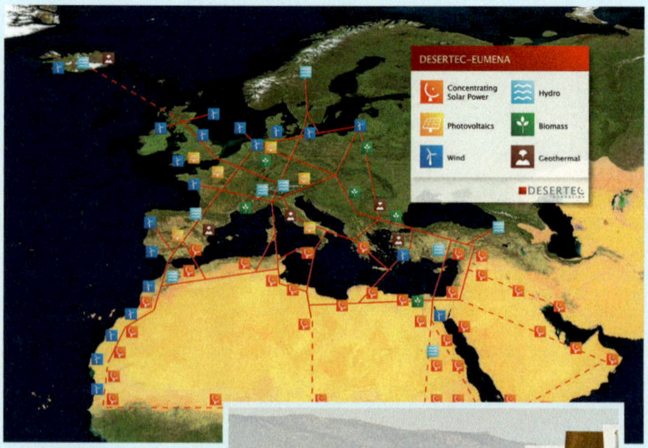

1 Projekt „Desertec"

2 Andasol-Kraftwerk in Spanien

Aufgabe

1. Was hältst du davon, dass die Planungen der Gewinnung von elektrischer Energie in den heißen Gebieten Nordafrikas Europa zugute kommen sollen?

Weißt du es? Kannst du es

1. Stelle in einer Übersicht zusammen, warum man sehr sparsam mit den Vorräten an Stein- und Braunkohle, Erdöl und Erdgas umgehen muss!
2. Welche unerschöpflichen Energiequellen werden in Deutschland bereits so stark genutzt, dass ihr Anteil an der Elektroenergieerzeugung mehr als 1 % beträgt?
3. Bei der Nutzung der Wasserkraft treten Vorzüge und Nachteile auf. Nenne diese und gib jeweils eine Begründung!
4. Beschreibe anhand des Energieflusses in einem Wasserkraftwerk die erforderlichen Energieumwandlungen.
5. Skizziere den Energiefluss in einem Windkraftwerk!
6. Wie groß ist die Leistung einer Miniwindenergieanlage? Ein Motor mit Propeller soll als Windenergieanlage dienen. Der Motor arbeitet als Generator. Wind wird mit einem Haartrockner erzeugt.
   a) Baue eine Messschaltung auf. Schließe einen 100-Ohm-Widerstand an den Generator an. Miss die Stromstärke in diesem Stromkreis und die Spannung am Generator. Ermittle die Leistung der Windenergieanlage!
   b) Untersuche den Zusammenhang zwischen Windgeschwindigkeit und Leistung des Windrades!
   c) Verändere die „Windrichtung". Wie lässt sich die Leistung steigern?

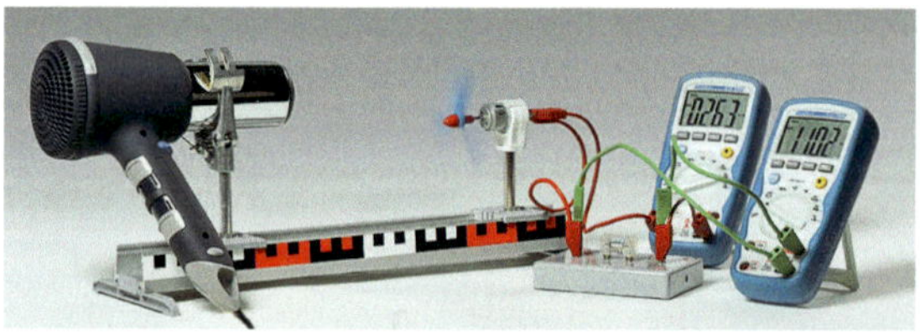

3

7. Organisiert eine Podiumsdiskussion in der Klasse. Alle bereiten sich durch Recherche im Internet und anderen Medien auf das Thema „Vor- und Nachteile der Windenergie" vor. Einige Schülerinnen und Schüler setzen sich auf das „Podium", wo einige die wesentlichen Argumente „pro" und andere „kontra" Windenergie vortragen. Nach der Vorstellung kann die gesamte Klasse Fragen an das Podium stellen. Zum Schluss wird darüber abgestimmt, welche Position überzeugender vorgetragen wurde.
8. Bild 1, nächste Seite zeigt ein Aufwindkraftwerk. In dem Modell rechts wird ein mattschwarz lackiertes Rohr mit einer hellen Lampe angestrahlt. Über der oberen Öffnung befindet sich ein Windrad.

a) Beschreibe, warum sich das Windrad dreht.
b) Woher stammt die benötigte Energie und wie gelangt sie zum Windrad?
c) Vergleiche die Energienutzung im Aufwindkraftwerk mit der Nutzung der Windenergie in einer Windkraftanlage. Nenne Gemeinsamkeiten und Unterschiede!
d) Informiere dich im Internet über die Einsatzmöglichkeiten von Aufwindkraftwerken!
e) Versuche ein funktionstüchtiges Modell eines Aufwindkraftwerks zu bauen!

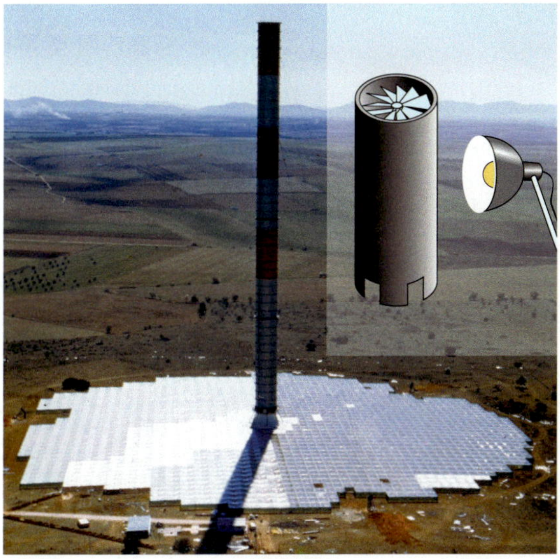
1

9. Im Sommer ist es nützlich, den Wirkungsgrad von Solarzellen durch Kühlung mit Wasser oder Luft zu vergrößern. Wie kann man das erwärmte Wasser und die erwärmte Luft nutzen?
10. Stelle eine Solarzelle so auf, dass das Licht der Sommersonne senkrecht auf sie auffällt! Entwirf eine Schaltskizze für die Messung von Spannung und Stromstärke an einem Widerstand von 100 Ohm! Baue die Schaltung auf! Ermittle die von der Solarzelle abgegebene elektrische Leistung! Kühle die Zelle mit Eis, wiederhole die Messung und berechne! Vergleiche!
11. Auf welche Weise kann man aus Sonnenstrahlung Elektroenergie erzeugen? Wie groß sind die Wirkungsgrade der verschiedenen Anordnungen?
12. Ist es zurzeit wirtschaftlich, in Deutschland die Energie der Sonne in großem Umfang zur Elektroenergieerzeugung zu nutzen? Begründe deine Antwort!
13. Welche nachwachsenden Rohstoffe können in Sachsen-Anhalt in naher Zukunft Bedeutung erlangen? Worin bestehen ihre Vorteile und wie können sie genutzt werden?
14. Wie kann man organische Reststoffe zur Bereitstellung von Energie nutzen?
15. Was versteht man unter Primärenergie, Sekundärenergie, Nutzenergie und Endenergie?
16. Erläutere den Begriff Wirkungsgrad anhand eines Beispiels!

Kurz und knapp !

Erschöpfliche Energiequellen sind Steinkohle, Braunkohle, Erdöl, Erdgas und Uran.
Zu den **unerschöpflichen Energiequellen** zählen Sonne, Wind, Wasser, Erdwärme sowie Biomasse.

Der **Wirkungsgrad** gibt an, wie gut oder schlecht eine Anlage eine Energieform in eine andere umwandelt: $\eta = E_{nutz}/E_{zug}$.

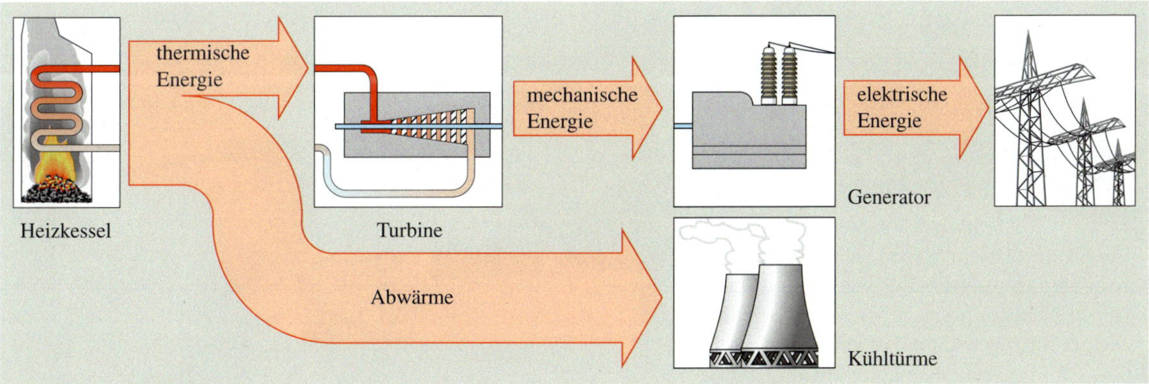

Energiefluss in einem Kraftwerk

Schüler von heute – unbedingt flexibel, aber nicht mobil

Mit 16 wollte ich mir eigentlich auch eine 125er zulegen, damit ich endlich mal losfahren kann, wenn es mir passt. Ständig muss man sich nach dem Fahrplan richten und nach 18.00 Uhr fährt der Bus doch sowieso nur einmal in der Stunde.

Das kenne ich, wenn ich abends nach dem Sport noch mal kurz reden will, nervt schon wieder der Fahrplan im Hinterkopf – und immer das Gerenne zur Stadtbahn … Mein Vater sagt: „Du musst dich eben darauf einstellen! Wir müssen alle flexibel sein in der heutigen Zeit.“ Der hat gut reden, dabei kommt er auch immer nach Hause, wenn es ihm passt – Kunststück mit einem Auto ist jeder flexibel. Wenn ich so mobil wäre wie er, dann wäre ich auch immer pünktlich in der Schule.

Es geht auch nicht nur ums Geld, denn wir haben nicht nur ein Energieproblem, sondern auch ein Klimaproblem.

Ich finde, wir sollten die Sache mit dem Moped ganz vergessen! Benzin wird eh so teuer, dass wir uns als Schüler keines mehr leisten können. Und ob dass mit dem Auto später noch klappt, ist auch fraglich – bei den Energiepreisen.

Aufgaben

1. Fasse zusammen, welche Befürchtungen die Schüler und Schülerinnen haben.
2. Welche Forderungen stellen sie an die Energieversorgung der Zukunft?

Elektromagnetische Induktion

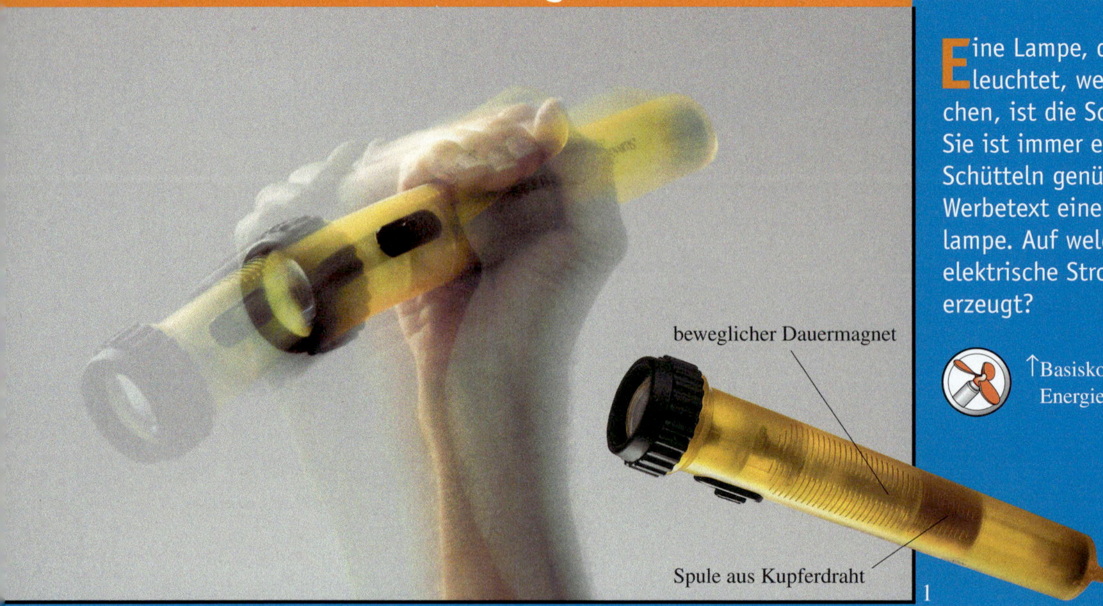

1

Eine Lampe, die immer hell leuchtet, wenn wir Licht brauchen, ist die Schüttellampe. Sie ist immer einsatzbereit. Schütteln genügt – so lautet der Werbetext einer solchen Taschenlampe. Auf welche Weise wird der elektrische Strom in der Lampe erzeugt?

↑Basiskonzept Energie ↑Basiskon System

Induktion durch Bewegung

Mit einem Fahrraddynamo kann man auf einfache Weise elektrischen Strom erzeugen. Ein solcher Dynamo ist ein kleiner Generator (Bild 2). Im Gehäuse befindet sich eine Spule aus isoliertem Kupferdraht. Den Kern der Spule bildet ein zylinderförmiger Magnet, der sich drehen kann. Die Fahrradlampe ist an den Drahtenden der Spule angeschlossen.
Wenn man den Magneten in schnelle Drehbewegung versetzt, leuchtet die Lampe.
Wie ist das möglich?

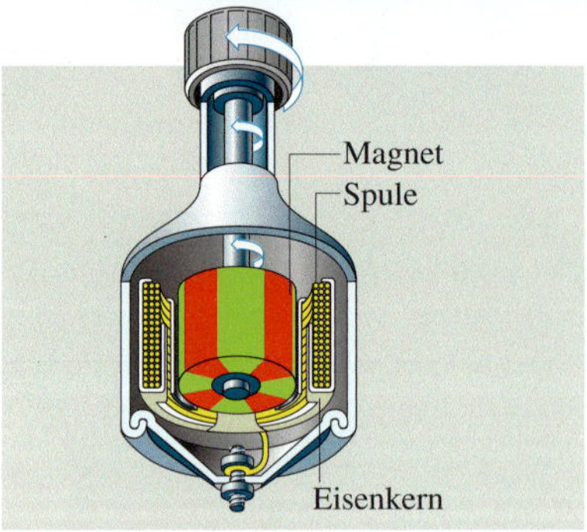

2

EXPERIMENT 1

1 Verbinde die Anschlüsse einer Spule mit den Anschlüssen eines Spannungsmessers!
2 Bewege einen Pol eines Stabmagneten langsam in die Spule hinein. Bremse den Magneten ab und halte ihn still!
3 Ziehe den Magneten wieder langsam aus der Spule heraus!

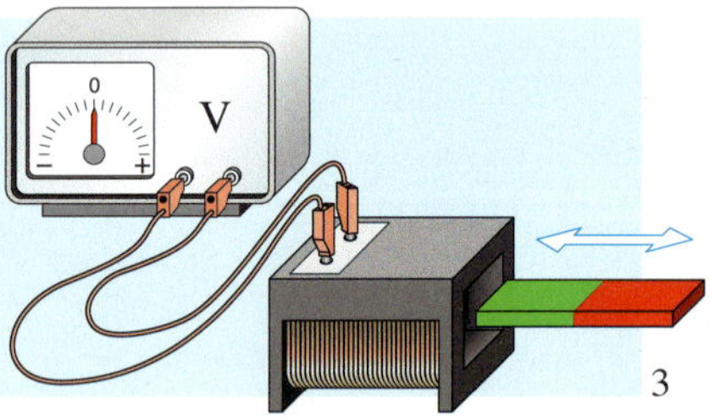

3

Wenn der Magnet ruht, tritt keine Spannung an der Spule auf. Wenn der Magnet hineinbewegt wird, zeigt der Spannungsmesser eine Spannung an. Ruht der Magnet in der Spule, tritt wiederum keine Spannung auf. Beim Herausziehen wird erneut eine Spannung angezeigt. Der Zeiger des Spannungsmessers schlägt jetzt aber in entgegengesetzter Richtung aus (Bild 1, folgende Seite).
Diese Erscheinung wurde 1831 von Michael Faraday entdeckt. Er nannte den Vorgang, bei dem ein bewegter Magnet in einer Spule eine Spannung erzeugt, „Induktion“ (lat. *inducere*: hineinführen).

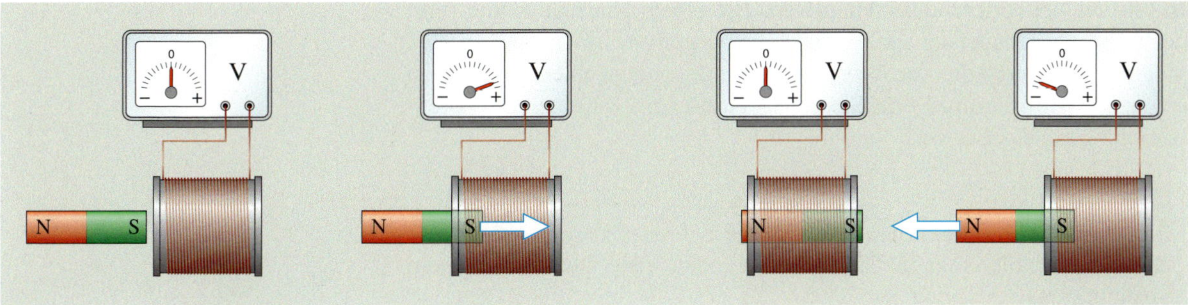

1

Induktion bei bewegtem Magneten

Bewegt man einen Magneten in eine Spule hinein oder aus ihr heraus, so tritt an ihren Enden eine Spannung auf. Diesen Vorgang nennt man elektromagnetische Induktion.

Das Experiment 1 kann etwas verändert werden. Statt den Magneten zu bewegen, wird dieser fest eingespannt und die Spule hin- und herbewegt. Der Zeiger des Messinstrumentes schlägt je nach Bewegungsrichtung nach der einen Seite oder nach der anderen Seite aus (Bild 2).
Es ist nicht von Bedeutung, ob sich die Spule bewegt oder der Magnet. Es kommt nur auf die Relativbewegung zwischen Spule und Magnet an.

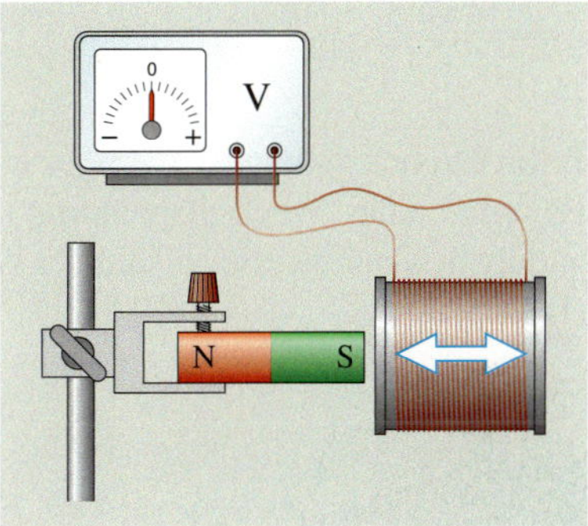

2

Induktion bei bewegter Spule

In Bild 3 ist der Verlauf der magnetischen Feldlinien für das Experiment 1 dargestellt. Vor dem Experiment verlaufen die magnetischen Feldlinien außerhalb der Spule (Bild 3a). Während des Experiments dringen die magnetischen Feldlinien in die Spule ein (Bild 3b). Befindet sich ein Pol des Magneten in der Spule, werden so gut wie alle gezeichneten Feldlinien von der Spule umschlossen (Bild 3c). Beim Herausziehen des Magneten treten die Erscheinungen in umgekehrter Reihenfolge auf.

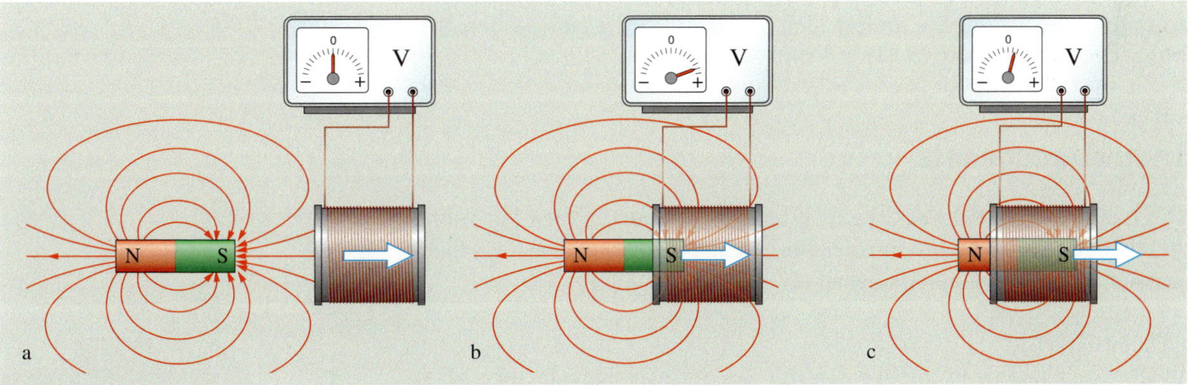

3

Mehr und mehr Feldlinien werden von den Windungen der Spule umschlossen.

In Bild 2 liegen die gleichen Bedingungen vor. Auch hier ändert sich die Anzahl der von der Spule umschlossenen Feldlinien.

Eine Induktionsspannung tritt auf, wenn sich bei der Bewegung zwischen Magnet und Spule das von der Spule umschlossene Magnetfeld ändert.

Induktion bei rotierendem Magneten. Bei einem Fahrraddynamo führt der Magnet gegenüber der Spule eine Drehbewegung aus. Es muss also auch möglich sein, durch die Drehbewegung eines Magneten eine Spannung zu erzeugen. Wie kann man erreichen, dass eine Lampe infolge einer Drehbewegung ständig leuchtet?

EXPERIMENT 2

Ein Stabmagnet wird so über einer Spule befestigt, dass er eine Drehbewegung ausführen kann. Die Anschlüsse der Spule werden mit einem Spannungsmesser verbunden.
Der Magnet wird in Drehung versetzt. Dabei gelangen abwechselnd Nord- und Südpol in die Nähe der Spule.
Der Zeigerausschlag am Spannungsmesser wird beobachtet.

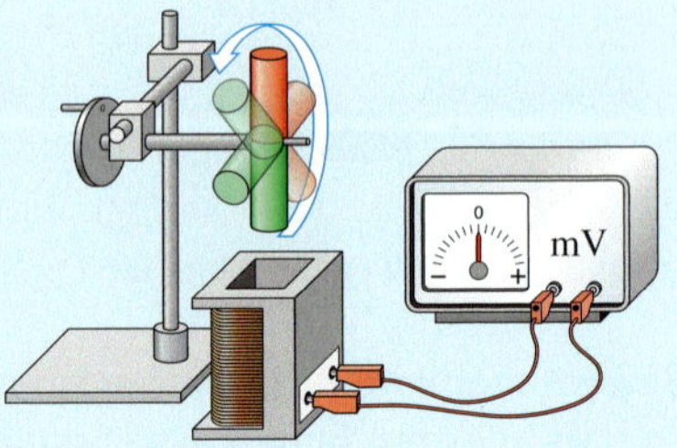

1

Beim Drehen schlägt der Zeiger abwechselnd nach rechts und links aus. Es wird eine Wechselspannung induziert. Während dieses Vorgangs ändert sich ständig die Anzahl der von der Spule umschlossenen Feldlinien (Bild 2):

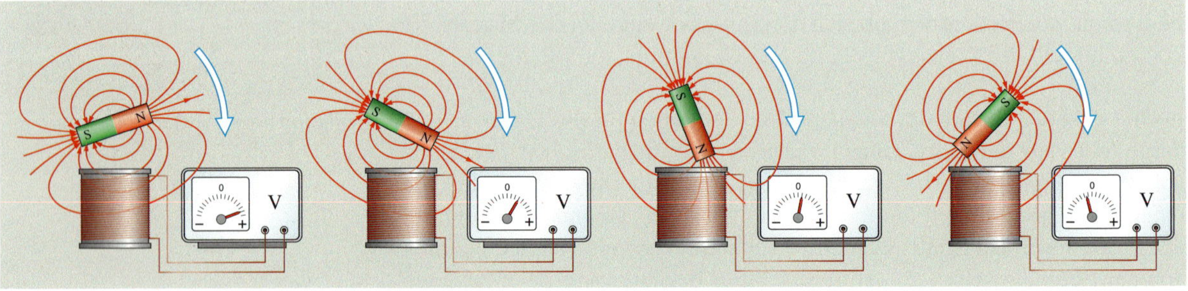

2

Dreht sich ein Stabmagnet über einer Spule, so kann eine Induktionsspannung auftreten. Sie ändert sich ständig. Nach einer halben Drehung sinkt die Spannung bis auf null ab.

Induktionsgesetz

Die Lampen eines Fahrrads leuchten beim Anfahren zunächst nur wenig. Je schneller das Rad fährt, umso heller werden die Lampen. Wovon hängt der Betrag der Induktionsspannung ab?

EXPERIMENT 3

Die Anschlüsse der Spule werden mit einem Spannungsmesser verbunden. Bewegt man einen Stabmagneten in die Spule hinein und wieder heraus, so tritt eine Induktionsspannung auf.
Das Experiment wird wiederholt, wobei man die Geschwindigkeit der Bewegung etwa verdoppelt und schließlich verdreifacht.

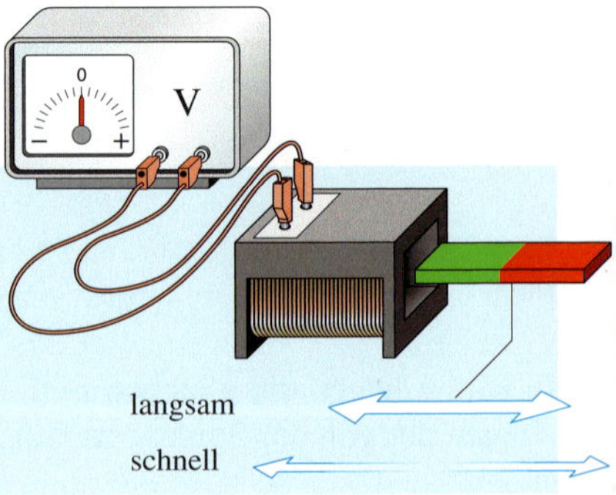

3

Je schneller der Magnet bewegt wird, umso größer ist auch die Induktionsspannung.

Welchen Einfluss hat die Stärke des Magnetfeldes auf die Induktionsspannung?

EXPERIMENT 4
Die Anschlüsse der Spule werden mit einem Spannungsmesser verbunden.
Zunächst wird der Stabmagnet wieder in die Spule hinein- und aus ihr herausbewegt.
Man wiederholt das Experiment, wobei man zwei und schließlich drei Stabmagnete aufeinanderlegt und in gleicher Weise bewegt.

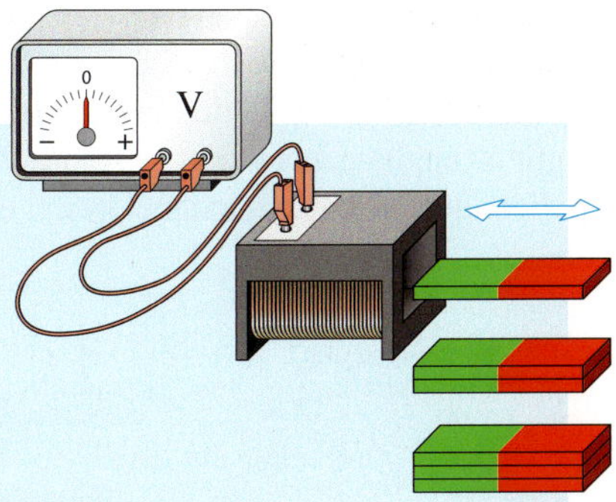

1

Die Induktionsspannung ist umso größer, je stärker das Magnetfeld ist.

Welchen Einfluss hat die Windungszahl der Spule auf die Induktionsspannung?

EXPERIMENT 5
Die Anschlüsse der Spule werden mit einem Spannungsmesser verbunden.
Zunächst wird der Stabmagnet wieder in die Spule hinein- und aus ihr herausbewegt.
Nachfolgend wird die Windungszahl der Spule verdoppelt und schließlich vervierfacht.
Den Magneten bewegt man in gleicher Weise.

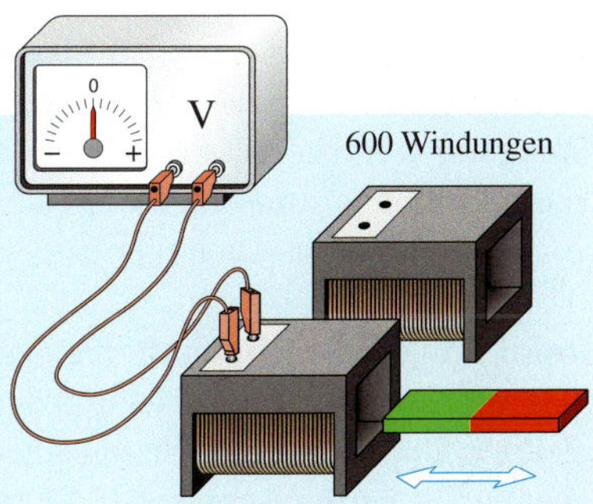

2

Je größer die Windungszahl der Spule ist, desto größer ist auch die Induktionsspannung.

↑Basiskonzept Wechselwirkung

Die gewonnenen Ergebnisse kann man in folgender Weise zusammenfassen:

Induktionsgesetz
In einer Spule wird eine Spannung induziert, solange sich das von der Spule umfasste Magnetfeld ändert. Die Induktionsspannung ist umso größer, je stärker das Magnetfeld ist, je schneller sich die Stärke des Magnetfeldes ändert und je größer die Windungszahl der Spule ist.

Induktion und Feldlinien. Die Aussagen des Induktionsgesetzes lassen sich folgendermaßen mit dem Modell Feldlinienbild erklären: Wird ein Magnet in eine Spule hineinbewegt, so ändert sich die Anzahl der Feldlinien, die von den Spulenwindungen umschlossen werden. Je schneller sich nun die Anzahl dieser Feldlinien ändert, desto größer ist die Induktionsspannung.

Wird ein bestimmter Magnet schneller in die Spule hineinbewegt, so nimmt auch die Anzahl derjenigen Feldlinien schneller zu, die von der Spule umschlossen werden. Wird ein stärkerer Magnet verwendet, so ändert sich die Anzahl der umschlossenen Feldlinien schneller. Denn die Feldlinien des stärkeren Magneten liegen dichter beieinander (Bild 3).

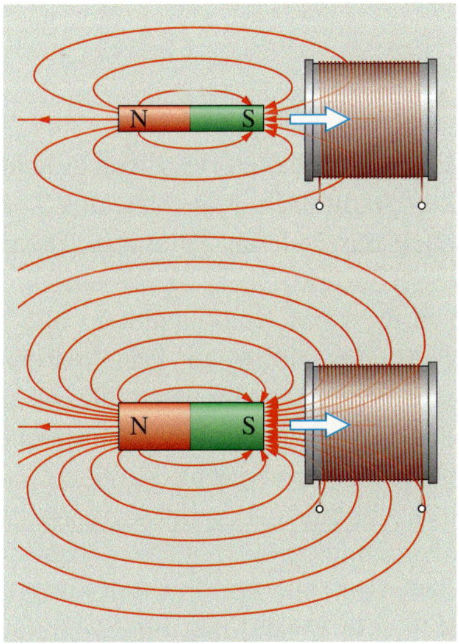

3
Induktion im Feldlinienbild

Induktion bei ruhenden Anordnungen

Verwendung von Elektromagneten. Die Experimente 1 bis 5 wurden alle mit Dauermagneten durchgeführt. Statt dieser Dauermagneten kann sich aber auch ein Elektromagnet bewegen:

↑Basiskonzept Wechselwirkung

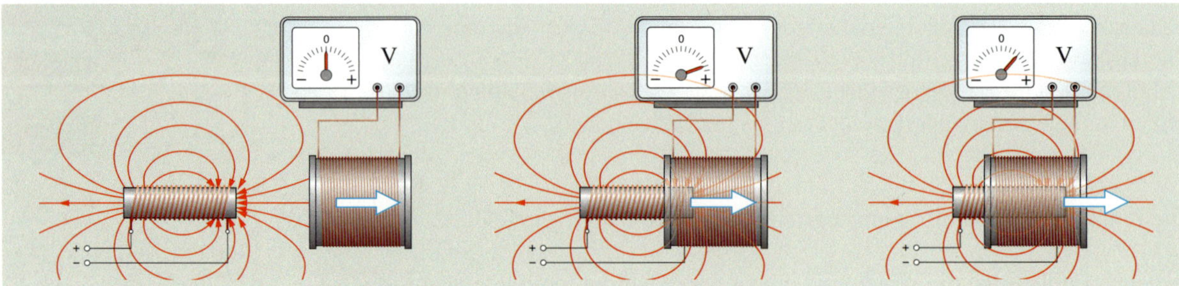

1

Das Magnetfeld eines Elektromagneten dringt in gleicher Weise in die Spule ein wie das eines Stabmagneten. Zu Beginn werden von der Spule keine Feldlinien umschlossen. Nach der Bewegung umschließt die Spule viele Feldlinien. Auch hier tritt eine Induktionsspannung auf.

Induktion durch Einschalten eines Elektromagneten. Anstelle des Stabmagneten kann auch ein Elektromagnet benutzt werden. Man schiebt ihn in gleicher Weise wie einen Stabmagneten in die Spule hinein. Der Elektromagnet ist zunächst ausgeschaltet. Es tritt keine elektromagnetische Induktion auf. Was geschieht nun aber, wenn der Elektromagnet eingeschaltet wird?

SCHON GEWUSST?

Das magnetische Feld lässt sich nicht nur durch das Einschalten und Ausschalten des Elektromagneten erreichen, sondern auch durch Verändern der Stromstärke.

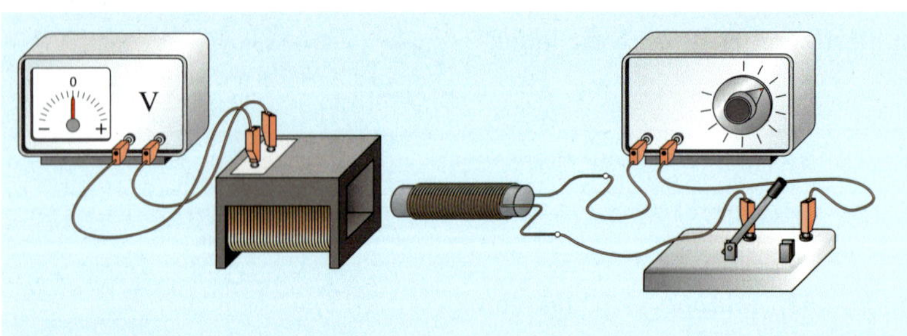

2

EXPERIMENT 6

1 Bringe einen Elektromagneten in eine Spule!
2 Schließe die Spule an einen Spannungsmesser an!
3 Schalte den Strom im Elektromagneten ein!
4 Schalte den Strom wieder aus!

Beim Einschalten des Stromes schlägt der Zeiger des Spannungsmessers kurzzeitig nach einer Seite aus. Beim Ausschalten des Stromes schlägt er nach der anderen Seite aus. Diese Experimente kann man mit Experiment 1 vergleichen. Das Einschalten des Stromes entspricht dem Hineinschieben des Stabmagneten: Die Anzahl der von der Spule umfassten Feldlinien nimmt zu. Das Ausschalten des Stromes entspricht dem Herausziehen des Magneten: Die Anzahl der umfassten Feldlinien nimmt ab. Das lässt sich mit einer experimentellen Anordnung, wie sie in Bild 3 dargestellt ist, erreichen.

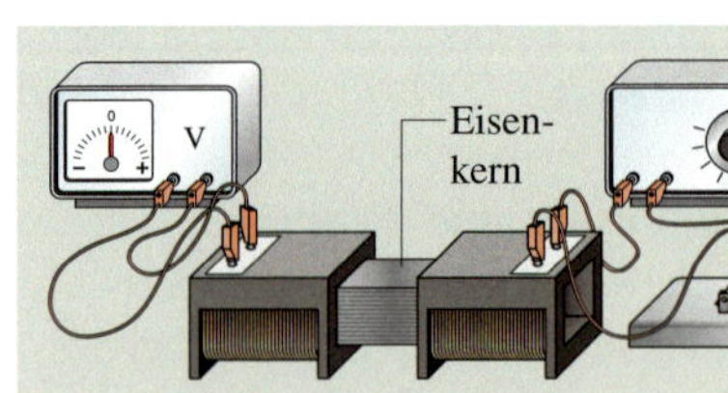

3

Ändert sich die Stromstärke im Elektromagneten, wird in der Spule eine Spannung induziert.

Eine Induktionsspannung kann auch ohne Relativbewegung zwischen dem Elektromagneten und einer Spule auftreten. Dazu ist es erforderlich, die Stärke des magnetischen Feldes eines Elektromagneten zu verändern.

Wechselstromgenerator

Der Fahrraddynamo wandelt mechanische Energie in elektrische Energie um. In den Elektrizitätswerken wird die mechanische Energie der Turbinen in den Generatoren durch elektromagnetische Induktion in elektrische Energie umgewandelt. Diese Generatoren gleichen im prinzipiellen Aufbau und in der Wirkungsweise dem Fahrraddynamo.

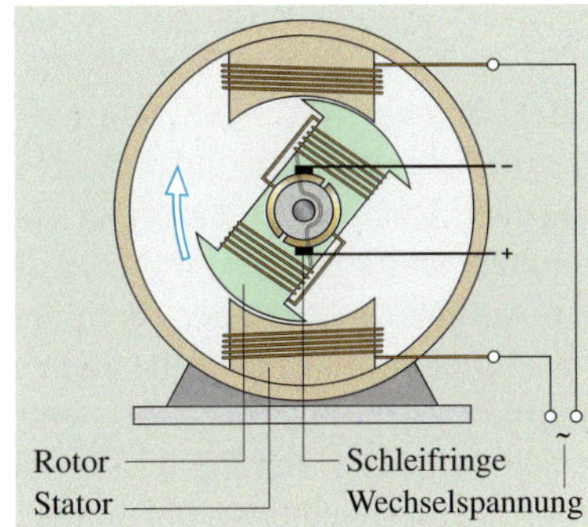

1 Aufbau des Wechselstromgenerators

Aufbau des Wechselstromgenerators. Ein Wechselstromgenerator besteht aus einem ruhenden Teil und einem sich drehenden Teil. Das ruhende Teil nennt man Stator (lat. *stare* = stehen), das bewegte Teil Anker oder Rotor (lat. *rotare* = sich im Kreis drehen). Der Stator enthält Induktionsspulen mit Eisenkernen. Der Rotor ist ein großer Elektromagnet, der besonders starke Magnetfelder erzeugen kann.

Ein Wechselstromgenerator besteht aus ruhenden Induktionsspulen (Stator) und einem sich drehenden Elektromagneten (Rotor).

↑Basiskonzept System

↑Basiskonzept Wechselwirkung

Wirkungsweise des Wechselstromgenerators. Der Rotor hat ein konstantes Magnetfeld. Das von den Statorspulen umfassen Magnetfeld ändert sich durch die Rotation des Rotors ständig; die Stärke des umfassten Magnetfeldes nimmt periodisch zu oder ab. Dadurch wird eine Wechselspannung induziert.

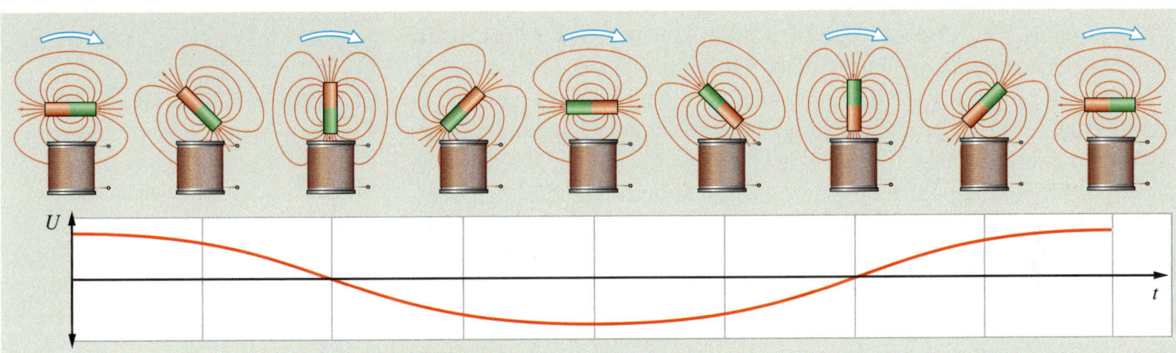

2 Die Wechselspannung entsteht durch die ständige Änderung des Magnetfeldes.

Wenn der Magnet zwischen den Statorspulen des Generators rotiert, ändert sich ständig die Stärke des von den Spulen umfassten Magnetfeldes. Sie nimmt abwechselnd zu und ab. Dadurch wird eine Wechselspannung induziert.

Die großen Generatoren unserer Kraftwerke sind wie der Fahrraddynamo sogenannte Innenpolmaschinen, denn die induzierenden Pole des Elektromagneten befinden sich im Rotor (innen). Dadurch braucht man nur den relativ schwachen Strom für die Erregung dieses Magneten dem Rotor über Schleifringe zuzuführen. Bei technischen Generatoren werden Spannungen von 20 000 V induziert und es fließen Ströme von 10 000 A. Es ist günstig, diese direkt von den fest stehenden Spulen im Stator abzunehmen. Die Abnahme so starker Ströme von einem rotierenden Teil würde große technische Schwierigkeiten bereiten.

3 Große Innenpolmaschine während der Montage

MICHAEL FARADAY

MICHAEL FARADAY war einer der größten Physiker aller Zeiten. Er wurde 1791 in Newington, einem Vorort von London, geboren. Dort wuchs er unter ärmlichen Verhältnissen auf. In der Elementarschule lernte er nur Lesen, Schreiben und ein wenig Rechnen. Mit 13 Jahren begann er eine Lehre als Buchbinder. FARADAY las viele der Bücher, die ihm zum Binden gebracht wurden. Dabei lernte er die Erscheinung der Elektrizität kennen. Ein wohlhabender Kunde, dem der interessierte junge Mann aufgefallen war, schenkte ihm Eintrittskarten zu den öffentlichen Vorträgen des berühmten Chemikers SIR HUMPHREY DAVY. Mit einer mit Skizzen versehenen Mitschrift der Vorlesung, die er in Leder eingebunden hatte, bat FARADAY den Gelehrten um eine Anstellung. DAVY entschied: „Lassen wir ihn Gläser und Flaschen reinigen. Wenn er gut für etwas ist, wird er kommen, lehnt er ab, dann taugt er für nichts." FARADAY löste alle Aufgaben so gewissenhaft, dass er DAVY als Assistent und Protokollant im Jahr 1813 auf einer anderthalbjährigen Vortragsreise durch Europa begleiten durfte. Auf dieser Reise machte er Bekanntschaft mit bedeutenden Forschern wie AMPÈRE, VOLTA und GAY-LUSSAC.

1821 stellte ihm DAVY die Aufgabe, alle bis dahin bekannten Experimente über den Elektromagnetismus zusammenzustellen. FARADAY nahm diese Aufgabe sehr ernst, wiederholte alle Experimente und entwickelte neue. Dabei hat er auch den ersten Elektromotor erfunden.

Obwohl FARADAY weder ein Gymnasium noch eine Universität besucht hatte, wurde er bald Professor. 1824 wählte man ihn zum Mitglied der Königlichen Akademie. Später wurde er der Nachfolger DAVYS.

In der Physik gab es praktisch kein Gebiet, auf dem FARADAY nicht experimentiert hätte. Seine größten Erfolge hatte er bei der Untersuchung der Elektrizität und des Magnetismus. FARADAY hat den Begriff des physikalischen Feldes und die Modelle der elektrischen und magnetischen Feldlinienbilder geschaffen.

HANS CHRISTIAN OERSTED hatte 1820 gezeigt, dass der elektrische Strom eine magnetische Wirkung besitzt. Daraus schlussfolgerte FARADAY, dass es möglich sein muss, mithilfe von Magnetismus elektrischen Strom zu erzeugen. Erst nach sieben Jahren gelang ihm 1831 das entscheidende Experiment.

1

MICHAEL FARADAY (1791–1867)

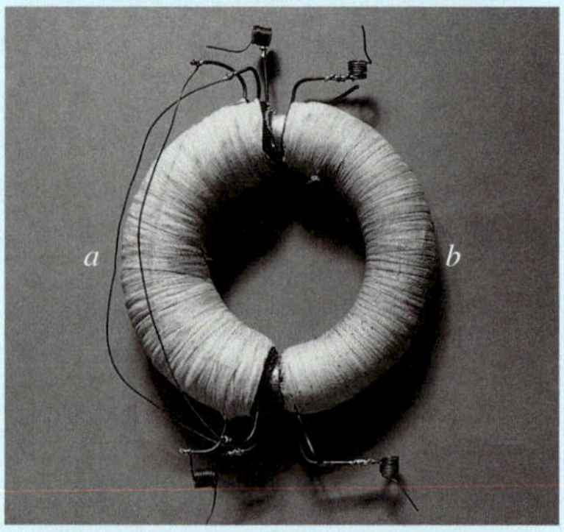

2

FARADAYS Spulen auf einem Eisenring. Auf einen ringförmigen Eisenkern waren zwei Spulen gewickelt. Beim Anschließen einer Batterie an die Spule a sowie beim Öffnen des Stromkreises zeigte das Messinstrument einen Strom in der Spule b an.

Weißt du es? Kannst du es

1. Bei welchen der folgenden Bewegungen wird eine Spannung induziert? Gib jeweils eine Begründung! Eine Spule wird
   a) in einem homogenen Magnetfeld parallel zu den Feldlinien verschoben (Bild 3a),
   b) in ein homogenes Feld hineinbewegt (Bild 3b),
   c) aus einem homogenen Magnetfeld herausbewegt (Bild 3c),
   d) innerhalb eines homogenen Feldes quer zu den Feldlinien verschoben (Bild 3d).

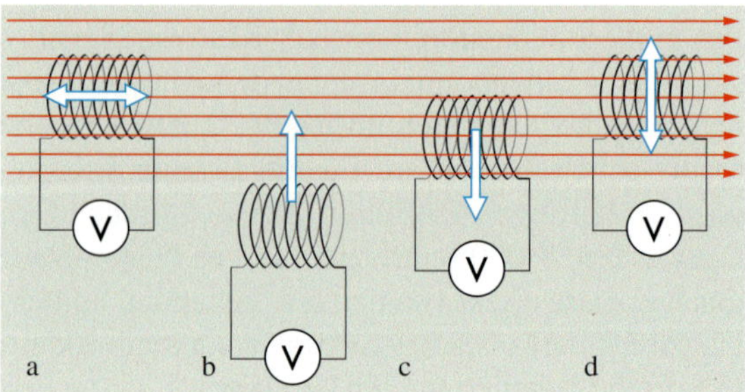

3

2. Eine Spule befindet sich neben einem Elektromagneten (Bild 1). In welchen Fällen wird in der Spule eine Spannung induziert? Erkläre!
   a) Der Stromkreis des Elektromagneten wird geschlossen.
   b) Im Stromkreis fließt ein konstanter Strom.
   c) Der Stromkreis wird geöffnet.

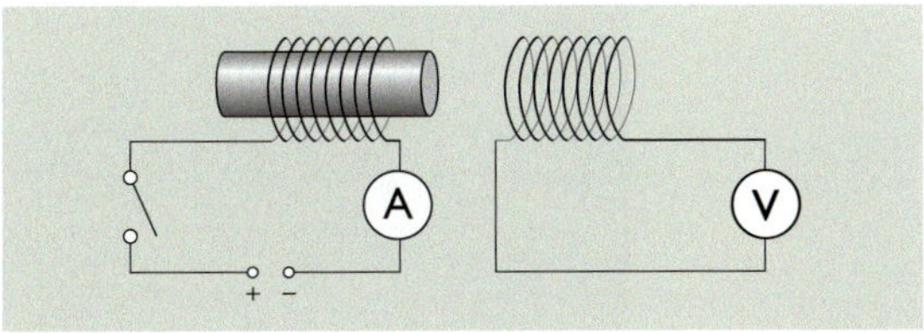

1

3. Ein Magnet wird in eine Spule hineingeschoben. Wovon hängt die Induktionsspannung ab? Wie ändert sich die Induktionsspannung, wenn statt des einen Magneten drei Magnete verwendet werden, die mit gleichen Polen aufeinanderliegen?
4. Beschreibe den Aufbau und erkläre die Wirkungsweise eines Wechselstromgenerators!
5. Erkläre, warum in der Technik Innenpolmaschinen verwendet werden!
6. Welche Energieumwandlungen treten in einem Wechselstromgenerator auf?
7. Erkläre das Zustandekommen der Wechselspannung bei einem Generator!
8. Stelle aus einigen kräftigen Ferritmagneten, einer Spule mit Eisenkern, einem Metallsägeblatt und einer LED eine Handlampe her.
   a) Befestige an einem Ende des Sägeblattes auf beiden Seiten je zwei Ferritmagnete (Dicke etwa 1 cm).
   b) Umwickle Sägeblatt und Magnete mit einem Streifen aus festem Klebeband (40 cm × 4 cm), sodass sie stabil befestigt sind.
   c) Befestige einen Stativstab mithilfe einer Tischklemme an einer Tischkante.
   d) Bringe am oberen Ende des Stativstabes mit einer Stativmuffe das freie Ende des Sägeblattes so an, dass die Magnete auf- und abschwingen können.
   e) Stelle unter die Magneten eine Spule mit 1500 Windungen und einen geblätterten I-Kern!
   f) Verbinde die Anschlüsse der Spule mit der LED.
   g) Lenke die Magnete so weit aus, dass sie über der Spule schwingen.
   h) Beobachte und erkläre!

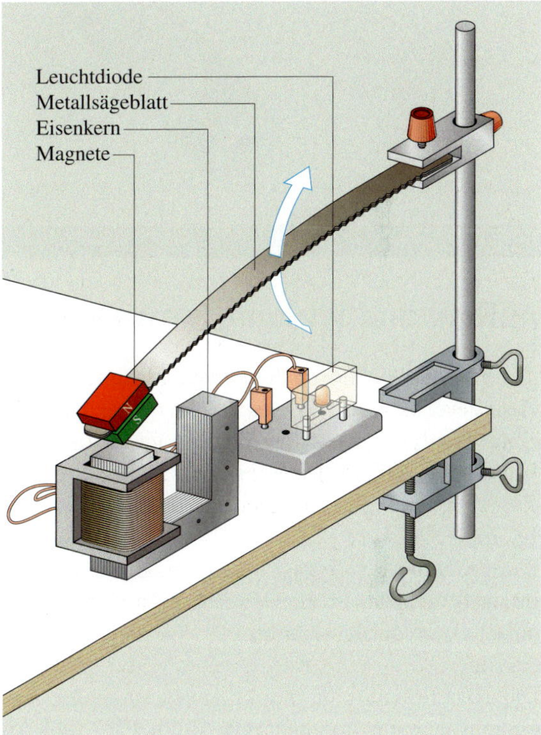

2

Kurz und knapp !

Induktionsgesetz. In einer Spule wird eine Spannung induziert, solange sich das von der Spule umfasste Magnetfeld ändert. Die Induktionsspannung ist umso größer, je schneller sich die Stärke des Magnetfeldes ändert und je größer die Windungszahl der Spule ist.

Wechselstromgenerator. Ein Wechselstromgenerator besteht aus einem Magneten (Rotor), der sich zwischen den Induktionsspulen (Stator) dreht. Dabei ändert sich das von den Spulen umfasste Magnetfeld ständig und es wird eine Wechselspannung induziert.

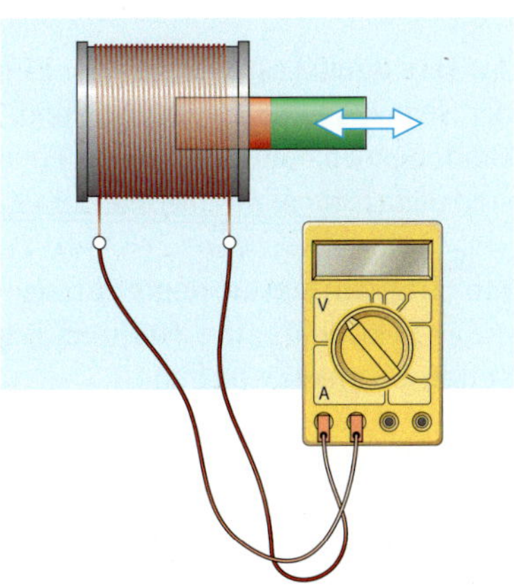

Transformator

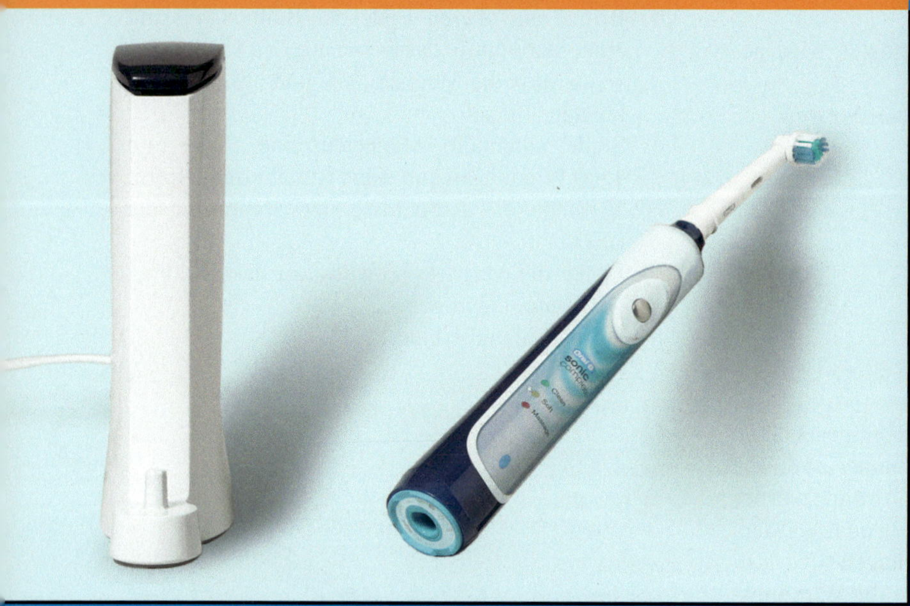

1

Stellt man eine mobile Zahnbürste in die Basis, so wird ihr Akku aufgeladen. Es muss also von außen elektrische Energie in das Gerät geleitet werden. Bei modernen Akkuzahnbürsten sucht man allerdings umsonst nach Zuleitungen und Kontakten. Wie funktioniert die Energieversorgung?

2
Geöffnetes Netzteil

Aufbau und Wirkungsweise eines Transformators

An unseren Steckdosen liegt eine elektrische Spannung von 230 V an. Für viele Zwecke, wie z. B. den Betrieb einer Halogenlampe oder das Laden eines Handys, benötigt man jedoch viel kleinere Spannungen. Sie werden von einem Netzteil bereitgestellt. Es enthält einen Transformator, der die 230-V-Spannung in eine niedrige Spannung umwandelt (Bild 2).

Es gibt aber auch Transformatoren, die die Spannung erhöhen (Bild 3): In Kraftwerken wird für den Energietransport in Fernleitungen die Spannung bis auf 400 kV erhöht.

Die Experimente zur Induktion bei ruhenden Anordnungen wurden mit Gleichspannung durchgeführt. Beim Ein- und Ausschalten des Elektromagneten wurde jeweils in einer Spule eine Induktionsspannung erzeugt, weil sich die Stärke des Magnetfeldes änderte.
Auch wenn man durch einen Elektromagneten einen Wechselstrom fließen lässt, ändert sich sein Magnetfeld. Diese Erscheinung wird in einem Transformator genutzt.

Aufbau eines Transformators. Ein Transformator besteht aus zwei Spulen, der Primärspule (Feldspule) und der Sekundärspule (Induktionsspule). Beide Spulen befinden sich auf einem gemeinsamen Eisenkern (Bild 4). Sie sind elektrisch nicht miteinander verbunden.

1 Ein Transformator besteht aus einer Primärspule (Feldspule) und einer Sekundärspule (Induktionsspule), die sich auf einem geschlossenen Eisenkern befinden.

Hochspannungstransformator 3

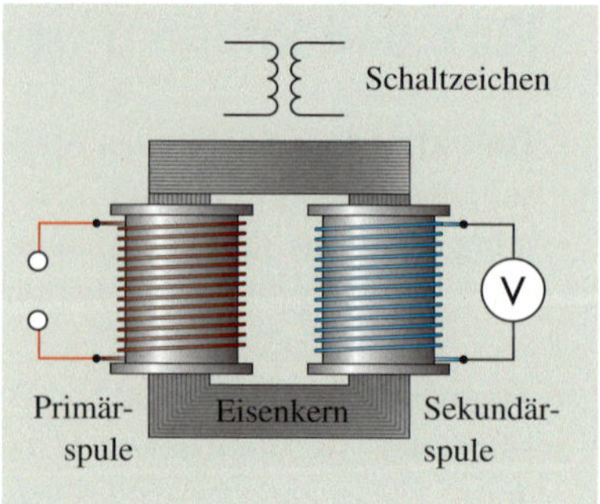

4
Transformator

Wirkungsweise eines Transformators. Auf welche Weise entsteht in der Sekundärspule des Transformators eine Spannung?

EXPERIMENT 1

1 Stecke auf den einen Schenkel eines U-förmigen Eisenkerns eine Spule (Primärspule) und schließe sie an eine Wechselspannungsquelle an!
2 Verbinde eine zweite Spule (Sekundärspule) mit einer Glühlampe!
3 Schiebe die Sekundärspule langsam auf den zweiten Schenkel des U-Kerns!
4 Lege auf den U-Kern einen I-Kern!

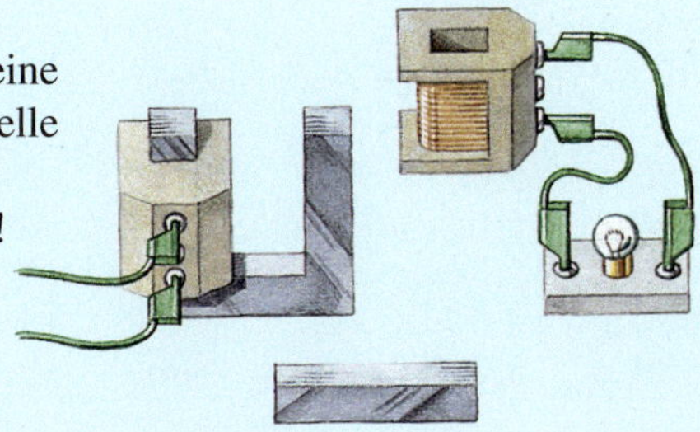
1

Beim Aufschieben der Sekundärspule auf den U-Kern beginnt die Lampe erst schwach und danach stärker zu leuchten. Nach dem Auflegen des I-Kerns leuchtet sie hell.
Um eine Spannung zu induzieren, muss sich das von der Induktionsspule umfasste magnetische Feld ändern. Bei einem Transformator ist diese Bedingung dadurch erfüllt, dass durch seine Primärspule ein Wechselstrom fließt. Dieser Wechselstrom bewirkt, dass sich das Magnetfeld ständig ändert. Das Magnetfeld gelangt durch den Eisenkern zur Sekundärspule. Diese Spule umfasst das Magnetfeld. Dadurch wird fortwährend eine Spannung induziert. Ein an die Sekundärspule angeschlossenes Oszilloskop lässt erkennen, dass die Induktionspannung wieder eine Wechselspannung ist (Bild 2).

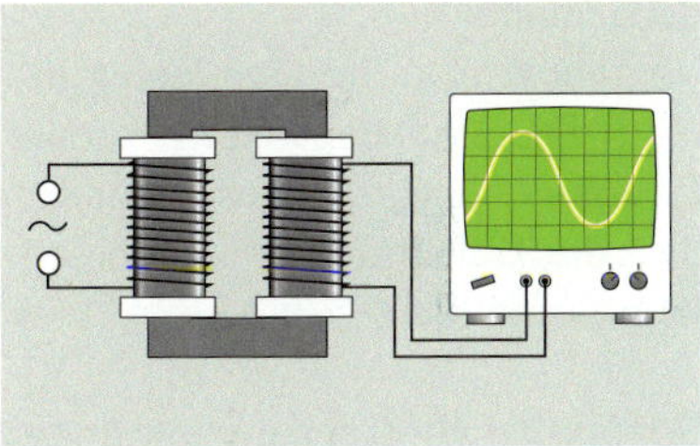
2

Fließt durch die Primärspule eines Transformators ein Wechselstrom, so ändert sich das Magnetfeld ständig. Dadurch wird in der Sekundärspule eine Wechselspannung induziert.

↑Basiskonzept Energie

↑Basiskonzept System

Spannungs- und Stromübersetzung am Transformator

Spannungsübersetzung am Transformator. Du hast beim Experimentieren erfahren, dass die Induktionsspannung umso größer ist, je größer die Windungszahl der Induktionsspule ist. Es ist deshalb zu vermuten, dass auch bei einem Transformator die induzierte Spannung von der Windungszahl der Sekundärspule abhängt: Je größer die Sekundärwindungszahl ist, umso größer müsste auch die Sekundärspannung sein.

EXPERIMENT 2

1 Stelle aus einer Primärspule, einer Sekundärspule und einem geschlossenen Eisenkern einen Transformator zusammen!
2 Lege an die Primärspule eine bestimmte Wechselspannung U_1 an!
3 Miss die Spannung U_2 an der Sekundärspule!
4 Verändere die Windungszahl N_2 der Sekundärspule!
5 Verändere die Primärspannung!
6 Verändere dieWindungszahl N_1 der Primärspule!
7 Bilde die Quotienten aus N_1 und N_2 bzw. U_1 und U_2!

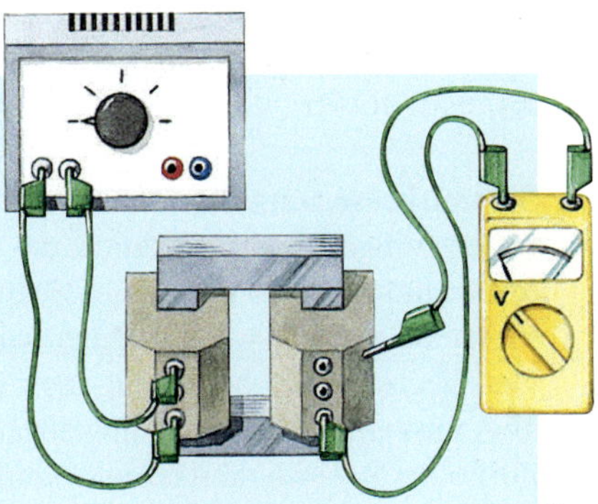
3

Bei dem Experiment kann man z. B. folgende Messergebnisse erhalten:

Primärkreis		Sekundärkreis		Auswertung	
N_1	U_1 in V	N_2	U_2 in V	$N_1 : N_2$	$U_1 : U_2$
600	5,0	300	2,4	2,0	2,08
600	5,0	600	4,8	1,0	1,04
600	5,0	900	7,3	0,67	0,68
600	10,0	900	14,7	0,67	0,68
300	5,0	600	9,8	0,5	0,51

Das Experiment bestätigt die Vermutung. Die Sekundärspannung ist umso größer, je größer die Sekundärwindungszahl ist. Außerdem ist zu erkennen: Wenn die Primärspannung zunimmt, nimmt auch die Sekundärspannung zu. Schließlich hat die Primärwindungszahl Einfluss auf die Sekundärspannung.

Vergleicht man die Quotienten in den beiden letzten Spalten, so erkennt man: Die Primärspannung verhält sich zur Sekundärspannung wie die Primärwindungszahl zur Sekundärwindungszahl. Voraussetzung ist dabei, dass der Transformator nicht belastet ist, d. h., dass im Sekundärstromkreis kein Strom fließt .

Spannungsübersetzung am unbelasteten Transformator: $\frac{U_1}{U_2} = \frac{N_1}{N_2}$

Beispiel zur Berechnung der Sekundärwindungszahl eines Transformators
Bei der Werbung mit „Neonlicht" ist für die Zündung der Röhren eine Spannung von 4000 V erforderlich. Der Hochspannungstransformator wird mit 230 V betrieben und besitzt eine Primärwindungszahl von 600 Windungen. Wie groß muss die Sekundärwindungszahl sein?

Gesucht: N_2

Gegeben: $N_1 = 600$

$U_1 = 230\,\text{V}$

$U_2 = 4000\,\text{V}$

Lösung: $\frac{U_1}{U_2} = \frac{N_1}{N_2}$

$$N_2 = N_1 \cdot \frac{U_1}{U_2}$$

$$N_2 = 600 \cdot \frac{4000\,\text{V}}{230\,\text{V}}$$

$$\underline{\underline{N_2 = 10435}}$$

Ergebnis: Die Sekundärspule muss eine Windungszahl von 10435 besitzen.

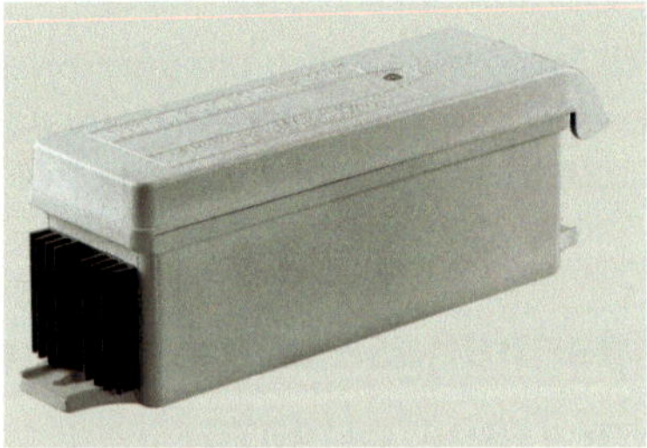

1 Hochspannungstransformator für Leuchtstoffröhren

Stromübersetzung am Transformator. Beim Schweißen mit einem Elektroschweißgerät müssen durch die Schweißelektrode Ströme mit großen Stromstärken fließen, damit die hohen Temperaturen zum Schmelzen des Materials erreicht werden. Man kann ein solches Schweißgerät mit dem Netzwechselstrom betreiben, auch wenn die Leitungen nur für 10 A oder 16 A ausgelegt sind. Das Schweißgerät enthält einen Transformator, in dem die hohen Stromstärken erzeugt werden. Welche Bedingungen müssen dafür erfüllt sein?

EXPERIMENT 3

1 Stelle aus einer Primärspule, einer Sekundärspule, einem U- und einem I-Kern einen Transformator zusammen!
2 Verbinde die Primärspule über einen Strommesser mit einer Wechselspannungsquelle!
3 Belaste die Sekundärspule des Transformators stark, indem du sie über einen Strommesser kurzschließt!
4 Verändere die Sekundärwindungszahl und miss jeweils Primär- und Sekundärstromstärke!

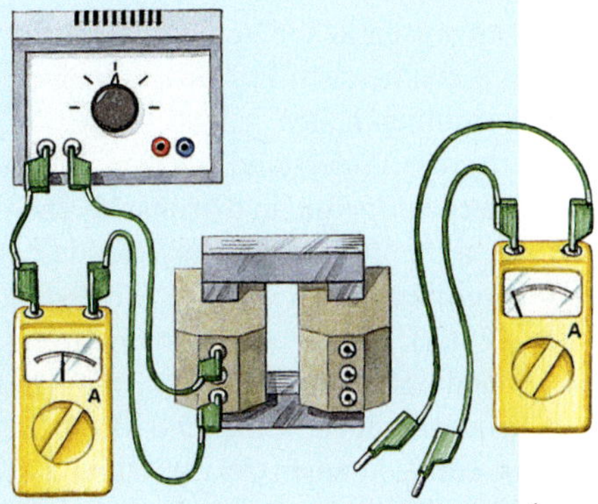

1

In die folgende Tabelle sind als Beispiel die Ergebnisse von zwei Messungen eingetragen:

Primärkreis		Sekundärkreis		Auswertung	
N_1	I_1 in mA	N_2	I_2 in mA	$N_2 : N_1$	$I_1 : I_2$
1200	100	600	190	0,5	0,53
1200	100	300	390	0,25	0,26

Das Experiment führt zu folgenden Ergebnissen: Je kleiner die Sekundärwindungszahl ist, umso größer ist die Sekundärstromstärke.
Vergleicht man die Quotienten in den beiden letzten Spalten, so erkennt man: Die Primärstromstärke verhält sich zur Sekundärstromstärke umgekehrt wie die Windungszahlen der beiden Spulen zueinander. Voraussetzung ist dabei, dass der Transformator stark belastet ist.

Stromübersetzung am stark belasteten Transformator: $\frac{I_1}{I_2} = \frac{N_2}{N_1}$

Beispiel zur Berechnung der Sekundärstromstärke eines Transformators
Ein Schweißtransformator wird mit einer Wechselspannung von 230 V betrieben. Seine Primärwindungszahl ist 400, seine Sekundärwindungszahl 75. Welchen Wert kann die Sekundärstromstärke erreichen, wenn die Primärstromstärke 8 A beträgt?

2
Schweißgerät mit Schweißtransformator

Gesucht: I_2

Gegeben: $N_1 = 400$
$N_2 = 75$
$I_1 = 8\,\text{A}$

Lösung:
$$\frac{I_1}{I_2} = \frac{N_2}{N_1}$$
$$I_2 = I_1 \cdot \frac{N_1}{N_2}$$
$$I_2 = 8\,\text{A} \cdot \frac{400}{75}$$
$$\underline{\underline{I_2 = 43\,\text{A}}}$$

Ergebnis: Die Sekundärstromstärke kann maximal 43 A erreichen.

Fernleitung elektrischer Energie

1

Ein wesentlicher Vorzug der elektrischen Energie besteht darin, dass sie mit elektrischen Freileitungen übertragen werden kann. Die Drähte dieser Leitungen haben jedoch – wie alle elektrischen Leitungen – einen elektrischen Widerstand. Dieser Widerstand bewirkt, dass ein Teil der elektrischen Energie in thermische Energie umgewandelt wird. Die thermische Energie erwärmt die umgebende Luft. Die Wärmeabgabe ist umso größer, je größer der elektrische Widerstand der Leitungen ist. Außerdem nimmt sie stark mit der elektrischen Stromstärke in den Leitungen zu. Der Widerstand ließe sich verringern, wenn man dickere Leitungen nähme. Doch das wäre sehr teuer. Eine gute Möglichkeit besteht aber darin, die Stromstärke in den Leitungen zu verkleinern. Das ist dadurch möglich, dass man die Elektrizität mit großen Spannungen überträgt.

Die Generatoren in den Kraftwerken erzeugen Spannungen von etwa 20 kV. In einem Umspannwerk wird diese Spannung in Transformatoren auf 400 kV hochtransformiert. Mit dieser Hochspannung werden dann durch die Freileitungen große Entfernungen überbrückt.

Natürlich kann diese Hochspannung nicht in Haushalten und Fabriken verwendet werden. Sie ist sehr gefährlich und es würden lange Funken zwischen den Leitungen überspringen. Deshalb wird sie in der Nähe von Städten und Betrieben in mehreren Schritten bis auf 400 V bzw. 230 V heruntertransformiert. Das erfolgt in Transformatoren der Umspannwerke.

Damit ist bei der Übertragung elektrischer Energie mit Hochspannung ein mehrfaches Transformieren erforderlich. Das erfolgt aber nur mit einem bestimmten Wirkungsgrad. Durch eine sehr gute Konstruktion erreichen solche Transformatoren Wirkungsgrade von 99,9 %.

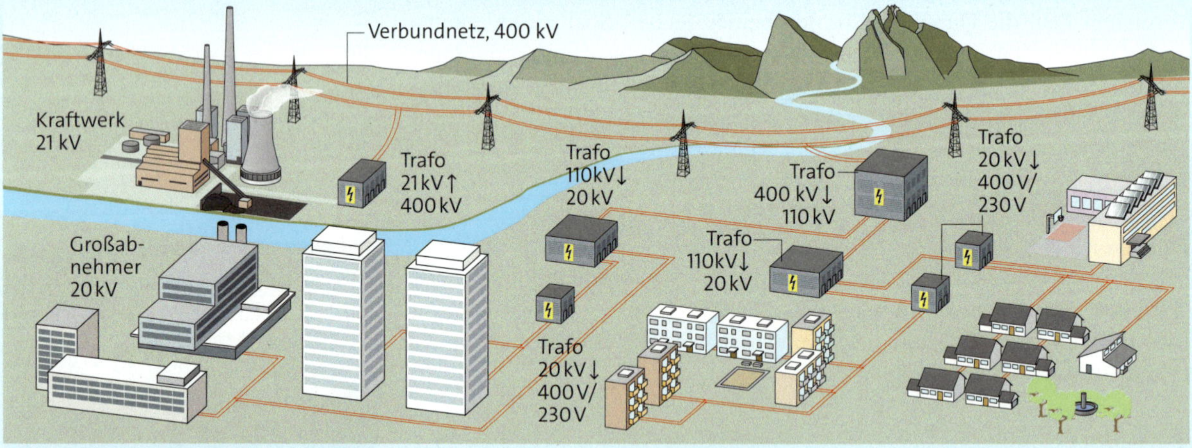

2

Transformatoren verringern Energieverluste.

ÜBRIGENS

Die Transformatoren der Umspannwerke müssen für Leistungen bis zu 3 GW ausgelegt werden. Bei solch großen Transformatoren ist es nicht mehr möglich, nur eine Primär- und eine Sekundärspule auf einem Eisenkern anzuordnen. Eine derartige tonnenschwere Anlage ließe sich nicht vom Hersteller zum Einsatzort transportieren. In diesen Fällen ordnet man daher mehrere Transformatoren auf einer „Bank“ an.

Der europäische Energieverbund

Die Betriebe in den deutschen Industriegebieten brauchen zeitweise mehr Energie, als die Kraftwerke der Region erzeugen können. Die nötige Energie wird in anderen Regionen gekauft oder „geliehen". Die Energieversorger in Deutschland sind nämlich zu einem umfassenden Verbundsystem zusammengeschlossen (Bild 1). Das Verbundnetz wird von einer Schaltzentrale in Brauweiler (bei Köln) überwacht und gesteuert. Mithilfe von Computern werden die Energieströme verfolgt. Von dort kann z. B. auch ein Pumpspeicherwerk zusätzlich eingeschaltet werden, wenn die laufenden Kraftwerke an ihre Leistungsgrenze kommen. Oder einige Kraftwerke werden abgeschaltet, wenn die restlichen Kraftwerke nicht ausgelastet sind.
Auch überregional haben sich die Länder Europas zu einem europäischen Energieverbund zusammengeschlossen (Bild 2). Die Wasserkraftwerke in der Schweiz z. B. produzieren während der Schneeschmelze mehr Energie als für die Schweiz erforderlich. Die überschüssige Energie wird über das Verbundnetz exportiert. Auch bei einem Ausfall von Hochspannungsleitungen oder Elektrizitätswerken kann man die Energieversorgung über das Verbundnetz aufrechterhalten.

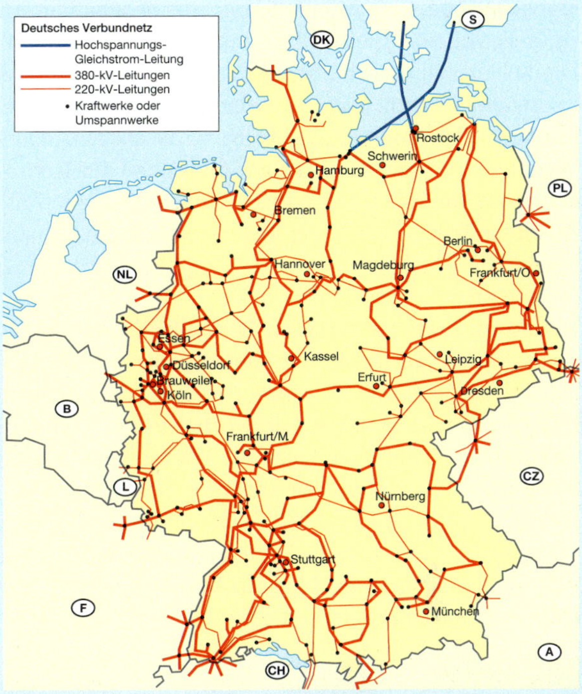

1
Deutsches Verbundnetz

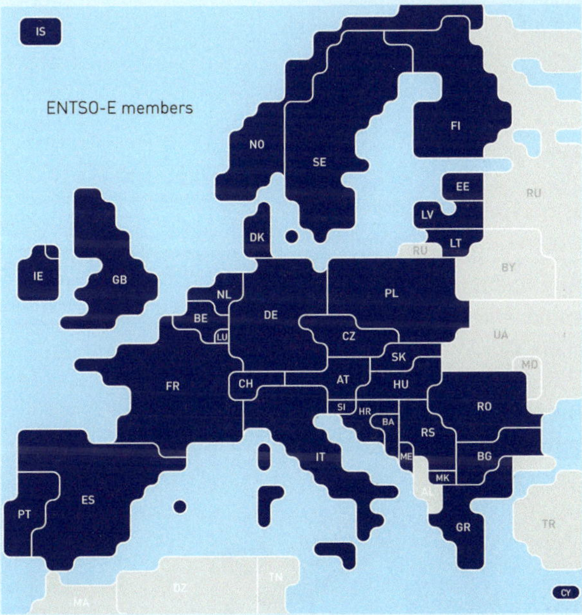

2
Mitglieder des europäischen Verbundnetzes

Am 4. 11. 2006 um 21.38 Uhr wurde zur Überführung eines Kreuzfahrtschiffes in die Nordsee eine Höchstspannungsleitung über der Ems abgeschaltet. Dadurch kam es zu einem unvorhergesehen Zwischenfall: Die Netzbelastung stieg unerwartet hoch an und führte zur Notabschaltungen der Leitung Bielefeld/Gütersloh und in Folge zu weiteren Stromausfällen quer durch Deutschland, Österreich und weiteren Ländern. Die Netzfrequenz fiel in einigen Teilen Europas auf 49 Hz und stieg in anderen Gebieten auf 50,4 Hz an (Bild 3). Zwei Stunden später konnten alle Leitungen wieder zugeschaltet werden. Zeitweise waren mehr als 15 Millionen Menschen in weiten Teilen Europas ohne elektrischen Strom.

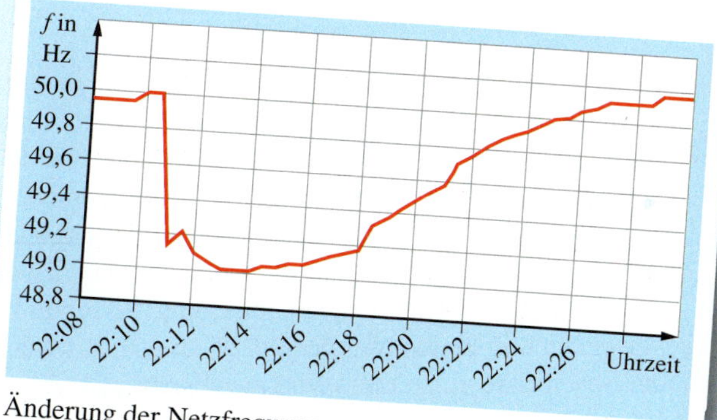

Änderung der Netzfrequenz; gemessen im Ruhrgebiet am 4. 11. 2006 3

Aufgabe

1. Das europäische Verbundnetz hat viele Vorteile, aber auch kleine Nachteile für seine Teilnehmer. Erläutere.

Kochen, Schmelzen und Bremsen durch Induktion

Wirbelströme. Eine Aluminiumscheibe liegt auf einer Spule mit Eisenkern (Bild 1). An eine Spule mit Eisenkern legt man eine Wechselspannung an. Die Scheibe wird nach oben geschleudert. Wenn man die Scheibe festhält, so erwärmt sie sich. Diese Anordnung entspricht der eines einfachen Transformators. Die Aluminiumscheibe wirkt als Sekundärspule mit nur einer Windung. Die induzierten Ströme fließen um den Kern, jedoch auf verschiedenen Wegen. Sie bewegen sich ähnlich wie die Wasserteilchen in einer Ausflussöffnung, z. B. einer Badewanne. Deshalb nennt man sie Wirbelströme.

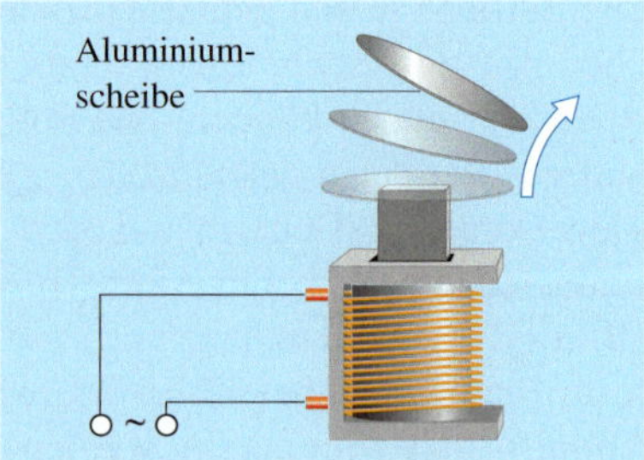

1 Wirbelströme

Induktionsherd. Wichtigster Bestandteil eines Induktionsherdes ist die Spule, die in die Herdplatte eingebaut ist. Ist der Herd eingeschaltet, so erzeugt die Spule im Boden der Pfanne, die auf dem Herd steht, starke Induktionsströme in der Art der Wirbelströme. Dadurch wird die Pfanne an den Stellen erwärmt, an denen die Wärme gebraucht wird. Die Herdplatte bleibt kalt. Deshalb spart der Induktionsherd Energie und Zeit. Die Wirkung wird noch dadurch verstärkt, dass nicht direkt mit Wechselstrom gearbeitet wird, der aus der Steckdose kommt und 100-mal in der Sekunde seine Richtung ändert, sondern man benutzt hochfrequenten Strom mit 60 000 Richtungsänderungen pro Sekunde.

2 Heiß und kalt auf dem Induktionsherd

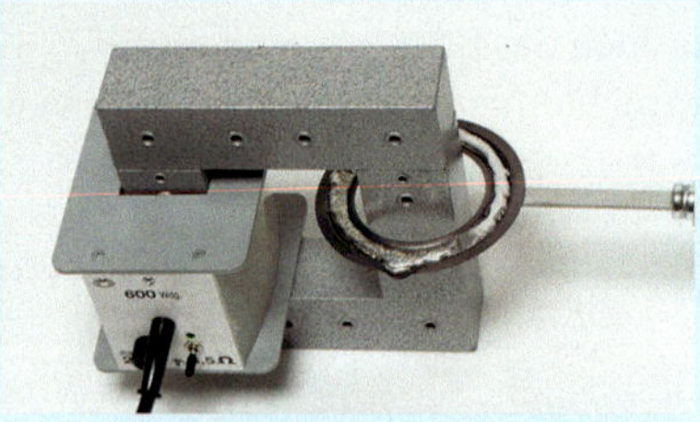

3 Induktionsschmelzofen-Modell

Induktionsschmelzofen. Mit einer Induktionsspule kann man Metalle, die eine hohe Schmelztemperatur haben, so schmelzen, dass keine Verunreinigungen auftreten. Die Sekundärspule des Transformators im Induktionsschmelzofen ist eine hitzebeständige kreisförmige Schmelzrinne. Die Rinne wird mit Metallstücken gefüllt, die geschmolzen werden sollen. Der Wechselstrom, der der Primärspule zugeführt wird, ändert seine Richtung viel häufiger als der Wechselstrom im Haushalt. Der geringe elektrische Widerstand der Metallstücke bewirkt, dass in der Rinne ein sehr starker Strom fließt.

Bremsen mit Wirbelströmen. Wirbelströme können eine Aluminiumscheibe in Bewegung versetzen und sie können diese erwärmen. Sie können aber auch dazu benutzt werden, Bewegungen abzubremsen. Das erfolgt z. B. bei modernen Hometrainern. Bei diesen kann man elektronisch einstellen, wie sehr man sich beim Treten anstrengen will. Beim Treten wird eine Aluminiumscheibe in schnelle Drehbewegung versetzt. Diese Scheibe bewegt sich in einem Magnetfeld. Je stärker das Magnetfeld in der Scheibe ist, umso mehr wird sie abgebremst.

Hometrainer mit „Wirbelstrombremse“

Weißt du es? Kannst du es

1. Beschreibe den Aufbau und erkläre die Wirkungsweise eines Transformators!
2. Nenne Beispiele für die Anwendung von Transformatoren. Ordne sie nach der zu nutzenden Spannung!
3. Ein Kleinschweißtransformator ist für eine Betriebsspannung von 230 V konstruiert. Seine Primärwindungszahl beträgt 260, seine Sekundärwindungszahl 60. Wie groß ist die Sekundärspannung bei unbelastetem Transformator?
4. Bei einem Transformator wird die Primärspannung zunächst verdoppelt und dann halbiert. Wie ändert sich jeweils die Sekundärspannung?
5. Erkläre, warum die Sekundärspannung eines Transformators zunimmt, wenn die Primärspannung größer wird!
6. Eine Kohlebogenlampe wird über einen Transformator mit einer Spannung von 50 V betrieben. Bei einer Netzspannung von 230 V beträgt die Sekundärstromstärke 10 A. Wie groß muss die Stromstärke in der Primärspule mindestens sein?
7. An einem Transformator werden im Leerlauf eine Primärspannung von 230 V und eine Sekundärspannung von 9,2 V gemessen. Bei Kurzschluss beträgt die Primärstromstärke 0,1 A. Gib das Verhältnis der Windungszahlen und die Stromstärke im Sekundärkreis an!
8. In den Experimentieranordnungen nach den Bildern 1a und 1b wird jeweils der Schalter geschlossen. Was könntest du am Messgerät beobachten? Begründe deine Antwort!

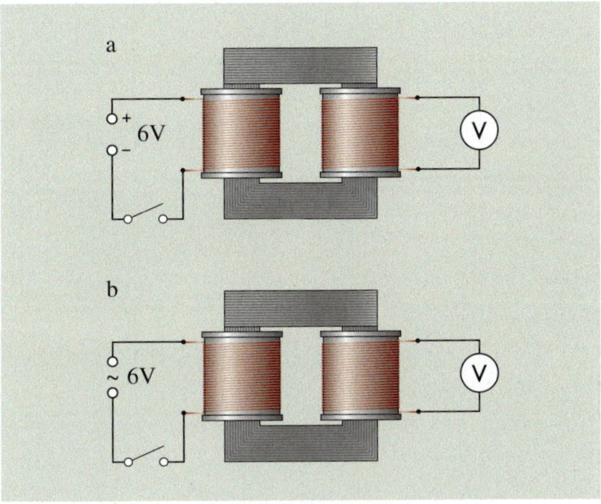

1

9. Begründe, dass bei der Fernleitung elektrischer Energie Transformatoren eingesetzt werden müssen!
10. Begründe, warum bei der Fernübertragung elektrischer Energie die Spannung zunächst vergrößert und dann wieder schrittweise verringert werden muss! Was würde geschehen, wenn man eine Spannung von 230 V über einige 100 km direkt übertragen wollte?
11. Beantworte die eingangs gestellte Frage zur Energieversorgung bei einer mobilen Zahnbürste!

Kurz und knapp!

Transformator

In einem Transformator erfolgt die Induktion ohne Bewegung durch ständiges Ändern des Magnetfeldes in der Induktionsspule.

Ein Transformator besteht aus einer Primärspule (Feldspule) und einer Sekundärspule (Induktionsspule), die sich auf einem geschlossenen Eisenkern befinden. Fließt durch die Primärspule ein Wechselstrom, so ändert sich das Magnetfeld ständig. Dadurch wird in der Sekundärspule eine Wechselspannung induziert.

Spannungsübersetzung am unbelasteten Transformator:

$$\frac{U_1}{U_2} = \frac{N_1}{N_2}$$

Stromübersetzung am stark belasteten Transformator:

$$\frac{I_1}{I_2} = \frac{N_2}{N_1}$$

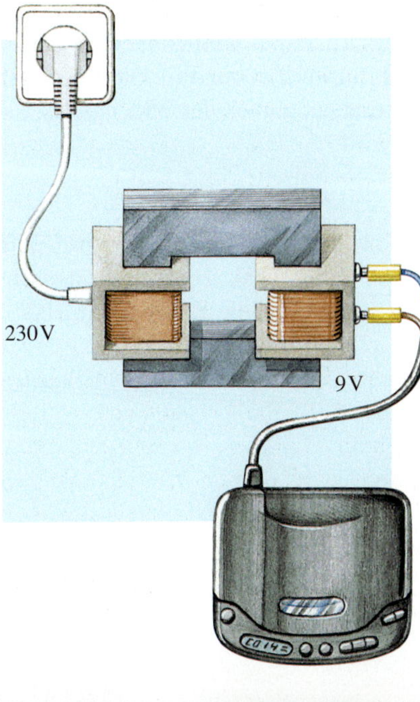

Fotovoltaik

1

Der Blick durch ein Solarzellenfenster – es ist belegt mit folienartigen Dünnschichtzellen. Wahlweise können sie 1 %, 5 % oder 10 % des Lichts durchlassen und bei günstigem Sonnenwetter gleichzeitig etwa 51 W/m², 46 W/m² oder 41 W/m² ins elektrische Netz einspeisen. Die direkte Umwandlung von Sonnenenergie in elektrische Energie mittels Solarzellen wird als Fotovoltaik bezeichnet.
Wie sind Solarzellen aufgebaut und wie funktionieren sie?

↑Basiskonzept Materie   ↑Basiskonzept System

Halbleiter

Elemente aus der IV. Hauptgruppe des Periodensystems werden auch als Halbleiter bezeichnet. Wichtige Halbleiter sind Kohlenstoff (Graphit), Silicium und Germanium.
Heute wird vorwiegend Silicium als Halbleiter verwendet, das in der Natur im Quarzsand (SiO_2) und in Silicaten vorkommt.
Seine interessanten Eigenschaften lassen sich jedoch nur in elektronischen Schaltungen anwenden und gezielt verändern, wenn es in reinster Form vorliegt (Bild 2).

2

Reines Silicium für die Chipherstellung

Temperaturabhängigkeit des Widerstands von Halbleitern. Metalle leiten den Strom sehr gut, Isolatoren dagegen fast gar nicht. Halbleiter sind Stoffe, deren Leitfähigkeit zwischen der von Metallen und Isolatoren liegt. Ein zweiter Grund für die Bezeichnung Halbleiter besteht in der Temperaturabhängigkeit des Widerstands, die mit folgendem Experiment untersucht wird.

EXPERIMENT 1

1 Erwärme einen metallischen Widerstandsdraht vorsichtig mit einer Flamme und beobachte den Strommesser (U = konst.)!
2 Wiederhole 1. mit einem Halbleiter (geeignet ist ein Stück einer dünnen Bleistiftmine)!
3 Vergleiche die Stromstärken in Abhängigkeit von der Temperatur!

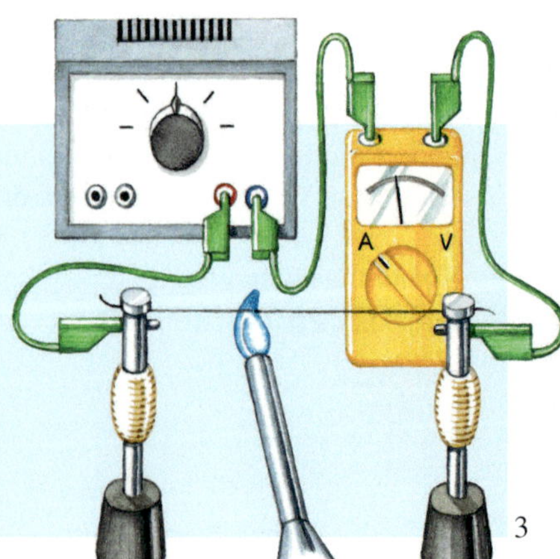

3

Bei steigender Temperatur nimmt die Stromstärke in dem metallischen Leiter immer mehr ab, bei einem Halbleiter dagegen nimmt sie zu. Im Metall werden mit steigender Temperatur die Schwingungen der Atome heftiger. Dadurch wächst die Behinderung der wandernden Elektronen, der elektrische Widerstand wird größer.
Auch beim Halbleiter werden die Schwingungen der Atome mit steigender Temperatur heftiger und die Wanderung der Elektronen wird stärker behindert. Jedoch wird hier der Widerstand bei zunehmender Temperatur kleiner. Diese Temperaturabhängigkeit lässt vermuten, dass bei der Leitung im Halbleiter noch andere Vorgänge ablaufen als im Metall.

Mit zunehmender Temperatur nimmt die Stromstärke bei einem metallischen Leiter ab, bei einem Halbleiter dagegen zu.

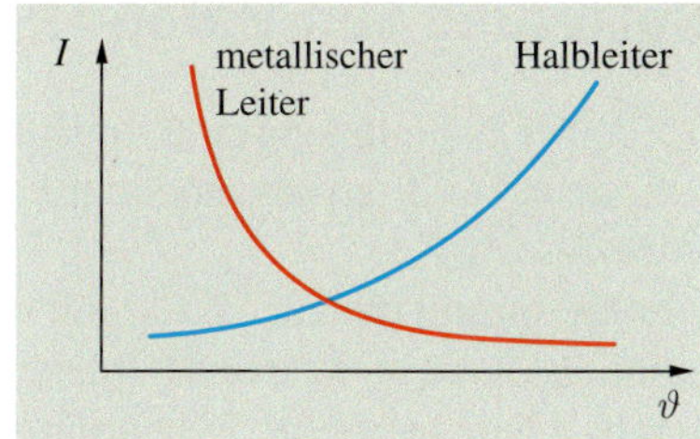

1

Metallischer Leiter: $\vartheta\uparrow$, $I\downarrow$, $R\uparrow$
Halbleiter: $\vartheta\uparrow$, $I\uparrow$, $R\downarrow$

Eigenleitung in Silicium

Da Silicium in der IV. Hauptgruppe steht, hat es vier Außenelektronen. Jedes dieser Außenelektronen bildet mit einem Außenelektron eines benachbarten Atoms ein Elektronenpaar. Ein Siliciumatom ist daher von vier benachbarten Atomen umgeben (Bild 2). Die Siliciumatome sind untereinander zu einem Kristallgitter verbunden, in dem jedes Atom mit seinen vier benachbarten Atomen vier Elektronenpaare bildet, also scheinbar acht Außenelektronen besitzt.
Da die Elektronen in Paaren gebunden sind, stehen eigentlich keine wanderungsfähigen Ladungsträger zur Verfügung. Silicium leitet deshalb bei tiefen Temperaturen den Strom fast nicht.
Bereits bei Zimmertemperatur lösen sich jedoch wenige Elektronen aus diesen Paarbindungen und werden dadurch wanderungsfähig. Zugleich bleiben Fehlstellen zurück, die als *Defektelektronen* oder *Löcher* bezeichnet werden (Bild 3). Diese Löcher können wiederum Elektronen aufnehmen und tragen so zur Leitung bei.

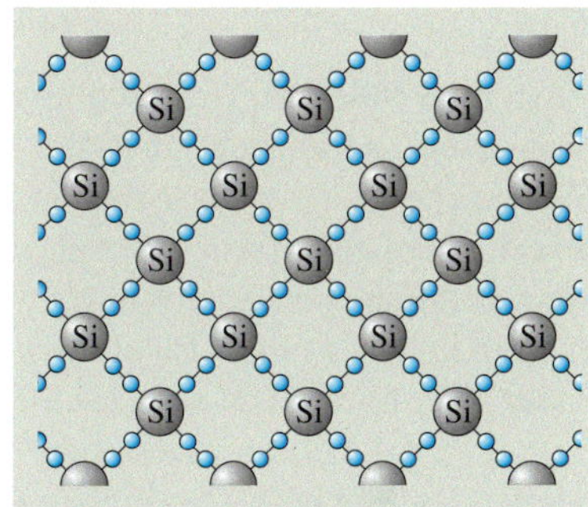

2

Vereinfachte Darstellung der Elektronenpaarbindungen im Siliciumkristall

Der Leitungsvorgang kann wie folgt beschrieben werden:
Der Minuspol einer Spannungsquelle vermag Elektronen an benachbarte Löcher abzugeben, die dann von Loch zu Loch wandern und schließlich vom Pluspol der Spannungsquelle aufgenommen werden. Dabei bewegen sich auch die Löcher „scheinbar" durch den Kristall.
Je höher die Temperatur ist, umso mehr Elektronen lösen sich aus den Paaren, die Anzahl der Löcher steigt ebenfalls. Dadurch wächst die Stromstärke trotz stärker schwingender Atome sehr stark an.

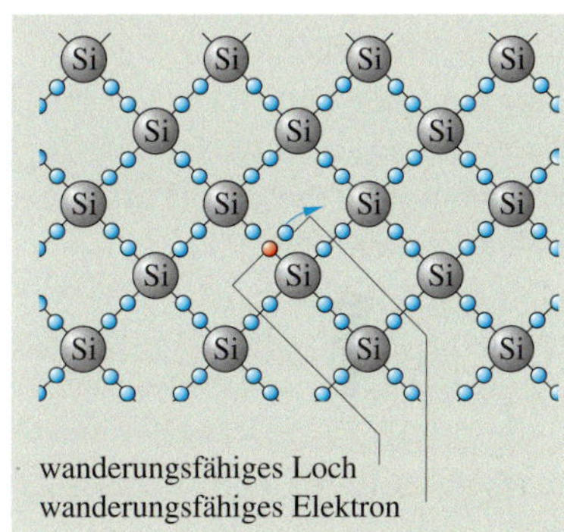

3

Halbleiter bei Zimmertemperatur

Anstelle des Modells der Elektronenleitung muss bei Halbleitern das Modell der Elektronen- und Löcherleitung verwendet werden.

Die Eigenleitung beim Silicium kommt dadurch zustande, dass Elektronenpaare aufbrechen, wodurch wanderungsfähige Elektronen und Löcher entstehen. Der Stromfluss durch einen Halbleiter entsteht, indem Elektronen und Löcher durch den Halbleiter wandern.
Die Anzahl der Elektronen und Löcher nimmt mit steigender Temperatur zu; der elektrische Widerstand sinkt.

ÜBRIGENS

Die Löcher wandern wie ein leerer Platz in einer Stuhlreihe: Wenn die Personen einzeln nach links rücken, wandert der leere Platz nach rechts.

4

Dotierung von Halbleitern

↑Basiskonzept Materie

Bei reiner Eigenleitung sind im Halbleiter nur geringe Stromstärken möglich, denn bei Zimmertemperatur kommt auf 10 Mrd. Atome nur ein Elektronen-Loch-Paar.
Um die Anzahl der zur Verfügung stehenden Ladungsträger wesentlich zu erhöhen, werden in den Halbleiter, z. B. Silicium, Fremdatome eingebracht. Dieses gezielte „Verunreinigen" heißt *Dotieren*.
Je nachdem, welches Element eingefügt wird, erhält man n- oder p-leitendes Silicium. Die Eigenleitung ist in einem dotierten Halbleiter nur von geringer Bedeutung und wird vernachlässigt.

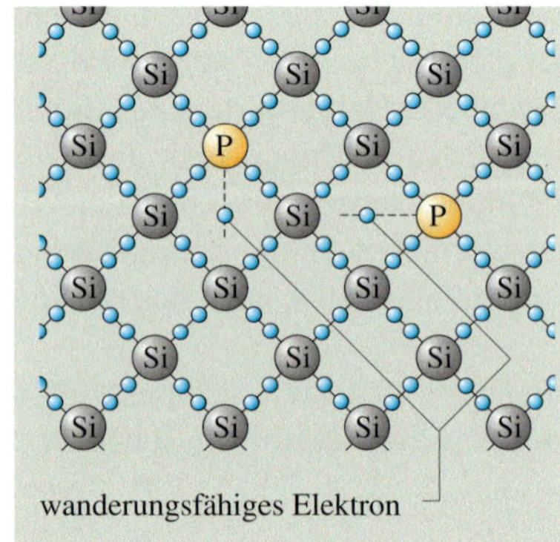

1 Phosphoratome im Siliciumgitter

n-leitendes Silicium. Werden fünfwertige Atome eingebaut (z. B. Phosphor oder Arsen), so können nur 4 der 5 Außenelektronen Paarbindungen mit Außenelektronen der benachbarten Siliciumatome eingehen. Das ungebundene 5. Außenelektron des Phosphors ist leicht abtrennbar und steht dann als wanderungsfähiger Ladungsträger zur Verfügung (Bild 1).
Im Silicium liegt eine Elektronenleitung vor, die wegen der negativen Ladung der Elektronen auch als n-Leitung charakterisiert wird.

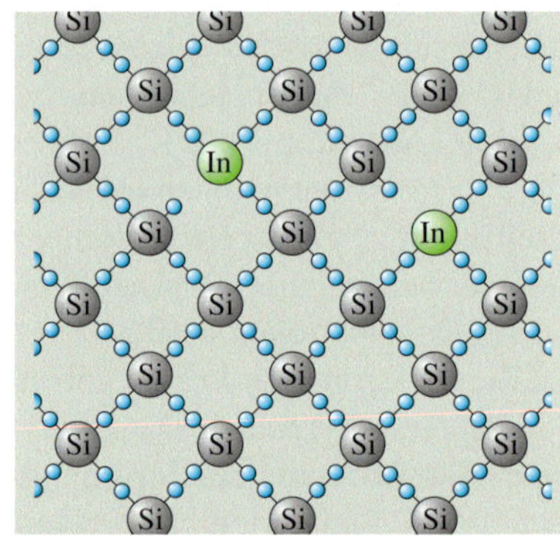
2 Indiumatome im Siliciumgitter

p-leitendes Silicium. Der Einbau dreiwertiger Fremdatome (z. B. Indium oder Gallium) führt dazu, dass je ein Außenelektron eines benachbarten Siliciumatoms keine Paarbindung eingehen kann (Bild 2).
Dieses Loch kann zeitweilig Elektronen einbinden, wodurch eine Elektronenwanderung, verbunden mit einer Wanderung von Löchern durch den Kristall, ermöglicht wird.
Aufgrund der Dreiwertigkeit des Fremdatoms kann den Löchern keine überschüssige positive Ladung zugeordnet werden.
Trotzdem wird diese Löcherleitung zur besseren Unterscheidung kurz als p-Leitung bezeichnet.

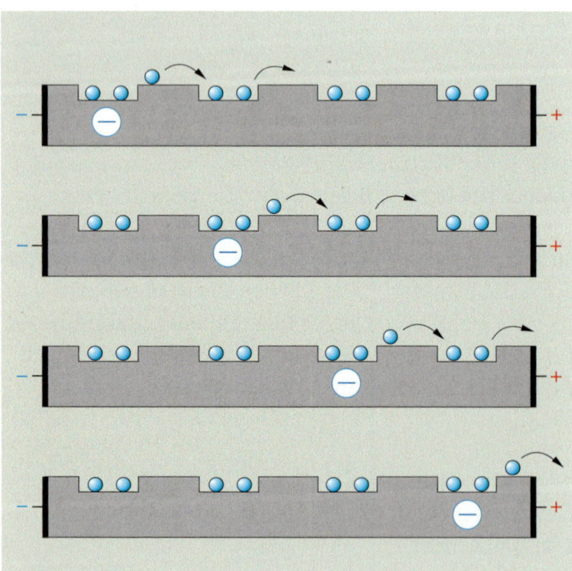
3 n-Leitung: Wird an n-leitendes Silicium eine Gleichspannung angelegt, so wandern die Elektronen zum Pluspol.

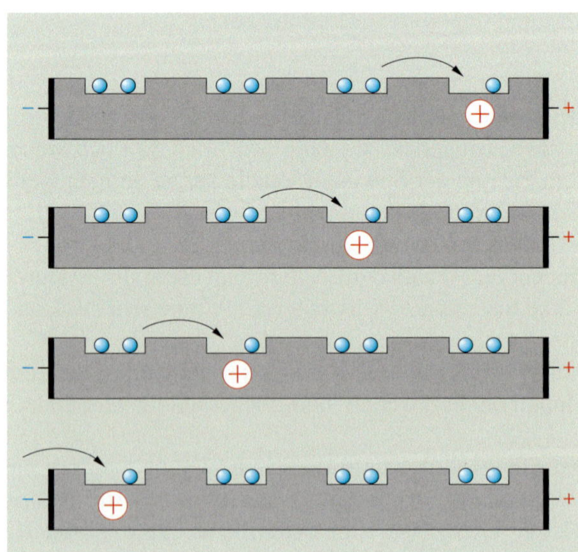
4 p-Leitung: Wird an p-leitendes Silicium eine Gleichspannung angelegt, so wandern die Löcher zum Minuspol.

Durch Dotieren wird die Leitfähigkeit von Halbleitern stark erhöht. Werden 5-wertige Fremdatome in ein Siliciumgitter eingebaut, so stehen zusätzliche Elektronen für den Leitungsvorgang zur Verfügung. Das Silicium wird n-leitend.
Werden 3-wertige Fremdatome eingebaut, so stehen zusätzliche Löcher für den Leitungsvorgang zur Verfügung. Das Silicium wird p-leitend.

pn-Grenzschichten. Von großer technischer Bedeutung ist das Zusammenbringen von n- und p-leitendem Silicium. In der Berührungszone entsteht eine pn-Grenzschicht mit besonderen Eigenschaften.
Bedingt durch die thermische Bewegung im Gitter wandern die Elektronen und Löcher in das benachbarte, jeweils anders dotierte Gebiet und vereinigen sich (Bild 1b). Dadurch sinkt in dieser Übertrittszone die Anzahl wanderungsfähiger Ladungsträger, die Grenzschicht verarmt an Elektronen bzw. Löchern (Bild 1c).
Allerdings sind jetzt im p-Gebiet gegenüber den positiven Ladungen der Atomkerne mehr Elektronen vorhanden, im n-Gebiet fehlen dagegen Elektronen. Im ehemals neutralen p-Gebiet entsteht folglich eine Zone mit einer negativen Raumladung, im ehemals neutralen n-Gebiet eine Zone mit einer positiven Raumladung. Diese Ladungen stoßen einander ab und verhindern ein weiteres Einwandern von Elektronen bzw. Löchern in die jeweils andere Schicht. Als Grenzschicht bezeichnet man die Zone der beiden Raumladungen. Sie ist nur ca. 1 µm dick. Diese Schicht verhindert zunächst eine durchgehende Wanderung von Ladungsträgern durch den gesamten Halbleiter, sie sperrt ihn für den Stromfluss. Zwischen der positiven und negativen Raumladung tritt eine stofftypische Spannung auf, bei Silicium beträgt sie ca. 0,7 V, bei Germanium ca. 0,1 V.

Berühren sich ein n- und ein p-leitender Halbleiter, so bildet sich eine Grenzschicht aus, in der kaum wanderungsfähige Ladungsträger vorhanden sind.

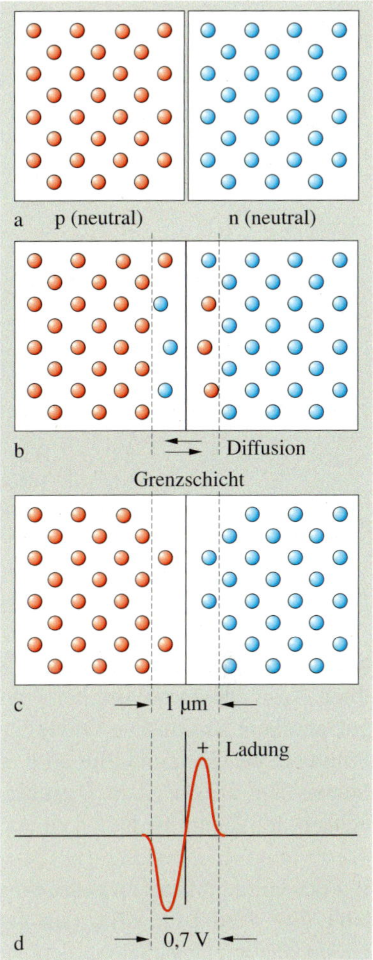

1

Bewegliche Ladungsträger in einer pn-Grenzschicht

Die Halbleiterdiode

↑Basiskonzept System

Aufbau. Ein Halbleiterdiode besteht aus einem Halbleiterkristall, in dem sich eine n- und eine p-leitende Schicht berühren. Außen sind diese Schichten mit Kontaktelektroden versehen. Als Schutz vor Beanspruchungen wird der gesamte Kristall in Glas oder Kunstharz eingegossen und zur besseren Wärmeabführung mitunter sogar mit einem Metallkühlkörper versehen.
Im Schaltsymbol veranschaulicht der Pfeil die Bewegung der Löcher. Auf dem Gehäuse wird meist das Symbol aufgedruckt, mindestens aber die n-Schicht mit einem Ring versehen.
Die n-leitende Schicht wird auch als Katode, die p-leitende Schicht als Anode der Halbleiterdiode bezeichnet.

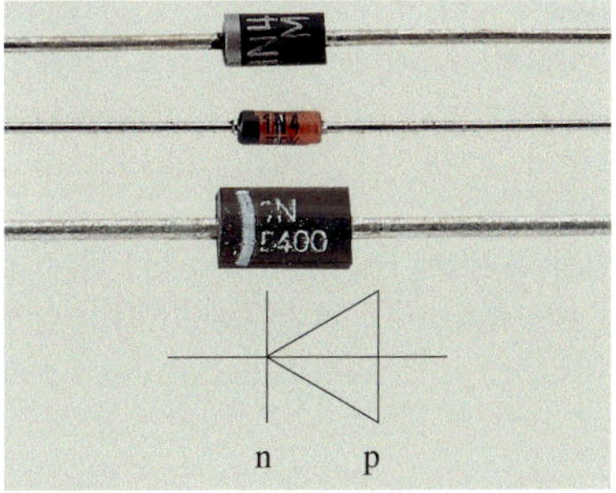

2

Dioden und ihr Schaltsymbol

Sperr- und Durchlassrichtung. Was bewirkt eine Diode, die in einen Gleichstromkreis in Reihe mit einem Strommesser und einer Glühlampe geschaltet wird? Die Glühlampe hat dabei die Aufgabe, als Schutzwiderstand eine zu große Stromstärke zu verhindern.

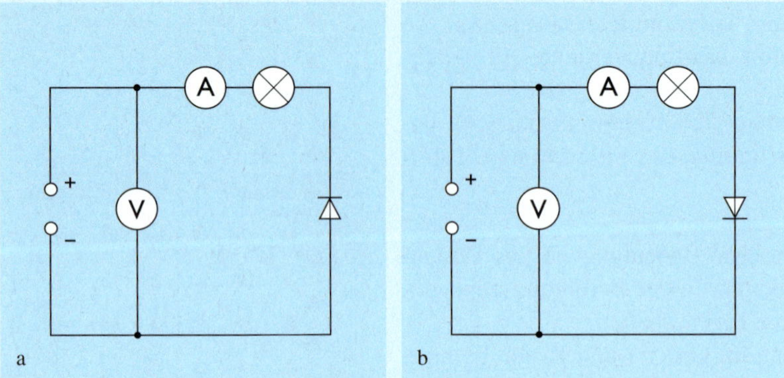

1

U in V	0	1	2	3	4	5	6
I in mA							

U in V	0	0,1	0,2	0,3	0,4	…
I in mA						

EXPERIMENT 2

1 Baue die Schaltung nach dem Schaltplan auf. Lege den Minuspol der Spannungsquelle an die p-Schicht und den Pluspol an die n-Schicht. Miss für Spannungen von 0 V bis 6 V die Stromstärke!

2 Wiederhole die Messungen bei umgekehrter Polung. Miss für Spannungen von 0 V bis 2 V in 0,1-V-Schritten die Stromstärke. Überprüfe, ob die Lampe bei 6 V voll leuchtet!

3 Zeichne das $I(U)$-Diagramm (Kennlinie) für die Diode!

Das Verhalten der Diode hängt von der Polung der Spannungsquelle an ihren Anschlüssen ab. Bei der Polung Minus an p und Plus an n fließt so gut wie kein Strom: Die Diode ist in **Sperrrichtung** geschaltet. Bei der Polung Minus an n und Plus an p fließt ab einer bestimmten Spannung ein Strom: Die Diode ist in **Durchlassrichtung** geschaltet. Wie ist dieses polungsabhängige Verhalten zu erklären?

Bei der Polung Minus an p und Plus an n wird die Raumladung nicht abgebaut. Die Polung bewirkt, dass weitere Elektronen und Löcher aus der Grenzschicht abgesaugt werden, sie wird breiter und verarmt noch weiter an Ladungsträgern. Der Widerstand der Halbleiterdiode wird so groß, dass kein Strom fließen kann. Allerdings darf die maximale Sperrspannung (abhängig vom Typ) nicht überschritten werden.

Bei der Polung Minus an n und Plus an p wird bei einer bestimmten Spannung (bei Silicium etwa 0,7 V) die hemmende Wirkung der Raumladung überwunden. Elektronen und Löcher können jetzt durch den gesamten Kristall wandern, die Grenzschicht wird von Ladungsträgern überflutet, die Halbleiterdiode ist leitfähig geworden. Der Widerstand ist jetzt relativ klein, sodass die Stromstärke sehr stark anwächst.

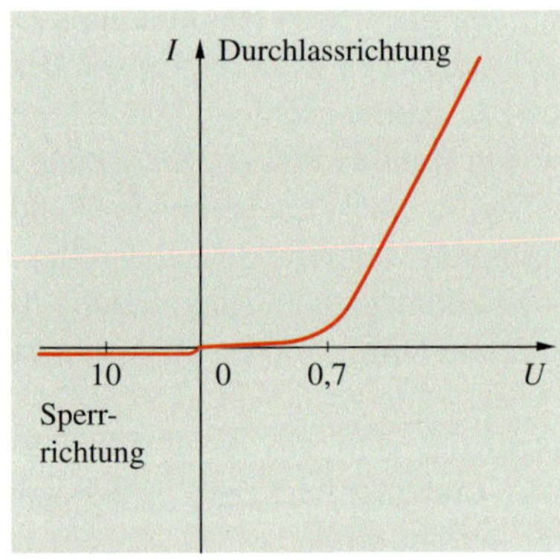

2

Kennlinie einer Siliciumdiode

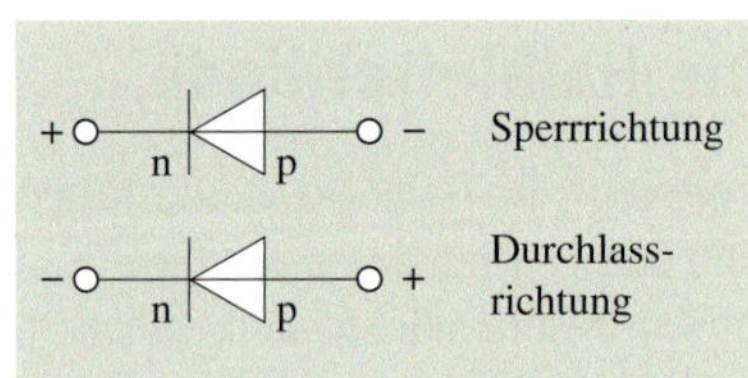

3

Durch eine Halbleiterdiode fließt Strom, wenn die n-leitende Schicht (die Katode) mit dem Minuspol und die p-leitende Schicht (die Anode) mit dem Pluspol der Spannungsquelle verbunden wird.

Solarzellen

Solaranlagen setzen sich aus vielen einzelnen Solarzellen zusammen. Solarzellen sind Halbleiterdioden. Diese Dioden sind so gebaut, dass Sonnenlicht möglichst großflächig in die Grenzschicht gelangen kann.

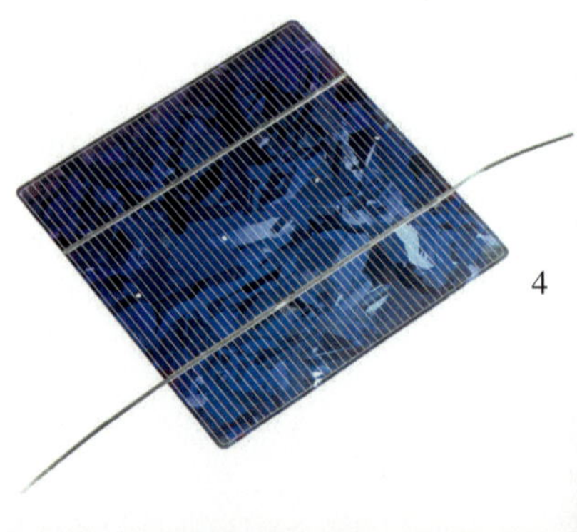

4

Aufbau und Wirkungsweise von Solarzellen. Solarzellen bestehen aus einer Trägerschicht von p-leitendem Silicium. Auf diese ist eine sehr dünne n-leitende Siliciumschicht aufgedampft. In dem Bereich, in dem sich beide Schichten berühren, bildet sich eine sehr dünne Grenzschicht aus.
Die elektrischen Anschlüsse befinden sich auf der Unterseite der p-leitenden Trägerschicht und auf der Oberseite der aufgedampften n-leitenden Schicht (Bild 1). Die Kontakte an der Oberfläche sind ein dünnes Metallnetz, sodass möglichst viel Licht auf den pn-Übergang fällt.
In der Grenzschicht vereinigen sich Elektronen aus dem n-leitenden Bereich mit Atomen aus dem p-Bereich. Dabei bleiben positiv geladene Ionen übrig, die unbeweglich sind. Die Oberseite der Grenzschicht ist deshalb positiv geladen. Zwischen der n- und der p-Schicht entsteht eine Spannung von etwa 0,7 V. Im Kurzschluss kann eine Fläche von 1 dm^2 unter optimalen Bedingungen eine Stromstärke von etwa 3 A liefern.
Um die Wirkungsweise einer Solarzelle zu verstehen, kann man sich vorstellen, dass das Licht aus lauter winzigen „Energiepaketen" besteht. Das von oben auf die Solarzelle auftreffende Licht durchdringt die weniger als 1 µm dünne n-Schicht nahezu ungehindert und wird nachfolgend absorbiert (Bild 2). Das erfolgt beim Auftreffen eines Lichtteilchens auf ein Atom. Jedes Teilchen überträgt dabei seine gesamte Energie auf ein Elektron. Dieses wird vom Atom abgetrennt und in Bewegung versetzt. Die positiven Ionen an der Oberseite der Grenzschicht ziehen die Elektronen wegen ihrer negativen Ladung an. Auf diese Weise gelangen sie in die n-leitende Schicht. Wenn man den Stromkreis zwischen den Kontakten schließt, so bewegen sich die Elektronen außerhalb der Solarzelle vom n-leitenden Gebiet zum p-leitenden zurück.

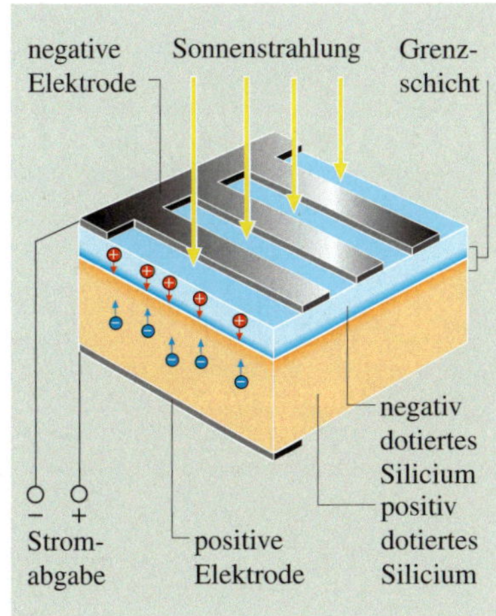

1

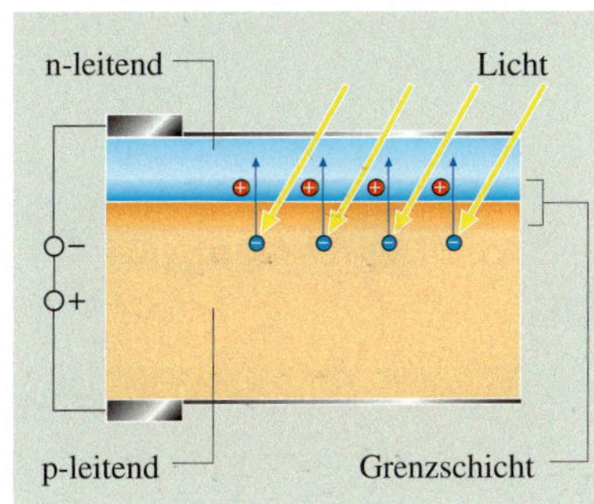

2

EXPERIMENT 3

1. Baue die Schaltung für die Leistungsmessung an einer Solarzelle auf (Bild 3)!
2. Wähle einen Abstand Glühlampe-Solarzelle von 10 cm. Miss Spannung und Stromstärke und berechne die Leistung. Trage die Messwerte und den berechneten Wert in eine Tabelle ein!
3. Wiederhole das Experiment mit Abständen von 14 cm, 20 cm und 28 cm, sodass sich die Bestrahlungsstärke jeweils halbiert!
4. Formuliere das Ergebnis!
5. Untersuche in entsprechender Weise den Zusammenhang zwischen der Leistung einer Solarzelle und dem Bestrahlungswinkel sowie der Temperatur der Zelle und formuliere die Ergebnisse!

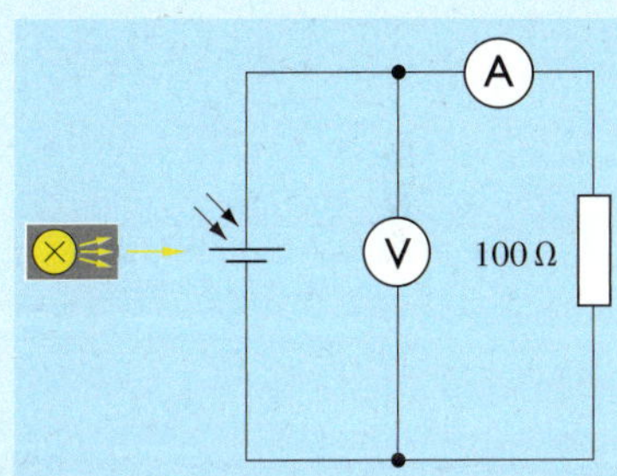

3

Der Wirkungsgrad für die direkte Umwandlung von Licht in elektrische Energie liegt derzeit für großtechnisch produzierte Solarzellen bei 15 %, im Labor wurden auch schon 24 % erreicht.
Um höhere Spannungen zu erreichen, schaltet man die Zellen in Reihe, für höhere Stromstärken schaltet man sie parallel. Dadurch steigt der Flächenbedarf. In Deutschland kalkuliert man eine Fläche von 15 m^2 für eine Leistung von 1 kW (bei Sonneneinstrahlung).

↑Basiskonzept Energie

Eine Solarzelle ist eine Halbleiterdiode, die Sonnenenergie direkt in elektrische Energie wandelt.

Vom Sand zum Mikrochip

Winzige Chips wie der abgebildete bilden das Herzstück aller PCs, Handys, Digitalkameras und Robotersteuerungen. Auf einer hauchdünnen Scheibe aus Siliciumkristallen enthalten sie Millionen von elektronischen Bauelementen.

Silicium ist nach Sauerstoff das zweithäufigste Element auf unserer Erde. In der Erdrinde ist jedes vierte Atom ein Siliciumatom, Jedes Sandkorn, jeder Kieselstein besteht fast nur aus Siliciumoxid (SiO_2). Aber vom Sand bis zum extrem reinen Siliciumkristall, wie er für Halbleiterbauelemente benötigt wird, ist es ein weiter Weg.

Zunächst wird das Siliciumoxid in einem speziellen Hochofen bei 1800 °C mit Kohle zu Rohsilicium reduziert. Dieses enthält noch 2 % Verunreinigungen – viel zu viel für die Elektronikindustrie. Zur Herstellung von Chips benötigt man Silicium, das höchstens ein Milliardstel Prozent Verunreinigungen aufweist. Zur Herstellung von Reinstsilicium müssen weitere chemische Verarbeitungsschritte durchlaufen werden.

Reinstsilicium glänzt wie Metall. Diese Brocken bestehen aus winzigen Kristallen. Für die Herstellung von Chips benötigen die Elektroniker aber größere Einkristalle mit ganz regelmäßiger Anordnung der Atome.

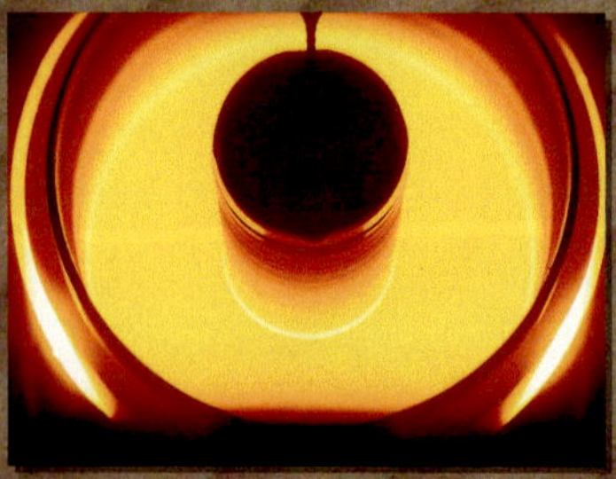

Zur Herstellung von Einkristallen gibt es verschiedene Verfahren. Beim Tiegelziehverfahren wird Reinstsilicium bei 1450 °C geschmolzen. Ein winziger Impfkristall wird in die Schmelze getaucht, langsam gedreht und nach oben gezogen. An diesen Kristall lagern sich beim langsamen Abkühlen immer mehr Atome aus der Schmelze an. So bildet sich im Verlauf mehrerer Stunden ein bis zu 1 m langer und 15 cm dicker Einkristall.

Diese Stäbe werden schließlich zu 0,5 mm dicken Scheiben – den Wafern – zerschnitten. Nach dem Polieren dürfen die Wafer mit keinem Staubkorn mehr in Berührung kommen. Die weitere Verarbeitung erfolgt in absolut staubfreien Labors, die nur durch besondere Schleusen betreten werden dürfen. Die Arbeiter dürfen nur spezielle Kleidung tragen. Aus einem Wafer werden etwa 250 Chips (engl. *Schnipselchen*) hergestellt.

ICs (integrierte Schaltkreise) enthalten oft Millionen von Transistoren und anderen elektronischen Bauelementen auf einem einzigen Chip. Zur Herstellung eines IC wird der Chip mit verschiedenen Hunderttausendstelmillimeter dicken Schichten von n-, p-leitenden und isolierenden Schichten versehen, jeweils mit unterschiedlichen Masken, sodass komplizierte vielschichtige Muster entstehen.

Auf dem Motherboard (auch Mainboard oder Grundplatine des Computers genannt) erkennt man in verschiedenen Steckplätzen Dutzende ICs mit unterschiedlichen Funktionen. Das Kernstück ist der Mikroprozessor. In ihm werden auf der Grundlage von Programmen digitale Daten verarbeitet.
Weitere wichtige Bauelemente sind:

- die Festplatte, auf der alle wichtigen Daten durch spezielle magnetische Strukturen dauerhaft gespeichert sind
- der Grafikprozessor, der die digitalen Signale zum Aufbau des Bildes auf dem Monitor berechnet
- der Arbeitsspeicher, in dem für die weiteren Rechnungen notwendige Zwischenschritte kurzzeitig elektronisch gespeichert werden

Die Leistungsfähigkeit des Computers wird in erster Linie durch die Taktfrequenz und die Größe des Arbeitsspeichers bestimmt. In den letzten 40 Jahren gelang es durch immer kleinere Bauteile, die Leistungsfähigkeit der Computer etwa alle 18 Monate zu verdoppeln. Eine Grenze dieses Wachstums könnte in einigen Jahren erreicht werden, wenn sich die Größe von Transistoren und Leiterbahnen der Größenordnung von Atomen nähert.

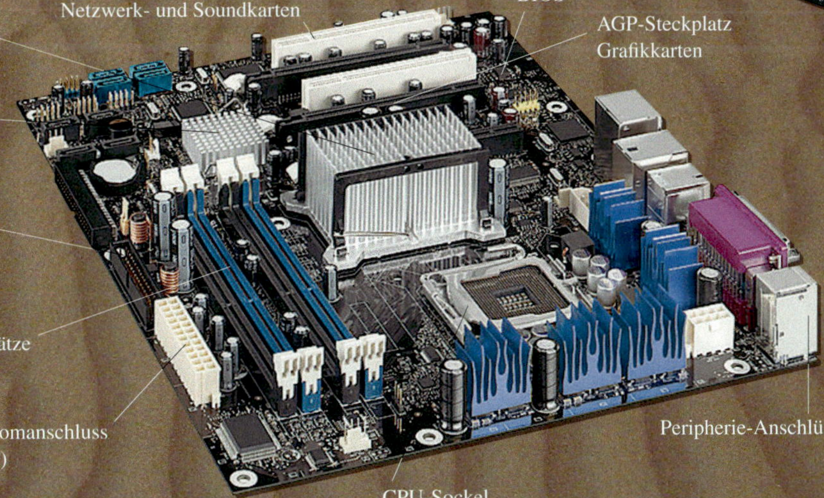

Solarzellen

1

Die folgenden Experimente werden mit Solarzellen durchgeführt, die zu Solarmodulen zusammengeschaltet werden. Zur Bestrahlung werden 60-W-Glühlampen oder Halogenstrahler (150 W) genutzt.

AUFTRAG 1: Leerlaufspannung einer Solarzelle und eines Solarmoduls

1 Schließe den Spannungsmesser an die Anschlüsse einer einzelnen Solarzelle an. Achte auf die Polung.
2 Bestrahle eine Solarzelle mit dem Licht einer 60-W-Glühlampe, die ca. 20 cm vor der Solarzelle steht.
Notiere die Leerlaufspannung der Solarzelle.
3 Schalte zwei oder mehr Solarzellen in Reihe zu einem Solarmodul zusammen und schließe den Spannungsmesser an die freien Anschlüsse des Solarmoduls an. Beachte wieder die Polung. Wiederhole die Bestrahlung mit dem Licht der Glühlampe und notiere wieder die Leerlaufspannung.
4 Vergleiche die abgelesenen Leerlaufspannungen und formuliere eine Erkenntnis zu deren Abhängigkeit von der Anzahl der in Reihe geschalteten Solarzellen.

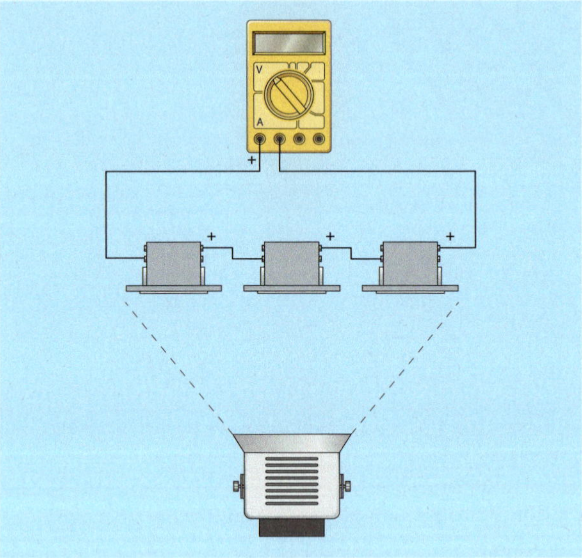

2
Experimentieranordnung zu Auftrag 1

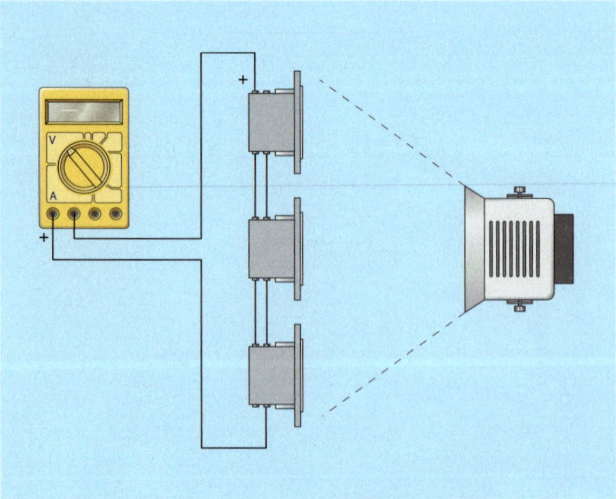

3
Experimentieranordnung zu den Aufträgen 2 und 4

AUFTRAG 2: Kurzschlussstromstärke einer Solarzelle und eines Solarmoduls

1 Schließe einen Strommesser an die Anschlüsse einer Solarzelle an. Beachte die Polung. Beginne mit einem hinreichend großen Messbereich.
2 Bestrahle die Solarzelle wie bei Auftrag 1 und notiere die Kurzschlussstromstärke.
3 Stelle jetzt ein Solarmodul durch Parallelschaltung von zwei oder mehr Solarzellen her. Schließe wieder den Strommesser an und bestrahle das Solarmodul in gleicher Weise mit dem Licht der Glühlampe. Notiere wieder die Kurzschlussstromstärke.
4 Vergleiche die abgelesenen Kurzschlussstromstärken und formuliere eine Erkenntnis zu deren Abhängigkeit von der Anzahl der parallel geschalteten Solarzellen.

1
Solarmodule auf einem Hausdach

AUFTRAG 3: Abschätzung
Folgere aus den Aufträgen 1 und 2, wie viele der in den Experimenten verwendeten Solarzellen in Reihe zu schalten sind, um die im Stromnetz verwendete Spannung von 230 V zu erhalten. Wie viele parallel geschaltete Solarzellen sind für eine Kurzschlussstromstärke von 10 A notwendig?

AUFTRAG 4: Die Abhängigkeit der Kurzschlussstromstärke von der verwendeten Lichtquelle
1 Schließe den Strommesser unter Beachtung der Polung an die Anschlüsse eines Solarmoduls an.
2 Bestrahle das Solarmodul aus gleicher Entfernung mit dem Licht einer 60-W-Glühlampe, einer Pkw-Halogenlampe (12 V; 21 W) und einer 27-W-Energiesparlampe.
Bestrahle das Solarmodul anschließend auch am Fenster mit Tageslicht.
3 Vergleiche die gemessenen Kurzschlussstromstärken und formuliere ein Ergebnis.
4 Informiere dich mithilfe des Internets über die Lichtanteile, die in einem Solarmodul ausgenutzt werden können und erkläre damit das Experimentergebnis.

AUFTRAG 5: Beleuchtungswinkel und Kurzschlussstromstärke
1 Beleuchte das Solarmodul mit der gleichen Glühlampe im gleichen Abstand unter verschiedenen Winkeln.
2 Vergleiche die gemessenen Kurzschlussstromstärken und folgere auf den optimalen Einfallswinkel.
3 Schlussfolgere, welche Auswirkung der unterschiedlich hohe Sonnenstand in unseren Breiten auf den Wirkungsgrad eines Solarmoduls hat.

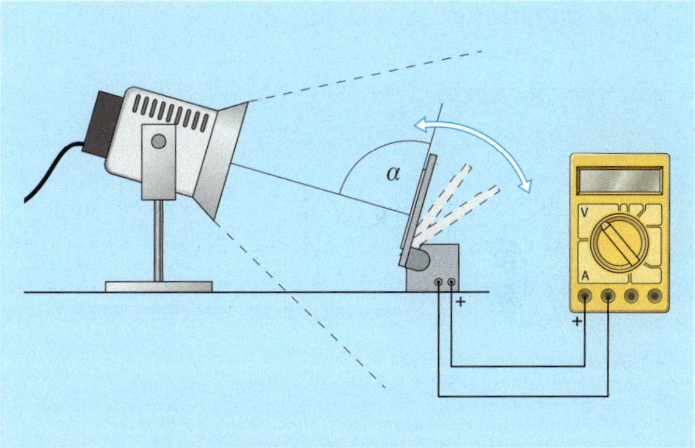

2
Experimentieranordnung zu Auftrag 5

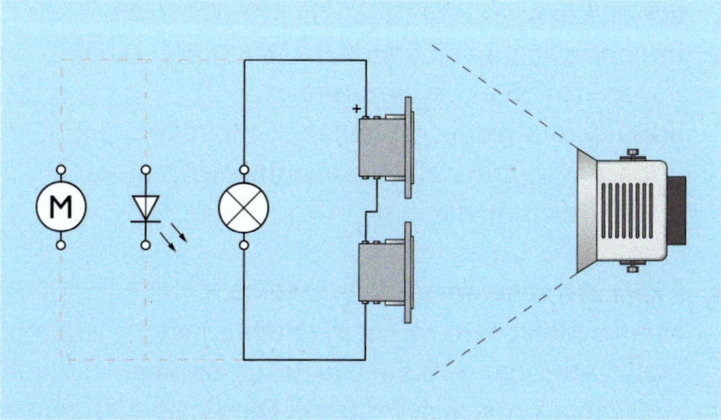

3
Experimentieranordnung zu Auftrag 6

AUFTRAG 6: Beispiele für die Anwendung von Solarmodulen
1 Schließe nacheinander
– eine Glühlampe (1,5 V),
– eine durch einen Vorwiderstand geschützte Lichtemitterdiode,
– einen kleinen Experimentalmotor
an ein mit einer 60-W-Glühlampe bestrahltes Solarmodul an.
2 Beobachte, ob die Bauteile direkt mithilfe des Solarmoduls betrieben werden können.

Internetrecherche

In einem Vortrag über erneuerbare Energie soll darauf eingegangen werden, welche Energiemenge für die Solarzelle aufgewendet werden muss, bevor sie zum Einsatz kommt, und welche Möglichkeiten der Speicherung der gewonnenen elektrischen Energie genutzt werden können.

1 *Formuliere ein Problem oder eine Frage.*
Wie viel Energie muss für die Herstellung, den Transport, die Lagerung, den Verkauf und schließlich die Entsorgung von Solarzellen aufgewandt werden?

2 *Finde geeignete Suchwörter.*
graue Energie, Erntefaktor, Ökobilanz, Kosten, Nutzen …

3 *Suche im Internet mit geeigneten Suchmaschinen.*
Mögliche Suchmaschinen sind:
www.google.de; www.lycos.de; www.yahoo.de; www.altavista.de; www.abacho.de; www.klug-suchen.de; www.metager.de; www.suchfibel.de; www.bing.de …

4 *Gib das Suchwort ein.*

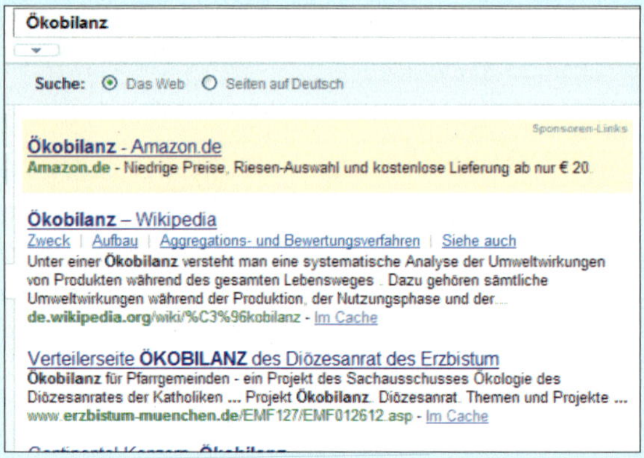

1

5 *Schränke das Suchergebnis ein.*
Oft gibt die Suchmaschine zu viele Fundstellen an. Dann kann das Suchergebnis eingeschränkt werden, indem du mehrere Suchwörter eingibst. Viele Suchmaschinen wie www.google.de bieten eine „erweiterte Suche“ an. Damit können Seiten mit **allen Wörtern**, mit der **genauen Wortgruppe**, mit **irgendeinem der Wörter** oder **ohne die Wörter** gesucht werden. Gibt man mehrere Suchwörter durch Leerzeichen voneinander getrennt in das Suchfeld ein, werden alle Seiten angezeigt, die gleichzeitig beide Begriffe enthalten. Die genaue Wortgruppe kann gesucht werden, indem sie in Anführungszeichen gesetzt wird. Zur Einschränkung der Suche gib ein weiteres aussagekräftiges Suchwort ein. Suchwörter: Ökobilanz, erneuerbare Energiequellen

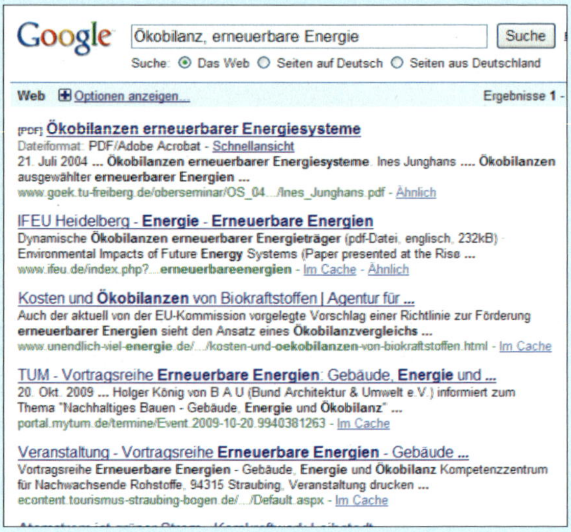

2

6 *Sichte die Seiten.*
Überfliege die Fundstellen und kopiere die Adressen von geeigneten Seiten, damit du sie später schnell finden kannst. Zudem hast du damit die Daten, die du als Quellenangabe für wörtlich oder inhaltlich übernommene Textpassagen benötigst.

7 *Notiere die gefundenen Aussagen.*
Eine Ökobilanz analysiert möglichst umfassend den gesamten Produktlebensweg und die zugehörigen ökologischen Auswirkungen und bewertet die während des Lebenswegs auftretenden Stoff- und Energieumsätze und die daraus resultierenden Umweltbelastungen:
http://www.umweltdatenbank.de/cms/lexikon/lexikon-o/oekobilanz.html
http://de.wikipedia.org/wiki/%C3%96kobilanz
http://www.umweltlexikon-online.de/fp/archiv/RUBrechtmanagement/Oekobilanz.php

8 *Prüfe die gefundenen Informationen.*
Häufig findet man im Internet fehlerhafte Aussagen. Unterziehe die gefundenen Informationen deshalb stets einer kritischen Prüfung. Dies kann z. B. durch einen Abgleich unterschiedlicher Quellen erfolgen.

Weißt du es? Kannst du es

1. Vergleiche die Temperaturabhängigkeit des elektrischen Widerstands von Metallen und Halbleitern! Erläutere den Unterschied!
2. Warum sind am Leitungsvorgang in undotierten Halbleitern immer gleich viele Elektronen wie Löcher beteiligt?
3. Ein Bogen Papier wird mit Bierdeckeln ausgelegt. Unter jeden Bierdeckel malt man ein „+“ auf das Papier. Ein Bierdeckel fehlt. Erläutere, warum durch dieses Modell der Vorgang der Löcherleitung veranschaulicht wird!
4. a) Nenne chemische Elemente, mit denen Silicium dotiert wird!
   b) Welche Auswirkungen hat das Dotieren auf die Leitfähigkeit eines Halbleiterkristalls?
   c) Begründe, dass ein Halbleiterkristall auch bei einer Dotierung elektrisch neutral bleibt!
5. Was versteht man unter einer n- bzw. einer p-leitenden Schicht?
6. Bei welcher Polung leitet eine Halbleiterdiode, bei welcher sperrt sie?
7. Eine Halbleiterdiode wird auch als „elektrisches Ventil“ bezeichnet. Warum ist der Vergleich mit einem Fahrradventil möglich?
8. Solarzellen wandeln Energie des Lichts direkt in elektrische Energie um. Erläutere die hier ablaufenden Vorgänge!
9. Welche Vor- und welche Nachteile haben Solarzellen? Beachte auch die Sonnenscheindauer in Deutschland!
10. Welche Probleme ergeben sich, wenn ein Großteil des Bedarfs an elektrischer Energie mithilfe von Solarmodulen gedeckt wird? Wie könnten diese Probleme gelöst werden?
11. Eine Glühlampe soll ohne Batterien im Dunkeln leuchten (Bild 1). Sie soll mit ihrem Licht und einer Solarzelle selbst ihre elektrische Energie erzeugen. Diese Idee kann nicht funktionieren. Begründe!

1

Kurz und knapp!

Halbleiter
Je höher ihre Temperatur ist, umso kleiner wird ihr Widerstand.
Wanderungsfähige Ladungsträger sind sowohl Elektronen als auch Löcher. Sie sind vorhanden, wenn
- Elektronen aus Elektronenpaaren herausgelöst werden (Eigenleitung) oder
- zusätzliche wanderungsfähige Ladungsträger durch Dotieren eingebracht werden (Störstellenleitung).

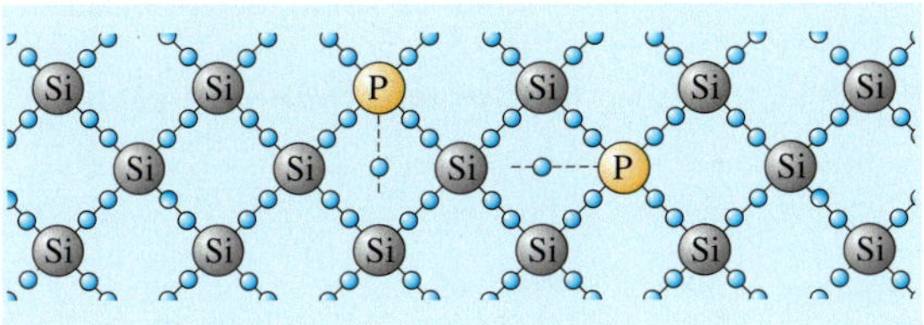

Halbleiterdiode
An einem pn-Übergang kann der Strom nur in eine Richtung fließen.

Durchlassrichtung: Der Pluspol liegt an der p-Schicht, der Minuspol an der n-Schicht an. Die Grenzschicht wird von Ladungsträgern überflutet.

Sperrrichtung: Der Pluspol liegt an der n-Schicht, der Minuspol an der p-Schicht an. Die Grenzschicht verarmt an Ladungsträgern.

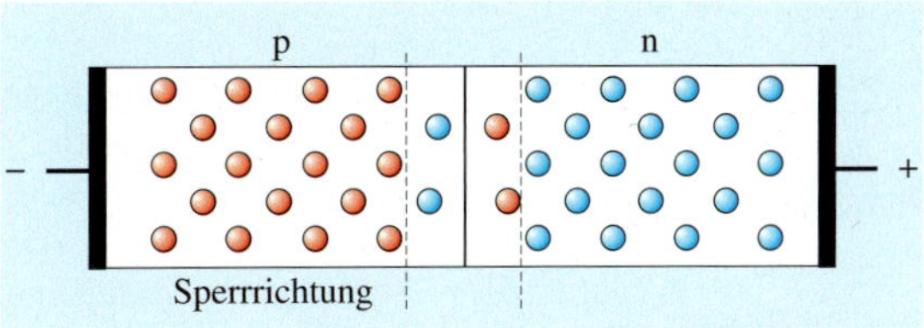

Solarzelle
Eine Solarzelle ist eine Halbleiterdiode, die Sonnenenergie direkt in elektrische Energie wandelt.

Teste dich!

1 Mithilfe solarthermisch betriebener Kraftwerke soll in Zukunft elektrische Energie gewonnen werden. Welche Gemeinsamkeiten und welche Unterschiede bestehen zwischen diesen und den konventionell betriebenen Wärmekraftwerken?

2 Windenergieanlagen und Solarzellen erzeugen elektrische Energie. Trotzdem kann man davon ausgehen, dass sich die beiden Technologien ergänzen. Erkläre.

3 Zwei isoliert befestigte Metallstangen bilden eine geneigte Ebene, auf der eine Eisenstange rollen kann. Dabei bewegt sie sich senkrecht zu den Feldlinien eines Magneten (Bild 1).

a Warum zeigt das Messgerät beim Rollen eine Spannung an? Erkläre.

b Was geschieht, wenn anstelle des Spannungsmessers eine Gleichspannungsquelle von wenigen Volt angeschlossen wird?

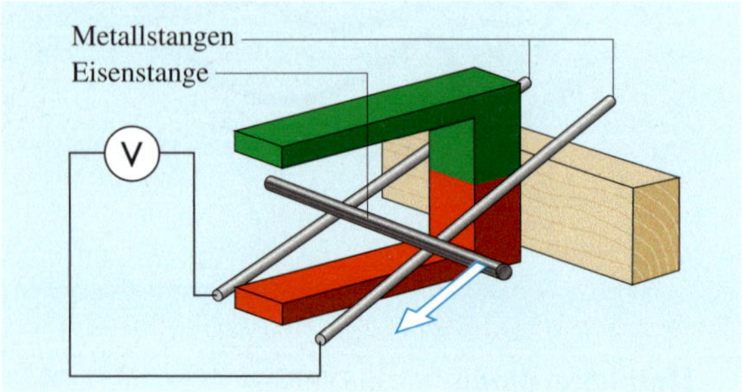

1

4 Die Leiterschleife vom Bild 2 dreht sich im Magnetfeld um 360°. Der Zeiger des angeschlossenen Spannungsmessers befindet sich in der Skalenmitte in Ruhestellung.

a Beschreibe, wie sich der Zeiger bewegt.

b Erkläre seine Bewegung.

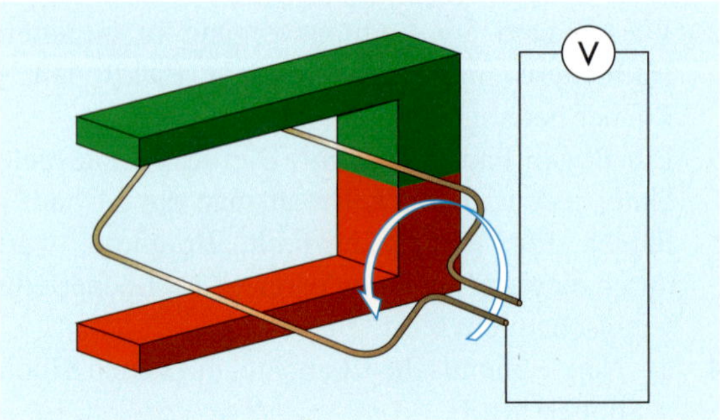

2

5 Kennzeichne die Vorteile eines Wechselstromnetzes gegenüber einem Gleichstromnetz.

6 Wie sind Halbleiterdioden aufgebaut? Welches besondere elektrische Verhalten zeigt eine Diode?

7 Erläutere die Vorgänge im Innern der Diode beim Anlegen einer Gleichspannung in Durchlass- und Sperrrichtung.

8 Nenne einige Geräte, die mit Solarzellen betrieben werden.

9 Beschreibe, welche Vorgänge im Innern einer Solarzelle bei Lichteinfall ablaufen.

Schätze deine Kenntnisse und Fähigkeiten ein.

Ordne dazu deiner Lösung im Heft ein Smiley zu:

☺ Ich konnte die Aufgabe richtig lösen.

😐 Ich konnte die Aufgabe nicht komplett lösen.

☹ Ich konnte die Aufgabe nicht lösen.

❯ Die Lösungen findest du im Anhang.

Aufgabe	Fähigkeit	Hilfe findest du auf Seite ...
1, 2	Verschiedene Möglichkeiten der Energiegewinnung und -aufbereitung vergleichen und bewerten.	60, 62, 63, 64
3, 4	Induktionsgesetz anwenden.	81
4	Entstehung einer Wechselspannung erklären.	81
5	Bedeutung des Transformators für die Energieübertragung begründen.	88
6, 7	Vorgänge in einer Diode beschreiben.	94, 95
8, 9	Elektrische und energetische Eigenschaften einer Solarzelle beschreiben.	97

Wirkungen von Strahlung

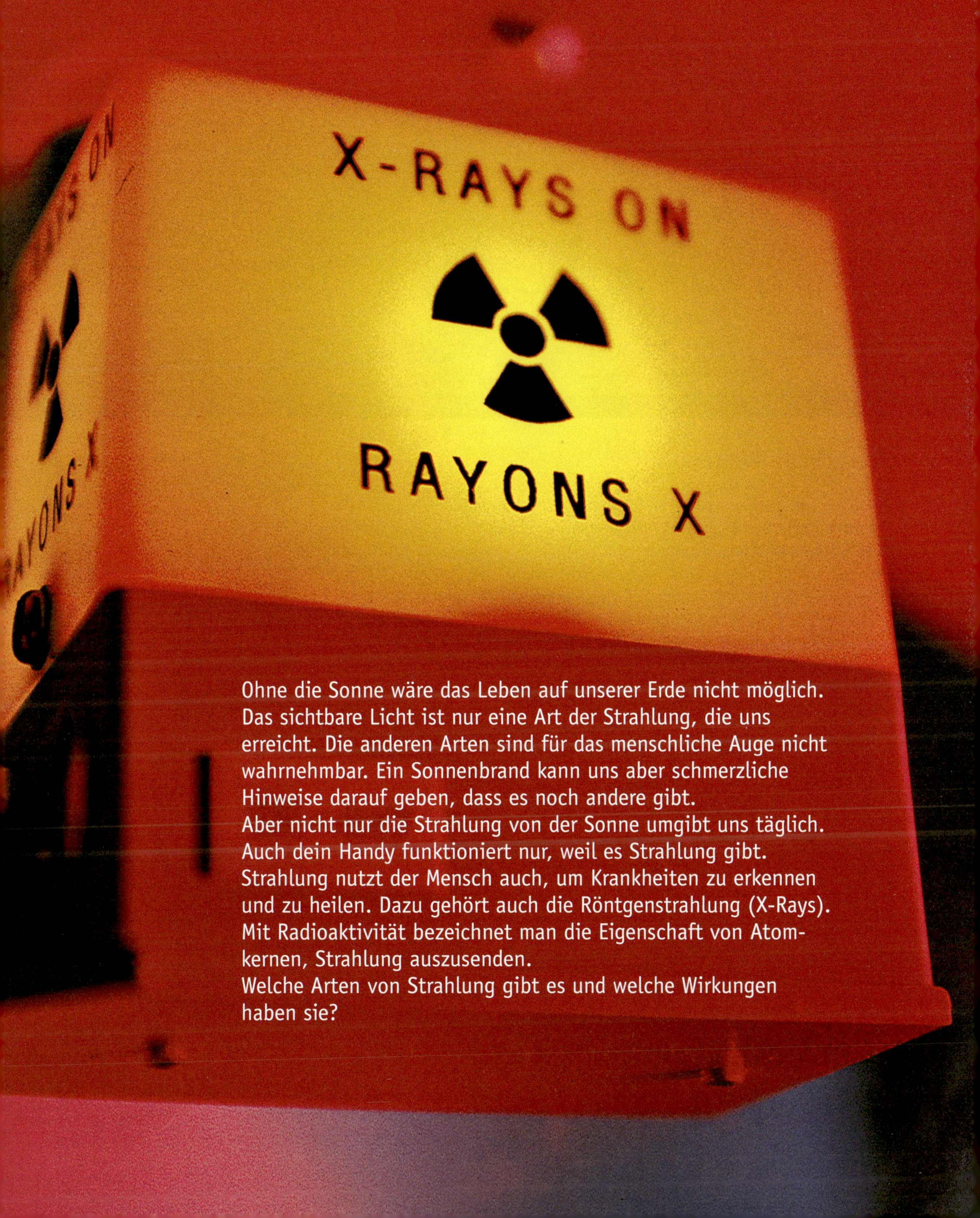

Ohne die Sonne wäre das Leben auf unserer Erde nicht möglich. Das sichtbare Licht ist nur eine Art der Strahlung, die uns erreicht. Die anderen Arten sind für das menschliche Auge nicht wahrnehmbar. Ein Sonnenbrand kann uns aber schmerzliche Hinweise darauf geben, dass es noch andere gibt.
Aber nicht nur die Strahlung von der Sonne umgibt uns täglich. Auch dein Handy funktioniert nur, weil es Strahlung gibt. Strahlung nutzt der Mensch auch, um Krankheiten zu erkennen und zu heilen. Dazu gehört auch die Röntgenstrahlung (X-Rays). Mit Radioaktivität bezeichnet man die Eigenschaft von Atomkernen, Strahlung auszusenden.
Welche Arten von Strahlung gibt es und welche Wirkungen haben sie?

Das elektromagnetische Spektrum

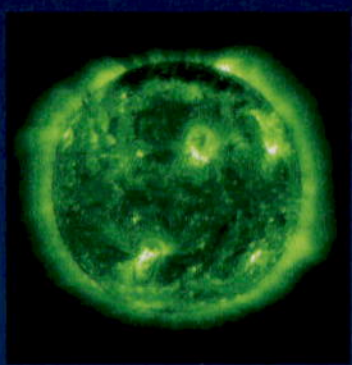

Bild der Sonne im ultravioletten Licht

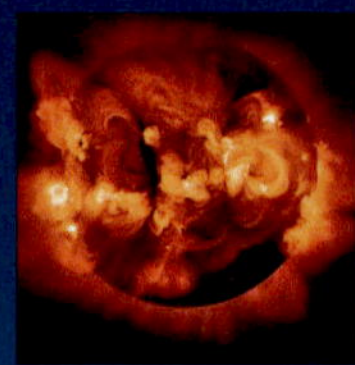

Röntgenbild der Sonne

1

In früheren Zeiten konnten Astronomen Himmelsobjekte nur mit bloßem Auge oder mit optischen Teleskopen beobachten, wenn sie hell genug strahlten.
Die Methoden zur Erforschung des Universums haben sich seither ständig weiterentwickelt. Mit Radioteleskopen ist es z. B. heute möglich, die unsichtbaren Radiowellen, welche auch unsere Sonne aussendet, zu registrieren. Beobachtungssatelliten liefern uns Darstellungen von Himmelskörpern im ultravioletten Licht oder als Röntgenbild.

Hertz'sche Wellen

↑Basiskonzept Materie

Unser Leben in einer modernen Informationsgesellschaft ist ohne schnelle Kommunikation über große Entfernungen nicht mehr vorstellbar. So verbreiten sich Nachrichten z. B. durch Rundfunk, Fernsehen oder Mobilfunk rasend schnell in der ganzen Welt. Satelliten helfen bei der Wettervorhersage oder unterstützen uns bei der genauen Positionsbestimmung (GPS). Aber auch die schnelle Zubereitung einer warmen Mahlzeit wird mit einem Mikrowellenherd (Bild 2) zum Kinderspiel. Wassermoleküle werden durch die Strahlung eines Mikrowellenherds in Schwingungen versetzt. Eine Erwärmung aller wasserhaltigen Stoffe ist die Folge. Auch Teile des menschlichen Körpers könnten sich erwärmen. Daher werden Mikrowellenherde strengen Sicherheitsprüfungen unterzogen.

2

Entstehung Hertz'scher Wellen. Fällt ein Wassertropfen in ruhendes Wasser, bildet sich ausgehend von der Eintrittsstelle im Wasser eine kreisförmige Wasserwelle (Bild 3). Diese breitet sich nach allen Seiten gleichmäßig aus und transportiert dabei Energie. Auch in größerer Entfernung werden Gegenstände auf der Wasseroberfläche dadurch auf- und abbewegt. Man kann die Stelle, an der der Tropfen das Wasser in Schwingungen versetzt, als Sender und den Gegenstand in größerer Entfernung als Empfänger bezeichnen.

3

EXPERIMENT 1

Baue die Schaltung nach. Suche bei einem Transistorradio auf Mittel- oder Kurzwelle eine Stelle, wo kein Radioprogramm zu hören ist.
Streiche nun mit einem Nagel über die grobe Feile und erzeuge so Funken. Beobachte und beschreibe!

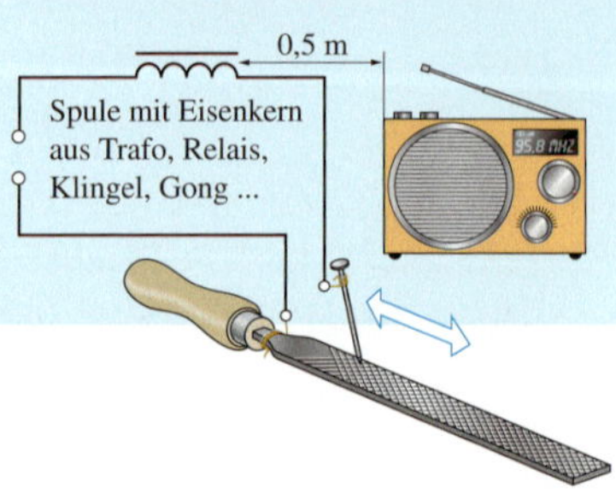

4

Bei jedem Funken ist im Radio ein Knacken zu hören. Die Stelle, an der die Funken erzeugt werden, ist also jetzt der Sender. Das Radio ist der Empfänger. Es wird Energie vom Sender zum Empfänger übertragen. Im Gegensatz zu den Wasserwellen wird dazu aber kein Stoff benötigt. Nicht nur Funken führen dazu, dass Energie drahtlos und ohne einen Stoff übertragen werden kann.

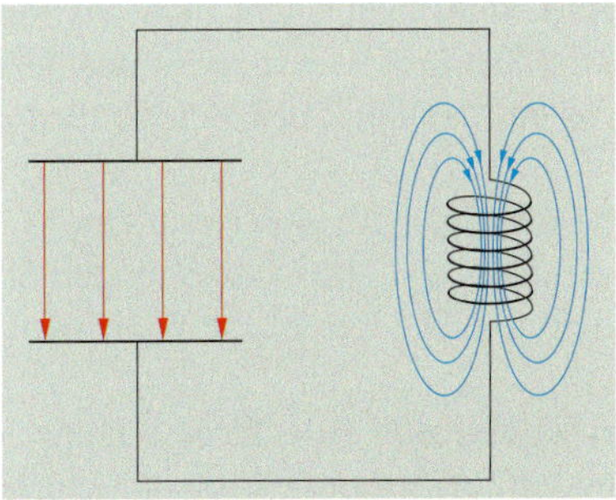

1 Elektrisches und magnetisches Feld in einem Schwingkreis

Elektromagnetische Schwingungen. In einem elektrischen Schwingkreis treten im Wechsel elektrische und magnetische Felder auf. Im Innern des Kondensators besteht das elektrische Feld, um die Spule bildet sich das magnetische Feld aus. Infolge periodisch ablaufender Induktions-, Lade- und Entladevorgänge entsteht eine elektromagnetische Schwingung (Bild 1).

Elektromagnetische Wellen. Damit die elektrischen und magnetischen Wirkungen weiter in den Raum reichen als beim Schwingkreis, benötigt man einen leistungsstarken Sender. Geeignet ist ein gerader Leiter, ein sogenannter Dipol. Er wird zu elektromagnetischen Schwingungen mit einer sehr hohen Frequenz angeregt. Das bedeutet, dass die elektrischen und magnetischen Felder in sehr schneller Folge wechseln müssen. Vom Dipol lösen sich dann diese elektrischen und magnetischen Felder ab. Es entsteht eine elektromagnetische Welle (Bild 2).

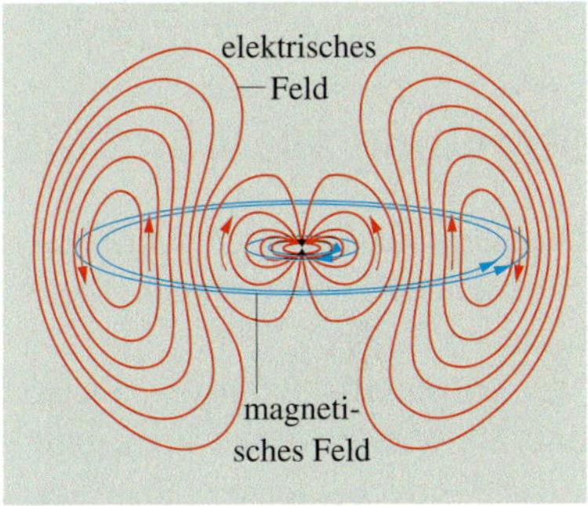

2 Elektromagnetische Welle

Wird in einem Dipol eine hochfrequente elektromagnetische Schwingung angeregt, so sendet er elektromagnetische Wellen aus. Diese Wellen heißen Hertz'sche Wellen.

Senden und Empfangen. HEINRICH HERTZ experimentierte mit einem 3 m langen Sendedipol. Sein Empfänger hatte die gleiche Länge und damit die gleichen Eigenschaften wie der Sender. So war ein Empfang der vom Sender ausgehenden elektromagnetischen Wellen möglich. Die Energie wurde drahtlos von einem Dipol auf den anderen übertragen (Bild 3).

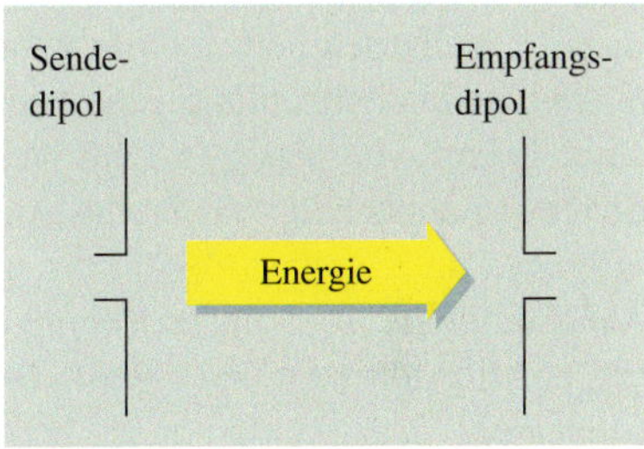

3 Anordnung von HERTZ (schematisch)

↑Basiskonzept Wechselwirkung

Eigenschaften Hertz'scher Wellen

In bestimmten Regionen oder an bestimmten Orten ist der Handyempfang nur eingeschränkt oder gar nicht möglich. Empfangsantennen für Funk und Fernsehen müssen sorgfältig ausgerichtet werden. Wie und wodurch kann die Ausbreitung Hertz'scher Wellen beeinflusst sein?
Ein Dipol strahlt Hertz'sche Wellen vor allem senkrecht zur Dipolachse allseitig in den Raum ab. Durch Trichter oder Parabolspiegel kann man sie gezielt in eine bestimmte Richtung abstrahlen.

Ausbreitungsgeschwindigkeit. Hertz'sche Wellen breiten sich im Vakuum mit Lichtgeschwindigkeit $c = 300\,000\,000\,\text{m/s}$ gleichförmig aus. In Luft verringert sich die Geschwindigkeit wegen der Wechselwirkung mit Elektronen und anderen Teilchen nur geringfügig.

Durchdringungsfähigkeit. Hertz'sche Wellen durchdringen Isolatoren. Hinter elektrisch leitenden Stoffen ist der Empfang gestört oder bei großflächigen Leitern gar nicht möglich.

Reflexion. Untersucht man das Verhalten Hertz'scher Wellen an solchen großflächigen Leitern, stellt man fest, dass eine Reflexion erfolgt. Dabei gilt das aus der Optik bekannte Reflexionsgesetz.

Brechung. Trifft eine Hertz'sche Welle schräg auf die Oberfläche eines Hindernisses aus einem isolierenden Stoff, so ändert sich seine Ausbreitungsrichtung. Die Hertz'sche Welle wird gebrochen.

Beugung und Interferenz. Hinter Metallplatten oder natürlichen Hindernissen werden trotz Reflexion abgeschwächte Signale empfangen. Ursache dafür ist die Beugung Hertz'scher Wellen.
Bei der Interferenz überlagern sich Wellen so, dass sie sich in bestimmten Gebieten verstärken, in anderen Gebieten auslöschen.

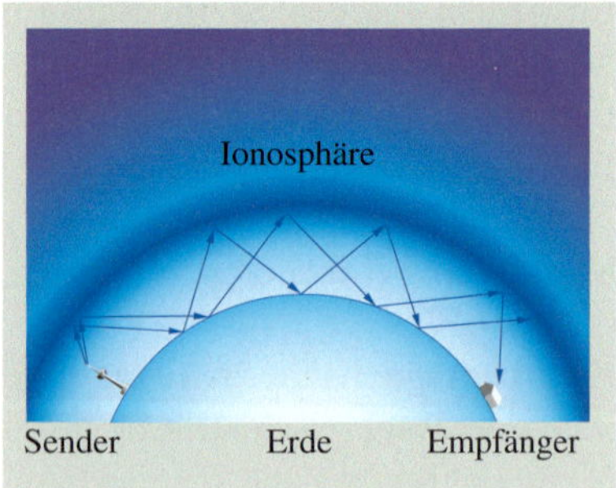

1

Reflexion an einer elektrisch leitfähigen Schicht der Ionosphäre

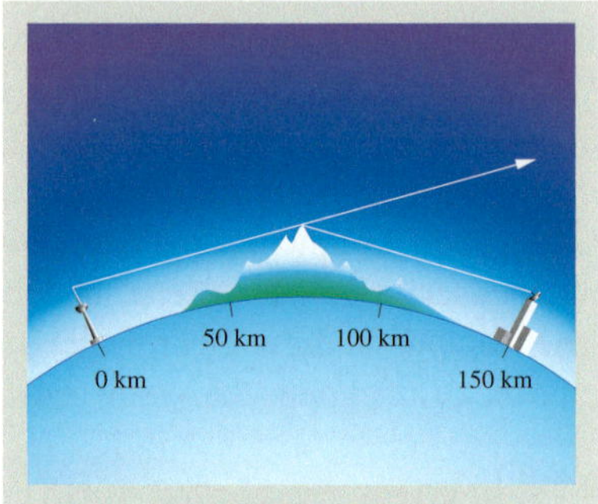

2

Beugung an einem Hindernis

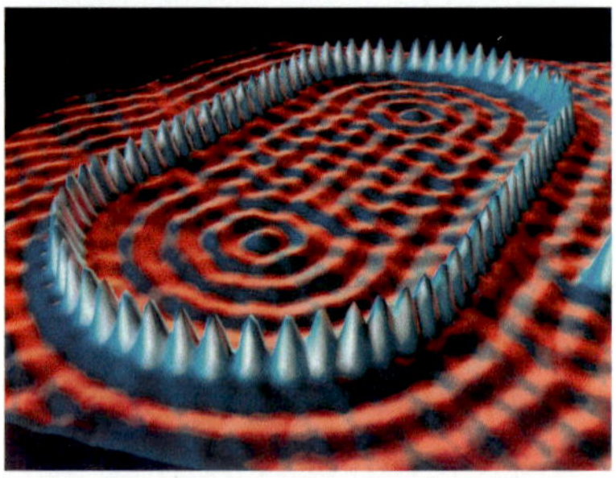

3

Ring von 76 Eisenatomen auf Kupfer; sichtbar gemacht mit dem Rastertunnelmikroskop.

Strahlung aus Atomhülle und Atomkern

Das Atom. Die Menschen machen sich schon sehr lange Gedanken darüber, aus welchen Einzelteilen die Stoffe in unserer Umwelt und auch wir selbst bestehen.
Der griechische Philosoph DEMOKRIT (460–371 v. Chr.) glaubte bereits, dass alle Materie aus ewigen, unteilbaren Bausteinen besteht. Er nannte sie Atome (griech. *atomos* = das Unzerteilbare).
Mit großen Teilchenbeschleunigern wird inzwischen das Innere von Atomen untersucht. Am Rastertunnelmikroskop können atomare Strukturen von Oberflächen sichtbar gemacht werden (Bild 3).
Viele Arten von Strahlung gehen vom Atom aus. Atomkern und Atomhülle sind Träger von Energie. Bei Veränderung des Energiezustands kann Strahlung entstehen. Wie ist das Atom aufgebaut?

Atommodelle. Nach unserer heutigen Modellvorstellung besteht ein Atom aus einem Atomkern und einer Atomhülle. In der Atomhülle befinden sich Elektronen. Der Atomkern ist sehr stabil und besteht aus Protonen und Neutronen.
Einen großen Beitrag zur Entwicklung dieser Vorstellung hat der englische Physiker ERNEST RUTHERFORD geleistet. In einem 1909 durchgeführten Experiment (Bild 1, folgende Seite) stellte er beim Beschuss von dünnen Goldfolien mit positiv geladenen Teilchen, den sogenannten α-Teilchen, fest, dass die meisten Teilchen die Folie ungehindert durchdringen und dabei ihre Ausbreitungsrichtung nicht ändern. Wenige Teilchen werden stark abgelenkt oder sogar zurückgeworfen.
Aufgrund dieser unerwarteten Ergebnisse kann die Goldfolie nicht aus dicht gepackten Atomen, vergleichbar mit massiven Billardkugeln, bestehen. Die Atome müssen vielmehr zum großen Teil aus einem fast leeren Raum bestehen. Fast die gesamte Masse des Atoms konzentriert sich im Innern auf einem sehr kleinen Raum. RUTHERFORD nannte diesen Bereich Atomkern. Die negativ geladenen Elektronen bewegen sich um diesen Atomkern (Bild 2, folgende Seite).
Bereits im Jahre 1913, also wenig später, hatte der dänische Physiker NIELS BOHR das Rutherford'sche Atommodell weiterentwickelt. Die Entstehung von Linienspektren bei leuchtenden Gasen bzw. Experimente zur

4

ERNEST RUTHERFORD (1871–1937)

5

NIELS BOHR (1885–1962)

Herauslösung von Elektronen aus der Atomhülle führten ihn u. a. zu der Annahme, dass sich die Elektronen in der Atomhülle mit unterschiedlichen Energien auf bestimmten Bahnen bewegen, ohne dabei Energie zu verlieren (Bild 3).

↑Basiskonzept Materie

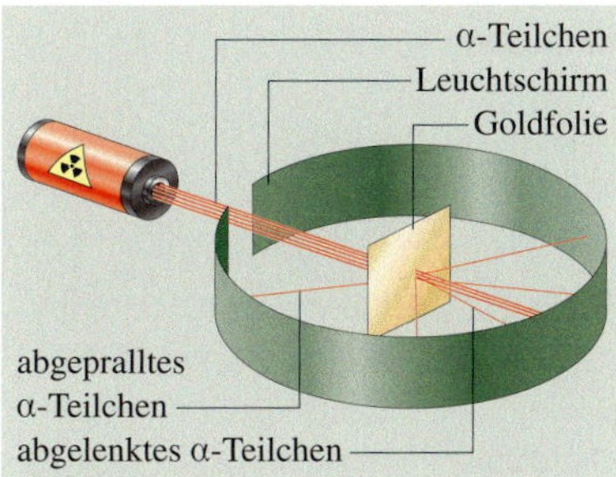

1 Prinzip des Streuexperiments von RUTHERFORD

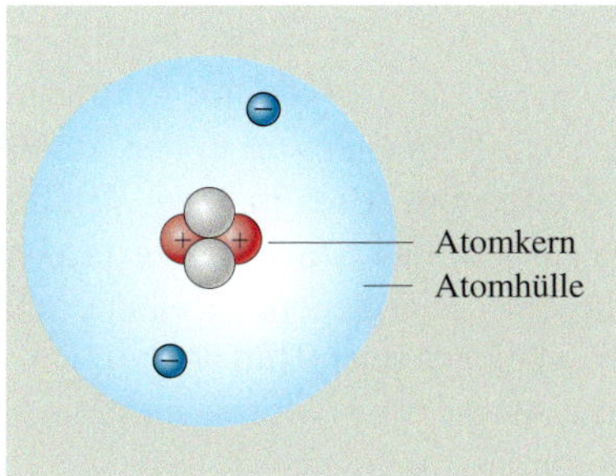

2 Kern-Hülle-Modell von RUTHERFORD

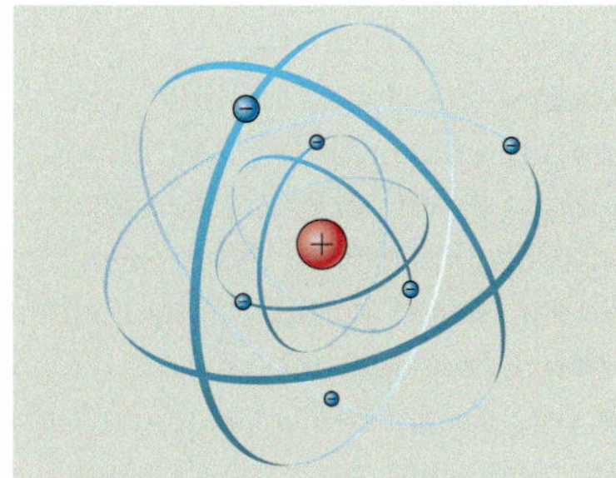
3 Atommodell von BOHR

Größe des Atoms. Da im Rutherford'schen Experiment nur sehr wenige positive Teilchen die Richtung ändern, muss der Atomkern im Vergleich zum ganzen Atom sehr klein sein. Tatsächlich ist der Durchmesser des Atoms 10000-mal größer als der Durchmesser des Atomkerns. Nehmen wir die Höhe der Frauenkirche in Dresden als Durchmesser eines Atoms, dann wäre die Größe des Kerns einer Kirsche vergleichbar mit der des Atomkerns (Bild 4).

4

Masse. Die Masse eines Protons bzw. eines Neutrons beträgt jeweils rund $1{,}67 \cdot 10^{-27}$ kg. Damit ist ein Proton bzw. ein Neutron etwa 1836-mal schwerer als ein Elektron ($9{,}11 \cdot 10^{-21}$ kg). Der größte Teil der Masse eines Atoms ist deshalb im Atomkern konzentriert.

Ein Atom besteht aus der Atomhülle und dem Atomkern. Der Kern nimmt nur einen sehr kleinen Anteil des Gesamtvolumens eines Atoms ein. Im Atomkern befinden sich als Kernbausteine die Protonen und die Neutronen. Der Kern ist positiv geladen, die Atomhülle negativ.

Kernbindungskräfte. Gleichnamig geladene Körper stoßen einander ab. Die positiv geladenen Protonen müssten sich also im Atomkern abstoßen. Atomkerne sind aber sehr stabil. Wenn zwei Kernteilchen nur noch einen Abstand von etwa $1 \cdot 10^{-15}$ m (1 Femtometer) haben, beginnt den abstoßenden elektrischen Kräften eine andere sehr starke Kraft entgegenzuwirken. Diese Kernbindungskraft hält Protonen und Neutronen zusammen.

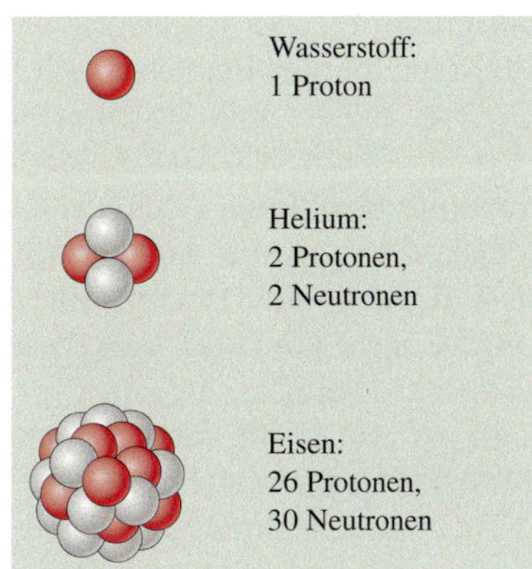

5 Zusammensetzung einiger Kerne

Energie aus dem Atomkern. Atomkerne sind aus Protonen und Neutronen zusammengesetzt. Ein Heliumatomkern besteht zum Beispiel aus zwei Protonen und zwei Neutronen. Die Summe der Einzelmassen dieser Teilchen ist dabei größer als die Masse des Heliumatomkerns. Der Massenerhaltungssatz in der Chemie besagt jedoch, dass sich bei chemischen Reaktionen die Masse nicht spürbar ändert. Die Lösung für diesen Widerspruch fand ALBERT EINSTEIN 1905 mit seinem Gesetz der Äquivalenz von Masse und Energie, ausgedrückt durch die Formel $E = m \cdot c^2$.

Angewendet auf den Atomkern bedeutet das: Beim Zusammenschluss der Kernteilchen wird ein Teil ihrer Masse in Energie umgewandelt. Diese Energie bezeichnet man als Kernbindungsenergie E_B. Diese Energie kann bei der Kernspaltung oder Kernfusion wieder freigesetzt werden. Dabei tritt auch radioaktive Strahlung auf (Bild 1).

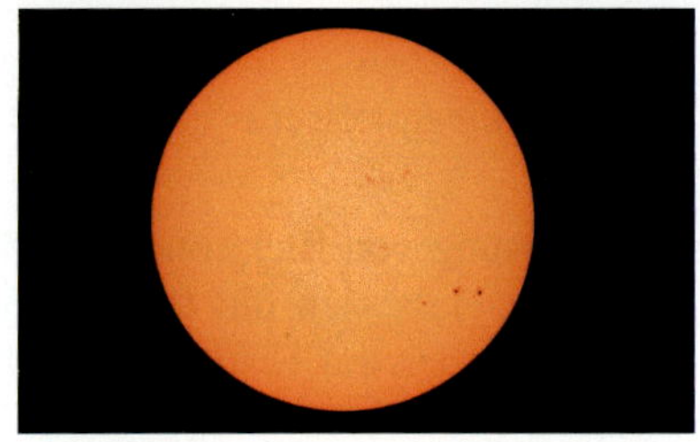
1

Sonnenenergie entsteht durch Kernfusion.

Energie aus der Atomhülle. Ein Atom ist in der Lage, bestimmte Portionen Energie aufzunehmen. Mit dieser Energie wird ein Elektron in der Atomhülle in einen höheren Energiezustand versetzt. Das Atom befindet sich im angeregten Zustand. Nach sehr kurzer Zeit geht das Atom wieder in den Grundzustand zurück. Dabei gibt es dieselbe Energieportion wieder ab. Diese Energieportionen werden als Photonen bezeichnet (Bild 2).
In verschiedenen Lichtquellen können die Atome eines Stoffes nach einer Energiezufuhr zur Emission von Licht veranlasst werden.

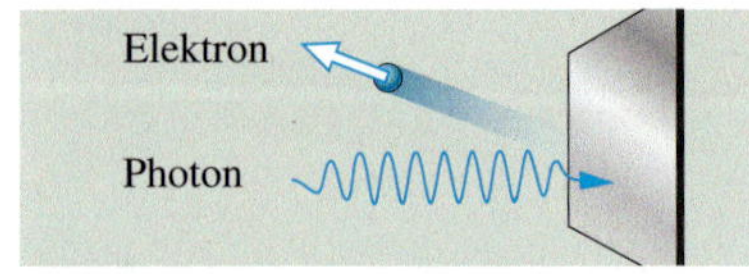

2

Photonen können unter bestimmten Bedingungen Elektronen aus Metalloberflächen herauslösen.

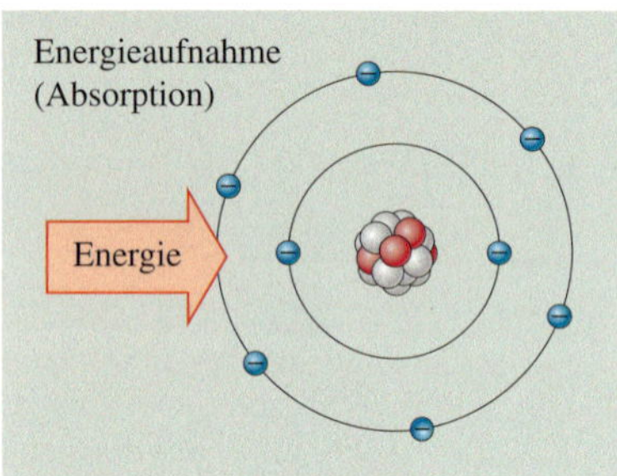

3

Grundzustand

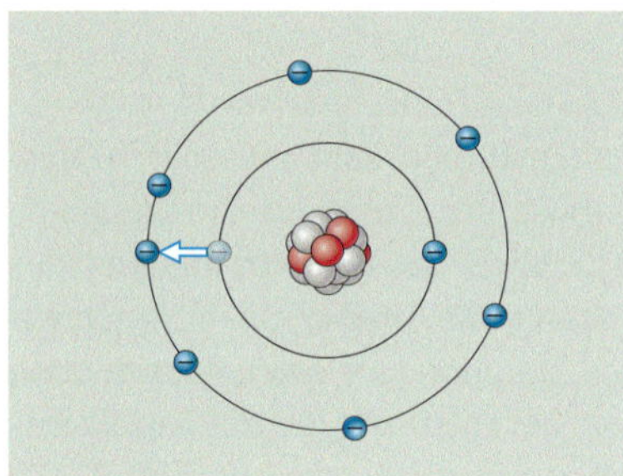
4

Angeregter Zustand

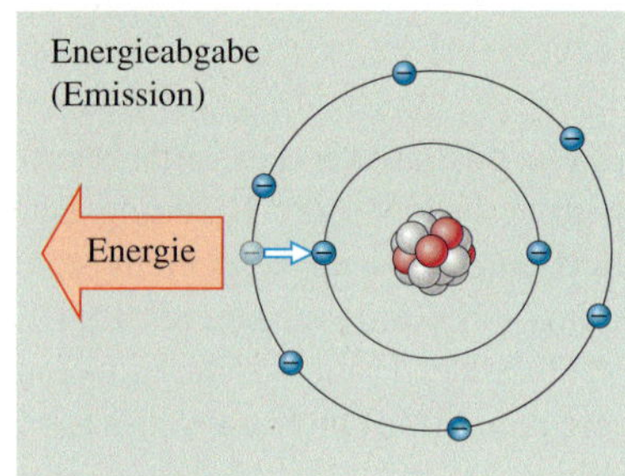

5

Grundzustand

Infrarote und ultraviolette Strahlung

Unsere Sonne sendet viele Arten von Strahlung aus. Der Anteil des für uns sichtbaren Lichts beträgt dabei durchschnittlich nur 41 %. Das Sonnenlicht kann mit einem Prisma in seine farbigen Bestandteile zerlegt werden. Es entsteht ein kontinuierliches Spektrum, welches von Rot, Orange und Gelb über Grün und Blau bis zum Violett reicht. In der Natur beobachten wir ein solches Spektrum beim Regenbogen.

Der größte Teil der von der Sonne abgestrahlten Energie wird mit etwa 52 % im infraroten Bereich emittiert. Ebenso bedeutsam für das Leben auf der Erde sind die rund 7 % ultraviolette Strahlung.

6

Infrarote Strahlung. Auch wenn wir die infrarote Strahlung nicht sehen können, so ist sie für uns dennoch spürbar (Bild 6). Unsere Haut nimmt diese Strahlung auf. Dabei wird die Strahlungsenergie in thermische Energie umgewandelt. Wir registrieren diesen Effekt z. B. in der Nähe von Wärmequellen und bei Sonnenschein.
Entdeckt wurde die infrarote Strahlung im Jahr 1800 von FRIEDRICH WILHELM HERSCHEL (1783–1822). Er zerlegte das Sonnenlicht mit einem Prisma in die Spektralfarben und bestimmte mit Thermometern die Temperaturen in den einzelnen Farbbereichen sowie unterhalb des roten Endes des Spektrums (Bild 7). Heute können wir die Untersuchungen mit empfindlicheren Messgeräten durchführen.

7

Experiment von HERSCHEL

EXPERIMENT 2

Mit einer leistungsstarken Experimentierlampe und einem Prisma wird auf einem etwa 3 m entfernten Schirm ein breites Spektrum erzeugt. Mit einer Thermosäule wird das ganze Spektrum langsam abgetastet. Bei welchen Farben zeigt die Thermosäule Wärmestrahlung an? Untersuche auch die Bereiche seitlich neben dem Spektrum!

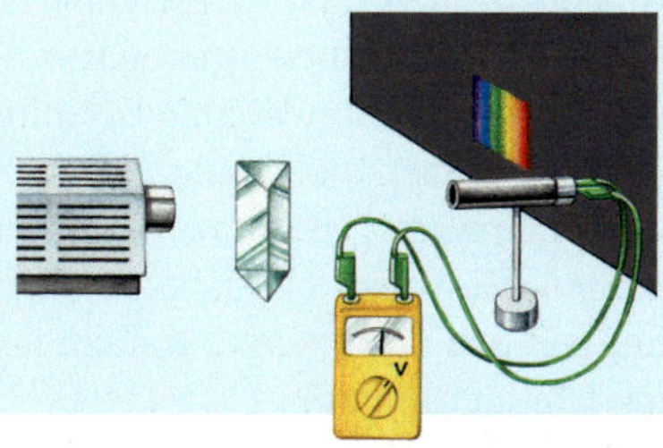

1

Im sichtbaren Bereich wird der Zeigerausschlag des Messinstruments vom Violetten zum Roten immer größer. Den größten Zeigerausschlag registriert man jenseits des Rots. Die Ursache dafür ist die infrarote Strahlung.

Ultraviolette Strahlung. Die ultraviolette Strahlung ist ebenfalls unsichtbar und energiereicher als das sichtbare Licht. Spürbar wird das für uns z. B., wenn wir Teile unseres Körpers ungeschützt längere Zeit der Sonne aussetzen. Oft ist ein Sonnenbrand die Folge. Man unterscheidet drei Arten von UV-Strahlung: UV-C, UV-B, UV-A (Bild 2). Der größte Teil der UV-Strahlung, insbesondere die energiereichste UV-C-Strahlung, wird in der Lufthülle der Erde absorbiert und gelangt nicht zur Erdoberfläche.

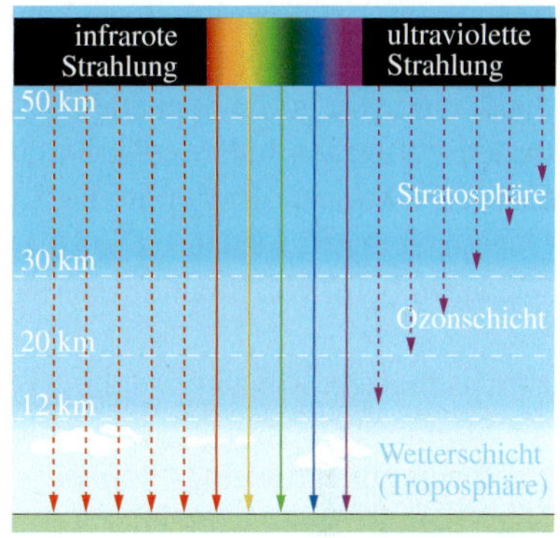

2

Der Nachweis gelingt, weil UV-Strahlung bestimmte Stoffe zum Leuchten anregt (Fluoreszenz, Phosphoreszenz).
Auf einem Blatt Papier bzw. auf dem Leuchtschirm sind außerhalb des sichtbaren Bereichs neben dem Violett helle Linien zu beobachten (Bild 3). An diesen Stellen regt die UV-Strahlung den Leuchtstoff im Schirm bzw. im Papier energetisch an. Der Stoff gibt daraufhin die Energie wieder in Form von sichtbarem Licht ab.

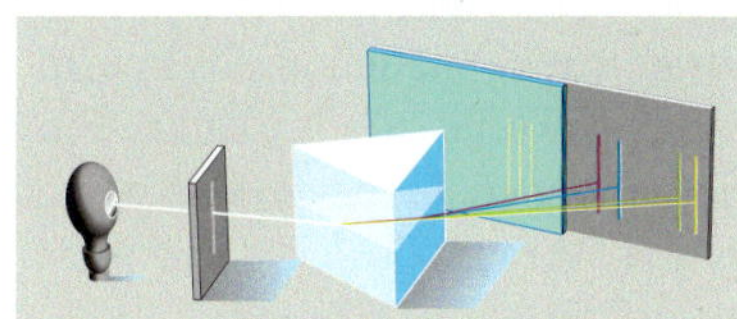

3

Im Spektrum der Sonne und anderer Lichtquellen gibt es jenseits des Rots die infrarote Strahlung und jenseits des Violetts die ultraviolette Strahlung. Beide Strahlungsarten sind für das menschliche Auge nicht sichtbar.

↑Basiskonzept Materie

↑Basiskonzept Energie

Röntgenstrahlung

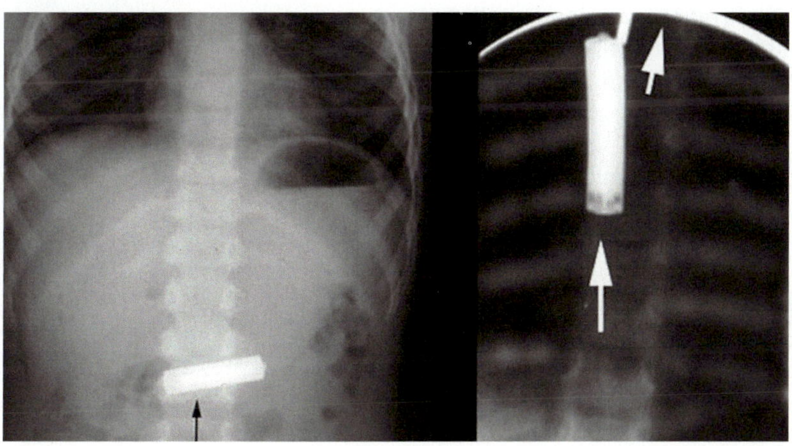

4

12.45 h Hektik in der Notaufnahme: Eine verzweifelte Mutter hält ihr wimmerndes 2-jähriges Kind im Arm, das von heftigen Bauchschmerzen gequält wird.
12.52 h Die Röntgenaufnahme zeigt eine Batterie im Magen.
13.15 h Unter wiederholter Röntgenkontrolle gelingt es dem Arzt, mit einer Magnetsonde den Fremdkörper rechtzeitig zu entfernen. Eine Vergiftung durch Batteriesäure wird gerade noch verhindert.

Röntgenstrahlung ist vergleichbar mit Licht. Sie ist wie UV-Licht nicht sichtbar, aber noch energiereicher.
Den meisten ist die Röntgenstrahlung aus der medizinischen Diagnostik bekannt. Daher weiß jeder, der schon einmal zum Röntgen war, dass Sicherheitsvorschriften von allen Beteiligten exakt eingehalten werden müssen. Bestimmte Organe des menschlichen Körpers dürfen der Strahlung nur sehr kurz oder gar nicht ausgesetzt werden. Wie entsteht eigentlich Röntgenstrahlung?

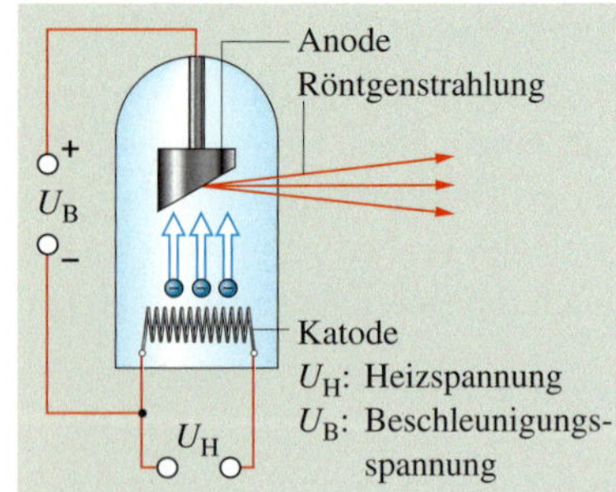

1 Röntgenröhre (Prinzip)

Erzeugung. Röntgenstrahlung kann mithilfe einer Röntgenröhre erzeugt werden (Bild 1). Aus der glühenden Katode austretende Elektronen werden durch eine sehr große Spannung beschleunigt. Die nun sehr schnellen Elektronen treffen auf eine Metalloberfläche und werden im Metall abgebremst. Einige Elektronen dringen in die Atomhülle ein und versetzen das Atom in einen angeregten Zustand. Die so absorbierte Energie gibt das Atom sofort wieder in Form von Strahlungsenergie ab. Es entsteht Röntgenstrahlung.

2 Filmdosimeter

Eigenschaften. Röntgenstrahlung ist unsichtbar. Deshalb ist es auch bei dieser Strahlung wichtig, Eigenschaften und Wirkungen zu kennen, die zum Nachweis genutzt werden können.
Nach dem Röntgen wertet der Arzt mit dem Patienten ein Röntgenbild aus. Dieses Bild entsteht dadurch, dass Röntgenstrahlung die Eigenschaft hat, fotografische Platten und Filme zu „belichten“.
Die ungewollte oder zu lange Einwirkung von Röntgenstrahlung auf die menschlichen Körperzellen kann zu Schäden bis hin zur Krebserkrankung führen. Verantwortlich dafür ist wie auch bei der radioaktiven Strahlung die ionisierende Wirkung.
Röntgenstrahlung durchdringt verschiedene Stoffe und wird dabei mehr oder weniger absorbiert. Nach dem Entwickeln des Röntgenfilms in Bild 4 auf der vorhergehenden Seite erscheinen die Knochen des Kindes und die Batterie unterschiedlich hell. Der Rest des Röntgenbildes ist schwarz, wurde also belichtet. Das bedeutet, dass die Röntgenstrahlung die Knochen kaum und die Batterie gar nicht durchdringt. Die anderen Teile des Körpers lassen die Strahlung weitestgehend durch.
Diese Eigenschaft der Röntgenstrahlung wird auch bei der Gepäckkontrolle auf Flughäfen genutzt (Bild 3).

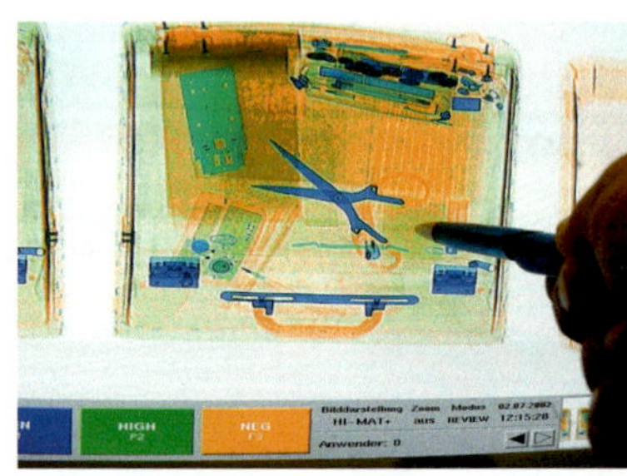

3 Gepäckkontrolle ohne Öffnen

Beim Auftreffen von sehr schnellen Elektronen auf eine Metalloberfläche entsteht die energiereiche, unsichtbare Röntgenstrahlung. Sie wird beim Durchdringen von Stoffen unterschiedlich stark absorbiert und hat ionisierende Wirkung.

Einordnung der Röntgenstrahlung in das elektromagnetische Spektrum. Im elektromagnetischen Spektrum schließt die Röntgenstrahlung an die ultraviolette Strahlung an (Bild 4).

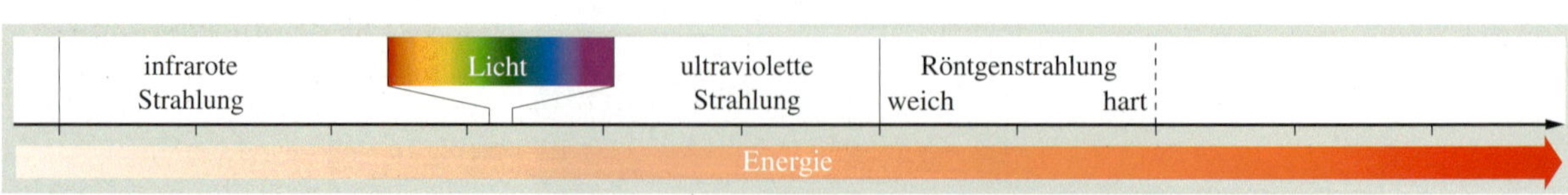

4 Ausschnitt aus dem elektromagnetischen Spektrum

Anwendungen der infraroten Strahlung

Infrarotstrahler. Die Infrarotstrahlung entfaltet ihre wärmende Wirkung dort, wo sie auftrifft, z. B. auf der Haut. Daher ist die Medizin (Bild 1) bzw. die Tierhaltung (Bild 2) ein großes Anwendungsgebiet. Insbesondere das sogenannte „nahe" Infrarot mit einer Wellenlänge von 780 bis 1400 nm dringt bis zu 5 mm in die Hautschichten ein. In der Industrie nutzt man die Infrarotstrahlung z. B. zum Trocknen von Klebeverbindungen (Bild 3).

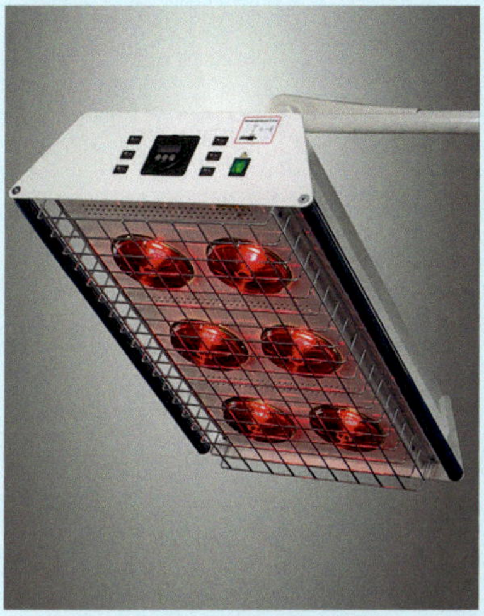
1

2

3

Berührungslose Temperaturmessung. In der Medizin, aber auch in technischen Bereichen ist es manchmal zweckmäßig, Temperaturen berührungslos zu messen. Mit Strahlungsthermometern (Pyrometern) können Temperaturen zwischen –50 °C und 4000 °C gemessen werden (Bild 5). Das Infrarotthermometer fängt die Strahlung auf, setzt sie in elektrische Signale um und zeigt die Oberflächentemperatur in einem Display an.

4

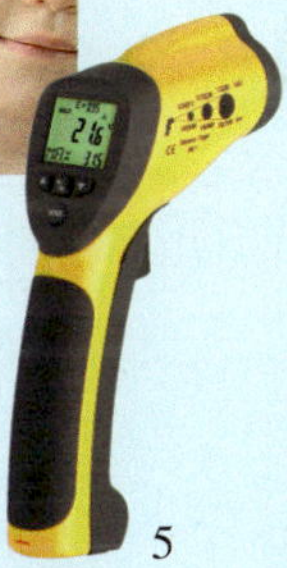
5

6

Infrarotfernbedienung. Mithilfe einer Infrarotleuchtdiode senden diese heute sehr häufig genutzten Geräte ein Signal im unsichtbaren Bereich aus (Bild 6).
Der Empfänger besteht aus einer Silicium-Fotodiode. Das von ihr empfangene kodierte Signal wird an die Steuerschaltung des jeweiligen Geräts gesendet. Auch Infrarotschnittstellen für Computer und Lichtschranken arbeiten so.

Thermografieaufnahmen. Die von Objekten, z. B. Gebäuden oder technischen Anlagen, abgegebene Infrarotstrahlung wird zur Aufnahme von „Wärmebildern" genutzt. In der Bau-Thermografie werden so an einem Bauwerk Wärmelecks aufgespürt. Durch entsprechende Wärmedämmmaßnahmen können erhebliche Energieeinsparungen erzielt werden. Bei Maschinen und Anlagen diagnostiziert man auf diese Art und Weise Mängel oder Schäden bei laufendem Betrieb.
Thermografien werden als sogenannte Falschfarbendarstellungen wiedergegeben. In den Aufnahmen kann man mithilfe einer den Farben zugeordneten Temperaturskala warme und kalte Bereiche am Objekt unterscheiden.

7

8

Kommunikation mit Hertz'schen Wellen

Seit der Mensch existiert, hat er den Wunsch, sich mit anderen zu verständigen und Nachrichten auszutauschen. Am Anfang genügten dazu die menschliche Stimme und einfache Hilfsmittel wie Rauch, Trommeln oder Glocken. Später halfen z. B. Morsetelegrafen. In der ersten Hälfte des 20. Jahrhunderts wurden auf dem Grund des Atlantiks Kabel verlegt, um den Telefonverkehr zwischen Europa und Amerika abzuwickeln. Eine neue Ära brach an, als MARCONI im Jahr 1902 das erste Telegramm drahtlos von England aus über den Atlantik nach Amerika schickte. Heute werden riesige Mengen an Informationen auf vielfältige Art und Weise über unterschiedlichste Entfernungen durch Hertz'sche Wellen übertragen.

1

Drahtlose Nachrichtenübermittlung über Satelliten. Die Realisierung eines flächendeckenden Fernsehempfangs in sehr guter Qualität übernehmen heute geostationäre Satelliten. Die Signale werden zunächst von den Sendeanstalten auf der Erde zum Satelliten abgestrahlt. Ein Transponder verstärkt die Signale und setzt sie in eine andere Frequenz um, bevor sie wieder in Richtung eines bestimmten Empfangsgebiets abgestrahlt werden. Mit einer Empfangsanlage werden die Signale aufgefangen und danach weiterverarbeitet. Die deutschen Nutzer des Satellitenfernsehens richten ihre Empfangsanlagen z. B. auf den Satelliten ASTRA (19,2° Ost) aus.
Fernmeldesatelliten funktionieren nach einem ähnlichen Prinzip und werden zur Abwicklung des internationalen Telefonverkehrs eingesetzt.
Aus unserem täglichen Leben ist heute auch das GPS nicht mehr wegzudenken. Nachdem es bereits seit den 1970er Jahren vorwiegend militärisch genutzt wurde, hat es im zivilen Bereich seit einigen Jahren vor allem als Navigationssystem in Pkws großen Nutzen erlangt. Aber auch das sogenannte Geocaching, eine Art elektronische Schatzsuche, erfreut sich im Freizeitbereich immer größerer Beliebtheit.

2 ASTRA-Satelliten und Empfangsantenne

Mobilfunk. Mit Mobiltelefonen (Handys) organisieren die Menschen heute ihr berufliches und privates Leben. Beim Telefonieren mit dem Handy werden die Informationen niemals direkt zwischen zwei Handys ausgetauscht. Ein Gespräch wird immer zwischen dem einen Handy und einem in der Nähe befindlichen Sendemast oder einer Basisstation des Netzbetreibers aufgebaut. Jede Basisstation versorgt eine räumlich begrenzte Funkzelle. Von dort aus wird das Gespräch zu einer übergeordneten Vermittlungsstelle weitergeleitet. Der Hauptverbindungscomputer ist über den Standort aller Handys informiert und kann das Gespräch zur Basisstation des Empfängers durchstellen. Damit die Hauptvermittlungsstelle immer weiß, wo sich alle Handys befinden, senden sie in regelmäßigen Abständen ein Ortungssignal. Die verschiedenen Mobilfunksysteme unterscheiden sich in ihrer Sendeleistung und -frequenz. Das viel genutzte D-Netz sendet in einem Bereich von 890 bis 960 Megahertz. Die Sendeleistung des Handys in diesem Bereich entspricht mit maximal 2 W der Leistung einer Glühlampe einer schwachen Taschenlampe. Die Sendeantennen der Basisstationen haben eine Leistung von 15 W. Die Leistungen sind gering, können aber wegen der hohen Frequenz zur Erwärmung bestrahlter Körperteile führen. Ob häufiges Telefonieren mit dem Handy die Gesundheit gefährdet, ist umstritten. Jeder sollte aber verantwortungsbewusst mit diesen Geräten umgehen.

3 Geocaching mit GPS-Empfänger

4

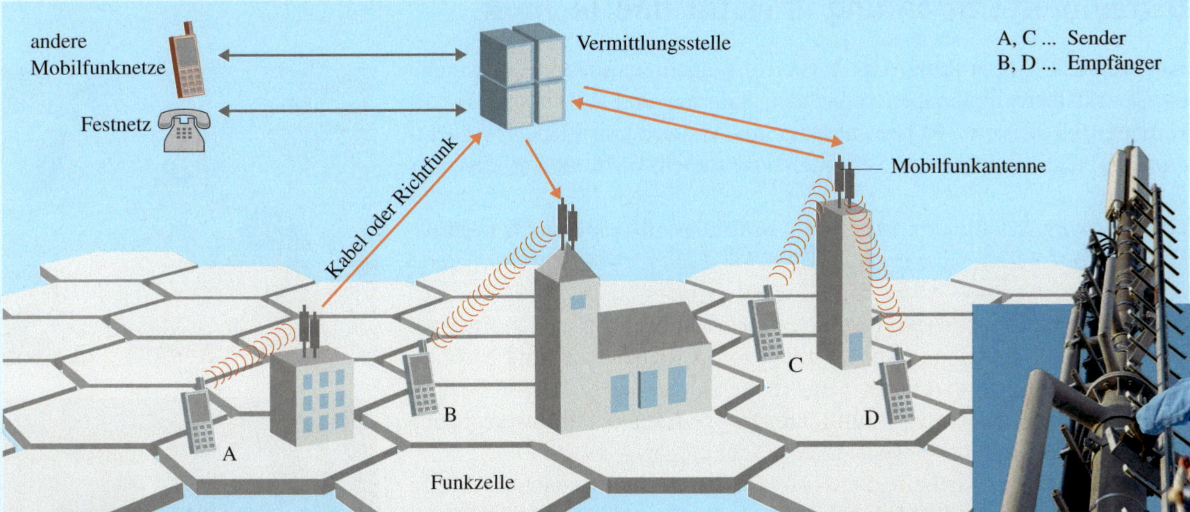

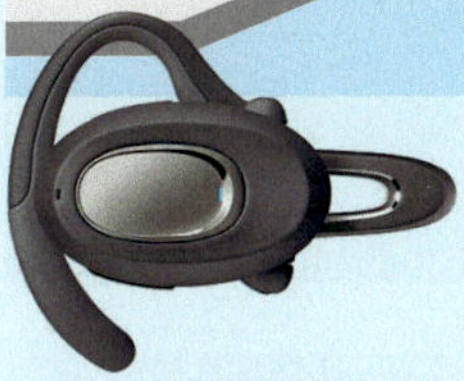
2
Bluetooth-Headset

3
Bluetooth-USB-Stick

1

Drahtlose Kommunikation in Rechnernetzen. In unserer modernen Informationsgesellschaft kommunizieren ständig Computer auf der ganzen Welt miteinander. In solchen Rechnernetzen bedient man sich neben den Lichtwellen oder dem elektrischen Strom auch der Funkwellen als Übertragungsmittel. Je nach Reichweite, Sendeleistung und Datenübertragungsrate unterscheidet man z. B. WLAN (Wireless Local Area Network) oder WPAN (Wireless Personal Area Network), bekannt durch die Norm Bluetooth.
Diese drahtlosen Netzwerke ermöglichen den Nutzern eine größere Mobilität und flexiblere Arbeitsbedingungen. An vielen öffentlichen Plätzen (Flughafen, Bahnhof, Hotel) ist es heute z. B. möglich, an sogenannten *Hot Spots* (öffentliche drahtlose Internetzugriffspunkte) mit dem eigenen Notebook eine Verbindung zum Internet aufzubauen. Solche WLAN-Netze können eine Reichweite bis 100 m haben.
Bluetooth eignet sich für die Funkübertragung zwischen Geräten über kurze Distanz. Mittels Bluetooth kann z. B. ein Bild vom Handy direkt an den Computer gesendet oder Tastatur und Maus mit dem PC verbunden werden. Die Entfernung zwischen den Geräten sollte nicht größer als 10 m sein. Bluetooth-Geräte arbeiten mit Frequenzen von ca. 2,45 GHz. Störungen durch Mikrowellenherde können daher nicht ausgeschlossen werden.

4
WLAN-Router

5

RFID. Das Preisetikett auf Waren oder der aufgedruckte Barcode aus schwarzen Streifen wird zunehmend vom elektronischen Funketikett abgelöst. Immer öfter werden in Chips Daten gespeichert (Patientenarmbänder, digitalisiertes Passfoto). Der Chip ist mit einer Antenne verbunden, die sowohl Energie für den Chip aufnimmt als auch die Daten per Funk an ein Lesegerät sendet. Dieses Verfahren heißt RFID (Radio Frequency Identifcation) und ist nicht unumstritten.

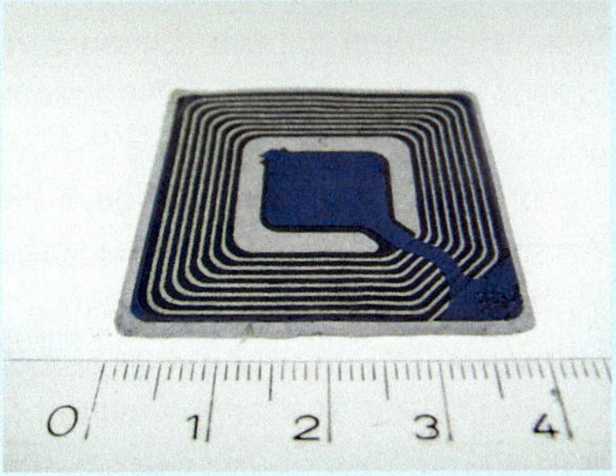

6

Ultraviolette Strahlung in Natur und Technik

Künstliche UV-Strahlung. Um UV-Licht künstlich zu erzeugen, werden oft Quecksilberdampflampen verwendet. Solarien sind z. B. mit Quecksilberdampf-Niederdruck-Röhren ausgestattet. Weitere künstliche UV-Lichtquellen sind die sogenannten Schwarzlicht-Lampen, UV-Leuchtdioden oder UV-Laser.
UV-Strahlung hat für den Menschen sowohl positive als auch negative Wirkungen.

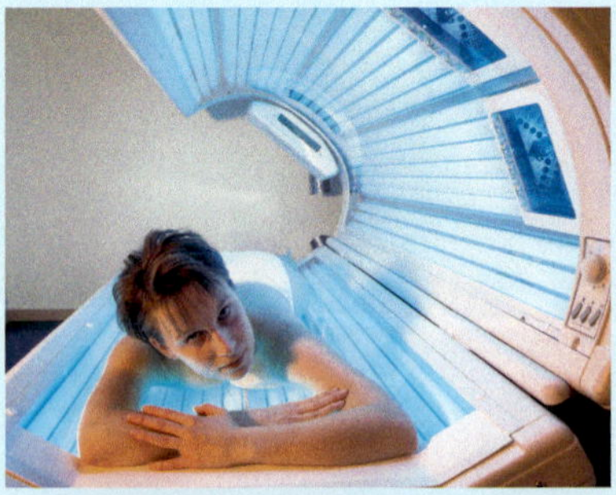
1

Anregung zur Fluoreszenz. Die Eigenschaft einiger Stoffe, nach Energiezufuhr mit z. B. energiereichem UV-Licht sofort wieder kurzzeitig Licht im sichtbaren Bereich auszusenden, nennt man Fluoreszenz. So wird in Leuchtstoffröhren das durch Gasentladung erzeugte UV-Licht durch entsprechende Beschichtungen der Röhre in sichtbares Licht umgewandelt.
In der Biochemie, Medizin und Biologie dienen fluoreszierende Stoffe z. B. zur Markierung von Molekülen. Nach der Bestrahlung mit UV-Licht können Rückschlüsse auf bestimmte Strukturen gezogen werden.
Aus der Disko kennt ihr sogenanntes Schwarzlicht (UV-A-Licht). Man benutzt es, um fluoreszierende Farben, chininhaltige Getränke oder optische Aufheller in der Kleidung zum Leuchten zu bringen (Bild 2).
In Schwarzlichttheatern kommen einzig und allein UV-Lampen zur Beleuchtung zum Einsatz. Damit werden nur fluoreszierende Gegenstände oder Kleidungsstücke sichtbar. In einem völlig verdunkelten Raum bleiben die Schauspieler unsichtbar.

2

3

Bedeutung im Tier- und Pflanzenreich. Pflanzen können Insekten (Bienen, Hummeln), die im UV-Bereich sehen, anlocken. Da Blüten den UV-Anteil des Lichtes außen anders als innen reflektieren, finden Bienen auch bei einfarbigen Blüten das Zentrum (Bilder 4 und 5).

4
Sumpfdotterblume im sichtbaren Licht

5
Sumpfdotterblume im UV-Licht

Falken gehören zu den Tieren mit dem perfektesten Sehvermögen. Aus großer Höhe entdecken sie aufgrund ihrer teleskopartigen Augen mit dicht gepackten Sehzellen Mäuse im Feld. Da Falken aber auch ultraviolettes Licht sehen können und Mäuse-Urin kräftig ultraviolett leuchtet, wissen sie schon, bevor sie die Maus sehen, ob die Jagd von Erfolg gekrönt sein wird.
Die Haut der Skorpione leuchtet im UV-Licht (Bild 6). Dadurch können die Tiere mithilfe entsprechender Lampen bei Dunkelheit leicht entdeckt werden.

6

Röntgens Entdeckung

Wilhelm Conrad Röntgen (ab 1888 Professor für Physik an der Universität Würzburg) beschäftigte sich seit 1894 mit den Eigenschaften der Katodenstrahlen; heute weiß man, dass Katodenstrahlen schnelle Elektronen sind, die aus einer glühenden Katode (Minuspol) austreten und zur Anode (Pluspol) fliegen.

Im November 1895 lässt Röntgen diese Katodenstrahlen durch ein Fenster aus dünnem Aluminiumblech aus der Vakuumröhre austreten (Bild 1). Die Katodenstrahlen kommen in Luft nur wenige Zentimeter weit. Dennoch leuchten in beträchtlicher Entfernung einige Kristalle auf dem Arbeitstisch im dunklen Raum hell auf. Röntgen ist sofort klar, dass er etwas ganz Neues entdeckt hat. Niemandem verrät er seine Entdeckung, verlässt mehrere Wochen sein Labor nicht und macht am 22. November das erste Röntgenbild der Geschichte: Röntgen fotografiert das Handskelett einer jungen Frau mit über zwanzigminütiger Durchleuchtungszeit (Bild 2).

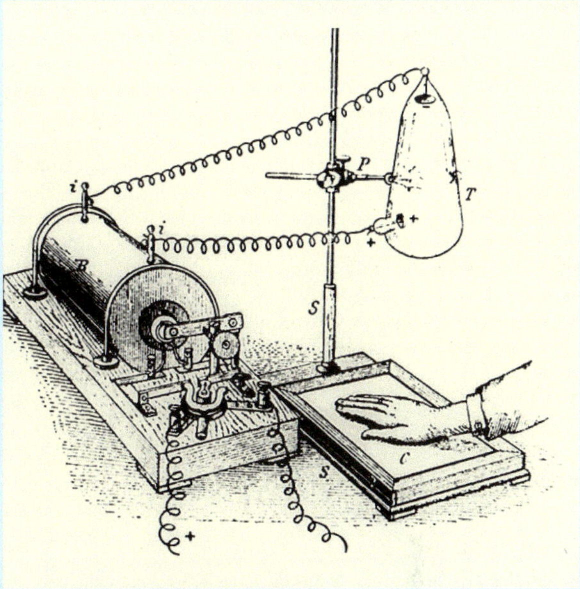

1

Röntgens Experiment

Am 28. Dezember 1895 reicht er das Manuskript „Eine neue Art von Strahlen“ bei der Physikalisch-Medizinischen Gesellschaft in Würzburg ein. Schon in diesem Artikel weist Röntgen auf die medizinische Anwendung hin.
Die Nachricht von der Entdeckung der neuen Strahlung breitet sich in wenigen Tagen schnell aus und als Röntgen am 23. Januar 1896 in einem Vortrag in der Sitzung der Würzburger Physikalisch-Medizinischen Gesellschaft seine X-Strahlen den Kollegen vorstellt, erhält diese Strahlung von den Kollegen den Namen *Röntgenstrahlung*.

Wilhelm Conrad Röntgen erhält 1901 den ersten Nobelpreis für Physik. Das Preisgeld stiftet er der Universität Würzburg.
Er hat nie ein Patent auf seine Entdeckung angemeldet, weil diese Strahlung der Menschheit dienen und nicht den Reichtum Einzelner vermehren sollte.
Die oft tödlichen Nebenwirkungen der Röntgenstrahlung bleiben noch lange Zeit unbekannt und kosten vielen Röntgenpionieren das Leben.

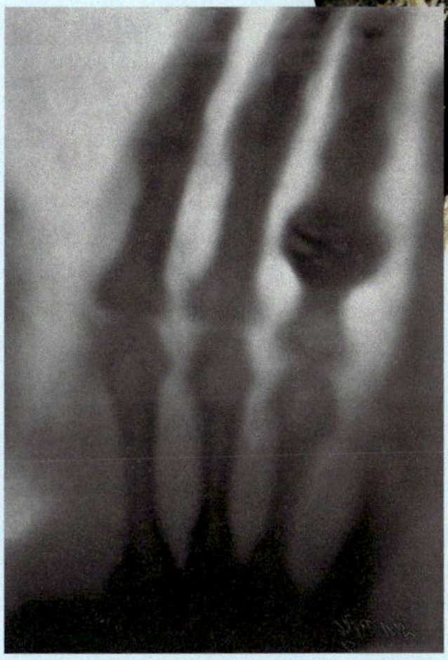

2

Wilhelm Conrad Röntgen (1845–1923) und das erste Röntgenbild

Physik erlebt

„Röntgenblick"

Röntgenuntersuchung. Die wohl bekannteste Anwendung der Röntgenstrahlung ist die Röntgenaufnahme in der Medizin (Bild 1). Dazu wird hauptsächlich das Bremsspektrum der Röntgenröhre verwendet. Nur bei der Mammografie (Untersuchung der weiblichen Brust) ist das charakteristische Spektrum von entscheidender Bedeutung. Die Strahlen der Röntgenröhre durchdringen den Patienten und „belichten" einen Film (Bild 2). Je intensiver die auftreffende Strahlung ist, desto stärker wird der Film geschwärzt. Knochen oder Metall (Füllungen in Zähnen, Nägel in „geschienten" Knochenbrüchen) erscheinen hell, weil sie einen großen Anteil der Röntgenstrahlung absorbieren. In der Regel absorbieren Atome die Röntgenstrahlung nämlich umso besser, je höher ihre Ordnungszahl ist. Und Calcium („Baustein" der Knochen) oder Metalle haben viel höhere Ordnungszahlen als Kohlenstoff, Sauerstoff und Wasserstoff, die in den Organen und im Körpergewebe dominieren.
Gewebe und Organe absorbieren Röntgenstrahlen etwa gleich schwach. Um ihre Struktur trotzdem in einer Röntgenaufnahme darstellen zu können, bringt man ein Kontrastmittel in die interessierenden Bereiche (Bild 3). Kontrastmittel enthalten meistens Barium oder Iod – also Elemente mit einer höheren Ordnungszahl, die eine stärkere Absorption gewährleisten.

1 Im Röntgenlabor

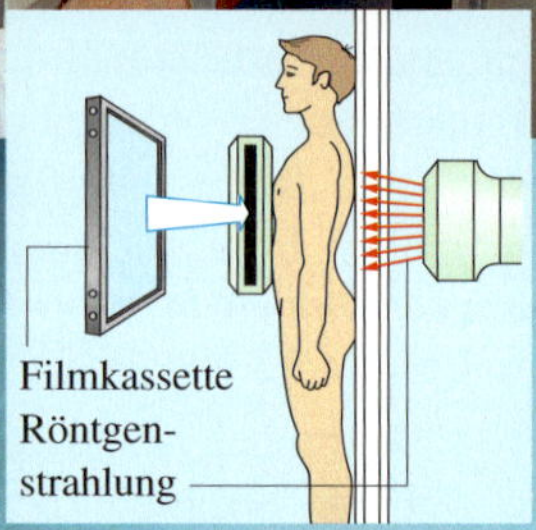

2

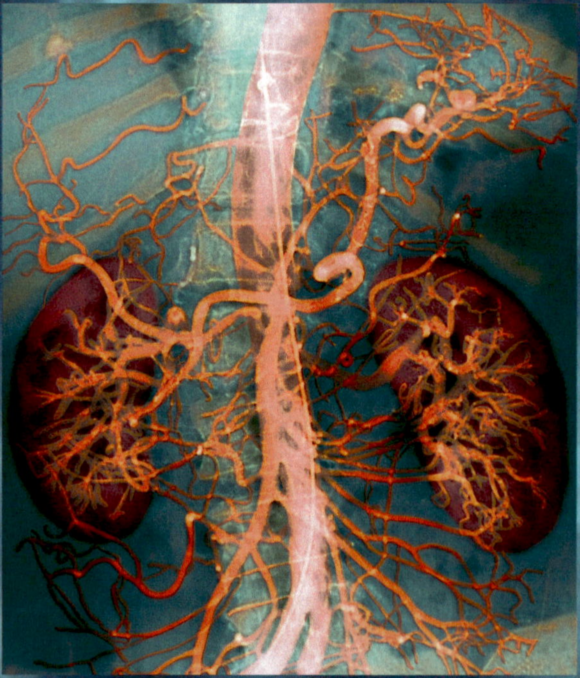

3 Röntgenaufnahme von Arterien mit Kontrastmittel

Computertomografie. „Gewöhnliche" Röntgenaufnahmen haben den Nachteil, dass sie ein räumliches Gebilde (den Menschen) auf einer Fläche (dem Film) abbilden, wobei wichtige Information (davor – dahinter) verloren geht. Jeder Röntgenstrahl geht nicht nur durch einen „Punkt" des menschlichen Körpers, sondern durch unendlich viele hintereinanderliegende. Die Absorption durch all diese Punkte beeinflusst die Schwärzung auf dem Film, eine genaue Zuordnung ist nicht möglich.
Die *Computertomografie* (kurz: CT oder Röntgen-CT) weist diesen Nachteil nicht auf (Bild 4). Im Prinzip funktioniert sie folgendermaßen (Bild 5):
Die Röntgenröhre dreht sich auf einem Kreis um den Patienten. Jeder Punkt in einem ebenen „Schnitt" durch den Körper (griech. *tomos:* Schnitt) wird nacheinander aus allen Richtungen durchstrahlt. Die ringförmig angeordneten Detektoren registrieren die durchgelassenen Strahlen. Aus ihren Signalen berechnet ein Computer ein Röntgenbild der Schicht. Und dann kommt die nächste Schicht an die Reihe … Das Ergebnis dieses aufwendigen Verfahrens kann sich sehen lassen: eine Serie sehr detaillierter Schichtbilder, die sich mit Computerhilfe sogar zu einem dreidimensionalen Röntgenbild zusammensetzen lassen (Bilder 6 und 7).

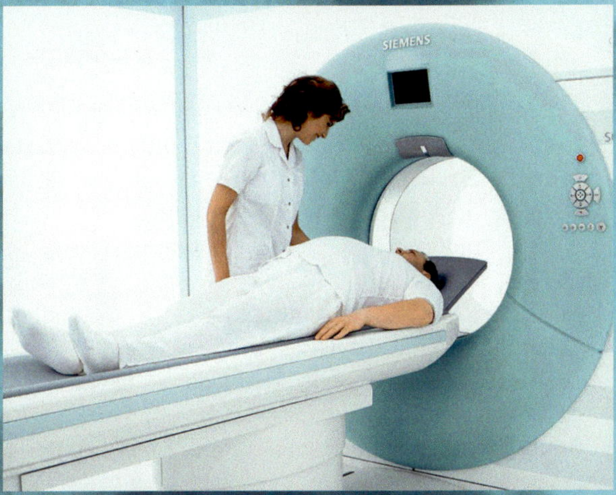

4

Computertomografie

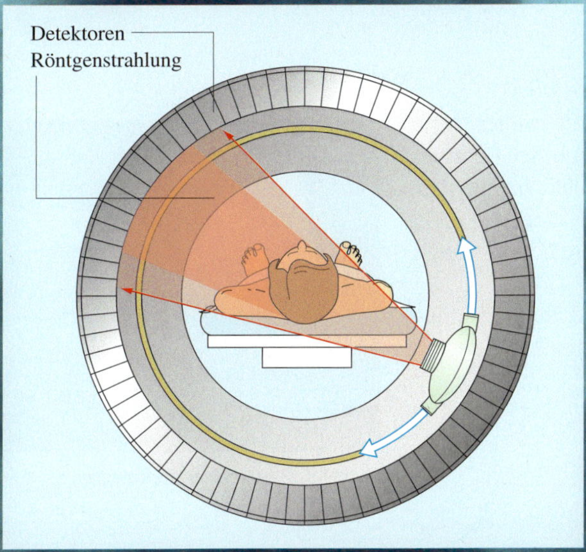

5

Prinzip der Schnittbildaufnahme

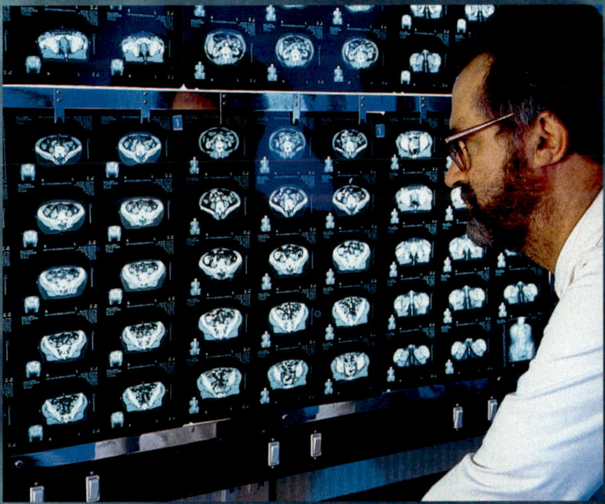

6

Schnittbildserie

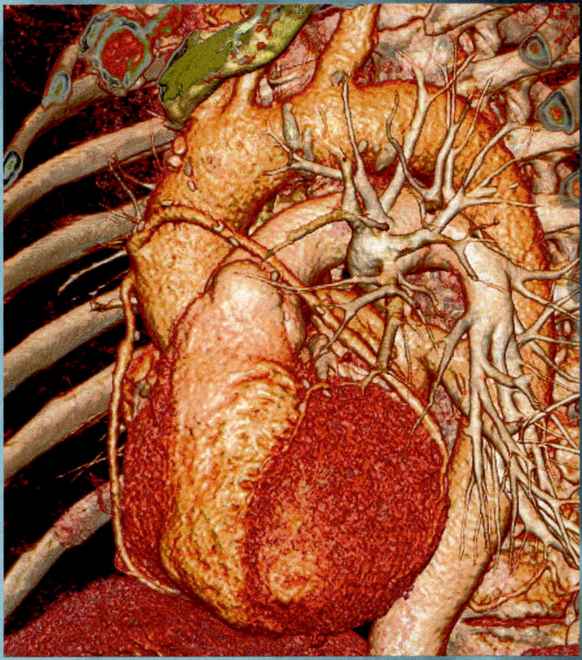

7

Dreidimensionales CT-Bild (gefärbt)

Schutzmaßnahmen. So groß der Nutzen von Röntgenuntersuchungen auch ist: Sie sind nicht gefahrlos. Röntgenstrahlen sind in der Lage, Elektronen aus molekularen Bindungen „herauszuschlagen", die daraufhin instabil werden. Die Körperzellen können dadurch beschädigt werden. Besonders strahlenempfindliche Bereiche des menschlichen Körpers sind Knochenmark, Lunge, Magen, Dickdarm, Hoden, die weibliche Brust und Eierstöcke. Haut und Muskulatur sind dagegen unempfindlicher. Zum Glück verfügt unser Körper über Reparaturmechanismen, sodass die meisten Zellveränderungen keine dauerhaften Schäden verursachen.

Körperregionen, die nicht untersucht werden sollen, werden bei Röntgenaufnahmen oft durch Bleischürzen geschützt: Blei absorbiert die Röntgenstrahlung wegen seiner hohen Ordnungszahl sehr stark.

Für jede Röntgenuntersuchung sollte eine ausreichende medizinische Notwendigkeit gegeben sein. Mit einem *Röntgenpass* behält man den Überblick (Bild 8). In ihm werden alle Röntgenuntersuchungen des Patienten eingetragen, sodass überflüssige wiederholte Aufnahmen einer Körperregion oder zu kurze zeitliche Abstände vermieden werden können.

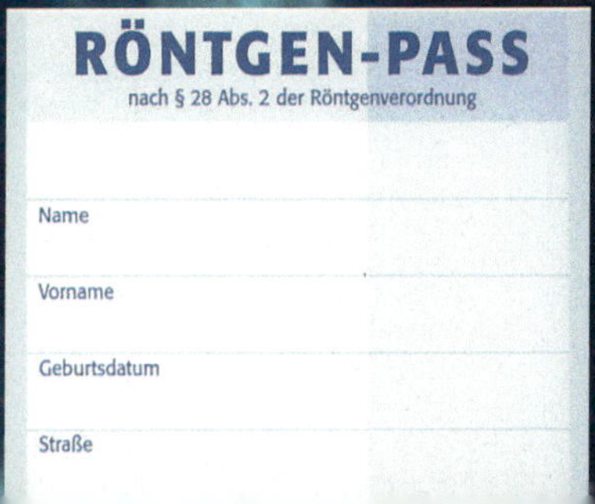

8

Strahlung

AUFTRAG 1: Telefonieren mit dem Handy

Die Frage, ob elektromagnetische Handystrahlung beim Nutzer gesundheitliche Schäden hervorrufen kann, wird trotz vieler Studien nicht eindeutig beantwortet. Ob die heute geltenden Grenzwerte mit dem Blick auf Langzeitwirkungen bei Kindern und Vieltelefonierern ausreichend sind, ist ebenfalls unklar.

1 Mit preiswerten Geräten (Bild 1) kannst du die elektrischen Strahlungswerte von deinem Handy messen. Informiere dich über die Handhabung des Geräts und die physikalische Größe, die dieses Gerät misst. Halte so ein Gerät an die Handyrückseite und führe ein Gespräch. Verändere während des Gesprächs auch den Abstand zwischen Messgerät und Handy. Beobachte das Messgerät.

2 Untersuche nun, wie sich die Messwerte verändern, wenn du zwischen Messgerät und Handy bestimmte Materialien (Papier, Holz, Plaste, Alufolie) bringst.

3 Benutze dein Handy nun an verschiedenen Standorten in deiner Umgebung. Mit der Balkenanzeige kannst du die Stärke des Empfangs ermitteln.

4 Fasse die Ergebnisse deiner Untersuchungen zusammen und ziehe daraus Schlussfolgerungen.

5 Stelle Regeln für den Umgang mit einem Handy auf, die zu einer Verringerung der Strahlenbelastung führen können.

1

AUFTRAG 2: Bestimmen der Solarkonstante

Während ihres jährlichen Umlaufs um die Sonne ist die Erde immer annähernd gleich weit von der Sonne entfernt. Daher ändert sich der Energiestrom von der Sonne zur Erde praktisch nicht. Pro Zeiteinheit strömt stets gleich viel Energie auf die Erde. Pro Sekunde fließt durch eine senkrecht zur Sonne ausgerichtete Fläche von $1\,m^2$ eine Energie von 1,37 kJ. Diese Größe heißt Solarkonstante S ($S = 1{,}37\,kW/m^2$).

Mit einer selbst gebauten Experimentieranordnung sollst du nun einen Näherungswert für die Solarkonstante ermitteln und mit dem Tabellenwert vergleichen.

Du benötigst dazu folgende Materialien (Bild 3):

1. Getränkedose, 300 ml
2. Thermometer, 0 °C bis 50 °C, mit 1/10-Grad-Teilung
3. durchbohrter Stopfen
4. Styropor zum Umkleiden der Getränkedose
5. schwarzer Lack (1 ml)
6. Stoppuhr

Weite die Öffnung der Getränkedose auf und feile sie rund, sodass der durchbohrte Stopfen mit Thermometer hineinpasst. Streiche den Boden der Dose mattschwarz. Umhülle die Dose vollständig mit Styropor, sodass nur zwei Öffnungen bleiben: die für das Thermometer und eine vom Durchmesser des schwarz gestrichenen Bodens. Fülle die Dose vollständig mit Wasser, das die gleiche Temperatur wie die Umgebung hat, und verschließe sie mit dem Stopfen mit Thermometer. Bestimme die Temperatur des Wassers und befestige danach die Apparatur so an einem Stativ, dass die Sonne senkrecht auf den Boden auftrifft. Brich nach 10 min die Bestrahlung ab und drehe die Dose mehrfach um 180°. Ermittle die Endtemperatur.

Berechne nun die durch die Sonne zugeführte Wärme Q. Die Solarkonstante erhältst du, indem du diese Wärme durch die Fläche A des geschwärzten Bodens und die Zeit t dividierst. Vergleiche dein Ergebnis mit dem Tabellenwert und nenne Gründe für Abweichungen.

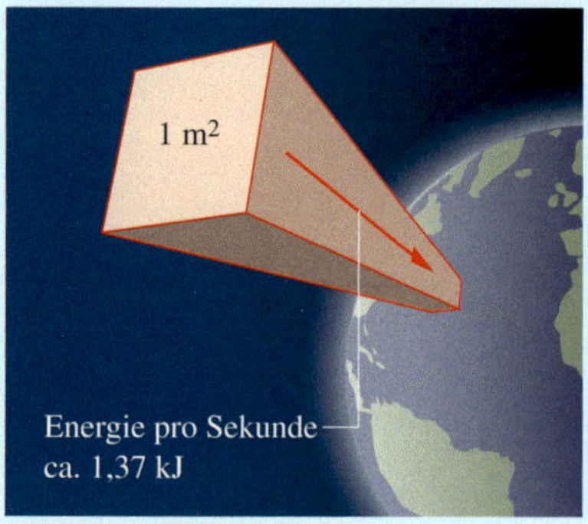

2

Zur Definition der Solarkonstante

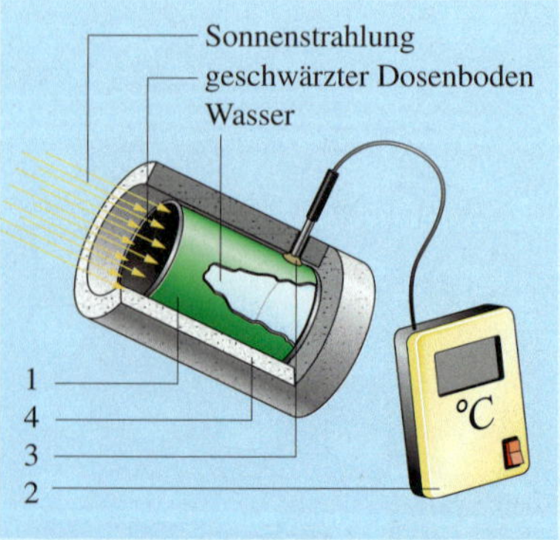

3

Experimentieranordnung zur Bestimmung der Solarkonstante

AUFTRAG 3: Thermografie

1

Das Foto im zeigt ein Haus, welches einmal im sichtbaren Bereich des Lichtes fotografiert wurde, und dazu ein Wärmebild im Wellenlängenbereich der infraroten Strahlung.

1 Interpretiere zunächst das Wärmebild mithilfe der angegebenen Temperaturskala.
2 Vergleiche zwei – im Wärmebild sehr unterschiedlich helle – Orte mit den entsprechenden Gegebenheiten bei der realen Aufnahme. Ziehe eine Schlussfolgerung aus den von dir festgestellten Bildunterschieden.
3 Erläutere die Bedeutung der „Thermografie" an einem typischen Beispiel. Fertige dazu ein anschauliches Poster an.

AUFTRAG 4: Infrarotfernbedienung

Vielleicht hast auch du schon einmal bemerkt, dass das Ausschalten des Fernsehapparats mit der Fernbedienung nicht immer beim ersten Mal funktioniert. Ist die Fernbedienung deshalb kaputt? Bei genauem Umschauen im Zimmer stellst du vielleicht fest, dass einige Gegenstände den Übertragungsweg des Signals beeinflussen könnten. Was könnte die IR-Strahlung abgehalten haben? Mit den folgenden Experimenten sollst du herausfinden, wovon das Durchdringen von Stoffen mit IR-Strahlung abhängt.

2

Führe Experimente mithilfe der Lautstärkeregelung einer Fernbedienung durch. Schalte das Fernsehgerät ein, richte die Fernbedienung auf das Fernsehgerät und drücke in kurzen Intervallen (ca. 1 s) die Lautstärketasten. Notiere in einem Protokoll deine Beobachtungen und Messwerte in übersichtlicher Form.

1 Halte verschiedene Materialien direkt vor die IR-Leuchte der Fernbedienung. Überprüfe so, welche von IR-Strahlung durchdrungen werden.
2 Untersuche in einem zweiten Experiment bei einem ganz bestimmten Abstand, durch wie viel Blatt Papier die Strahlung gerade noch hindurchgeht. Dazu legst du die Fernbedienung in ein aufgeschlagenes Buch und klappst die einzelnen Seiten nacheinander direkt vor die IR-Leuchte der Fernbedienung. Dabei musst du die Lautstärketasten in Intervallen so lange drücken, bis kein Signal mehr durch die gesamten vorgehaltenen Blätter geht.
3 Jetzt kannst du die Durchdringungsfähigkeit von Papier für IR-Strahlung in Abhängigkeit vom Abstand Fernbedienung–Fernseher untersuchen. Bestimme dazu für mindestens 5 verschiedene Abstände, nach wie vielen Buchseiten jeweils kein Signal mehr durchgeht. Stelle die Messergebnisse in einem Diagramm dar und interpretiere es.
4 Beantworte abschließend mithilfe der Ergebnisse deiner Experimente die eingangs gestellte Frage: Was könnte die IR-Strahlung abgehalten haben?

Weißt du es? Kannst du es

1. Im Zusammenhang mit der drahtlosen Nachrichtenübertragung spricht man von Rundfunk, Fernsehfunk, Funksprüchen usw. Erläutere den Ursprung für die Verwendung des Wortes Funken!
2. Nenne Beispiele, an denen sich zeigt, dass sich Hertz'sche Wellen sowohl im Vakuum als auch in Stoffen ausbreiten!
3. Nenne typische Orte für schlechten Empfang mit dem Mobiltelefon. Stelle jeweils Vermutungen über die Ursachen der Störung auf!
4. Im Straßenverkehr wird die Einhaltung von Geschwindigkeiten mit Radargeräten überwacht.
   a) Auf welche Weise erhält man Informationen über die Position eines Fahrzeugs zu einem bestimmten Zeitpunkt?
   b) Wie kann aus der Positionsbestimmung die Geschwindigkeit berechnet werden?
5. Wähle die richtigen Aussagen aus und berichtige die falschen:
   Hertz'sche Wellen in einer Mikrowelle
   A werden an den Metallwänden und an Metallgefäßen reflektiert.
   B erwärmen das Wasser in Lebensmitteln.
   C sind für den Menschen ungefährlich.
   D haben überall im Innenraum der Mikrowelle die gleiche Wirkung.
6. Welche Aussagen stimmen?
   A Ein Atom ist etwa so schwer wie sein Kern.
   B Protonen und Elektronen sind gleich schwer.
   C Der Durchmesser des Atoms ist 10000-mal größer als der Durchmesser des Kerns.
   D Der Atomkern ist weitestgehend leer.
   E Jede Atomsorte hat eine typische Farbe.
7. Wie könntest du zwei Autos durch Fotografieren unterscheiden, von denen eines schon lange geparkt steht und das andere gerade erst angekommen ist?
8. Sichtbares Licht kann Luft und Glas durchdringen (Bild 1). Gilt das auch für die Infrarotstrahlung? Halte deine Hand 20 cm neben einen Infrarotstrahler. Schiebe dann eine Glasplatte zwischen Lampe und Hand. Führe das Experiment auch mit anderen Wärmequellen (z. B. Bügeleisen, Kochplatte) durch. Beschreibe deine Beobachtungen.
   Ziehe Schlussfolgerungen aus dem Ergebnis!
9. UV-Strahlung kann in unsere Haut eindringen. Zwar finden wir sonnengebräunte Haut meist schön,

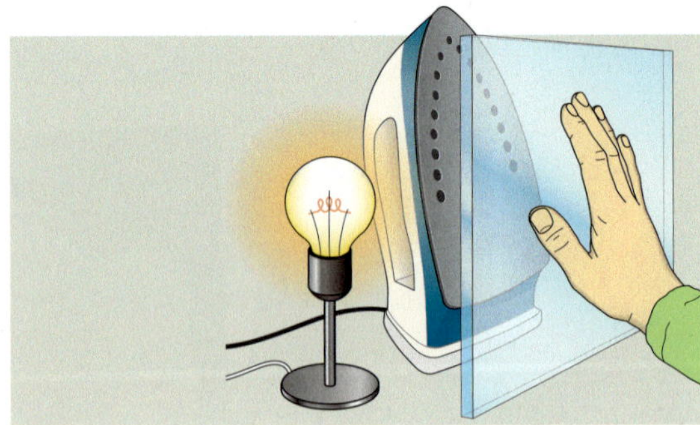
1

aber sie birgt doch ein großes Risiko, das vom Hauttyp abhängt:
   a) Informiere dich über mögliche Folgen eines zu langen Aufenthalts in der Sonne!
   b) Empfindliche Haut kann durch Sonnenschutzcreme mit unterschiedlichem Lichtschutzfaktor vor Sonnenbrand geschützt werden. Informiere dich über die Bedeutung des Lichtschutzfaktors!
   c) Hellhäutige Menschen bekommen meist schneller einen Sonnenbrand, als Menschen mit dunklerer Haut. Man unterscheidet vier Hauttypen (Bilder 1 bis 4 auf der folgenden Seite).
   Für welchen Hauttyp hältst du dich? Was bedeutet das für dich?
10. Das Bundesamt für Strahlenschutz gibt mit dem UV-Index (UVI) jeden Tag bekannt, wie groß in bestimmten Gebieten die Einstrahlung von UV-Strahlung ist.
    a) Was beschreibt der UV-Index?
    b) Informiere dich darüber, für welche Werte des UVI die Belastung niedrig, mittel, hoch bzw. sehr hoch ist!
    c) Wie solltest du dich bei einem UV-Index von 6 verhalten?
11. Neben den nachteiligen Wirkungen der UV-Strahlung hat die Sonnenstrahlung aber auch positive Einflüsse auf den menschlichen Organismus. Stelle in einer Übersicht die positiven Wirkungen von UV-Strahlung, sichtbarem Sonnenlicht und Infrarotstrahlung zusammen.
12. Welche Eigenschaften der Röntgenstrahlung werden beim „Durchleuchten" von Körperteilen genutzt?
13. Welche negativen Auswirkungen kann Röntgenstrahlung auf lebendes Gewebe haben? Welche Gewebearten müssen besonders geschützt werden? Wie kann das geschehen?
14. Beschreibe den Aufbau und die Funktionsweise einer CT-Anlage. Welche Vorteile haben CT-Aufnahmen gegenüber einfachen Röntgenaufnahmen?

1

Hauttyp I:
Keltischer Typ
Sehr helle Haut, Sommersprossen, rötliches Haar; wird niemals braun.

2

Hauttyp II:
Hellhäutiger Europäer
Helle Haut, blond; rötet schnell, wird aber mit der Zeit mäßig braun.

3

Hauttyp III:
Dunkelhäutiger Europäer
Dunkelblond; wird nach mehrfachem Sonnenbad immer dunkler.

4

Hauttyp IV:
Mittelmeerischer Typ
Dunkles Haar; bleibt vom Sonnenbrand weitgehend verschont.

Kurz und knapp !

Hertz'sche Wellen

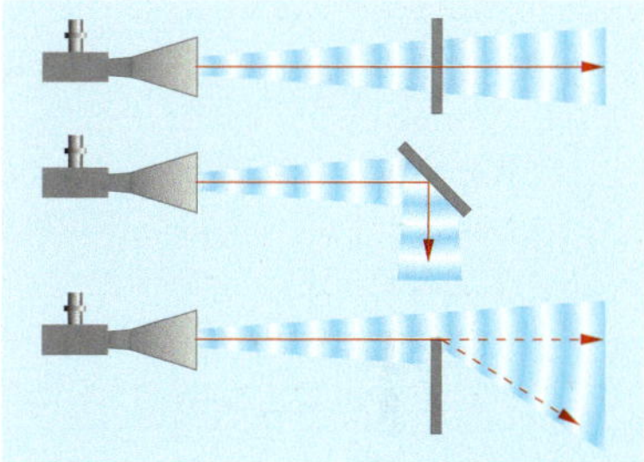

Wird in einem Sender eine hochfrequente elektromagnetische Schwingung angeregt, so strahlt er Hertz'sche Wellen ab.
Hertz'sche Wellen
- werden an leitenden Hindernissen reflektiert
- können nicht leitende Hindernisse durchdringen
- werden an leitenden Hindernissen gebeugt.

Strahlung aus der Atomhülle

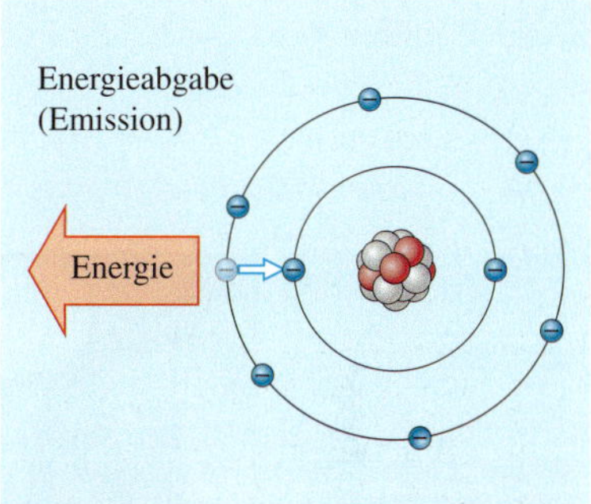

Ein Atom besteht aus Atomkern und Atomhülle. Durch Energiezufuhr kann ein Elektron in der Atomhülle kurzzeitig in einen angeregten Zustand versetzt werden. Geht das Elektron in den Grundzustand zurück, wird die Energie wieder abgegeben. Diese Energieportion wird als Photon bezeichnet.

Infrarote und ultraviolette Strahlung

Im Spektrum der Sonne und anderer Lichtquellen gibt es jenseits des Rots die infrarote und jenseits des Violetts die ultraviolette Strahlung. Beide Strahlungsarten sind für das menschliche Auge nicht sichtbar.
Infrarote Strahlung ist energieärmer als sichtbares Licht. Trifft sie auf einen Körper, wird sie in thermische Energie umgewandelt.
Ultraviolette Strahlung ist energiereicher als sichtbares Licht. Sie regt bestimmte Stoffe zum Leuchten an (Fluoreszenz, Phosphoreszenz).

Röntgenstrahlung

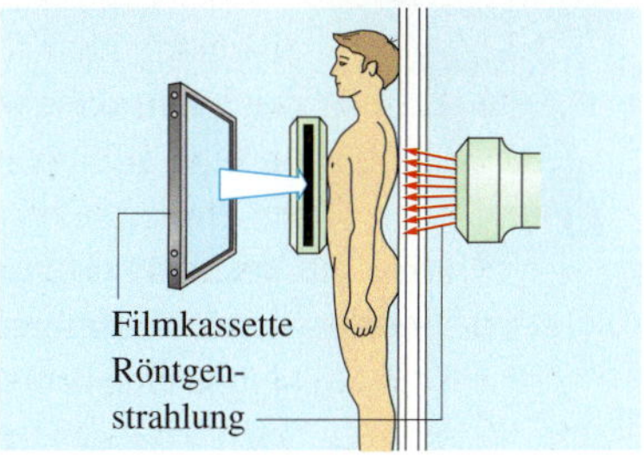

Beim Auftreffen von sehr schnellen Elektronen auf eine Metalloberfläche entsteht die energiereiche unsichtbare Röntgenstrahlung. Sie wird beim Durchdringen von Stoffen unterschiedlich stark absorbiert und hat ionisierende Wirkung.

Elektromagnetisches Spektrum

Ordnet man die unterschiedlichen Strahlungsarten nach ihrem Energiegehalt, erhält man das elektromagnetische Spektrum. In Abhängigkeit von der Energie der Strahlung und der Art des Stoffes durchdringt sie Stoffe unterschiedlich stark. Ihr Ionisationsvermögen hängt ebenfalls von der Energie ab. Die Ausbreitungsgeschwindigkeit beträgt im Vakuum ungefähr 300 000 km/s.

Das elektromagnetische Spektrum – Überblick

Gegen Ende des 19. Jahrhunderts hatte der russische Physiker PJOTR LEBEDEW (1866–1912) die Idee, alle bis dahin bekannten elektromagnetischen Erscheinungen nach ihrer Frequenz bzw. Wellenlänge anzuordnen. Diese Zusammenstellung wird heute als **elektromagnetisches Spektrum** bezeichnet.
Die Zusammenstellung von LEBEDEW hatte zum damaligen Zeitpunkt noch Lücken. Im Laufe der folgenden Jahrzehnte wurden diese Lücken geschlossen. Insbesondere die noch fehlenden elektromagnetischen Wellen konnten nachgewiesen bzw. sogar technisch erzeugt und im Weiteren erforscht werden.

1888 HEINRICH HERTZ erzeugt elektromagnetische Wellen.

Bereich	Radiowellen						Mikrowellen		
Bezeichnung	Langwellen (LW)		Mittelwellen (MW)	Kurzwellen (KW)	Ultrakurzwellen (UKW)		Dezimeterwellen (Radar)	Zentimeterwellen	Mikrowellen
Wellenlänge in m	10^5	10^4	10^3	10^2	10^1	1	10^{-1}	10^{-2}	10
Frequenz in Hz	$3 \cdot 10^3$	$3 \cdot 10^4$	$3 \cdot 10^5$	$3 \cdot 10^6$	$3 \cdot 10^7$	$3 \cdot 10^8$	$3 \cdot 10^9$	$3 \cdot 10^{10}$	3 ·

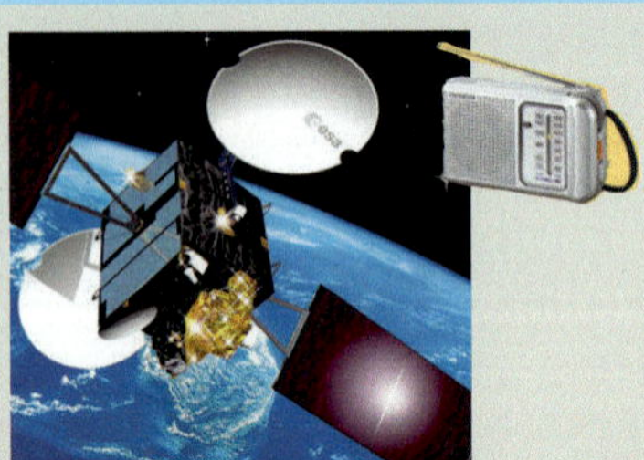

Radiowellen bilden die Grundlage für die Nachrichtenübertragung. Während Lang-, Mittel- und Kurzwellen sozusagen um die Erde laufen, breiten sich Ultrakurzwellen fast nur geradlinig aus. Mobiltelefone funktionieren deshalb nur zufriedenstellend, wenn man sich in der Nähe eines entsprechenden Sendemastes befindet.

Mikrowellen sind uns aus der Küche von der Erwärmung von Speisen im Mikrowellenherd bekannt. In der Forschung werden mithilfe der Mikrowellenspektroskopie z. B. Eigenschaften von Gasmolekülen untersucht. Auch für Nachrichten- und Funktechnik werden die Mikrowellenfrequenzen genutzt.

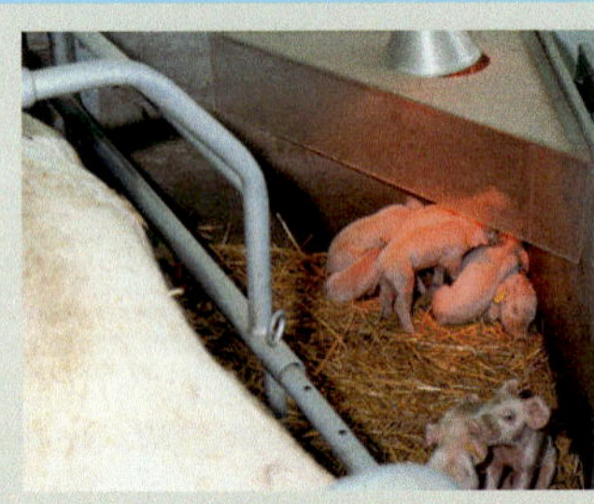

Infrarote und ultraviolette Strahlung haben eine große Bedeutung für die Lebensvorgänge. Infrarote Strahlung wird auch als Wärmestrahlung bezeichnet. Infrarotlampen werden in der Medizin zur tiefen Erwärmung von Körperteilen eingesetzt. In der Technik nutzt man diese Strahlung zum Einbrennen von Lacken bzw. zum Heizen. Ultraviolette Strahlung kann zur Materialprüfung und zum Abtöten von Keimen genutzt werden.

1895 Wilhelm Conrad Röntgen entdeckt die Röntgenstrahlung.

1896 Henri Becquerel entdeckt die Radioaktivität.

1912 Viktor Franz Hess weist die kosmische Strahlung nach.

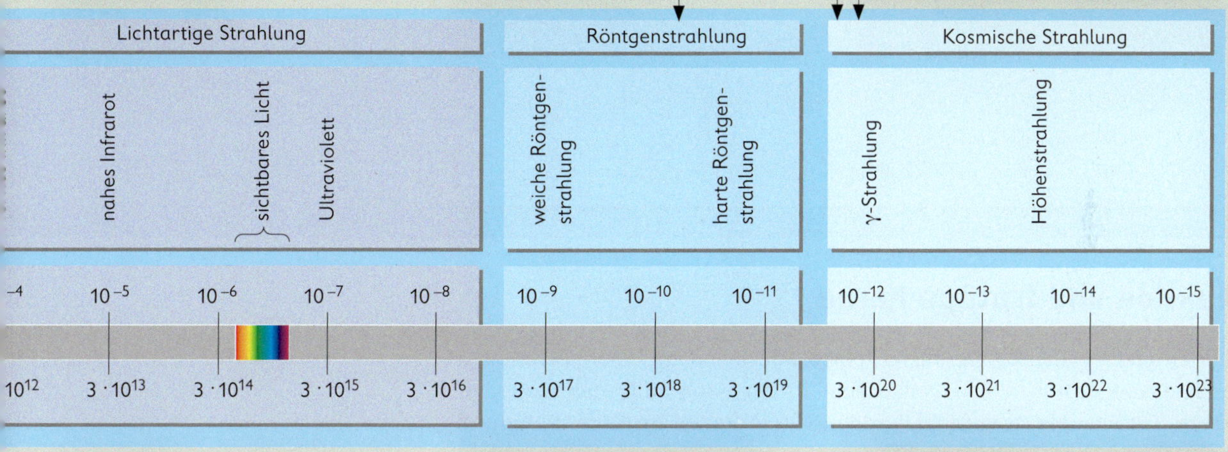

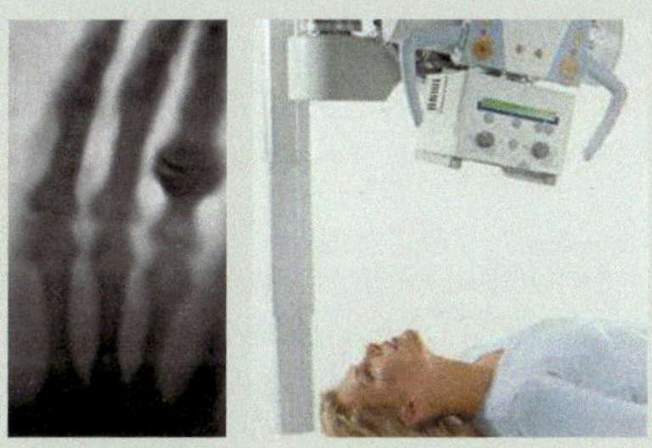

Röntgenstrahlung wird in der medizinischen Diagnostik angewendet. Weichteile lassen die Strahlung fast ungehindert durch, Knochen absorbieren diese hingegen sehr stark. Auf dem Röntgenfilm erscheinen deshalb Skelettteile hell, da hier eine geringere Schwärzung des Films erfolgt. Dadurch sind Veränderungen, wie z. B. Knochenbrüche, leicht nachweisbar.

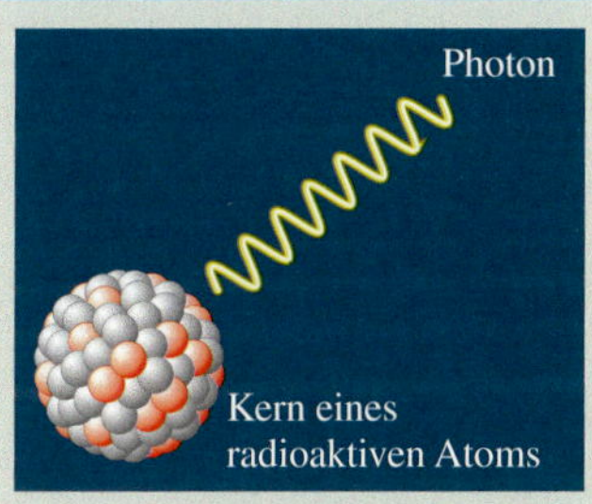

Gammastrahlung tritt bei natürlichen und künstlichen Umwandlungen radioaktiver Kerne auf, sie hat eine sehr große Durchdringungsfähigkeit.
Astronomen nutzen z. B. die Eigenschaft der Gammastrahlung, dass sie interstellare Gas- und Staubwolken durchdringt. So lassen sich Informationen von sehr weit entfernten kosmischen Objekten über den sichtbaren Bereich hinaus beschaffen.

Kosmische Strahlung (auch Höhenstrahlung) besteht hauptsächlich aus Protonen und Alphateilchen. Außerdem hat sie einen Anteil an Röntgen- und Gammastrahlung. Die kosmische Strahlung durchdringt die Erdatmosphäre und erreicht sogar die Tiefen der Weltmeere. Diese Strahlung wird nur zu einem kleinen Teil in der Sonne erzeugt, der weitaus größte Teil entsteht in der Milchstraße und anderen Galaxien.

Radioaktive Strahlung

1

Radioaktivität empfinden viele Menschen als etwas Bedrohliches. Tatsächlich sind wir auf der Erde dieser Erscheinung ständig ausgesetzt. Uran in Gesteinen, Kalium oder Iod in der Nahrung, Radon in Gebäuden oder die kosmische Strahlung in größeren Höhen führen zu einer natürlichen Strahlenexposition (Einwirkung ionisierender Strahlung auf den menschlichen Körper). Woher kommt diese Strahlung? Wie wirken unterschiedliche Strahlungsarten auf den Organismus? Wie gefährlich ist die Radioaktivität wirklich?

Nuklide und isotope Kerne

Die Atomkerne aller chemischen Elemente bestehen aus einer bestimmten Anzahl von Protonen und Neutronen. In der Atomhülle des neutralen Atoms sind gerade so viele Elektronen wie Protonen im Kern. Aufgrund ihres chemischen Verhaltens können sämtliche bekannten Elemente in einer Tabelle, dem Periodensystem der Elemente, geordnet werden.

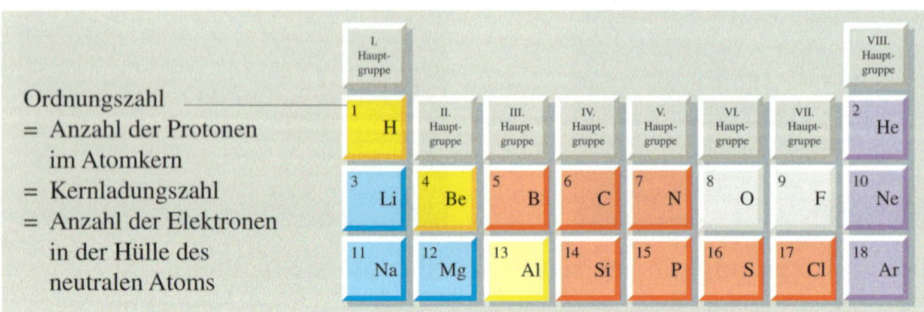

3

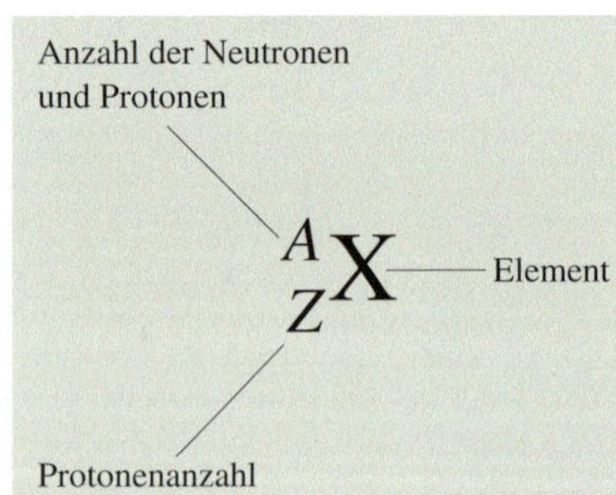

2

Symbolschreibweise

↑Basiskonzept Materie

Unser Periodensystem umfasst heute 116 chemische Elemente. Diese sind nach ihrer Ordnungszahl in einer bestimmten Reihenfolge angeordnet (Bild 3). Die Ordnungszahl entspricht dabei der Anzahl der Protonen Z im Atomkern. Sie wird auch als Kernladungszahl bezeichnet.

Nuklide. Jede Atomkernart, man sagt auch Nuklid, wird durch die Anzahl der Protonen Z und die Anzahl der Neutronen N eindeutig charakterisiert. Für die Anzahl der Kernbausteine A gilt: $A = Z + N$. Man bezeichnet A auch als Massenzahl des Nuklids. Zur eindeutigen Kennzeichnung eines Elements X verwendet man die Schreibweise $^{A}_{Z}X$. Die Massenzahl A wird oben links, die Protonenanzahl Z unten links neben das chemische Symbol gesetzt.

ÜBRIGENS

Manchmal wird in der Symbolschreibweise auch die Protonenanzahl weggelassen, z. B.: ^{14}C. Durch das Symbol C ist die Protonenanzahl eindeutig festgelegt: Jeder Kohlenstoffkern hat 6 Protonen.
Weitere gängige Schreibweisen sind Kohlenstoff-14 oder C-14 für das Nuklid $^{14}_{6}C$.

Isotope Kerne. Atomkerne, die zu einem Element gehören, haben immer dieselbe Protonenanzahl, sie können aber eine unterschiedliche Anzahl von Neutronen besitzen. Ein einfaches Beispiel dafür ist das Wasserstoffatom. Ein Wasserstoffkern enthält immer genau ein Proton ($Z=1$).
Atomkerne mit der gleichen Anzahl Protonen, aber einer unterschiedlichen Anzahl von Neutronen bezeichnet man als isotope Kerne.

Ein Nuklid ist eine Atomkernart mit eindeutiger Protonenanzahl *Z* und Massenzahl *A*. Isotope Kerne sind Nuklide mit gleicher Protonenanzahl, aber unterschiedlicher Anzahl von Neutronen.

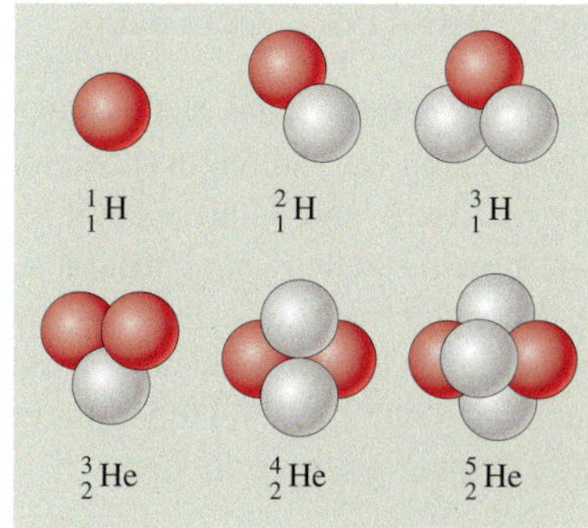

1
Kerne und ihre Kennzeichnung

Arten der radioaktiven Strahlung

Seit etwas mehr als hundert Jahren ist bekannt, dass sich die Atome einiger Stoffe von selbst in einen anderen Stoff umwandeln und dabei energiereiche Strahlung aussenden. MARIE und PIERRE CURIE untersuchten Mineralien, die solche Strahlung aussenden, genauer und entdeckten dabei 1898 zwei bis dahin unbekannte chemische Elemente, die sie Polonium und Radium nannten. Die Strahlungserscheinung bezeichneten sie als „Radioaktivität". Die radioaktiven Atomkerne werden Radionuklide genannt.
Es gibt drei wichtige Arten von radioaktiver Strahlung: Alpha-, Beta- und Gammastrahlung.

Alphastrahlung. Die α-Strahlung besteht aus doppelt positiv geladenen Heliumkernen. Bei einem α-Zerfall verringert sich die Protonenanzahl des Radionuklids um den Wert 2 und seine Massenzahl um den Wert 4. Polonium-210 wandelt sich z. B. in Blei um (Bild 2).

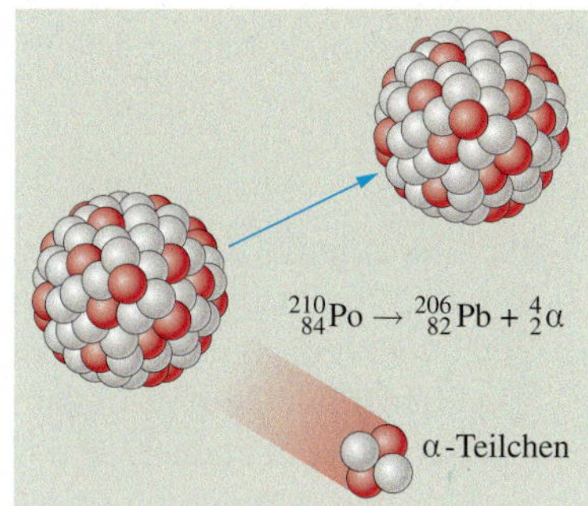

2
Beispiel für Zerfall mit α-Strahlung

Betastrahlung. β-Strahlung besteht aus Elektronen mit hoher Geschwindigkeit. Sie entstehen im Atomkern, wenn sich ein Neutron in ein Proton umwandelt; das entstehende Elektron verlässt das Atom. Da das entstandene Proton im Kern verbleibt, erhöht sich die Protonenanzahl des neu entstandenen Nuklids um den Wert 1. Die Massenzahl bleibt erhalten, weil sich die Anzahl der Kernteilchen insgesamt nicht verändert hat.
$^{14}_{6}C$ wandelt sich in das stabile $^{14}_{7}N$ um und sendet ein Elektron aus. Aus Kohlenstoff wird Stickstoff (Bild 3).

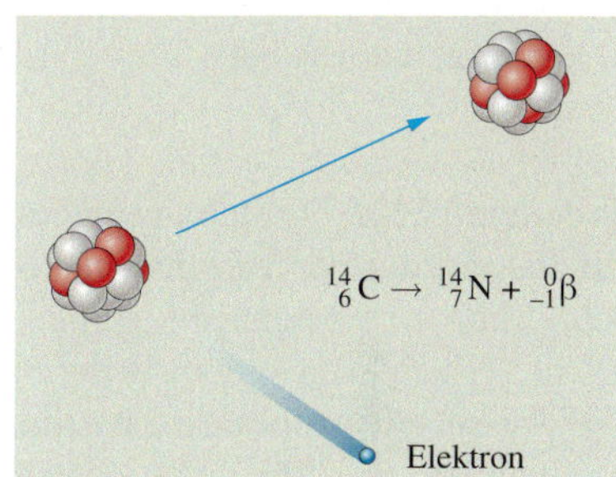

3
Beispiel für Zerfall mit β-Strahlung

Gammastrahlung. Die γ-Strahlung ist eine energiereiche elektromagnetische Strahlung und hat eine für das Nuklid typische Energie.
Bei der Abgabe von γ-Strahlung bleiben die Protonenanzahl und die Massenzahl gleich; es ändert sich jedoch der Energiezustand des Atomkerns, die Energie des Atomkerns nimmt ab (Bild 4).
Die γ-Strahlung tritt häufig gleichzeitig mit der α- und β-Strahlung auf und hat eine für den Stoff typische Energie, an der man – mit einem Messgerät für Strahlungsenergie – den Stoff sogar erkennen kann.

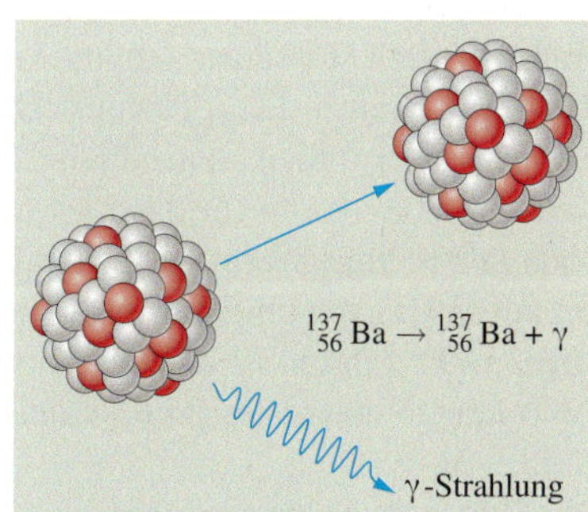

4
Beispiel für Zerfall mit γ-Strahlung

Einige Atomkerne wandeln sich spontan in andere Atomkerne um. Dabei senden sie Alpha-, Beta- oder Gammastrahlung aus. Diese Eigenschaft bezeichnet man als natürliche Radioaktivität.

ÜBRIGENS
Für einen Zerfall kann man eine Zerfallsgleichung angeben.
Für Polonium-210 lautet sie:
$^{210}_{84}Po \rightarrow ^{206}_{82}Pb + ^{4}_{2}\alpha$.

Radioaktiver Zerfall

↑Basiskonzept Materie

Spontanzerfall. In der Natur entsteht beim Zerfall eines Atomkerns unter Aussendung von radioaktiver Strahlung ein neuer Atomkern, der selbst wieder radioaktiv und damit instabil sein kann. Der Zerfall setzt sich so lange fort, bis ein stabiler Kern entstanden ist. Vom spontanen radioaktiven Zerfall spricht man auch deshalb, weil der Zeitpunkt des Zerfalls von einzelnen radioaktiven Atomkernen nicht vorhersehbar ist. Man kann diesen Zeitpunkt auch nicht durch die Veränderung von äußeren Bedingungen wie Luftdruck oder Temperatur beeinflussen.

Die Zufälligkeit des Zerfalls einzelner Kerne lässt sich durch folgendes Modellexperiment veranschaulichen. Darin stellen die Spielwürfel die radioaktiven Atomkerne dar. Die Würfel, die eine 1 zeigen, sollen zerfallen sein.

EXPERIMENT 1

1 Füllt eine große Schachtel mit Deckel mit 100 Würfeln, schüttelt sie gut durch und sortiert nach dem Öffnen alle Würfel aus, die die 1 zeigen. Notiert die Anzahl der noch in der Schachtel vorhandenen Würfel. Wiederholt diese Prozedur so lange, bis sich keine Würfel mehr in der Schachtel befinden!

2 Stellt in einem Diagramm die Anzahl der noch vorhandenen Würfel in Abhängigkeit von der Anzahl der Versuchsdurchführungen dar. Wie viele Durchgänge werden jeweils benötigt, bis sich die Anzahl der Würfel halbiert hat?

1

In der grafischen Darstellung erkennt man einen charakteristischen Verlauf für die Anzahl der verbliebenen Würfel in der Schachtel. Nach durchschnittlich 4 Durchgängen befindet sich jeweils etwa noch die Hälfte der zuvor vorhandenen Würfel in der Schachtel.
Das Ausscheiden eines ganz bestimmten Würfels konnte nicht vorhergesehen werden. Die Abnahme einer Gesamtheit von vielen Würfeln erfolgt jedoch nach einem typischen Gesetz.

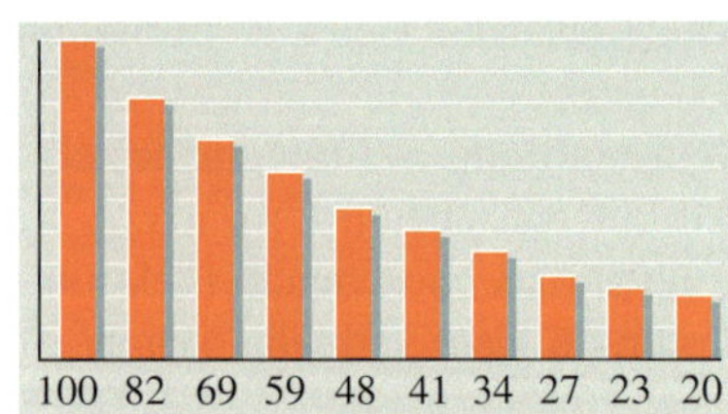

2 Abnahme der Würfelanzahl

Halbwertszeit. Bei einer großen Anzahl von Atomkernen zu Beginn eines Zerfallszeitraumes kann genau vorhergesagt werden, wann die Hälfte der Atomkerne zerfallen sein wird. Diese Zeit bezeichnet man als Halbwertszeit $T_{1/2}$. Wenn für das Element Radium-226 eine Halbwertszeit von 1600 Jahren angegeben wird, dann haben sich nach 1600 Jahren die Hälfte der am Anfang vorhandenen instabilen Atomkerne umgewandelt. Nach weiteren 1600 Jahren ist wiederum die Hälfte vom Rest zerfallen. Nach 3200 Jahren sind dann drei Viertel der ursprünglich vorhandenen Atomkerne umgewandelt.
Die Halbwertszeiten verschiedener Radionuklide können zwischen wenigen Sekunden und mehreren Milliarden Jahren betragen.

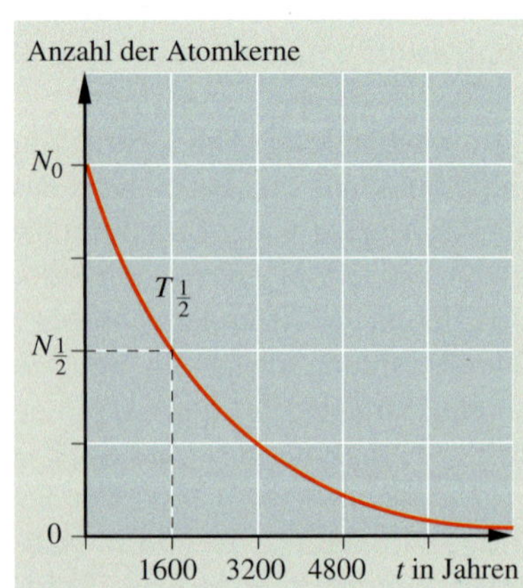

3 Zerfallskurve von Radium-226

Die Anzahl der Kerne eines radioaktiven Nuklids halbiert sich in immer derselben Zeit. Diese Zeit heißt Halbwertszeit $T_{1/2}$; sie ist eine charakteristische Größe des radioaktiven Nuklids.

Nachweis der radioaktiven Strahlung

Die ständig auf den Mensch einwirkende radioaktive Strahlung heißt Strahlenbelastung oder auch Strahlenexposition. Man unterscheidet natürliche und künstliche Strahlenbelastung. Mit entsprechenden Nachweis- und Messmethoden sind Aussagen und Vorhersagen über die auftretende radioaktive Strahlung möglich.

↑Basiskonzept Wechselwirkung

↑Basiskonzept System

Ionisation. Trifft radioaktive Strahlung auf einen beliebigen Stoff, so können sich bei einem Atom ein oder mehrere Elektronen aus der Atomhülle lösen. Ein Teil dieser Elektronen lagert sich an ein neutrales Atom oder Molekül an. Es entstehen neben ungebundenen Elektronen positiv und negativ geladene Ionen. Radioaktive Strahlung wird daher auch als *ionisierende* Strahlung bezeichnet. Die ionisierende Wirkung der einzelnen Strahlungsarten ist dabei unterschiedlich groß. Die größte ionisierende Wirkung hat die Alphastrahlung. Die infolge der Ionisation hervorgerufenen Atom- und Molekülveränderungen können auf verschiedene Art und Weise zum Nachweis und zur Messung der Kernstrahlung genutzt werden.

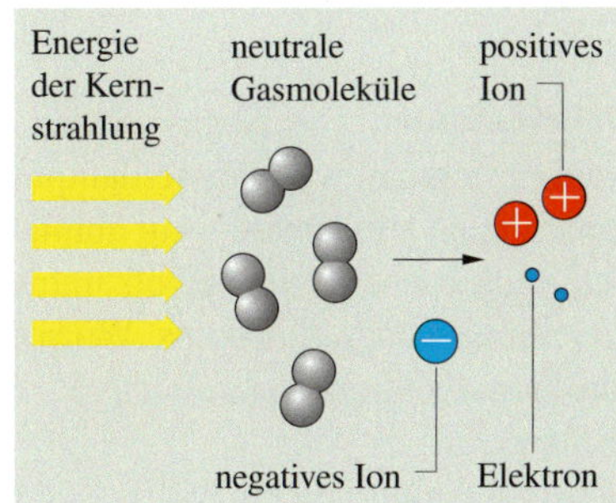

1
Ionisation von Gasmolekülen

Radioaktive Strahlung, insbesondere Alphastrahlung, wirkt auf elektrisch neutrale Atome und Moleküle ionisierend.

Nachweismethoden. Das historisch erste Nachweismittel war die Fotoplatte. In einer lichtempfindlichen Schicht kommt es beim Auftreffen von radioaktiver Strahlung zu chemischen Veränderungen in Kristallen. Bei der Entwicklung der Platte oder des Films werden diese Veränderungen als Schwärzung sichtbar (Bild 2). Heute werden Fotoemulsionen in Filmplaketten als **Personendosimeter** im Strahlenschutz verwendet (Bild 3). Filmdosimeter dienen der Dosisermittlung von Gamma-, Röntgen- und energiereicher Betastrahlung. Sie enthalten z. B. einen lichtdicht verpackten Fotofilm, Blei- und Kupferabsorber und ein freies Fenster. Personen, die in ihrem Beruf mit Strahlung in Berührung kommen können, werden so durch regelmäßige Kontrolle des Filmmaterials überwacht.

Das **Geiger-Müller-Zählrohr** (Bild 4) ist das bekannteste Nachweisgerät. Es besteht aus einem zylinderförmigen Mantel, in dessen Achse ein dünner Draht angebracht ist. Das Rohr ist mit einem Edelgas unter geringem Druck gefüllt. Dringt radioaktive Strahlung in den Innenraum des Zählrohrs ein, so werden dort Gasatome ionisiert. Dadurch entstehen Ladungsträgerlawinen, die als kurze Stromstöße registriert werden. Das Zählrohr ist an einen Verstärker angeschlossen. Dieser steuert ein Zählwerk und/oder einen Lautsprecher. Die Stromstöße können so als „Knacksignale“ hörbar gemacht werden. Jedes Knacksignal entspricht einem Ionisationsprozess.

2
Fotoplatte

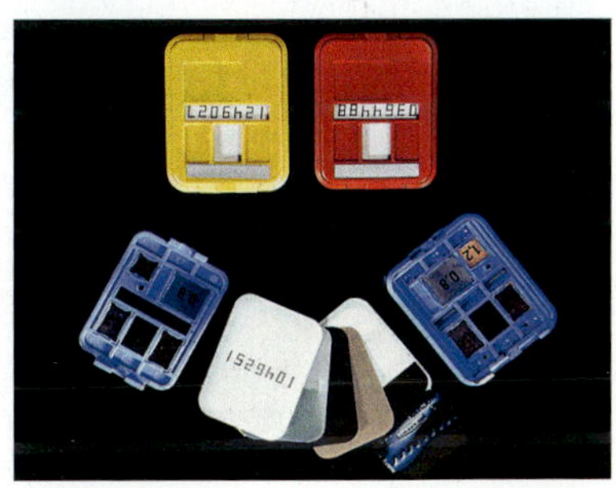
3
Filmdosimeter

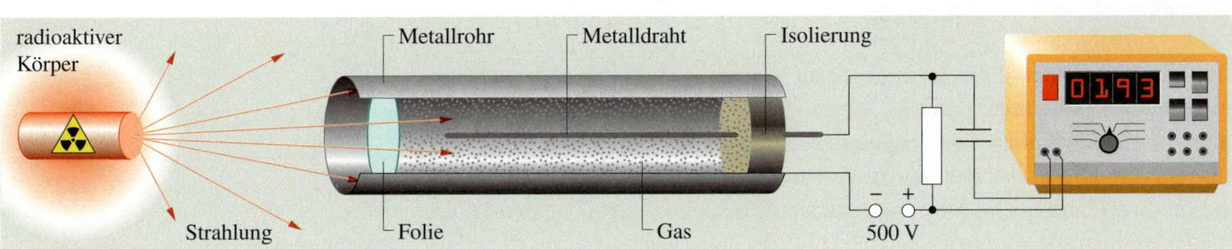

4

1

Geiger-Müller-Zähler

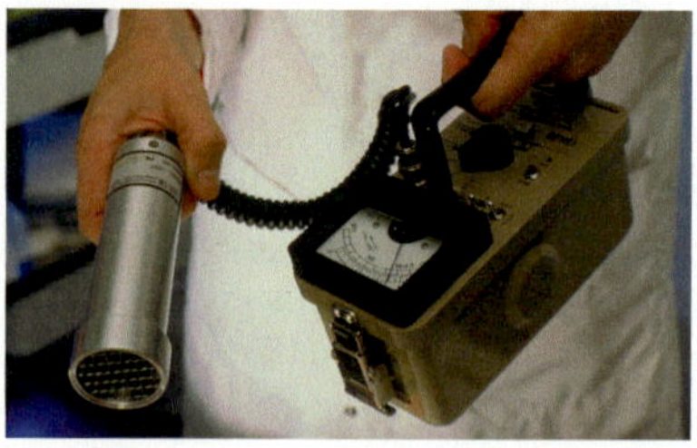

2

Geiger-Müller-Zähler im Einsatz

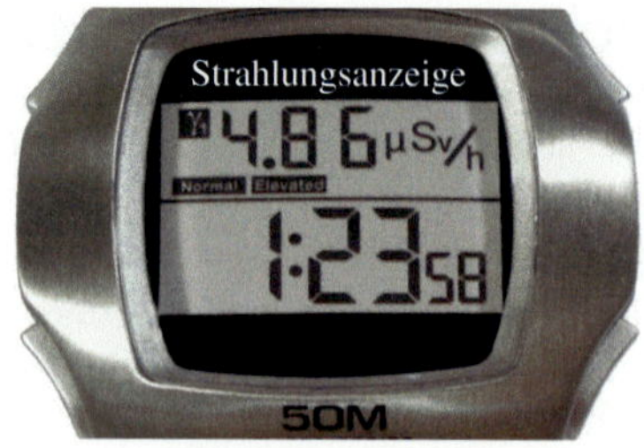

3

Uhr mit Geiger-Müller-Zähler

Nebelkammer. Die Abgasstrahlen eines Düsenflugzeugs in großer Höhe werden sichtbar, weil Wasserdampf an den von den Turbinen ausgestoßenen Rußteilchen kondensiert. Auf ähnliche Weise kann man die Strahlung radioaktiver Körper in einer Nebelkammer nachweisen.

Der Amerikaner CHARLES WILSON (1869–1959) baute 1911 die erste funktionstüchtige *Nebelkammer*, 1927 erhielt er dafür den Nobelpreis (Bild 4).

In der Kammer ist ein völlig staubfreies Gemisch aus Luft und Dampf (Wasser- oder Alkoholdampf) eingeschlossen. Wenn sich der Dampf in der Kammer durch Loslassen des zuvor zusammengedrückten Ballons „schlagartig" ausdehnt, kühlt er unter seine Kondensationstemperatur ab, ohne zu kondensieren: Jetzt ist die Nebelkammer „einsatzbereit". Fällt Strahlung eines radioaktiven Körpers in die Kammer, so werden kleine weiße Nebelspuren sichtbar. Die Ionen wirken als Kondensationskeime. Die Nebelspuren verraten den Weg der Strahlung durch die Kammer (Bild 5).

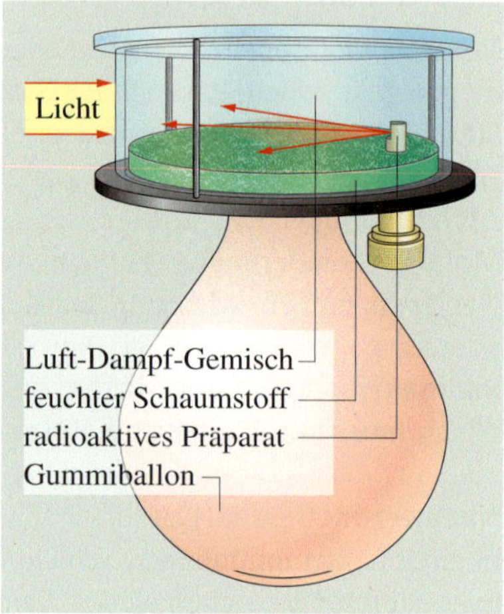

4

Nebelkammer nach WILSON

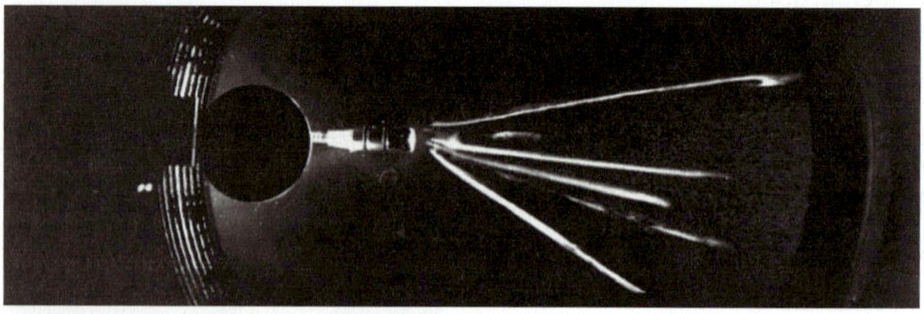

5

Nebelspuren ionisierender Strahlung

In einer *kontinuierlichen Nebelkammer* wird der Boden z. B. durch gefrorenes Kohlenstoffdioxid („Trockeneis") abgekühlt. Alkohol verdunstet aus einer beheizbaren Rinne am Deckel des Glaskastens und breitet sich kontinuierlich als Dampf in der ganzen Kammer aus (Bild 6). In Bodennähe kühlt sich der Dampf unter seine Kondensationstemperatur ab, ohne zu kondensieren. Infolge eindringender radioaktiver Strahlung bilden sich nun wieder die für jede Strahlungsart charakteristischen Nebelspuren.

Halbleiterdetektoren. Zur Identifizierung von Radionukliden werden heute bevorzugt Halbleiterdetektoren verwendet. Gammastrahlung verändert dabei die Eigenschaften einer Halbleiterdiode und ruft einen Spannungsimpuls hervor. Dieser ist der übertragenen Energie proportional. Da jedes Radionuklid Gammastrahlung einer ganz spezifischen Energie aussendet, ist eine Identifizierung möglich.

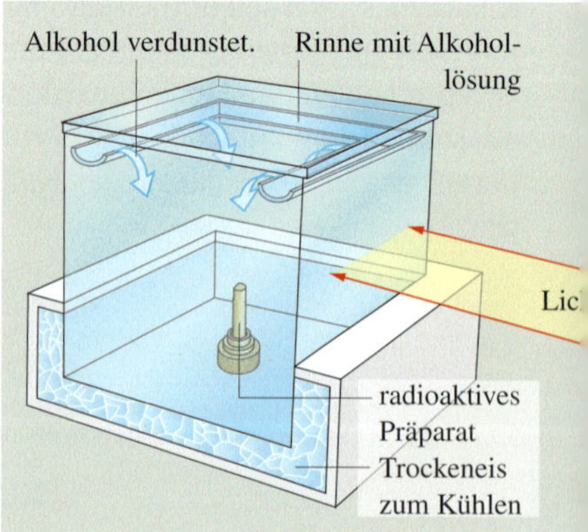

Kontinuierliche Nebelkammer 6

Eigenschaften der radioaktiven Strahlung

Werden die drei Strahlungsarten untersucht, so stellt man unterschiedliche Eigenschaften fest. Ohne Beeinflussung breitet sich radioaktive Strahlung geradlinig aus. Aber kann sie durch bestimmte Stoffe abgeschwächt oder gestoppt werden? Und wie beeinflusst z.B. ein magnetisches Feld die Strahlung? Solche Fragestellungen sind auch von Interesse, wenn es darum geht, sich vor radioaktiver Strahlung zu schützen.
Im folgenden Experiment soll die Durchdringungsfähigkeit von radioaktiver Strahlung untersucht werden.

EXPERIMENT 2
Zwischen γ-Strahlungsquelle und Zählrohr werden bei konstantem Abstand Platten aus Blei gebracht. Die Anzahl der Platten wird schrittweise erhöht. Die Anzahl der Impulse wird jeweils registriert.

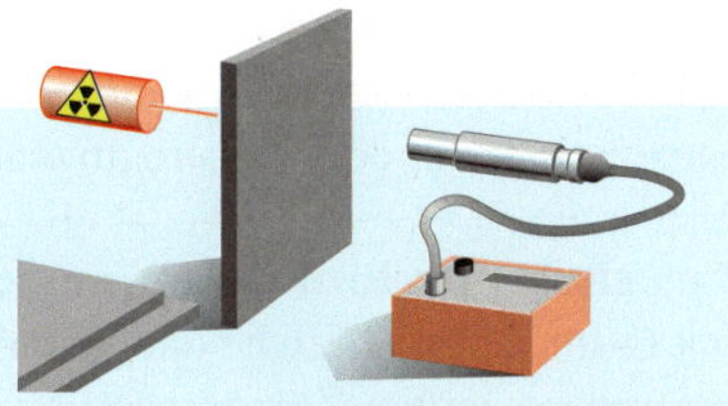
1

Die Intensität der Strahlung verringert sich nach der ersten Bleiplatte. Fügt man eine weitere Platte ein, verringert sich die Intensität erneut. Verwendet man α- oder β-Strahlungsquellen und unterschiedliche Materialien, dann stellt man fest: Betastrahlung wird bereits durch Aluminiumplatten von einigen Millimetern Dicke fast vollständig absorbiert.
Das Durchdringungsvermögen von Alphastrahlung ist gering. Die Strahlung wird bereits durch ein Blatt Papier absorbiert. Selbst in Luft beträgt die Reichweite der Alphastrahlung nur wenige Zentimeter.

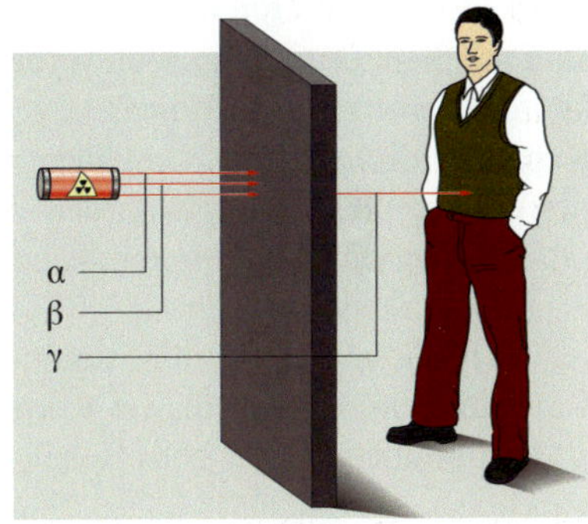

2
Abschirmung

In einem Magnetfeld wirkt auf geladene Teilchen eine Kraft. Sie werden abgelenkt. Welchen Einfluss hat ein Magnetfeld auf die Strahlung?

EXPERIMENT 3
Zwischen Zählrohr und einer β-Strahlungsquelle wird ein Magnet so aufgestellt, dass die Strahlung senkrecht zur Richtung des Magnetfeldes in das Feld eindringt. Mit einem Zählrohr wird die Bahn der Strahlungsteilchen verfolgt.

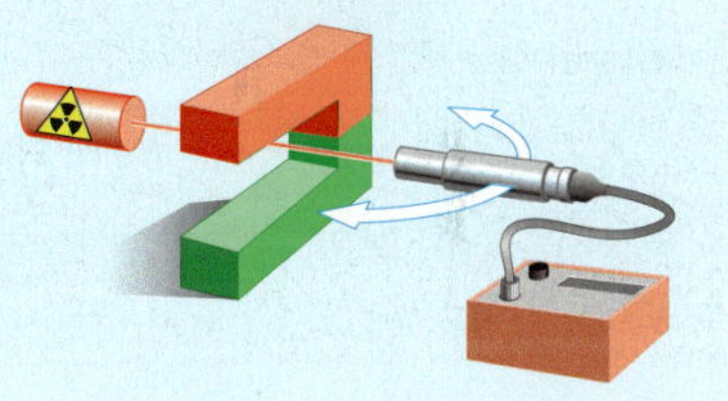
3

Die negativ geladenen Elektronen der β-Strahlung werden im Magnetfeld abgelenkt. α-Strahlung besteht aus positiv geladenen Heliumkernen und wird entgegengesetzt dazu abgelenkt. γ-Strahlung wird nicht abgelenkt, da sie nicht aus elektrisch geladenen Teilchen besteht.

↑Basiskonzept Wechselwirkung

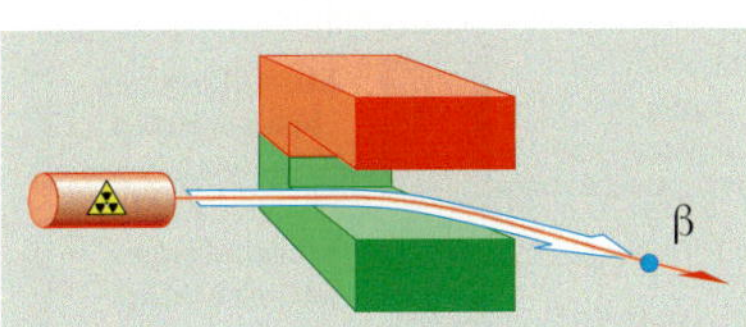

4

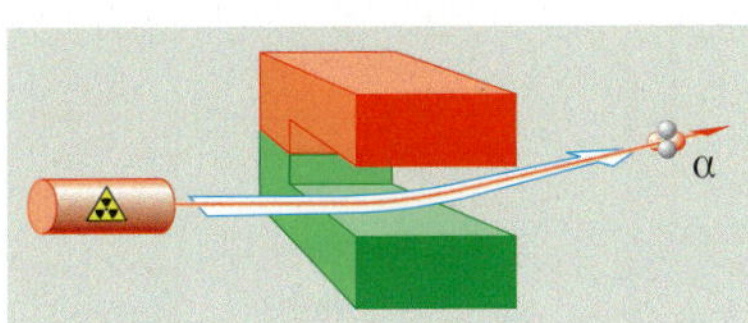

5

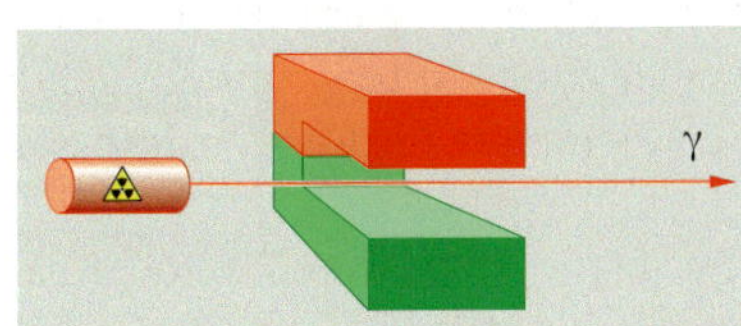

6

Gammastrahlung wird beim Durchdringen von Stoffen viel weniger abgeschwächt als Alpha- und Betastrahlung. In einem Magnetfeld werden Alpha- und Betastrahlung abgelenkt, Gammastrahlung nicht.

Wirkungen der radioaktiven Strahlung auf den Organismus

Radioaktivität aus natürlichen Quellen und kosmische Strahlung aus dem Weltraum sorgen unter anderem dafür, dass der Mensch ständig einer gewissen radioaktiven Strahlung ausgesetzt ist.

Die Folgeerscheinungen des Uranbergbaus, von Kernwaffenversuchen oder von Störfällen in Kernkraftwerken (z. B. Tschernobyl 1986, Fukushima 2011) haben zusätzlich Auswirkungen auf lebende Organismen.

Radioaktive Substanzen können von außen aus der Luft, der Erde oder dem All den menschlichen Körper erreichen. Sie gelangen auch durch die Atmung und mit der Nahrung in den Körper.

Biologische Strahlenwirkungen. Radioaktive Strahlung kann bei einem Organismus physikalische und in der Folge chemische und biologische Veränderungen in den Körperzellen bewirken. Es entstehen neue oder veränderte Molekülstrukturen. Auswirkungen auf die DNS oder Chromosomen sind möglich. Das biologische Verhalten der Zelle kann sich verändern oder sie funktioniert gar nicht mehr. Der menschliche Organismus besitzt einen Reparaturmechanismus. Geschädigte oder funktionsuntüchtige Zellen können erkannt und bekämpft werden.

Ob Strahlenschäden eintreten, hängt u. a. von folgenden Faktoren ab:
- Art der Strahlung,
- Intensität und Dauer der Strahlungseinwirkung,
- Menge und Energie der im Körper aufgenommenen Substanz,
- Empfindlichkeit der betroffenen Organe.

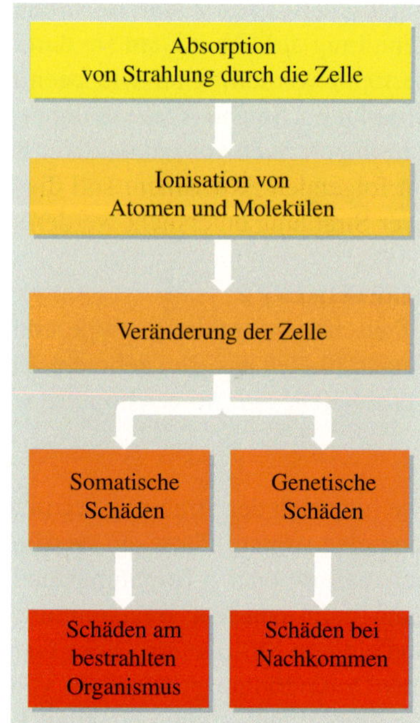

1 Biologische Wirkung der radioaktiven Strahlung

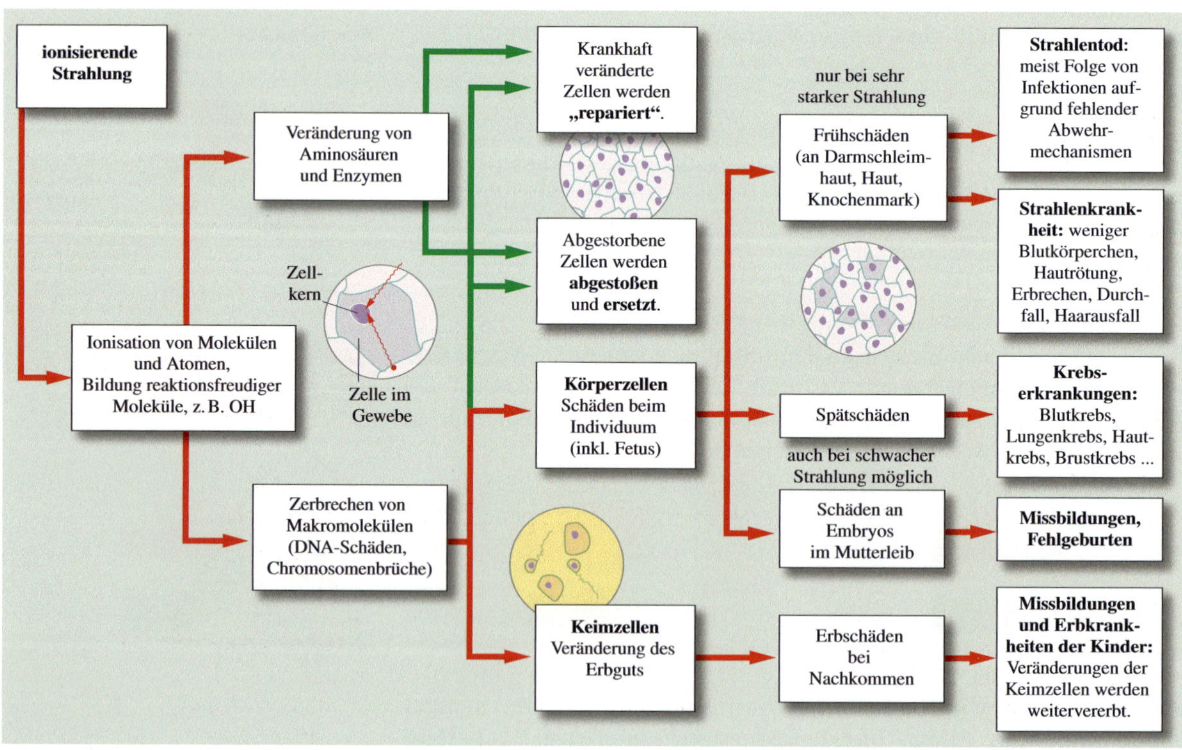

2 Wirkungen der inneren und äußeren Bestrahlung

Strahlenschäden. Man unterscheidet somatische und genetische Schäden. Somatische Schäden entstehen unmittelbar am betroffenen Organismus. Besonders empfindlich sind die Blutbildungsorgane, die Schleimhäute des Magen-Darm-Traktes und der Luftwege sowie die Keimdrüsen.
Die Zellschädigungen können zu Krebserkrankungen führen, zu den häufigsten gehören dabei Leukämie, Lungen-, Haut- und Brustkrebs. Bei sehr hoher Strahlungsbelastung kann der Zelltod und in der Folge der schnelle Tod des Organismus eintreten.
Genetische Schäden sind Erbschäden, die bei den direkten Nachkommen, aber auch in späteren Generationen auftreten können. Sie entstehen durch Veränderungen des Erbgutes. Daher sind die Keimzellen der Eierstöcke und Hoden besonders gefährdet. Das Gleiche gilt für Embryonen.

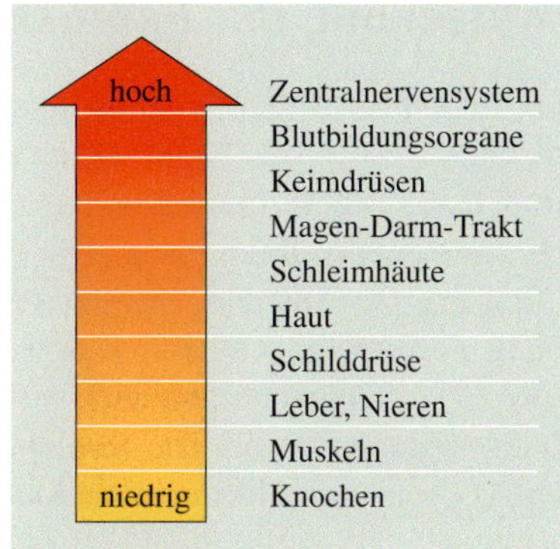

1
Strahlenempfindlichkeit

↑Basiskonzept Wechselwirkung

Eine bestimmte Strahlendosis kann sich bei jedem Menschen unterschiedlich auswirken. Daher existiert kein unterer Grenzwert, bis zu dem eine Strahlung ungefährlich ist.

Die fünf „A" des Strahlenschutzes

Der Gesetzgeber hat für Deutschland eine *Strahlenschutzverordnung* erlassen. Sie enthält Vorschriften, welchen Strahlenbelastungen die Menschen maximal ausgesetzt sein dürfen. Als allgemeines Ziel ist darin festgelegt: Jede unnötige Strahlenbelastung ist zu vermeiden. Für den Strahlenschutz in der Praxis gelten fünf Regeln:

Abstand halten. Die Reichweite von α- und β-Strahlung in der Luft ist nur gering. Deshalb sollte man den Abstand zur Strahlungsquelle so groß wie möglich machen.

Abschirmung optimieren. Abschirmung ist für α- und β-Strahlung kein Problem. Es genügt bereits ein Blatt Papier (α-Strahlung) oder eine 3 mm dicke Aluminiumplatte (β-Strahlung). Arbeiter werden durch Schutzanzüge geschützt (Bild 2). Gegen γ-Strahlung helfen nur dicke Bleiummantelungen der Strahlungsquelle.

2

Aufenthaltsdauer möglichst kurz halten. Die Bestrahlungsdauer sollte so gering wie möglich sein. In kerntechnischen Anlagen wird daher in den „heißen Zellen" mit einer Fernbedienung gearbeitet, um den Aufenthalt am Ort hoher radioaktiver Strahlung zu vermeiden (Bild 3).

3

Aktivität verringern. In der Nuklearmedizin benutzt man „kurzlebige" Isotope, deren Aktivität rasch abklingt. Entsprechend ist die Empfindlichkeit der Nachweis- und Messverfahren immer weiter gesteigert worden.

Aufnahme in den Körper vermeiden. Durch Speisen und Atemluft nehmen wir radioaktive Atomkerne auf. Dies lässt sich kaum vermeiden. Dennoch war es z. B. nach dem Reaktorunfall in Tschernobyl ratsam, auf stark radioaktiv belastete Pilze oder Wildfleisch zu verzichten. Im Umgang mit radioaktiven Strahlern gelten besondere Regeln: Nach Experimenten sofort Hände waschen, während der Experimente auf keinen Fall essen oder trinken.

4
Warnung vor radioaktiven Stoffen oder ionisierender Strahlung

5
Warnzeichen, das direkt an radioaktiven Strahlern angebracht ist

Entdeckung der Radioaktivität

Am Ende des 18. Jahrhunderts untersuchte ANTOINE HENRY BECQUEREL die Fluoreszenz von Uransalz. Er legte mehrere Schichten Uransalz auf Fotoplatten, die in schwarzes Papier eingewickelt waren und setzte diese der Sonnenbestrahlung aus. Die vom Uransalz ausgehende Strahlung durchdrang sowohl das schwarze Papier als auch eine dünne Schicht Kupfer in Form eines Kreuzes. Durch Zufall fand BECQUEREL 1896 heraus, dass diese Schwärzungen auch erfolgten, ohne dass das Uransalz durch Licht angeregt wurde. Die Strahlung ging vom Uransalz selbst aus und wurde Uran- oder Becquerelstrahlung genannt.

1
HENRI BECQUEREL (1852–1908)

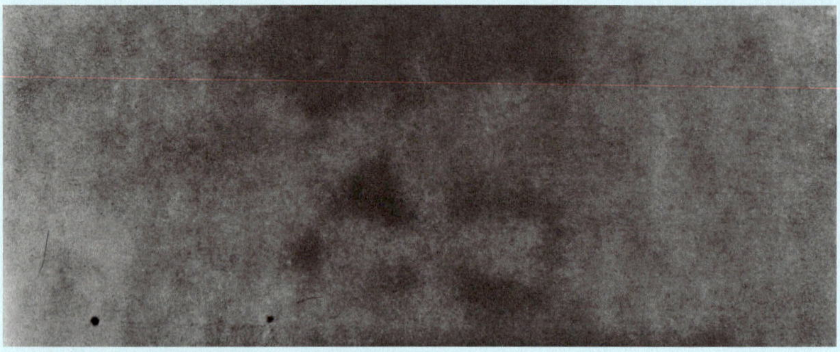
2
Originalaufnahme BECQUERELS als Ergebnis der Einwirkung von Uransalz auf eine in schwarzes Papier eingehüllte Fotoplatte

Den Bericht von BECQUEREL über diese Entdeckung las auch MARIE CURIE. Bei der Untersuchung aller zum damaligen Zeitpunkt bekannten Elemente fand sie heraus, dass nur die Elemente Uran und Thorium „strahlten". Für diese Strahlungstätigkeit verwendete sie fortan den lateinischen Begriff „Radioaktivität".
Weiterhin analysierte sie Mineralien auf den Gehalt der Elemente Thorium und Uran. Dabei entdeckte sie in der Pechblende (pechschwarzes Uranerz-Gestein) zwei neue chemische Elemente, die bis zu diesem Zeitpunkt noch völlig unbekannt waren. Sie nannte das erste Element Polonium (nach ihrem Heimatland Polen) und das zweite Radium (das Strahlende). Unter äußerst primitiven Arbeitsbedingungen analysierte MARIE CURIE gemeinsam mit ihrem Mann PIERRE CURIE riesige Mengen an Erz. Um etwa 1 Gramm Radium zu gewinnen, waren 7 Tonnen Erz zu verarbeiten.

ÜBRIGENS

Becquerel ($1\,Bq = 1\,s^{-1}$) ist heute die international verwendete Einheit (SI-Einheit) für die Aktivität *A*. Bis zum 01. 01. 1980 konnte als Einheit auch Curie ($1\,Ci = 3{,}7 \cdot 10^{10}\,Bq$) verwendet werden.
HENRI BECQUEREL und das Ehepaar CURIE erhielten im Jahr 1903 gemeinsam den Nobelpreis für Physik.

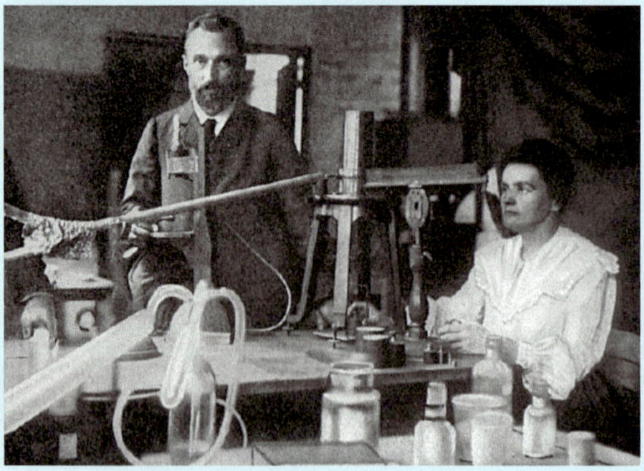
3
MARIE und PIERRE CURIE

4
Der Schuppen – das „Labor" zur Gewinnung von Radium

Altersbestimmung mit der C-14-Methode

Donnerstag, 19. September 1991. Gegen Mittag dieses sonnigen Tages verlassen zwei Urlauber in den Ötztaler Alpen den markierten Weg, um eine Abkürzung zu nehmen. Bald liegt vor ihnen eine mit Schmelzwasser gefüllte Mulde. Auf deren Sohle bemerken sie etwas Bräunliches, vielleicht Müll?
Beim Näherkommen wird aus der Verärgerung Entsetzen: Vor ihnen liegt die Leiche eines Menschen, mit der Brust auf einer Felsplatte, nur der Hinterkopf und die nackten Schultern ragen aus dem Eis (Bild 1).
Schon am nächsten Tag startet ein Bergungstrupp, doch erst am Montag gelingt die Bergung. Sechs Tage nach der Entdeckung der Mumie wird schließlich ein Archäologe hinzugezogen: Wann ist der Mann aus dem Eis, bald nur noch „Ötzi" genannt, gestorben?
Ötzis Todesjahr wurde mithilfe der C-14-Methode (auch Radiokohlenstoffdatierung oder Radiokarbonmethode genannt) bestimmt.

1
Fundstelle der Gletscherleiche

Die Zusammensetzung des natürlich vorkommenden Kohlenstoffs bleibt immer gleich, denn die zerfallenen C-14-Kerne werden durch andere radioaktive Prozesse in unserer natürlichen Umwelt nachgeliefert. Deshalb haben alle lebenden Organismen die gleiche Zusammensetzung der in ihnen enthaltenen C-12-, C-13- und C-14-Atomkerne. Stirbt der Organismus, werden die zerfallenen C-14-Atome nicht mehr nachgeliefert, ihre Anzahl nimmt langsam ab. Nach 5370 Jahren hat sich die Anzahl der C-14-Kerne halbiert, nach weiteren 5370 Jahren ist nur noch ¼ der C-14-Kerne vorhanden und so fort. Deshalb nimmt im Laufe der Zeit die Anzahl der radioaktiven Zerfälle der C-14-Kerne ab: Je länger der Organismus tot ist, desto geringer wird die Anzahl der Zerfälle pro Sekunde. Eine genaue Zählung der Zerfälle in einer bestimmten Menge Kohlenstoff aus dem toten Organismus erlaubt die Bestimmung des Todeszeitpunkts. Bis auf 40 Jahre genau kann mit der C-14-Methode dieser Zeitpunkt bestimmt werden, der zwischen 300 und 50 000 Jahre zurückliegen kann. Ötzi, der Mann aus dem Eis der Ötztaler Alpen, lebte zwischen 3350 und 3100 v. Chr., ist also schon mehr als 5000 Jahre tot.

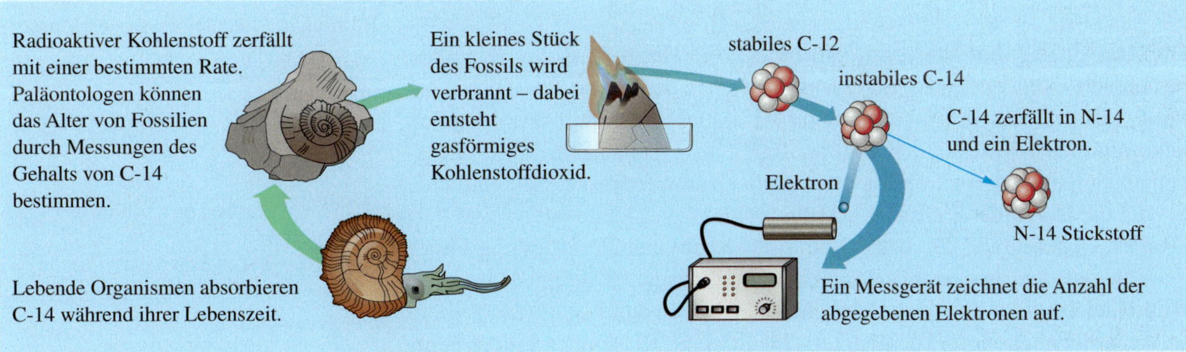

2
Prinzip der C-14-Methode

Anwendung der radioaktiven Strahlung in der Technik

Bestrahlung von Kunststoffen. Immer häufiger werden heute in der Industrie Metallteile durch Kunststoffteile ersetzt. Die Ansprüche an solche Kunststoffe sind sehr hoch. Ein Wasserrohr z. B. ist hohen Drücken ausgesetzt. Die Ummantelung eines Stromkabels muss isolieren, aber im Fall eines Kurzschlusses auch hohen Temperaturen standhalten.
Setzt man Kunststoffe einer Elektronenstrahlung (β-Strahlung) aus, werden die Molekülketten, aus denen diese Stoffe aufgebaut sind, untereinander vernetzt. Das ermöglicht eine höhere Belastung oder die Kombination normalerweise schwer zu verbindender Werkstoffe.

1

Erhaltung von Archivmaterialien und Kunstgegenständen. Alte oder durch Feuchtigkeit bzw. Schädlinge in Mitleidenschaft gezogene Bücher oder andere Kunstgegenstände können durch eine Behandlung mit ionisierender Strahlung vor der weiteren Zerstörung bewahrt werden. Dabei treten keine Folgeschäden auf.

2
Antikes Buch

3
Gewürze

Bestrahlung von Lebensmitteln. Zur Verbesserung der Haltbarkeit werden Lebensmittel z. B. mit der γ-Strahlung von Cobalt-60 bestrahlt. Damit werden Bakterien und Schimmelpilze sowie Insekten in allen ihren Entwicklungsstadien abgetötet. Weiterhin kann auch das Reifen bestimmter Früchte und Gemüse verzögert werden. Der Verzehr von bestrahlten Lebensmitteln ist von der Weltgesundheitsorganisation als unbedenklich erklärt worden. In Deutschland ist zurzeit nur die Bestrahlung von getrockneten Kräutern und Gewürzen erlaubt. Sie müssen mit „bestrahlt“ oder „mit ionisierenden Strahlen behandelt“ gekennzeichnet werden.

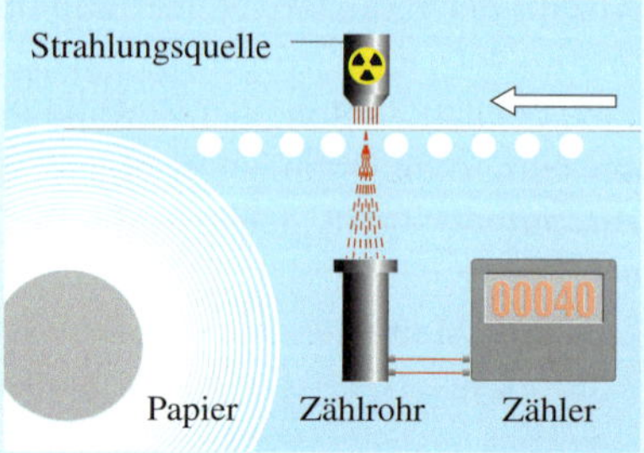

4
Prüfung der flächenbezogenen Masse

Dickenmessung und Materialprüfung. Bei der Herstellung dünner Folien besteht die Notwendigkeit der kontinuierlichen Kontrolle der Dicke der Folie. Die radioaktive Dickenmessung wird auch bei Papier und Metallen angewandt. Der Messbereich liegt bei 0,001 bis 1 g/cm^2. Die größte Messgenauigkeit liegt im Bereich der sogenannten Halbwertsdicke (Schichtdicke, bei der die Hälfte der Strahlung absorbiert wird).
Werden Gegenstände durchstrahlt und die durchgehende Strahlung hinter dem Gegenstand auf einem Röntgenfilm registriert, so können aus dem Bild Rückschlüsse über den durchstrahlten Gegenstand gezogen werden. In Werkstücken können Dichteunterschiede, feine Risse oder andere Fehlstellen erkannt werden.

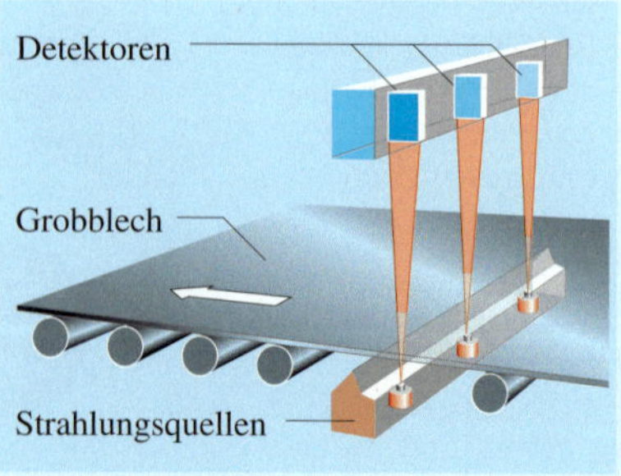

5
Werkstoffprüfung

Strahlenbelastung des Menschen

Wir sind ständig radioaktiver Strahlung ausgesetzt. Man unterscheidet natürliche und künstliche Strahlenbelastung.

Natürliche Strahlenbelastung. Natürliche Radioaktivität hat ihre Ursache zum einen in radioaktiven Stoffen, die in der Erde oder in der Atmosphäre (terrestrische Strahlung) auftreten. Zum anderen sind wir kosmischer Strahlung ausgesetzt, die aus dem Weltraum auf die Erde trifft. Die natürliche radioaktive Belastung ist stark unterschiedlich und abhängig vom Ort auf der Erde, an dem man sich befindet.
Die Stadt Guarapari in Brasilien z. B. ist berühmt für ihre Monazit-Sandstrände. Der Monazit-Sand besitzt einen sehr hohen Thoriumgehalt. Die gemessene Radioaktivität ist an den Stränden, bezogen auf ein Jahr, etwa 1 000-mal so hoch wie in Sachsen-Anhalt.

Wie hoch ist die Strahlenbelastung tatsächlich? Welche Grenzwerte dürfen nicht überschritten werden?
Konkrete Quellen für die Radioaktivität in unserer unmittelbaren Umgebung können beispielsweise sein:

- das in der Atemluft enthaltene Edelgas Radon,
- die kosmische Höhenstrahlung,
- verschiedene Baumaterialien,
- das in Nahrungsmitteln (Bohnen, Waldpilze) und Düngemitteln enthaltene Kalium-40,
- Emission durch Kohlekraftwerke.

Das Radonproblem. Radon ist ein radioaktives Edelgas. Es tritt als unmittelbares Zerfallsprodukt des Radium-226 in allen natürlichen Zerfallsreihen des Urans auf. Als geruch- und geschmackloses Gas kann es aus dem Erdboden austreten und gelangt in die Atmosphäre. Die Radonkonzentrationen sind im Freien unterschiedlich hoch.
Durch Spalten und Risse in Gestein und Mauerwerk gelangt Radon auch in Gebäude (Bild 2).
Ob sich die Radonkonzentration in Gebäuden erhöht, hängt davon ab, wie viel Radon im Baugrund vorkommt, wie durchlässig der Baugrund ist, wie abgedichtet das Bauwerk im Erdbereich ist und wie das Gebäude belüftet wird.

Künstliche Strahlenbelastung. Im Verlauf der letzten 100 Jahre fanden radioaktive Stoffe in Industrie, Forschung, Medizin und leider auch im Militärwesen zunehmend Verbreitung. Daher sind die Menschen neben der natürlichen Strahlenbelastung auch einer künstlichen, der sogenannten zivilisatorischen Strahlenbelastung, ausgesetzt. Der größte Anteil resultiert aus Anwendungen in der Medizin. Da dabei auch die Röntgenstrahlung hinzugerechnet wird, ergibt sich eine durchschnittliche Belastung von 1,5 mSv pro Jahr für jeden Menschen in Deutschland.
Kernkraftwerke im Normalbetrieb liefern nur einen geringen Beitrag von 0,01 mSv pro Jahr.
Nach Reaktorunfällen, bei denen Radioaktivität in die Umgebung gelangt, kann die Strahlenbelastung regional stark erhöht sein.

1 Monazit

ÜBRIGENS

Die Äquivalentdosis H gibt die einem Körper bei Bestrahlung zugeführte Energie pro Kilogramm unter Berücksichtigung der Strahlungsart an. Die Einheit ist Sievert (1 Sv = 1 J/kg).
Für den Strahlenschutz werden die Anteile einzelner Quellen der Strahlenbelastung sowie Grenzwerte durch die Äquivalentdosis in der Einheit Millisievert (mSv) angegeben.

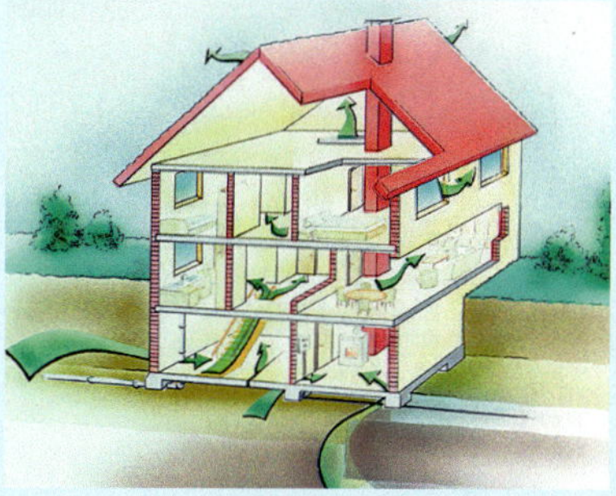
2

Beispiele für Strahlenbelastung durch natürliche Radioaktivität (Mittelwerte)

Radioaktive Quelle	Belastung in mSv/Jahr
Radon	1,000
Kalium-40	0,360
kosm. Str. – Helgoland	0,300
kosm. Str. – Zugspitze	10,200
Kohlekraftwerke	0,002
Monazit-Sand (Guarapari)	125,000

Physik erlebt

Anwendung der radioaktiven Strahlung in der Medizin

Seit nunmehr über 50 Jahren hat sich in der Medizin das Fachgebiet der Nuklearmedizin entwickelt. Sie bietet heute eine Vielzahl von Untersuchungs- und Behandlungsverfahren. Die Nuklearmedizin verwendet radioaktive Arzneimittel. Diese bestehen aus einem radioaktiven Stoff mit einer sehr kurzen Halbwertszeit und einem zweiten Stoff (Tracer), der sich im Körper an einen bestimmten Zelltyp bindet. Dieser zweite Stoff gelangt über den Blutkreislauf, den Stoffwechsel oder die Atemwege genau dorthin, wo das Radionuklid wirken soll.

Radionuklide in der Medizin

Nuklid	Halbwertszeit
Technetium-99m	6 Stunden
Iod-131	8 Tage
Kohlenstoff-11	20 Minuten
Sauerstoff-15	2 Minuten
Fluor-18	110 Minuten

Nuklearmedizinische Untersuchungen (Diagnostik). Zur Diagnose bestimmter Organe, z. B. der Schilddrüse, werden dem Patienten radioaktive Arzneimittel verabreicht. Die gesamte Schilddrüse wird „abgerastert" und ein Computer erzeugt ein Bild, das die Strahlungsintensität aus jedem Punkt der Schilddrüse darstellt. Der Arzt kann aus einem solchen Szintigramm Aufschluss über den Zustand der Schilddrüse gewinnen.

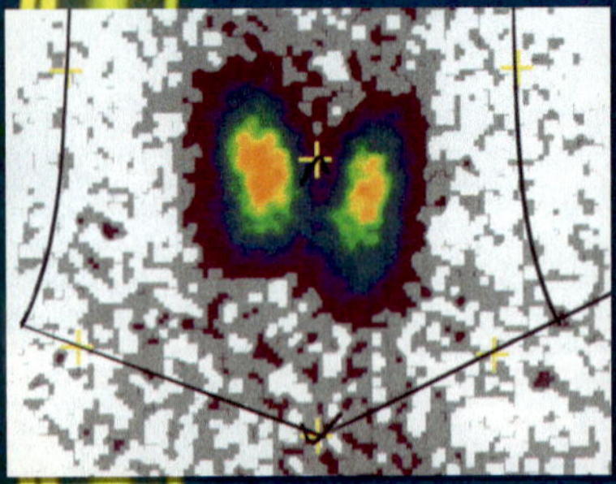

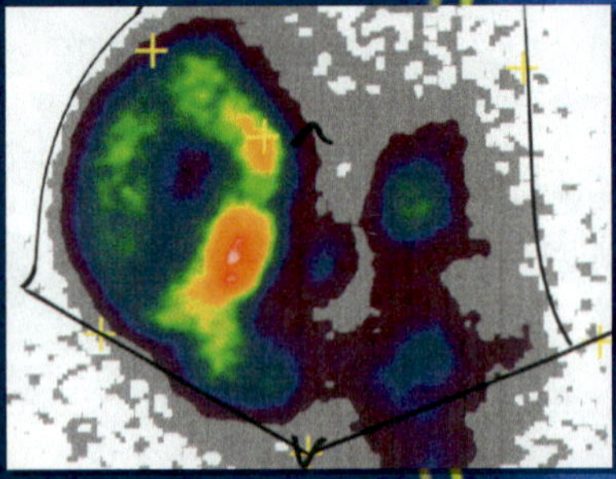

Das Bild links zeigt eine homogene Verteilung des Technetiums in einer normal großen Schilddrüse. Im rechten Bild erkennt man ein buntes Verteilungsgebiet einer rechts deutlich vergrößerten Schilddrüse („Schwarzwälder Kropf").

Positronen-Emissions-Tomografie. Ein modernes bildgebendes Verfahren zur Krebsdiagnose ist die Positronen-Emissions-Tomografie (PET).

Krebszellen haben gegenüber gesunden Zellen einen erhöhten Traubenzuckerverbrauch. Deshalb verwendet man bei der PET ein mit Fluor-18 markiertes Traubenzuckermolekül. Nach dem Zerfall des Fluor-18 wird Gammastrahlung in zwei Richtungen im Winkel von 180° frei. Eine ringförmig um den Körper des Patienten angeordnete Kamera registriert beide Strahlungen und kann so den Ort des Zerfalls sehr genau lokalisieren. PET zeichnet sich gegenüber anderen Verfahren durch eine etwa 100-fach höhere Empfindlichkeit und eine erhöhte Ortsauflösung aus.

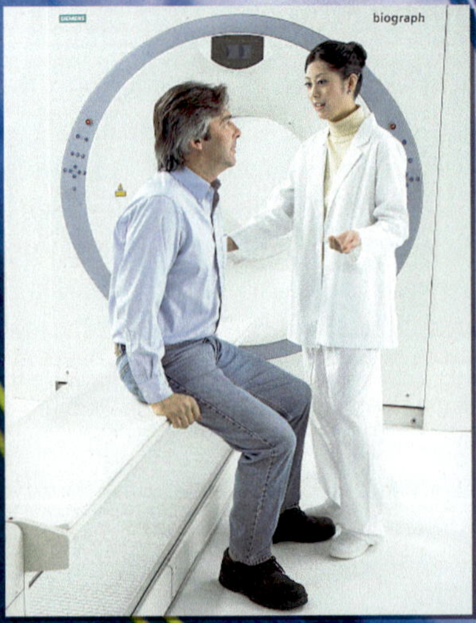

PET

Nuklearmedizinische Behandlung (Therapie). In der Nuklearmedizin verwendet man radioaktive Strahlung auch zur Therapie, also zur Heilbehandlung von Krankheiten. Ein Beispiel ist die Radioiodtherapie. Krankhafte Veränderungen an der Schilddrüse können durch die Verabreichung von radioaktivem Iod-131 behandelt werden. Dabei zerstört die vom Iod-131 ausgehende Betastrahlung die kranken Zellen. Da Betastrahlung eine kurze Reichweite hat und außerdem die Halbwertszeit nur 8 Tage beträgt, bleiben die umliegenden gesunden Zellen weitestgehend verschont.

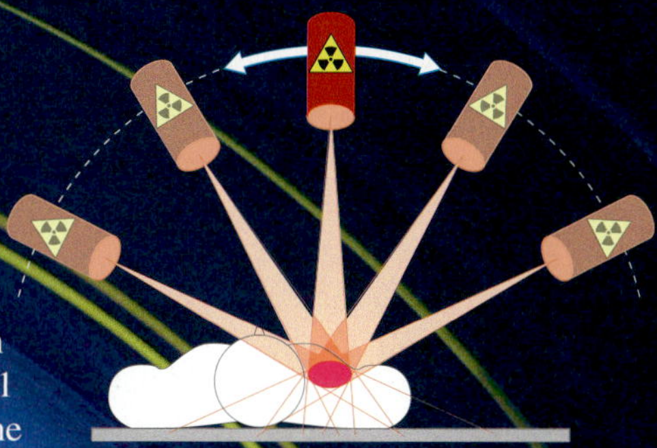

Verteilung der Intensität durch Rotation des Strahlers

Radiologische Strahlentherapie. Tumore werden von außen einer hochenergetischen Strahlung ausgesetzt. Die Quelle dieser Strahlung kann z. B. radioaktives Cobalt-60 sein. Damit die gesunden Zellen nicht durch die Strahlung geschädigt werden, richtet man die Strahlung zunächst möglichst genau auf den Bereich der erkrankten Stellen aus. Mit einer speziellen Vorrichtung wird dann die Quelle der radioaktiven Strahlung ständig auf einem Kreisbogen um diese Stelle herum bewegt.
Mittlerweile werden zunehmend Linearbeschleuniger eingesetzt. Im Linearbeschleuniger wird eine „ultraharte" Röntgenstrahlung erzeugt. Diese kann viel tiefer in den Körper eindringen als die Cobaltstrahlung. Die Eindringtiefe wird durch Energiestufen eingestellt und der Ort der Bestrahlung mit größerer Präzision getroffen.

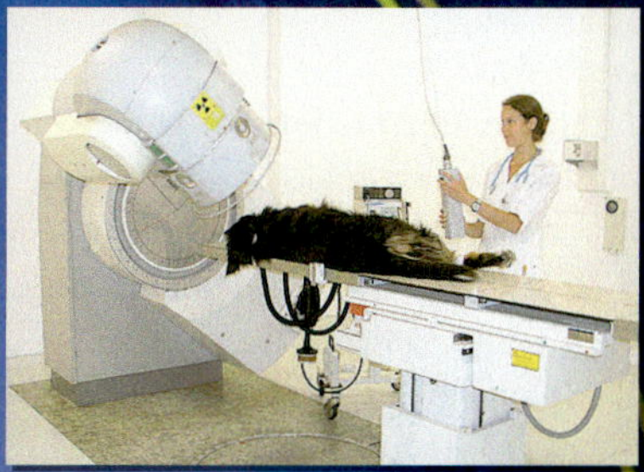

Cobalt-Strahlentherapiegerät

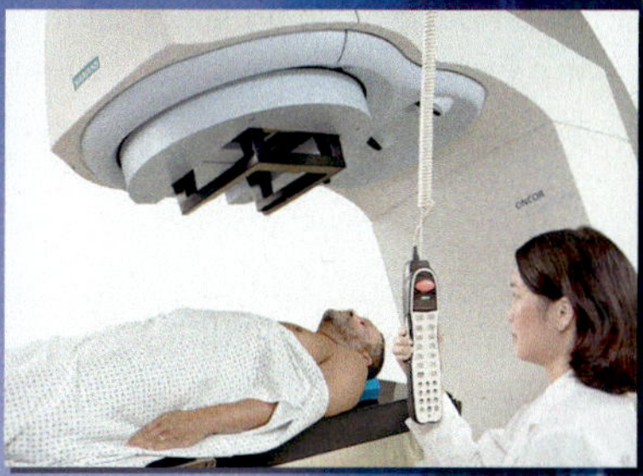

Moderner Linearbeschleuniger

Sterilisierung von Gegenständen. Die Materialeigenschaften vieler medizinischer Artikel erlauben keine Sterilisierung durch Hitzeeinwirkung. Solche Artikel werden häufig durch Einsatz von radioaktiver Strahlung sterilisiert. Indem die Gegenstände der radioaktiven Strahlung eines Präparats ausgesetzt werden, lassen sich Viren und Bakterien unwirksam machen.

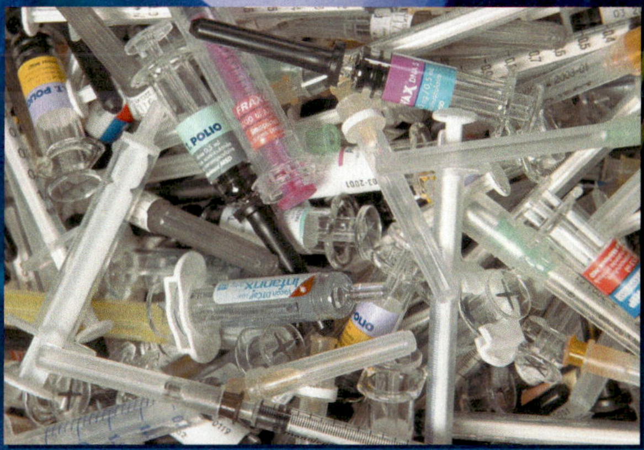

Radioaktive Strahlung in der Umwelt

Nullrate. Ein Zählrohr zählt bereits Impulse, wenn keine radioaktive Probe in der Nähe ist. Diese radioaktive Strahlung stammt aus unserer Umgebung und wird als Nullrate oder Nulleffekt bezeichnet. Bei der Messung der Zählraten radioaktiver Quellen muss zunächst die Nullrate gemessen und ihr Betrag anschließend vom Messwert subtrahiert werden.

Messung der radioaktiven Strahlung. Da radioaktive Kerne unregelmäßig zerfallen, schwankt die jeweils gemessene Anzahl der Impulse in kurzen Zeitintervallen stark. Erst bei längeren Messzeiten bleibt die Anzahl der Impulse für gleiche Zeiträume in etwa konstant.

1
Steinpilz

AUFTRAG 1

Führe in einem unbelüfteten Kellerraum deiner Schule Messungen der natürlichen radioaktiven Strahlung durch. Ziehe aus den Messergebnissen Schlussfolgerungen über eine eventuell erhöhte Radonkonzentration.

1 Bestimmt zunächst durch wiederholte Messung mit einem Geiger-Müller-Zählrohr die Nullrate!
2 Spannt einen etwa 5 m langen Kupferdraht (0,3 mm Ø) im Kellerraum zwischen zwei Isolierstützen auf! Danach wird für mindestens 10 Minuten eine Spannung von 5 kV (von Lehrerin oder Lehrer) eingestellt.
3 Nach dieser Zeit wird der Draht mit einem Wattebausch abgewischt und mit einem Geiger-Müller-Zählrohr die Zählrate bestimmt.
4 Interpretiere das Ergebnis! Beachte die vorher gemessene Nullrate!

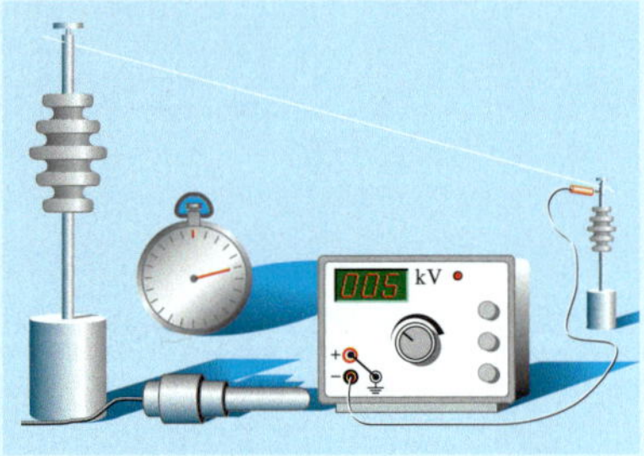

2

AUFTRAG 2

1 Erkunde deine Umwelt. Sammle verschiedene Gegenstände und Materialien in deiner Umgebung, z. B. Gesteinsproben, Baustoffe (Ziegel, Fliesen), Grillasche, Wildpilze, Düngemittel u. Ä.!
2 Untersuche diese mit einem Geiger-Müller-Zählrohr. Beachte, dass du von den gemessenen Zählraten die Nullrate subtrahieren musst!
3 Dokumentiere die Ergebnisse in geeigneter Form!

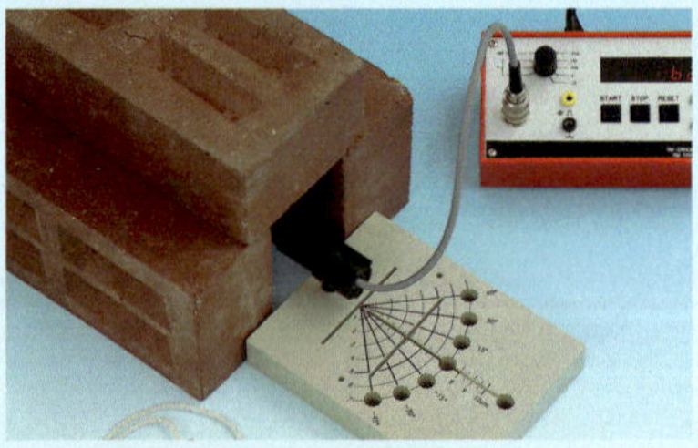
3

AUFTRAG 3

Das Bundesamt für Strahlenschutz ist in Deutschland für die Sicherheit beim Umgang mit radioaktiven Stoffen in der Kerntechnik und den Schutz vor erhöhter natürlicher radioaktiver Strahlung zuständig. Dort erhältst du auch aktuelle Informationen zur Strahlenbelastung.

1 Informiere dich im Internet (www.bfs.de) über aktuelle Messergebnisse zur radioaktiven Strahlung. Interpretiere die Darstellungen insbesondere für deine Heimatregion!
2 Informiere dich weiterhin über die Größenordnung der Strahlenbelastung ausgewählter natürlicher Strahlungsquellen!
3 Fasse die Ergebnisse deiner Recherchen in einer anschaulichen Präsentation zusammen!

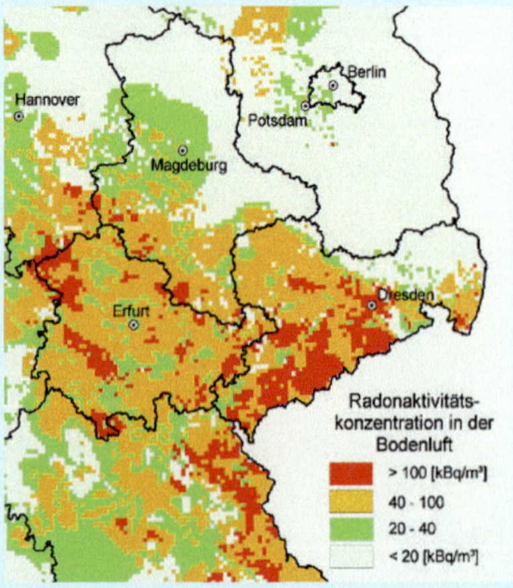

4

Weißt du es? Kannst du es

1. Erläutere am Beispiel des Elements Helium, was man unter isotopen Kernen versteht!
2. Bestimme mithilfe des Periodensystems die Kernladungszahl von Wasserstoff, Beryllium, Kohlenstoff, Cobalt, Nickel, Zinn und Platin!
3. Aus wie vielen Protonen, Neutronen und Elektronen bestehen die neutralen Atome, deren Kerne durch die folgenden Symbole gekennzeichnet sind? $^{1}_{1}H$, $^{14}_{6}C$, $^{27}_{13}Al$, $^{208}_{82}Pb$, $^{209}_{83}Bi$, $^{235}_{92}U$
4. Bei der Umwandlung von Atomkernen kann radioaktive Strahlung ausgesendet werden. Beschreibe, wie sich ein Kern beim Aussenden von α-, β- und γ-Strahlung verändert!
5. Erläutere die Gleichung $^{226}_{88}Ra \rightarrow ^{222}_{86}Rn + ^{4}_{2}\alpha + \gamma$!
6. Das Kohlenstoffisotop C-14 wandelt sich unter Aussendung von β-Strahlung in Stickstoff um. Stelle die Zerfallsgleichung auf!
7. Erläutere den Begriff Halbwertszeit!
8. Wie viel Kerne des Zn-65 sind nach 750 Tagen noch vorhanden, wenn es ursprünglich 1 Milliarde Kerne waren? Schlage in einem Tafelwerk nach oder informiere dich im Internet!
9. Wie kann die ionisierende Wirkung der radioaktiven Strahlung zum Nachweis genutzt werden?
10. Nenne die wichtigsten Strahlenschutzmaßnahmen!
11. Informiere dich über das Leben von HENRI BECQUEREL und MARIE CURIE.
    a) Was führte zu BECQUERELS Entdeckung einer bis dahin unbekannten Strahlung?
    b) Woraus resultiert das hohe Ansehen der Forscherin MARIE CURIE bis in unsere heutige Zeit?
12. In der Probe eines Schädelknochens wird eine auf 1/50 des Anfangswertes zurückgegangene Konzentration des Nuklids $^{14}_{6}C$ festgestellt. Schätze das Alter des Schädels!
13. Die γ-Strahlung ist bei Einwirkung von außen für den Menschen gefährlicher als β- und α-Strahlung. Die Wirkung von α-Strahlung ist bei Einwirkung von innen am gefährlichsten. Begründe diese Aussagen!
14. Radioaktive Strahlung wird in der Medizin sowohl zur Diagnose als auch zur Therapie eingesetzt.
    a) Beschreibe je ein Beispiel und wäge Vor- und Nachteile ab!
    b) Begründe, dass zur Diagnose vor allem radioaktive Stoffe mit geringer Halbwertszeit verwendet werden!

Kurz und knapp!

Eine Atomkernart bezeichnet man auch als Nuklid. Die Kennzeichnung erfolgt durch die Symbolschreibweise: $^{A}_{Z}X$.

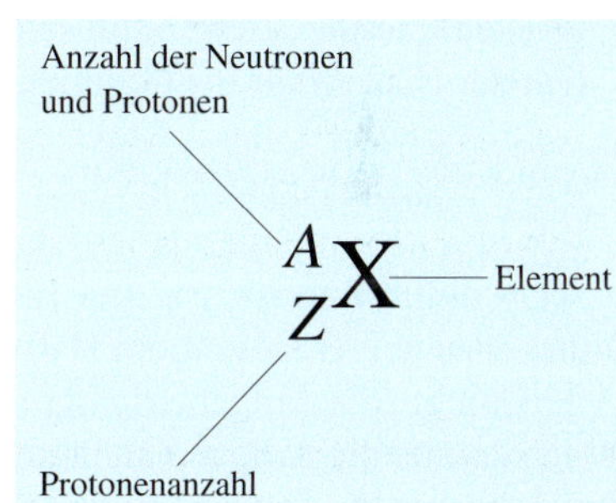

Nuklide mit gleicher Protonenanzahl, aber unterschiedlicher Neutronenanzahl heißen isotope Kerne.

Die Eigenschaft bestimmter Nuklide, sich von selbst unter Aussendung von Strahlung in ein anderes Nuklid umzuwandeln, bezeichnet man als natürliche Radioaktivität.

Es gibt drei Arten radioaktiver Strahlung:

α-Strahlung	besteht aus Heliumkernen	$^{4}_{2}\alpha$
β-Strahlung	besteht aus Elektronen	$^{0}_{-1}\beta$
γ-Strahlung	ist elektromagnetische Strahlung	γ

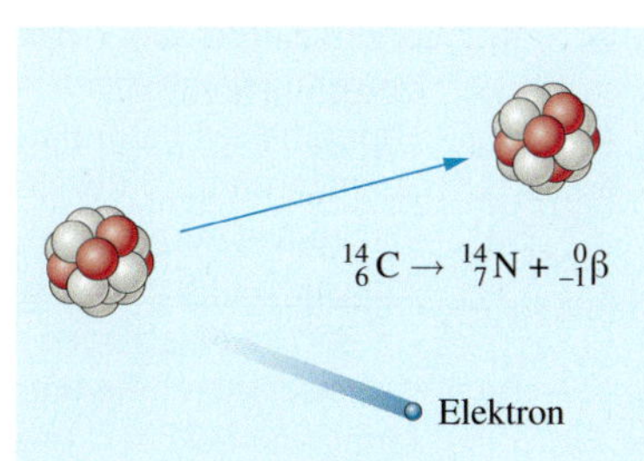

Die ionisierende Wirkung der Strahlung kann zum Nachweis genutzt werden. Für lebende Organismen ist sie gefährlich.

Für den Spontanzerfall eines Radionuklids gibt die Halbwertszeit an, in welcher Zeit die Hälfte der vorhandenen Kerne zerfällt.

Teste dich!

1 Wieso befindet sich die Pkw-Antenne für das Autoradio zumeist außerhalb des Wagens?

2 Wie lange benötigt ein Telefonat, das über einen Fernmeldesatelliten geführt wird, der 36 000 km über der Erde steht?

3 Welche Aussagen zur infraroten Strahlung sind richtig?
a Sie wird von Wärmequellen ausgesendet.
b Sie führt zu Sonnenbrand.
c Sie breitet sich mit Lichtgeschwindigkeit aus.
d Sie durchdringt Glasscheiben.

4 Welche Aussagen zur ultravioletten Strahlung treffen nicht zu? Begründe.
a Sie regt bestimmte Stoffe zum Leuchten an.
b Sie erzeugt an der Körperoberfläche eine angenehme Wärmewirkung.
c Sie ordnet sich im elektromagnetischen Spektrum zwischen dem sichtbaren blauen und violetten Licht ein.
d Sie wird von der Sonne ausgesendet und durch die Ozonschicht in der Erdatmosphäre abgeschirmt.

5 Strahlung ist Träger von Energie. Ordne Hertz'sche Wellen, UV-Strahlung, IR-Strahlung, Röntgenstrahlung und radioaktive Strahlung nach ihrem Energiegehalt. Beginne bei der Strahlung mit der größten Energie. Ziehe Schlussfolgerungen bezüglich der Risiken für die Gesundheit des Menschen.

6 Ordne den Strahlungsarten (Hertz'sche Wellen, ultraviolette und infrarote Strahlung, Röntgenstrahlung, radioaktive Strahlung) die Ursachen für ihre Entstehung zu.
a Durch Aufnahme ganz bestimmter Energiebeträge wird ein Elektron in der Atomhülle in einen höheren Energiezustand versetzt.
b Elektrische und magnetische Felder lösen sich von einer Funkenstrecke ab.
c Sehr schnelle Elektronen treffen auf eine Anode aus einem speziellen Metall.
d Atomkerne wandeln sich spontan in andere Kerne um.

7 Beschreibe und skizziere den Atomaufbau des Elements Kohlenstoff.

8 Beim Zerfall radioaktiver Elemente wird Strahlung frei. Nenne und charakterisiere die drei wichtigsten Strahlungsarten. Mache jeweils Aussagen zur Reichweite, Durchdringungsfähigkeit, Ablenkung im magnetischen Feld und biologischen Wirkung.

9 Nenne Nachweismöglichkeiten für Radioaktivität und beschreibe sie kurz. Welche Eigenschaften werden dabei benutzt?

10 Was versteht man unter Halbwertszeit?

11 In der Archäologie wird das Alter von Fundstücken mithilfe der C-14-Methode bestimmt. Beschreibe die Vorgehensweise der Wissenschaftler.

Schätze deine Kenntnisse und Fähigkeiten ein!

Ordne dazu deiner Lösung im Heft ein Smiley zu:
☺ Ich konnte die Aufgabe richtig lösen.
😐 Ich konnte die Aufgabe nicht komplett lösen.
☹ Ich konnte die Aufgabe nicht lösen.

› Die Lösungen findest du im Anhang.

Aufgabe	Fähigkeit	Hilfe findest du auf Seite ...
1, 2	Eigenschaften und Ausbreitungsgeschwindigkeit Hertz'scher Wellen kennen und anwenden.	107
3, 4	Eigenschaften der infraroten und ultravioletten Strahlung kennen.	110, 111, 113
5, 6	Strahlungsarten in das elektromagnetische Spektrum einordnen.	112, 123, 124
7	Aufbau des Atoms erkennen und erklären.	109
8, 9	Radioaktive Strahlung kennen und Eigenschaften beschreiben und auf Nachweismethoden anwenden.	127, 129, 131
10, 11	Physikalische Größe Halbwertszeit erklären. Kenntnisse über den Zerfall von Nukliden anwenden.	128, 135

Schallausbreitung

Der Flügelschlag eines summenden Insekts, das Vibrieren der Membran eines Lautsprechers, das Klirren einer Fensterscheibe, das Zittern einer Stimmgabel oder die gezupfte Gitarrensaite – in allen Fällen bewegt sich etwas hin und her, es schwingt.

Schwingen die Körper schnell hin und her, hört man die Schwingung als Schallschwingung. Schallschwingungen sind mechanische Schwingungen und stellen eine besondere Form der Bewegungen dar.

Die Schallschwingungen können sich in Form von Schallwellen ausbreiten. Sie benötigen z. B. die Luft als Träger.

Hören und Sprechen hängen eng mit den Eigenschaften der Schallwellen zusammen.

Mechanische Schwingungen

1

Beim Spielen bewegen sich die Saiten des Basses sichtbar hin und her.
Wie entstehen diese besonderen Bewegungen und wie lassen sie sich beschreiben?

Schall

Alle Geräusche, unabhängig davon, ob sie der Mensch hören kann, wie sie klingen oder erzeugt werden, werden als Schall bezeichnet. Alle Körper oder Vorgänge, die den Schall erzeugen, sind Schallquellen.
Damit ein Körper zur Schallquelle wird, muss er zum Schwingen angeregt werden. Diese Anregung kann auf ganz unterschiedliche Weise erfolgen – bei der Gitarre werden die Saiten z. B. mit dem Finger gezupft (Bild 1), beim Gong das Blech mit dem Klöppel in Schwingung versetzt (Bild 2).

2

Alle Geräusche werden als Schall bezeichnet. Alle Körper, die Schall erzeugen, sind Schallquellen. Die Ursache des Schalls ist das schnelle Schwingen eines Körpers.

Was versteht man unter einer Schwingung?

3

Auf der Schaukel im Bild 3 bewegt man sich gleichmäßig vor und zurück. Ganz vorn und ganz hinten kommt man kurz zum Stillstand. An den als Umkehrpunkten der Bewegung bezeichneten Stellen kehrt sich die Richtung der Bewegung um. Die Figur im Bild 4 ist an einer langen Feder aufgehängt. Wenn man an der Feder zieht und anschließend loslässt, führt die Figur eine gleichmäßige Auf- und Abbewegung aus. Auch hier gibt es diese Umkehrpunkte. Sie liegen ganz oben und ganz unten.
Diese beiden Beispiele zeigen eine erste Gemeinsamkeit, die für Schwingungen charakteristisch ist: *Ein schwingender Körper bewegt sich periodisch zwischen zwei Umkehrpunkten.*
Eine vollständige Hin- und Herbewegung bezeichnet man als *Periode.*

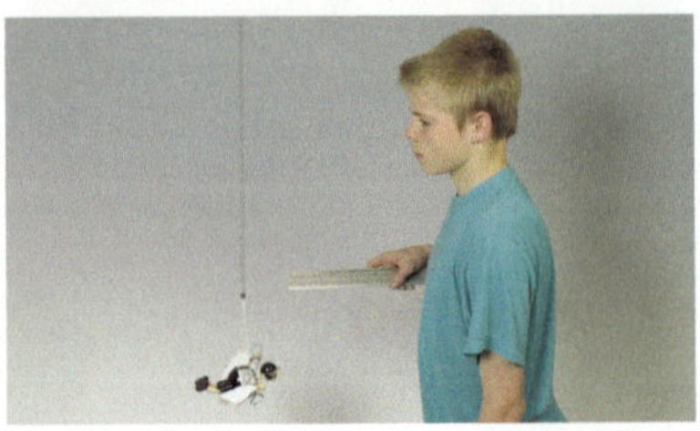
4

Die Schwingungen von Schaukel und Figur haben noch eine zweite Gemeinsamkeit. Beide werden durch Reibung und Luftwiderstand gehemmt. Lässt man sie „auspendeln“, so kommen sie in einer bestimmten Position zum Stillstand. Diese Position wird als Gleichgewichtslage bezeichnet. *Schwingende Körper bewegen sich also um eine Gleichgewichtslage.*

Eine mechanische Schwingung ist die periodische Bewegung eines Körpers um seine Gleichgewichtslage.

Ursachen für eine Schwingung

Warum kehrt der schwingende Körper immer wieder zur Ruhelage zurück und warum kommt er dort nicht zur Ruhe?

EXPERIMENT 1

1 Baue ein Fadenpendel auf!
2 Lass das Pendel schwingen und beobachte. Lenke es dabei unterschiedlich weit aus.
3 Versuche herauszufinden, welche Ursachen es für diese Bewegung gibt!

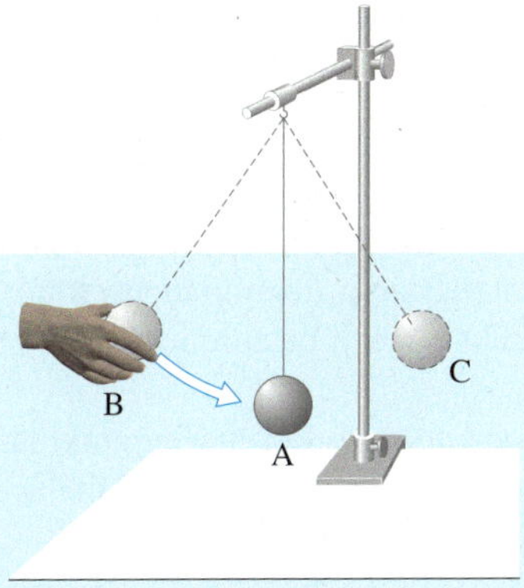

1

Am Anfang der Bewegung wird das Pendel vom Punkt A – der Ruhelage – zum Umkehrpunkt B ausgelenkt. Hierfür ist eine Kraft notwendig. Nach Beginn der Schwingung im Punkt B bewegt sich der Pendelkörper beschleunigt zum Punkt A zurück. Die Ursache dafür ist eine rücktreibende Kraft. Die Bewegung setzt sich aber bis zum Umkehrpunkt C fort. Dies ist nur möglich, weil der Körper aufgrund seiner Trägheit seinen Bewegungszustand beibehält. Er wird dabei durch die rücktreibende Kraft abgebremst, denn diese ist nun entgegengesetzt zur Bewegung gerichtet. Im Punkt C kehrt sich die Bewegungsrichtung des Körpers um. Je stärker ein schwingender Körper ausgelenkt wird, umso größer ist auch die rücktreibende Kraft.

Ursachen mechanischer Schwingungen sind die zur Ruhelage rücktreibende Kraft und die Trägheit des schwingenden Körpers.

2

Sichtbarmachen von Schwingungen. Der Physiker Ernst Florens Friedrich Chladni (1756–1827) untersuchte das Verhalten von Platten, die mit einem Geigenbogen zum Schwingen gebracht wurden. Zur besseren Beobachtung streute er Sand auf die Platten. Weil der Sand nur in den Bereichen liegen bleibt, die nicht mitschwingen, ergeben sich symmetrische Figuren.

↑Basiskonzept System

Physikalische Größen einer Schwingung

Aufzeichnen von Schwingungen. Will man Schwingungen genauer untersuchen, ist es hilfreich, ein Bild vom Ablauf der Bewegung aufzuzeichnen.

EXPERIMENT 2

Eine schwingende Stimmgabel mit einer Schreibspitze aus Metall wird geradlinig gleichförmig über eine berußte Glasplatte gezogen.

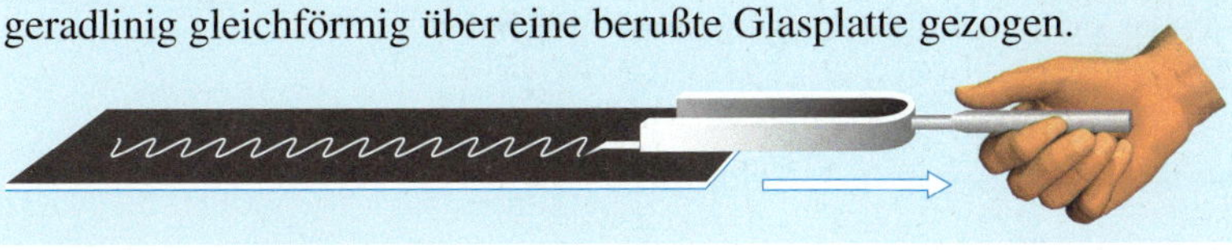

EXPERIMENT 3

Ein Wagen, auf dem sich ein Pendel befindet, fährt mit konstanter Geschwindigkeit über eine Papierbahn. Der Pendelkörper besitzt eine kleine Öffnung und ist mit feinem Sand gefüllt. Das Pendel schwingt senkrecht zur Bewegungsrichtung des Wagens.

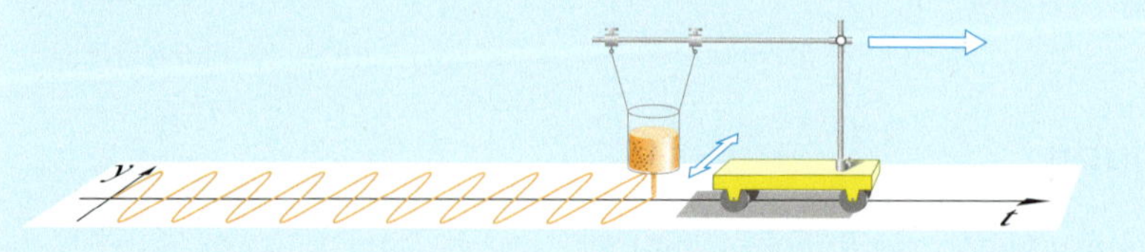

1

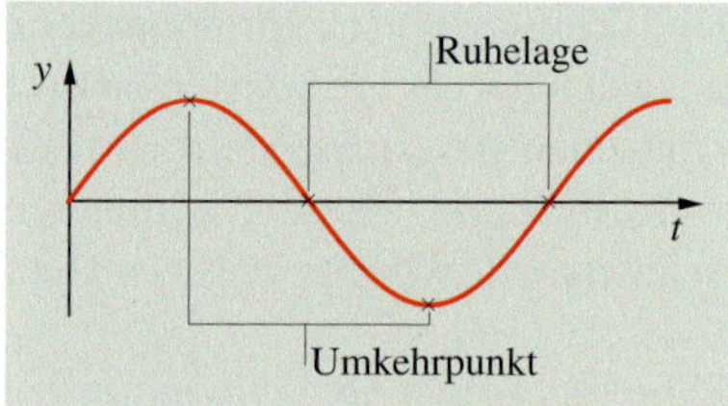

2

Übertragung einer Kurve aus Experiment 3 in ein $y(t)$-Diagramm

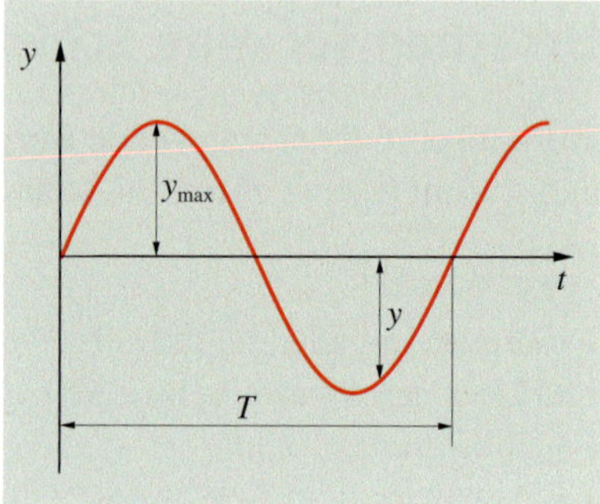

3

Periodendauer und Amplitude im $y(t)$-Diagramm

Legt man jetzt das Bild einer Schwingung und ein rechtwinkliges Koordinatensystem übereinander, kann man die Grundgrößen der Schwingung recht einfach bestimmen.

Auslenkung. Jedem Zeitpunkt lässt sich eindeutig ein Abstand des schwingenden Körpers von der Ruhelage zuordnen. Dieser wird als Auslenkung y bezeichnet.

Die Auslenkung y gibt an, wie weit der schwingende Körper zu einem bestimmten Zeitpunkt von seiner Ruhelage entfernt ist.

Amplitude. Die maximale Auslenkung, in der sich ein schwingender Körper während einer Periode befindet, entspricht dem Abstand zwischen Umkehrpunkt und der Ruhelage des Körpers. Dieser Abstand heißt Amplitude y_{max}.

Die Amplitude y_{max} ist der größte Abstand des schwingenden Körpers von der Ruhelage.

Periodendauer. Verschiedene schwingende Körper benötigen für eine Periode unterschiedlich lange Zeiten. Die Hin- und Herbewegung des Pendelkörpers in Experiment 3 dauert z. B. länger als die der Stimmgabelspitze in Experiment 2. Die physikalische Größe Periodendauer T charakterisiert die Schwingung. Sie gibt die Zeit an, die für eine Hin- und Herbewegung benötigt wird.

Die Periodendauer T gibt an, wie lange ein schwingender Körper für eine Hin- und Herbewegung benötigt.

Frequenz. Für viele Zwecke ist es praktisch, nicht die Periodendauer, sondern ihren Kehrwert anzugeben. Dieser Kehrwert wird als Frequenz f bezeichnet. Die Frequenz gibt die Anzahl der Schwingungen in einer Sekunde an. Je höher die Frequenz einer Schwingung ist, desto häufiger schwingt der Körper in einer bestimmten Zeit hin und her.

Die Frequenz f gibt an, wie viele Perioden ein Körper in 1 Sekunde ausführt. Es gilt: $f = \frac{1}{T}$.

Beispiel	Frequenz
Kinderschaukel	ca. 0,5 Hz
Unruh einer Armbanduhr	ca. 2 Hz
Drucklufthammer	ca. 5 Hz
Flügel einer Hummel	200 Hz
menschl. Hörbereich	16 Hz bis 20 kHz
Ultraschall	20 kHz bis 1 GHz

Aus der Gleichung der Frequenz ergibt sich ihre Einheit 1/s. Diese Einheit bezeichnet man als ein Hertz (1 Hz). Sie erhielt den Namen zu Ehren des deutschen Physikers HEINRICH HERTZ.

Beispiel: Wurde in einem Experiment als Periodendauer eine Zeit von 0,2 s ermittelt, so erhält man für die Frequenz:

$$f = \frac{1}{T}$$

$$f = \frac{1}{0{,}2\,\text{s}} = 5\,\frac{1}{\text{s}} = 5\,\text{Hz}$$

Häufig werden auch Vielfache dieser Einheit verwendet:

Kilohertz:	1 kHz	$= 1\,000\,\text{Hz} = 10^3\,\text{Hz}$
Megahertz:	1 MHz	$= 1\,000\,000\,\text{Hz} = 10^6\,\text{Hz}$
Gigahertz:	1 GHz	$= 1\,000\,000\,000\,\text{Hz} = 10^9\,\text{Hz}$

Harmonische Schwingung. In unseren Experimenten führen die Pendel und die Spitze der Stimmgabel jeweils *harmonische* Schwingungen aus (Bild 1).
Fahrzeugteile, die Saiten einer Violine oder unsere Stimmbänder zeigen ein anderes Schwingungsverhalten (Bild 2).
Ihre Schwingungsbilder sind komplizierter, die Schwingungen sind nicht harmonisch.

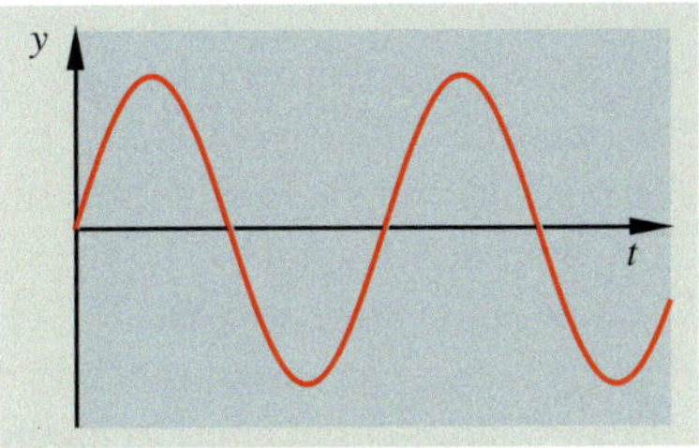

1
$y(t)$-Diagramm der harmonischen Schwingung einer Stimmgabel

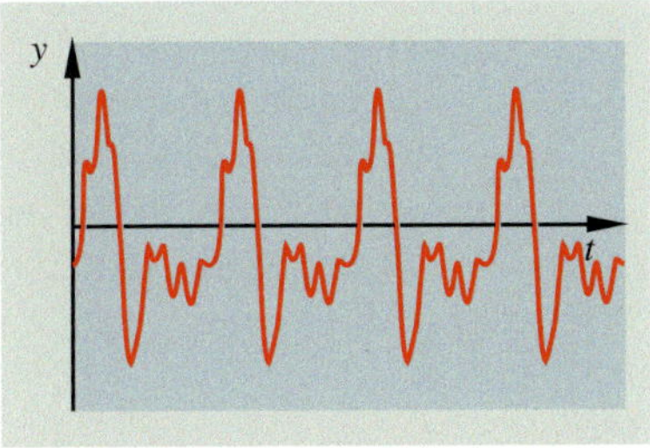

2
$y(t)$-Diagramm der nicht harmonischen Schwingung einer Saite

↑Basiskonzept Energie

Energieumwandlung bei einer Schwingung

Beim Auslenken wird dem Pendelkörper eines Fadenpendels potenzielle Energie zugeführt. Sobald der Körper anfängt zu schwingen, wandeln sich ständig potenzielle Energie und kinetische Energie ineinander um (Bild 3). In den Umkehrpunkten erreicht die potenzielle Energie ihren maximalen Wert. Beim Durchgang durch die Gleichgewichtslage ist sie null, dafür hat die kinetische Energie ihren Maximalwert erreicht.

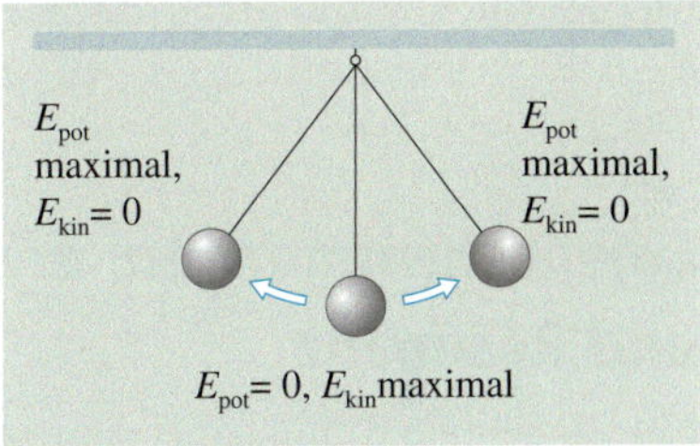

3
Energieumwandlung

Ungedämpfte Schwingungen. Bei dem sich selbst überlassenen Pendel einer Uhr würde die Amplitude der Schwingung infolge der Reibung ständig geringer, bis es endlich zur Ruhe kommt. Deshalb darf sich die Amplitude nicht ändern (Bild 4).
Will man eine ungedämpfte Schwingung erzeugen, so muss dem schwingungsfähigen System ständig Energie zugeführt werden, um die Verluste durch unerwünschte Energieumwandlungen auszugleichen. Das kennst du vom Schaukeln. Wenn du nicht ständig „Schwung holst", bleibt die Schaukel stehen.
Auch bei einer Orgel (Bild 5) müssen die Pfeifen ständig mit Luft vom Blasebalg versorgt werden, damit ein gleichmäßiger Ton erzeugt werden kann. Eine Schwingung mit konstanter Amplitude heißt ungedämpfte Schwingung.

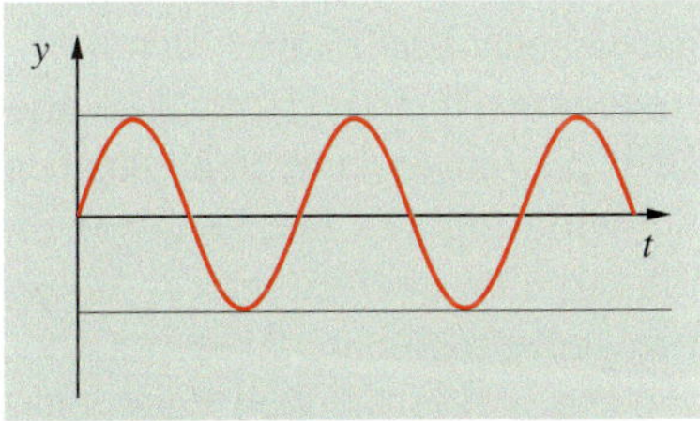

4
Ungedämpfte Schwingung, konstante Amplitude

5

**Bei einer ungedämpften Schwingung gilt: $E_{pot} + E_{kin} = \text{konstant}$.
Damit eine Schwingung ungedämpft bleibt, darf keine Reibung auftreten oder es muss periodisch Energie zugeführt werden.**

Gedämpfte Schwingungen. Eine Pendeltür sollte maximal eine Periode lang schwingen (Bild 1). Es gäbe sonst Schwierigkeiten für nachfolgende Personen, die Tür zu passieren. Dies wird durch einen Dämpfer am oberen Teil der Tür erreicht. In diesem Schwingungsdämpfer wird bewusst Reibung zur Dämpfung eingesetzt. Die gesamte mechanische Energie bleibt nicht konstant. Es wird immer ein Teil der mechanischen Energie in thermische Energie umgewandelt. Ein anderes Beispiel sind die Schwingungsdämpfer (als Stoßdämpfer bekannt) in einem Fahrzeug. Sie verhindern das Weiterschwingen des Fahrzeugs nach Unebenheiten und garantieren so den wichtigen Fahrbahnkontakt der Reifen.

1

EXPERIMENT 4

1 Ein Fadenpendel wird an einem Stativ befestigt und zum Schwingen angeregt. Bestimme die Zeit, in der sich die Amplitude etwa halbiert!

2 An demselben Fadenpendel wird eine Pappscheibe (Postkarte) befestigt. Bestimme wieder die Zeit, bis die Amplitude auf etwa die Hälfte zurückgeht!

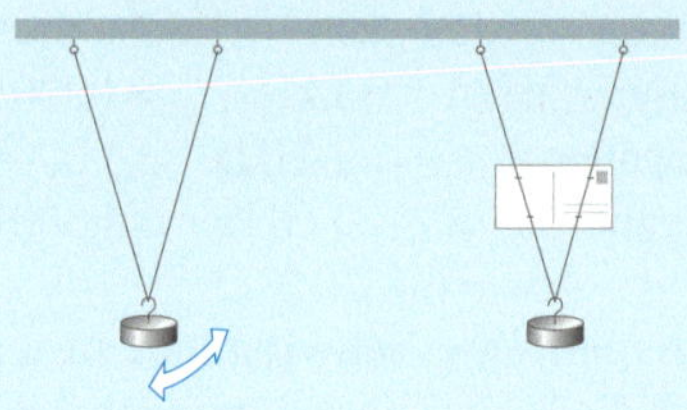
2

Die Pappscheibe am schwingenden Körper bewirkt, dass die Amplitude der Schwingung deutlich schneller abnimmt. Ursache ist die größere Luftreibung. Der Körper kommt schneller zur Ruhe. Eine solche Schwingung wird gedämpfte Schwingung genannt (Bild 3).

Bei einer gedämpften Schwingung wird stets ein Teil der Energie in thermische Energie umgewandelt. Es gilt:
$E_{pot} + E_{kin} \neq$ konstant; $E_{mech} \rightarrow E_{th}$; $E_{pot} + E_{kin} + E_{th} =$ konstant.

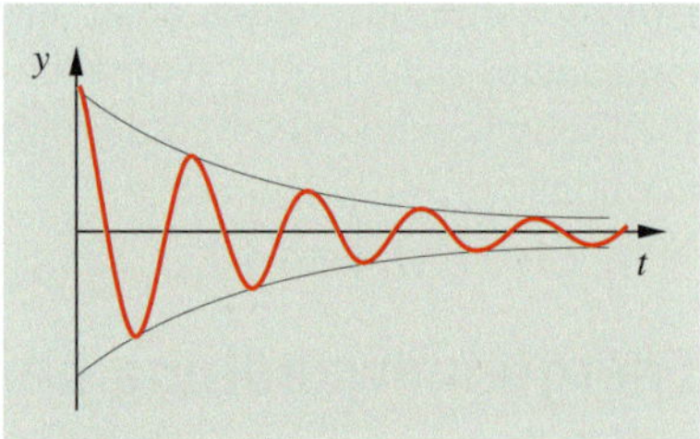

3

Gedämpfte Schwingung; Abnahme der Amplitude mit der Zeit

Eigenschwingungen, erzwungene Schwingungen und Resonanz

Eine angeregte Stimmgabel schwingt ständig mit der gleichen Frequenz. Die Frequenz dieser Schwingungen hängt von den Eigenschaften des schwingenden Körpers ab, z. B. der Masse. Sie wird als **Eigenfrequenz f_0** bezeichnet. Ein Körper, der nach einmaliger Anregung mit der Eigenfrequenz schwingt, führt eine **Eigenschwingung** aus. Wird ein Körper aber periodisch zum Schwingen angeregt, so führt er eine erzwungene **Schwingung** aus. Die Frequenz dieser erzwungenen Schwingung stimmt mit der **Erregerfrequenz f_E** überein. Die Amplitude hängt stark von der Erregerfrequenz ab. Unter welchen Bedingungen kommt es zu einer besonders wirkungsvollen Energieübertragung?

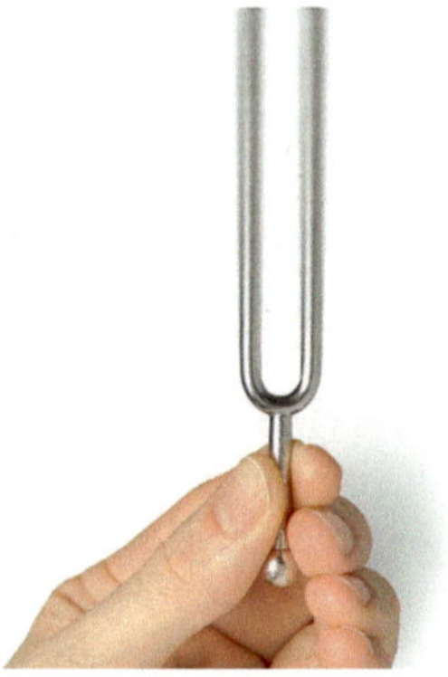
4

EXPERIMENT 5

Zunächst wird die Eigenfrequenz eines Federschwingers ermittelt.
Der Exzenter eines Motors wird über eine Rolle mit dem Federschwinger verbunden. Der Federschwinger wird zu erzwungenen Schwingungen angeregt. Die Amplitude wird gemessen.
Die Erregerfrequenz f_E wird dabei langsam erhöht. Die zu einer bestimmten Erregerfrequenz gehörende Amplitude wird jeweils gemessen.

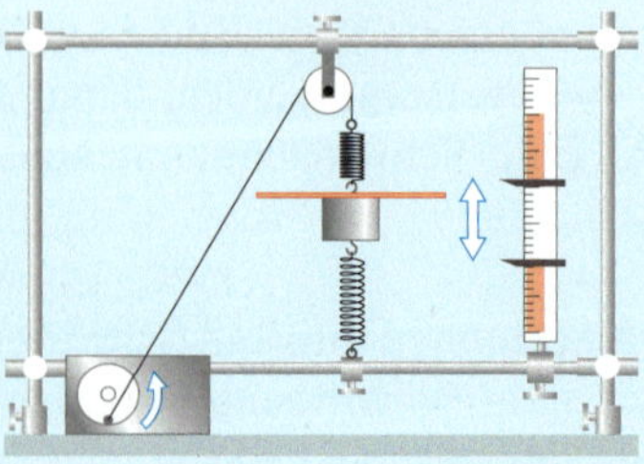
5

Bei kleinen Frequenzen folgt der Federschwinger der Erregung durch den Exzenter, die Amplitude ist jedoch klein. Je mehr sich die Erregerfrequenz f_E der Eigenfrequenz f_0 nähert, desto größer wird die Amplitude. Bei höheren Frequenzen f_E nimmt die Amplitude der erzwungenen Schwingung wieder ab.
Das besonders heftige Mitschwingen eines Körpers bei einer bestimmten Frequenz bezeichnet man als Resonanz. Resonanz tritt unter der Bedingung ein, dass die Erregerfrequenz und die Eigenfrequenz des schwingenden Körpers übereinstimmen. Die Energiezufuhr im Rhythmus der Eigenschwingung ist im Resonanzfall besonders wirkungsvoll. Das heißt, hier kann mit geringstem Energieaufwand der Dämpfung entgegengewirkt, also eine Schwingung angeregt bzw. aufrechterhalten werden.
Stellt man die Amplitude in Abhängigkeit von der Erregerfrequenz grafisch dar, erhält man die Resonanzkurve (Bild 1). Das Maximum bei der Resonanzfrequenz ist je nach Dämpfung mehr oder weniger stark ausgeprägt. Ist die Dämpfung zu schwach, so kann es zur Resonanzkatastrophe, d. h. zur Zerstörung des schwingenden Systems kommen.

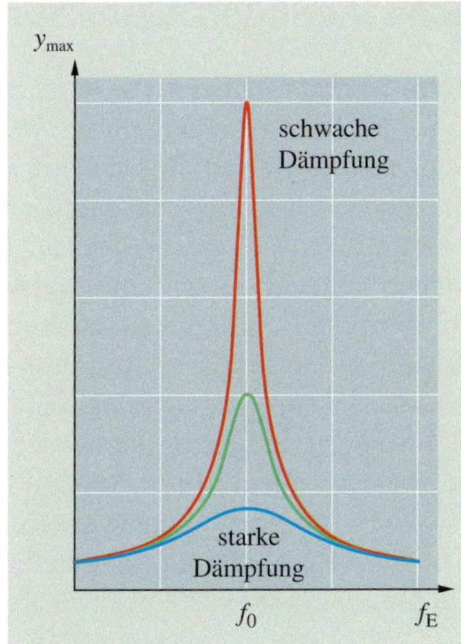

1
Resonanzkurven

↑Basiskonzept Energie

Resonanz ist das besonders heftige Mitschwingen eines Körpers bei Übereinstimmung von Erregerfrequenz und Eigenfrequenz.
Resonanzbedingung: $f_E = f_0$

Das Oszilloskop

Wer schnelle Schwingungen genauer betrachten und auswerten möchte, braucht ein spezielles Gerät: das Oszilloskop (lat., Schwingungsbetrachter). Auf dem Bildschirm des Geräts kann ein Leuchtpunkt eine Spur zeichnen – ähnlich wie die Schreibzinke einer Stimmgabel. Genau wie die Schreibzinke muss auch der Leuchtpunkt von links nach rechts bewegt werden, damit man ein Schwingungsbild erhält (Bilder 2 bis 4).

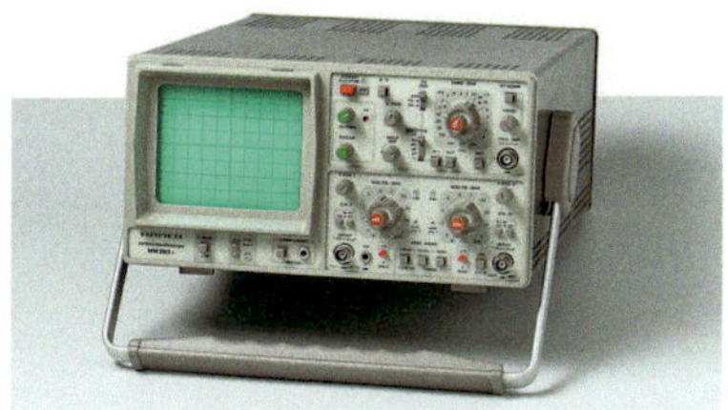
2

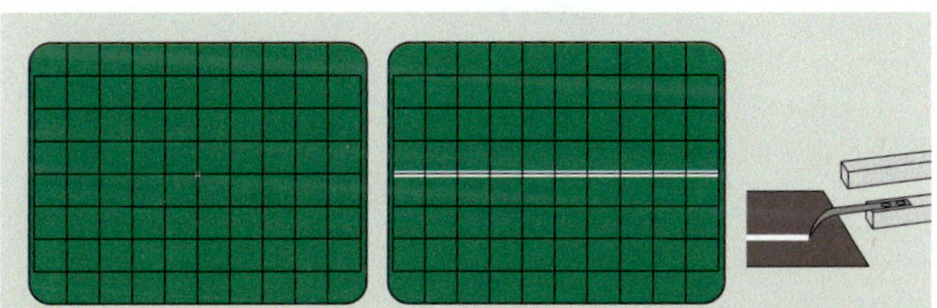
Kein Ton: Der Leuchtpunkt wird nicht nach oben oder unten abgelenkt. Er steht still oder läuft von links nach rechts. 3

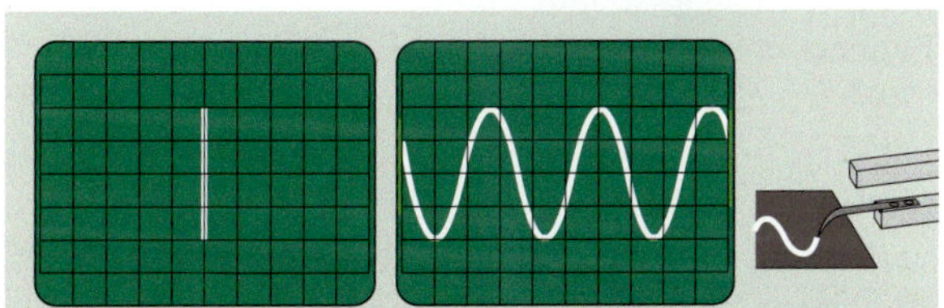
Ton einer Stimmgabel: Der Punkt wird nach oben und unten abgelenkt. Wenn man ihn zusätzlich nach rechts laufen lässt, entsteht ein Schwingungsbild. 4

Mit dem Oszilloskop lässt sich die Frequenz ermitteln (Bild 5). Dazu muss man wissen, in welcher Zeitspanne der Leuchtpunkt einmal über den Bildschirm läuft. Diese Laufzeit lässt sich am Gerät einstellen, z. B. auf 0,1 s. Auf dem Schirm sind sechs vollständige Schwingungen zu sehen, denn zu jeder Schwingung gehören immer ein „Berg" und ein „Tal". Sechs Schwingungen in 0,1 s entsprechen der Frequenz $f = 6/0{,}1\,s = 60\,Hz$.
So gleichmäßige Schwingungsbilder wie das in Bild 5 werden nur von Stimmgabeln oder von elektronischen Tongeneratoren erzeugt. Bei allen Musikinstrumenten sehen die Schwingungen meistens komplizierter aus.

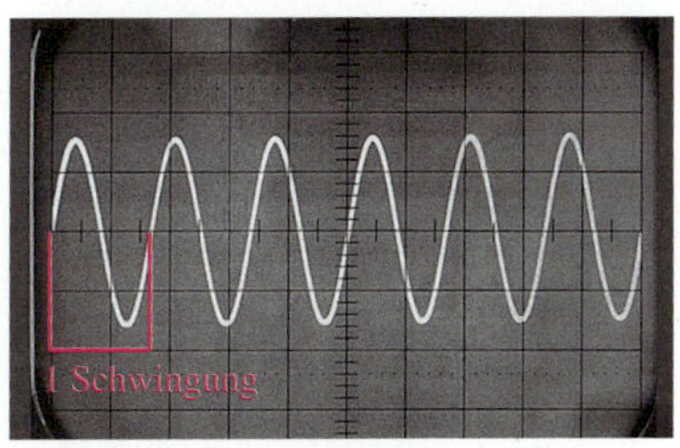

5
Bestimmen der Frequenz

Schwingungen beim Sprechen

Beim Summen, Singen und beim Sprechen vieler Buchstaben schwingen Teile des Kopfs und des Halses, manchmal auch die Brust. Am stärksten schwingt der Hals im Bereich des Kehlkopfs (Bild 1).

In Höhe des Kehlkopfs verengt sich die Luftröhre. Dort befinden sich die Stimmbänder, die aus elastischen Fasern bestehen. Beim Sprechen oder Singen spannen sich die Stimmbänder und bilden eine schmale Stimmritze. Wird die Luft durch sie hindurchgepresst, beginnen die Stimmbänder schnell zu schwingen. Bei tiefen Tönen sind sie lockerer gespannt und schwingen weniger schnell als bei hohen Tönen.

Bei Kindern sind die Stimmbänder kürzer und beim Sprechen straffer gespannt. Deshalb klingt die Stimme von Kindern höher als die von Erwachsenen. Die meisten Männer haben etwas dickere und längere Stimmbänder. Die Männerstimmen sind tiefer als die Frauenstimmen.

Die Stimmbänder allein machen aber noch keine Sprache. Sie „brummen" nur. Wie bilden wir Menschen Vokale und Konsonanten?

Bei jedem Vokal verändern wir die Mundstellung und damit den Rachenraum. Nur durch diese Veränderung können wir aus dem Brummton der Stimmbänder die verschiedenen Vokale bilden (Bild 2).

Die Untersuchungen mit dem Oszilloskop zeigen für jeden Vokal andere Kurven. Sprechen zwei Menschen denselben Vokal, sind die Kurven sehr ähnlich. Darum hören, erkennen und verstehen wir den Vokal.

Durch die Lippen, die Zunge oder die Zähne kann der Rachenraum verschlossen werden. Öffnen wir diesen Verschluss plötzlich und die Luft entweicht, entstehen die Konsonanten P, T, K, G, D. Sie werden auch Verschlusslaute genannt. Beim W, V, F und S lassen wir die Luft durch die Lippen oder die Zähne bei fast geschlossenem Mund strömen.

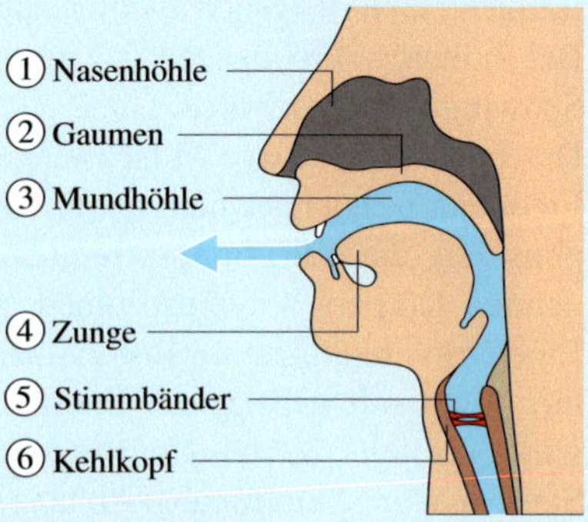

1

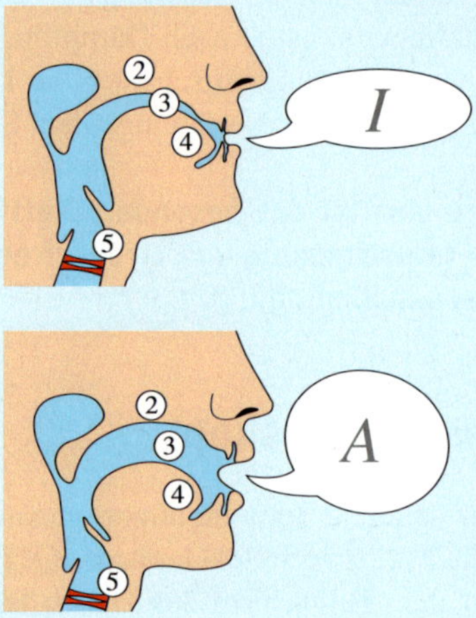

2

Aufgaben

1. Sprich langsam, laut und deutlich die Vokale A, E, I, O und U, möglichst in derselben Tonhöhe. Beobachte dabei dein Gesicht im Spiegel. Wie verändern sich die Stellung deines Unterkiefers, der Lippen, der Zunge und der Innenraum des Mundes? Notiere deine Beobachtungen.
2. Mithilfe eines Mikrofons, das an ein Oszilloskop angeschlossen wird (Bild 3), kann man Geräusche sichtbar machen. Sprich zuerst ein langes A, dann ein I und beobachte die Kurven auf dem Bildschirm. Vergleicht die Kurven, wenn zwei Schülerinnen oder Schüler nacheinander denselben Vokal sprechen.
3. Schneide einen Luftballon gerade durch und spanne die beiden Hälften so über das Ende einer Pappröhre (Haushaltsrolle), dass in der Mitte ein schmaler Spalt bleibt (Bild 4).
   Ein Gummiband um die Röhre hält die Gummihaut. Blase von außen gegen den Spalt. Verändere die Spannung der Gummistimmbänder. Was siehst und was hörst du?

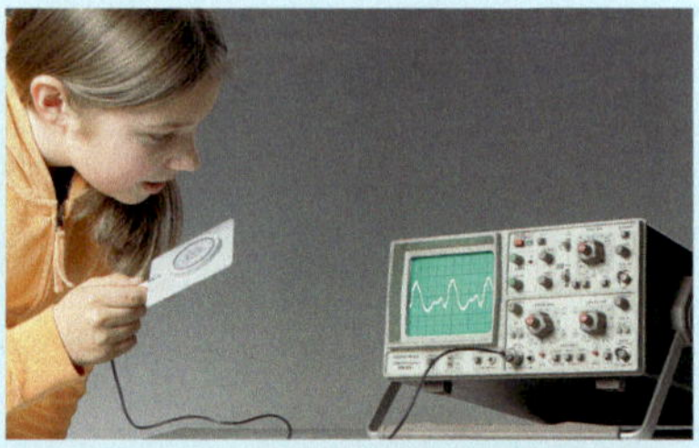
3

4

Wenn ein Sinn fehlt

Wer von Geburt an gehörlos ist, hat es sehr schwer, sprechen zu lernen. Um Töne zu erzeugen, braucht man das Gehör: In jedem Moment kontrollieren wir den Klang und korrigieren ihn ganz automatisch. Mit sehr viel Übung können gehörlose Menschen lernen, gesprochene Worte von den Lippen abzulesen. Schwieriger ist es, Klänge und ganze Worte zu formen, ohne sie zu hören. Für uns klingt diese Sprache ungewohnt.

1

Für Gehörlose gibt es Nachrichten in Gebärdensprache.

Gebärdensprache. Viel leichter ist es, die Gebärdensprache zu erlernen: Mit Bewegungen der Hände und der Mimik werden Worte und sogar ganze Aussagen, z. B. ich habe Hunger, gebildet (Bild 2a bis c). Wer die Gebärdensprache beherrscht, kann sich hervorragend verständigen.

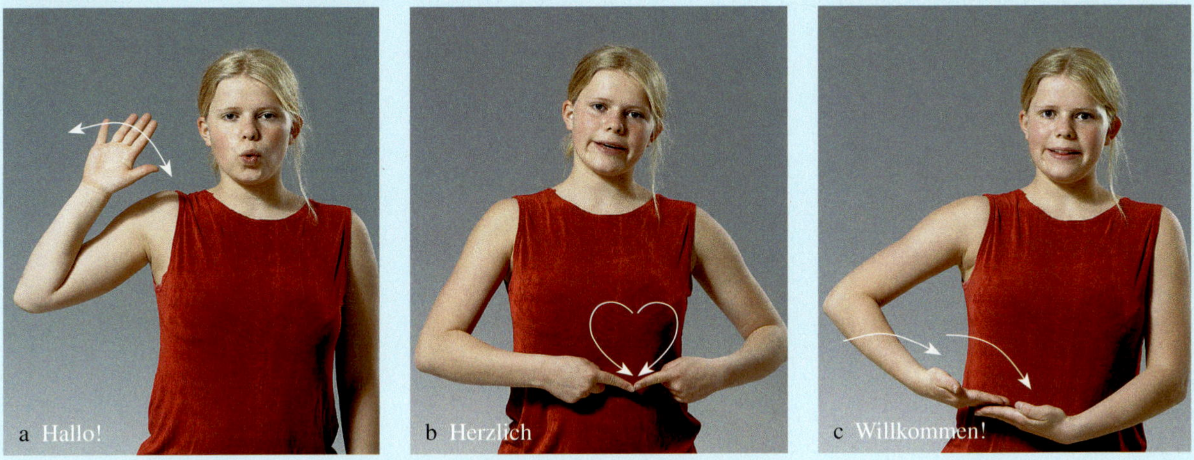

2

Das Fingeralphabet. Reicht die Gebärdensprache nicht aus, um unbekannte Wörter oder Wörter für die es keine Gebärden gibt, zu übermitteln, so verwenden Gehörlose das Fingeralphabet. Das Fingeralphabet ist vom schriftlichen Alphabet abgeleitet. Hier wird jeder Buchstabe in eine Handform und ein Mundbild übersetzt. Es wird jedes Wort buchstabiert (Bild 3).

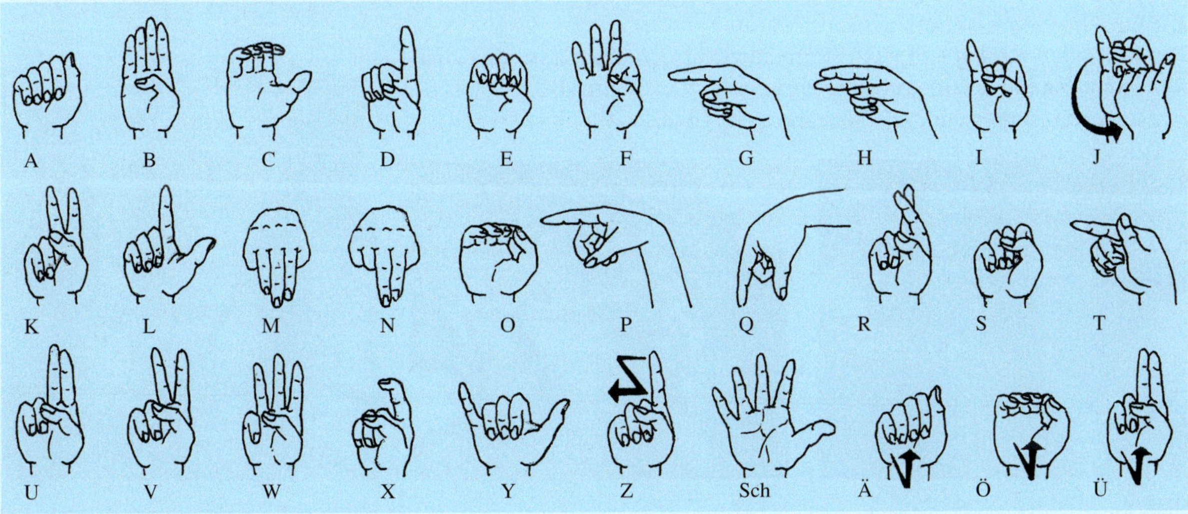

3

Resonanz

In der Praxis spielt das Schwingungsverhalten vieler Körper eine sehr wichtige Rolle. Starke Schwingungen können die Funktion beeinträchtigen oder sogar zu Zerstörung führen.
Das berühmteste Beispiel ist die Tacoma Narrow Bridge, die sogar als „galoppierende Gertie" bezeichnet wurde. Diese Brücke wurde im Jahre 1939 in den USA über eine sehr windige Meerenge gebaut. Aufgrund des geringen Verkehrsaufkommens wurde sie relativ schmal und leicht konstruiert. Bald nach der Fertigstellung merkte man, dass sie sehr empfindlich auf Seitenwind reagierte. Sie geriet schon bei leichtem Wind ins Schwingen. Diese Schwingungen waren nicht nur in seitlicher Richtung zu verzeichnen, sondern die Fahrbahn bewegte sich auch wellenartig. Am 7. November 1940 führte ein mäßiger Wind zu solch starken Schwingungen, dass die Brücke einstürzte.

1

2

3

4

Obwohl der Wind kontinuierlich aus einer Richtung blies, wurde die Brücke periodisch zum Schwingen angeregt. Denn bei großer Windgeschwindigkeit treten an Hindernissen häufig Verwirbelungen auf (Bild 5). Löst sich eine Wirbelzone vom Hindernis, kommt es zu einem kleinen Stoß. Die Brücke geriet in Resonanz, denn die Stöße erfolgten in einer Frequenz, die der Eigenfrequenz der Brücke entsprach. Dass die Amplitude der Schwingung so groß werden konnte, lag zum einen in der mangelhaften Konstruktion der Brücke und zum anderen in der unzureichenden Dämpfung auftretender Schwingungen.

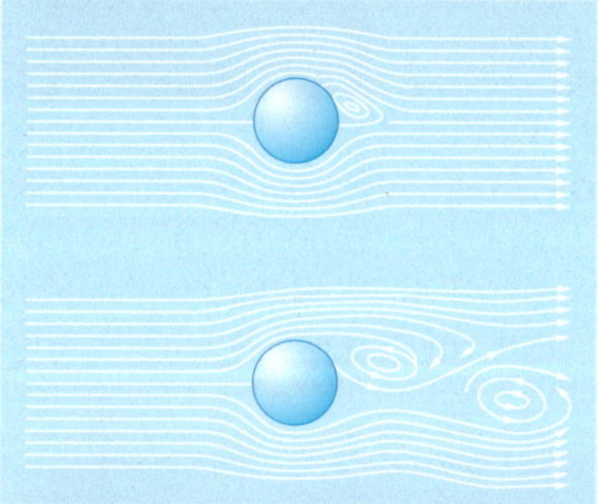
5

Die Resonanz wird im Musikinstrumentenbau genutzt. Ohne diese Erscheinung wären viele Instrumente nur sehr leise zu hören (Bilder 6 bis 8). Der Resonanzkörper wirkt als Verstärker der Töne.

6
Gitarre

7
Geige

8
Geöffnetes Klavier

Musikinstrumente und Schwingungen

1

2

In der zurückliegenden Zeit habt ihr viel über Schwingungen und das Verhalten von schwingungsfähigen Systemen erfahren. Um euer Wissen noch zu vergrößern, solltet ihr Schwingungen bei Musikinstrumenten genauer untersuchen.
Zunächst könntet ihr in kleinen Arbeitsgruppen versuchen, neue Informationen zum Thema Schwingungen und Musik zu gewinnen. Nutzt dabei viele Bücher, das Internet und die Erfahrungen eurer Mitschüler, die vielleicht selbst ein Instrument spielen. Natürlich sollte auch der Musiklehrer euer Ansprechpartner sein.
Als zweiten Schritt solltet ihr euch gemeinsam überlegen, welches Experiment ihr zum Thema durchführt oder welches Instrument ihr bauen wollt. Macht euch dazu Skizzen, notiert benötigte Teile und verteilt die Aufgaben in der Gruppe.
Auch weitere Gespräche mit „Spezialisten" können helfen. Habt ihr die Möglichkeit, wäre eine kleine Exkursion zu einem Instrumentenbauer empfehlenswert.

Nachfolgend einige Anregungen und Tipps.

Zither

Ihr benötigt: dünnes Sperrholz, Draht, Schrauben, Leim, Holzlatte, verschiedene Werkzeuge

1 Die Latte wird an beiden Enden mit 3 kleinen Löchern versehen. Durch diese Löcher werden Schrauben gesteckt. Zwischen den Schrauben werden die Drähte gespannt. Zum Spannen der Drähte (sie müssen sehr straff sein) werden diese an den Enden verdreht (Bild 3).

2 Ihr könnt bereits versuchen, eurem Instrument erste Töne zu entlocken. Sicher spielt es noch nicht besonders laut.

3 Jetzt wird der Resonanzkörper gebaut. Die Sperrholzplatten werden fest miteinander verleimt. Das Loch mit einem Durchmesser von 10 cm wird ausgesägt.

4 Im letzten Schritt wird der Holzstab mit den Saiten fest auf den Resonanzkörper geleimt. Wenn ihr jetzt spielt, bemerkt ihr den großen Vorteil der Resonanz bei Musikinstrumenten.

3

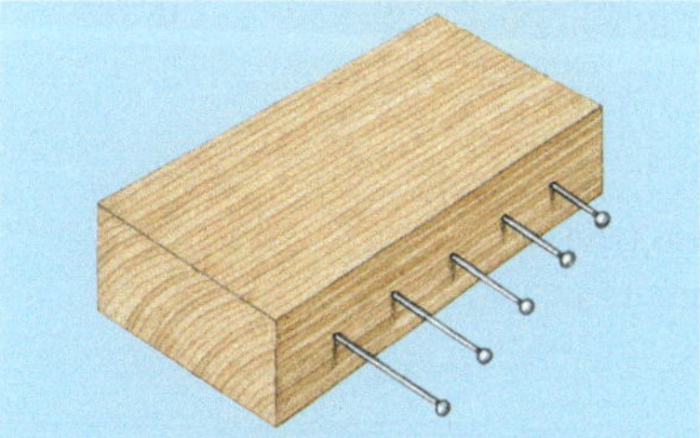
4

Nadelzupfe. Wenn du das Holz auf eine Tischplatte oder gegen eine Tür drückst, klingt es lauter.

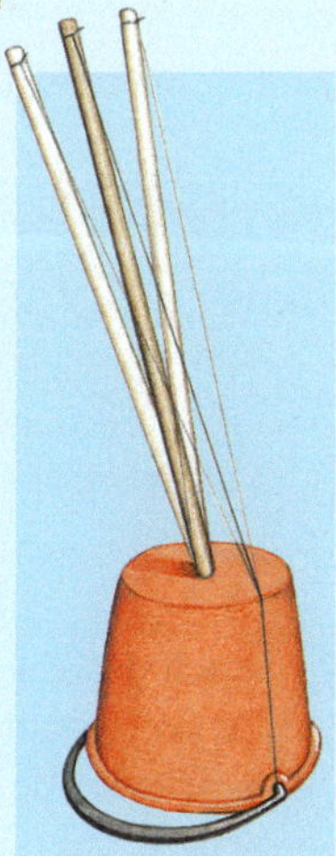
5

Zupfbass. Aus einem Besenstiel und einem Eimer kannst du einen Bass bauen.
Die Saite (z. B. Angelschnur) wird bei Neigung des Stiels unterschiedlich stark gespannt.

6

Harfe. Fertige aus Dachlatten einen Rahmen. Mit Ringschrauben lassen sich die Saiten gut spannen.

Weißt du es? Kannst du es

1. Was kann man bei allen Schallquellen als Ursache der Schallerzeugung entdecken?
2. Untersuche, wie verschiedene Schallquellen den Schall erzeugen. Stelle fest, welche Teile der Quelle sich bewegen. Fertige eine Tabelle an!
3. Wenn du eine Saite einer Gitarre anzupfst, bewegt sich diese hin und her. Schwingt nur die Saite oder findest du noch andere Stellen an der Gitarre, die schwingen? Wie überträgt die Saite ihre Schwingung auf den Gitarrenkörper?
4. „Wenn man einen Körper anstößt, gerät er in Schwingungen.“ Beurteile, ob dieser Satz richtig ist.
5. Wie kann man Schall erzeugen? Dir stehen verschiedene Gegenstände zur Schallerzeugung zur Verfügung:
   - ein dünner Kunststoffstreifen oder ein Grashalm (Bild 1),
   - ein Luftballon,
   - ein Blatt Papier,
   - ein Kunststofflineal,
   - ein dünnwandiges Weinglas (Bild 2),
   - eine Glasscheibe und Styropor,
   - ein Gummiband,
   - eine Stricknadel,
   - ein zugeschnittener Trinkhalm (Bild 3).

   Beschreibe oder skizziere jeweils, wie es dir gelingt, damit Schall zu erzeugen.

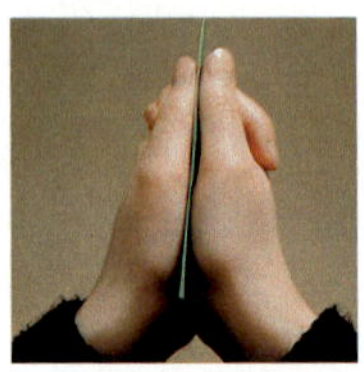
1

2

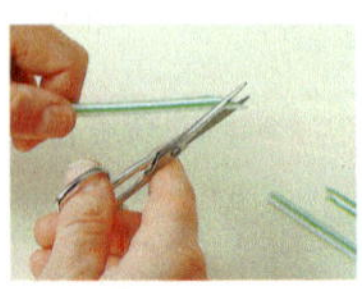
3

6. Schlage eine Stimmgabel kräftig an und tauche ihre Zinken nur wenig in ein Glas mit Wasser. Was beobachtest du? Beschreibe!
7. a) Begründe, dass die periodische Bewegung eines Fahrstuhls zwischen Erdgeschoss und Keller keine Schwingung darstellt!
   b) Nenne weitere Beispiele für periodische Bewegungen und gib jeweils an, ob es sich um eine Schwingung handelt!
8. Nenne Beispiele, bei denen in Natur und Technik Schwingungen auftreten.
   Skizziere das Prinzip der Anordnungen.
   Kennzeichne bei jedem Schwinger die Teile, die die Ursache für das Entstehen einer Schwingung sind.
9. Zeichne die Schwingung eines Fadenpendels auf! Durchbohre dazu das obere Ende eines Kunststoffrohrs und ziehe einen Faden hindurch. Befestige beide Fadenenden an einem Stativ (Bild 4). Schiebe über das Rohr einen Tonnenfuß und stecke in das untere Ende des Rohrs einen Faserstift, sodass seine Spitze auf einem Papierstreifen aufsitzt.
   Versetze das Pendel in Schwingungen und ziehe den Papierstreifen senkrecht zur Schwingungsebene mit geringer und möglichst konstanter Geschwindigkeit.

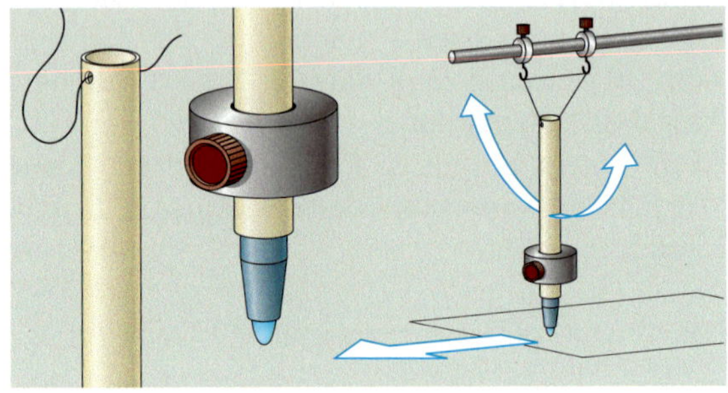
4

10. Bild 5 zeigt das $y(t)$-Diagramm einer Schwingung. Wie groß sind Amplitude, Periodendauer und Frequenz?

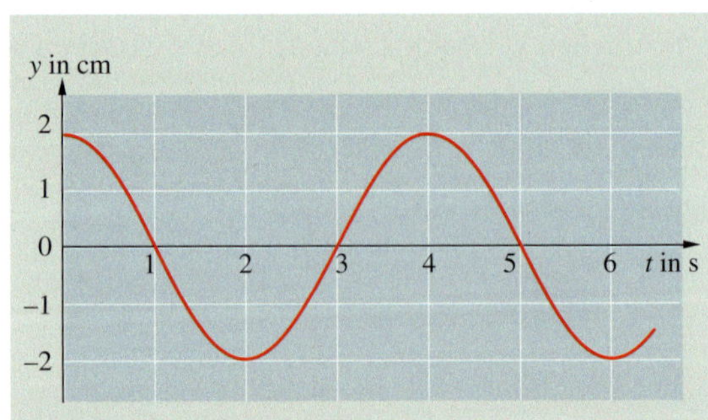

5

11. Ergänze die Tabelle.

Schwinger	T in s	f in Hz
Kinderschaukel	5	?
Herz eines Babys	?	1,9
Fahrzeugmotor im Leerlauf	?	16
Flügel einer Hummel	0,005	?

12. Auch das Zusammenziehen und Dehnen des Herzmuskels kann man als Schwingung auffassen. Bestimme deine Herzfrequenz. Erläutere dein Vorgehen!

13. Mit einem Spiegel und einem Laserpointer kann man auch sehr kleine Schwingungen eines Lineals sichtbar machen (Bild 1). Verfolge die Spur des Lichtflecks an der Decke. Beschreibe, wie man eine große (kleine) Periodendauer und eine große (kleine) Amplitude erreicht!
14. Beschreibe die Energieumwandlung bei einem Fadenpendel!
15. Wozu brauchen Waschmaschinen Schwingungsdämpfer?
16. Wieso kann eine Hängebrücke durch Springen oder Marschieren zum Einsturz gebracht werden?

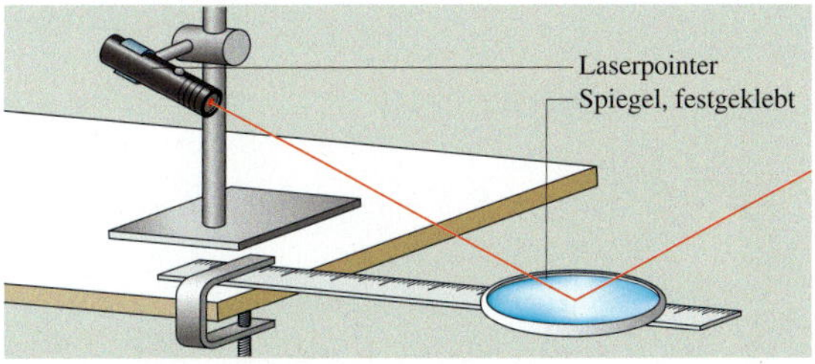

1

17. Plane Experimente mit verstärkter Schwingungsdämpfung bei unterschiedlichen Pendeln. Führe die Experimente durch und skizziere die Ergebnisse!

Kurz und knapp !

Schall

Alle Geräusche werden als Schall bezeichnet. Alle Körper, die Schall erzeugen, sind Schallquellen. Die Ursache des Schalls ist das schnelle Schwingen eines Körpers.

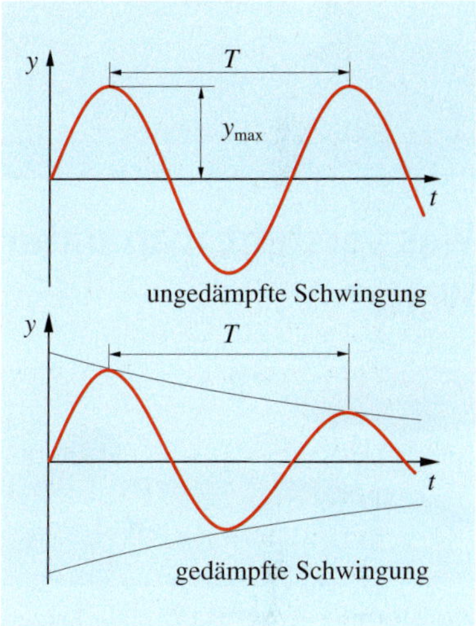

Mechanische Schwingung

- Periodische Bewegung eines Körpers um seine Gleichgewichtslage
- Voraussetzungen für eine Schwingung: eine zur Gleichgewichtslage rücktreibende Kraft sowie die Trägheit des schwingenden Körpers

Größe	Bedeutung	Formelzeichen	Einheit
Amplitude	größter Abstand des schwingenden Körpers von der Gleichgewichtslage	y_{max}	m
Periodendauer	Dauer einer Hin- und Herbewegung	T	s
Frequenz	Sie gibt an, wie viele Perioden ein Körper in 1 s ausführt.	f $f=\frac{1}{T}$	Hz

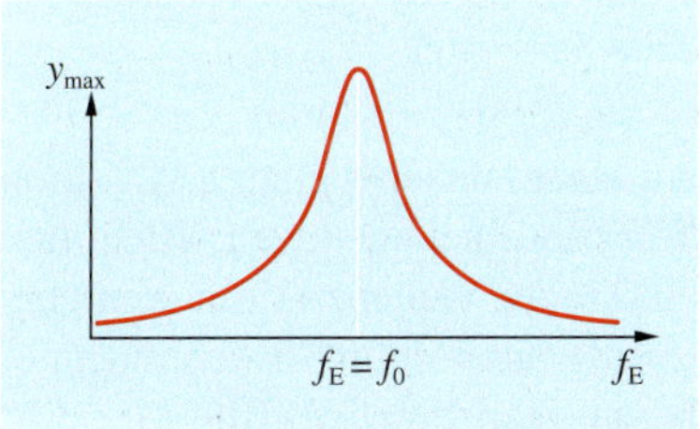

Energieumwandlung bei einer Schwingung

Bei einer ungedämpften Schwingung gilt: $E_{pot} + E_{kin} = \text{konstant}$.
Bei einer gedämpften Schwingung wird stets ein Teil der Energie in thermische Energie umgewandelt.

Erzwungene Schwingungen und Resonanz

- Ein Schwinger führt nach einmaliger Energiezufuhr Eigenschwingungen mit der Eigenfrequenz f_0 aus.
- Eine erzwungene Schwingung tritt bei periodischer Energiezufuhr auf. Die Schwingung hat die Erregerfrequenz f_E.
- Bei Resonanz stimmen Eigenfrequenz und Erregerfrequenz überein. Die Amplitude der erzwungenen Schwingung erreicht ihren Maximalwert.

Mechanische Wellen

1

Mächtige Wellen an der Wasseroberfläche am Meeresstrand sind ein faszinierendes Naturschauspiel. Wer im Meer badet, wird regelmäßig auf und ab bewegt, auch Boote und Bojen tanzen auf dem Wasser. Auf hoher See aber können die Wellen ernste Gefahren für die Schifffahrt darstellen. So wurden Wellenberge mit einer Höhe von über 20 m beobachtet, die selbst große Schiffe in Seenot bringen. Wellen spielen aber auch bei der Schallausbreitung eine große Rolle.

Was versteht man unter einer mechanischen Welle?

2 Kreisförmige Ausbreitung einer kurzen Welle nach einmaligem Eintauchen eines Stabs in das Wasser

3 Kreisförmige Ausbreitung einer Welle nach periodischem Eintauchen eines Stabs in das Wasser

4 Geradlinige Ausbreitung einer Welle nach periodischem Eintauchen eines Bretts in das Wasser

An einer zunächst glatten Wasseroberfläche lässt sich gut beobachten, wie Wasserwellen entstehen. Wirft man einen Stein ins Wasser, so breitet sich ein kurzer Wellenzug mit wenigen Wellentälern und Wellenbergen kreisförmig aus. Ähnlich ist es, wenn ein Stab einmal eingetaucht und wieder herausgezogen wird (Bild 2).
Taucht man den Stab jedoch periodisch ein, so geht von der Eintauchstelle eine Kreiswelle mit vielen Wellentälern und Wellenbergen aus (Bild 3).
Eine Wasserwelle lässt sich auch mit einem waagerecht eintauchenden Brett erregen. In einem solchen Fall beobachtet man geradlinige Wellenfronten (Bild 4).
Wenn man sieht, wie sich eine Wasserwelle ausbreitet, könnte man vermuten, dass sich das Wasser mit der Welle fortbewegt. Ein kleines Stück Holz, das auf dem Wasser schwimmt, bewegt sich jedoch nicht vorwärts, sondern es schwingt lediglich an einem bestimmten Ort auf und ab (Bild 5).

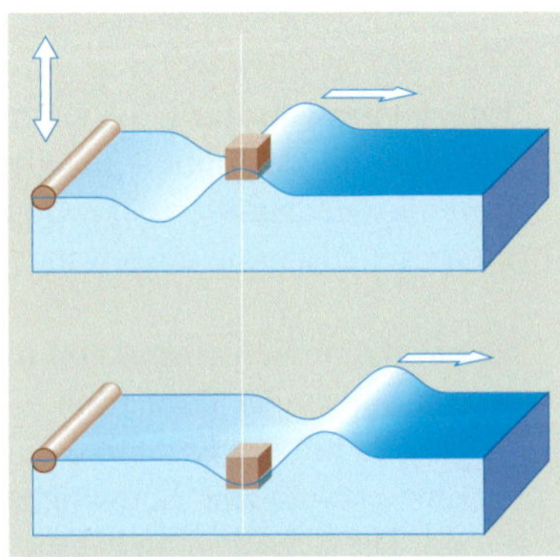

5 Das Holzstück wird durch die Bewegung der Wellenberge und Wellentäler nicht vorwärtsbewegt.

Die Bewegung des Holzstückchens auf der Wasseroberfläche entspricht ungefähr der Bewegung der Wasserteilchen. Auch sie werden bei der Ausbreitung der Welle nicht vorwärtsbewegt; eine Welle transportiert keinen Stoff.

Durch Wellen wird aber Energie übertragen: Brandungswellen und Flutwellen können an Uferbauten große Schäden anrichten, und in Wellenkraftwerken werden durch die mechanische Energie des Wassers Generatoren angetrieben.

↑Basiskonzept Energie

Eine mechanische Welle ist die Ausbreitung einer Schwingung, bei der Energie übertragen, jedoch kein Stoff transportiert wird.

Entstehung einer Welle. Stößt man bei einer Anordnung aus zwei gekoppelten Fadenpendeln das eine Pendel an, so gerät auch das andere Pendel in eine Schwingung (Bild 1). Seine Amplitude nimmt mit der Zeit zu, während die Amplitude des Erregerpendels abnimmt. Von dem einen Pendel wird Energie auf das andere übertragen. Danach wiederholt sich der Vorgang in umgekehrter Richtung.

Die Anordnung lässt sich zu einer Kette gekoppelter Pendel erweitern. Dann wird die Energie von einem Schwinger zum nächsten weitergegeben. In einer Wellenmaschine ist eine große Anzahl von Pendeln gekoppelt (Bild 2). An ihnen kann man die Ausbreitung von Schwingungen beobachten. Sobald das erste Pendel angestoßen wird, führt es eine Schwingung aus. Durch die Kopplung wird die Schwingung von einem Pendel zum jeweils nächsten übertragen. Die Pendel beginnen nacheinander zu schwingen, es entsteht eine mechanische Welle.

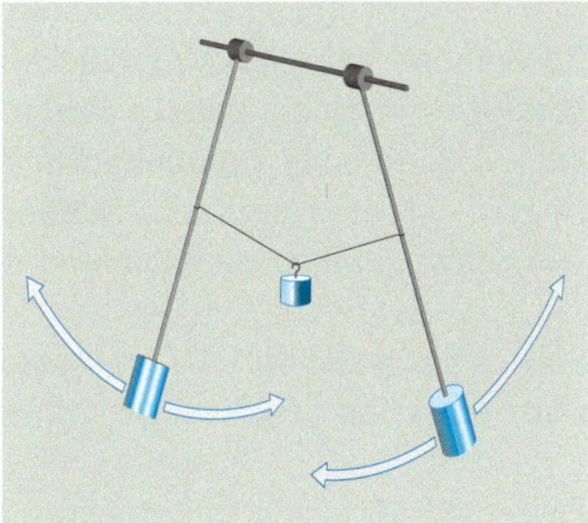

1 Durch die Kopplung wird Energie von einem Pendel auf das andere übertragen.

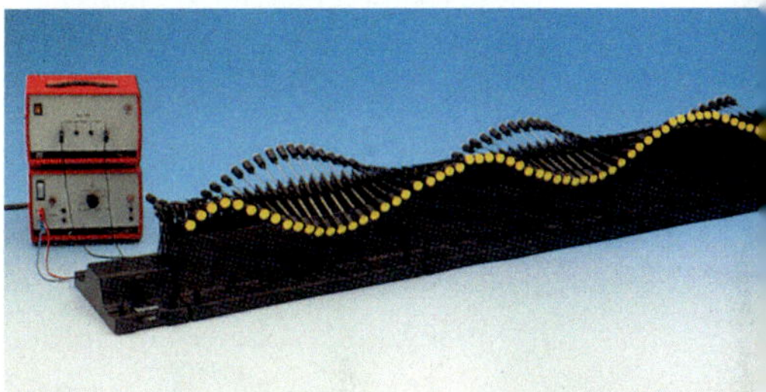

2 In dieser Wellenmaschine sind die Pendel mit elastischen Seilen gekoppelt. Die Pendel bewegen sich quer zur Ausbreitungsrichtung.

Beschreibung von Wellen. Eine Wasserwelle lässt sich in einem Wellenkanal erzeugen. Bild 3 zeigt die Momentaufnahme einer Welle. Bei einer Wasserwelle führen die Teilchen an der Wasseroberfläche Kreisbewegungen aus. Dadurch treten spitze Wellenberge und flache Wellentäler auf. Dieses Foto kann in ein $y(s)$-Diagramm übertragen werden (Bild 4). Ein Wellenberg (und ebenso ein Wellental) ist dadurch charakterisiert, dass sich der betreffende Schwinger gerade in seiner maximalen Auslenkung befindet. Den Abstand von zwei benachbarten Wellenbergen nennt man Wellenlänge. Das Formelzeichen der Wellenlänge ist λ (Lambda).

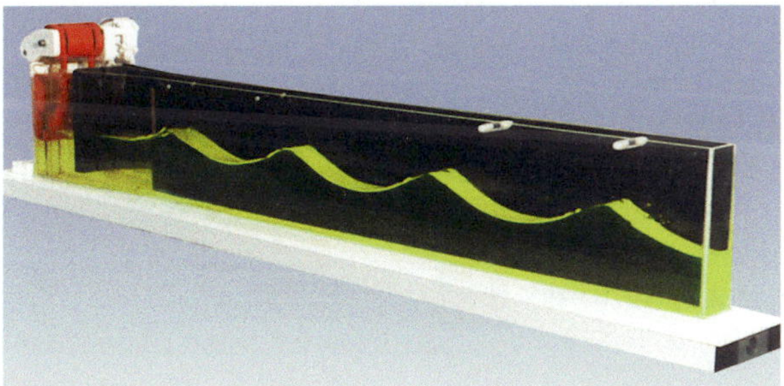

3 Welle in einem Wellenkanal

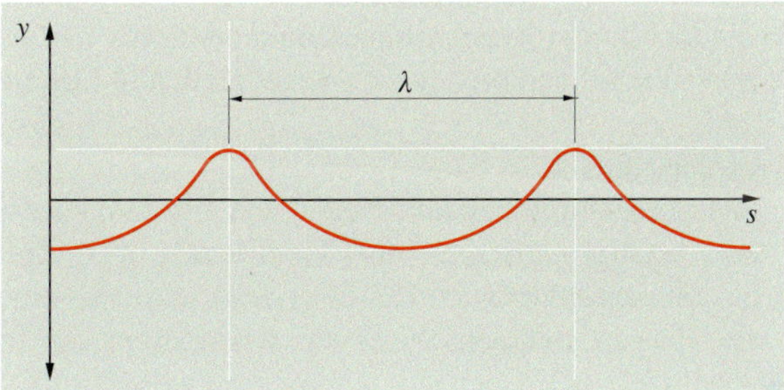

4 $y(s)$-Diagramm einer Welle

Die Wellenlänge λ ist der Abstand zweier benachbarter Wellenberge. Die Ausbreitungsgeschwindigkeit v einer Welle ist die Geschwindigkeit, mit der sich ein Wellenberg in Ausbreitungsrichtung bewegt.

Schallwellen

Die Luft in der Umgebung einer Schallquelle wird zum Mitschwingen angeregt. Eine Kerze vor einem stark schwingenden Basslautsprecher flackert (Bild 1), die Kerzenflamme schwingt mit.
Die Ausbreitung von Schall in Luft kann man sich folgendermaßen vorstellen: Zwischen den Teilchen der Luft wirken Kräfte. Wenn die Membran Schwingungen ausführt, so bewirken die Kräfte zwischen den Luftteilchen, dass diese zum Mitschwingen angeregt werden. Dadurch breitet sich die Schwingung der Membran als Welle aus.
Bewegt sich beispielsweise die Membran einer Trommel nach vorn, so kommt es in einem kleinen Bereich zu einer Verdichtung der Luftmoleküle, d.h. zu einer Erhöhung des Luftdrucks (Bild 2). Entsprechend verringert sich der Luftdruck, wenn sich die Membran nach hinten bewegt. Die Schwingungen der Membran werden also auf die Luft übertragen.

1

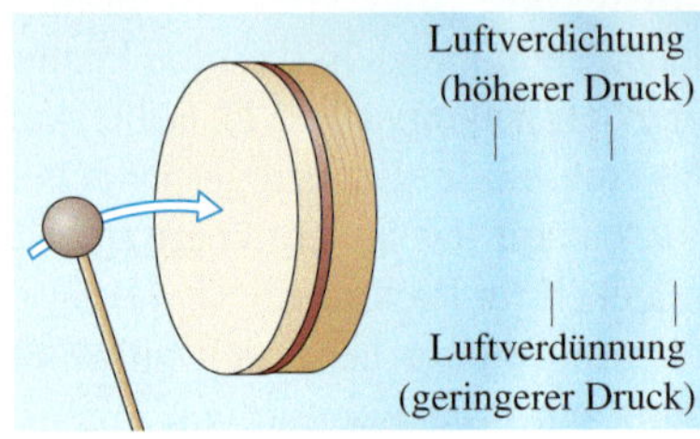

2

Eine Schallwelle in Luft ist Ausbreitung von Luftdruckschwankungen und somit von Schallschwingungen.

Dass die Luft für die Übertragung von Schall zu unserem Ohr wichtig ist, zeigt auch folgendes Experiment:

EXPERIMENT 1
Unter einer Glasglocke läutet eine Klingel. Sie ist deutlich zu hören. Nach und nach wird die Luft mithilfe einer Pumpe aus der Glocke herausgepumpt.

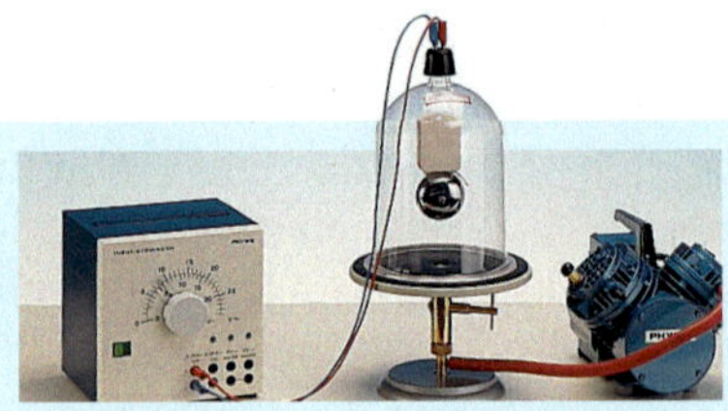
3

Das Klingeln wird immer leiser, bis es nicht mehr zu hören ist. An der Bewegung des Klöppels erkennt man aber, dass die Klingel noch läutet. Offenbar kann der Schall im luftleeren Raum nicht übertragen werden.

Einige Schallgeschwindigkeiten	
Stoff	v in m/s
Gummi	40
Luft bei 0 °C / 20 °C	331/343
Blei	1200
Wasser	1450
Beton	3800
Stahl	5100

Schallgeschwindigkeit

Bei einem Gewitter wird die Luft entlang des Blitzkanals sehr schnell erhitzt, sie dehnt sich schnell aus, und dadurch entsteht ein Knall. Es dauert jedoch in der Regel ein paar Sekunden, bis wir den Knall als Donner hören. Wie schnell breiten sich Schallwellen in Luft aus?

EXPERIMENT 2
Mit zwei Mikrofonen im Abstand von 1 m wird eine elektronische Stoppuhr betätigt: Erreicht die Verdichtung der Luft, die z.B. beim Zusammenschlagen der Hände erzeugt wird, das eine Mikrofon, so wird die Uhr gestartet, erreicht sie das zweite, wird die Uhr gestoppt.

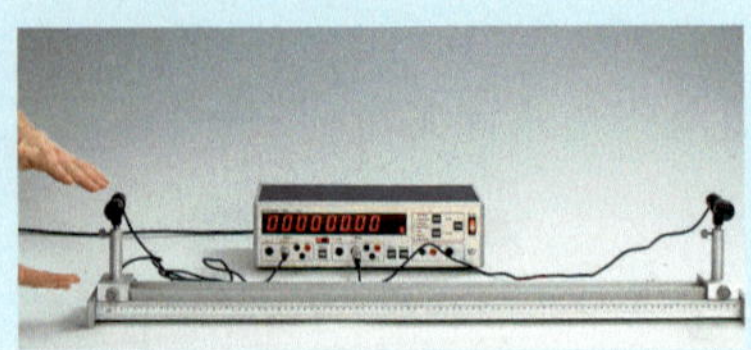
4

Die Schallwellen erreichen das zweite Mikrofon etwa 0,003 Sekunden später als das erste. Daraus ergibt sich als Schallgeschwindigkeit in Luft:

$$v = \frac{s}{t} = \frac{1\,\text{m}}{0{,}003\,\text{s}} = 330\,\frac{\text{m}}{\text{s}}.$$

↑Basiskonzept System

↑Basiskonzept Materie

Schallwellen breiten sich nicht nur in Luft aus, sondern auch in Flüssigkeiten: Beim Tauchen in einem Schwimmbecken hört man viele Geräusche, die unter Wasser entstehen.
Dass der Schall sich in festen Körpern gut ausbreiten kann, merkt man, wenn irgendwo in einem Haus jemand auf die Heizungsrohre schlägt: Die Schwingungen werden auf alle Heizkörper übertragen.
Die Schallgeschwindigkeit in einem Stoff hängt z. B. von der Kopplung der Teilchen untereinander ab. Je stärker die Kopplung ist – d. h., je härter das Material ist –, desto größer ist die Schallgeschwindigkeit.

Für die Schallgeschwindigkeit gilt: $v = s/t$. Die Schallgeschwindigkeit in Luft beträgt etwa 340 m/s.

1 In festen Körpern breitet sich der Schall schneller als in Luft aus.

Schallarten

Nach der Art der Schwingung unterscheidet man vier Schallarten: Ton, Klang, Knall und Geräusch (Bilder 2 bis 5).

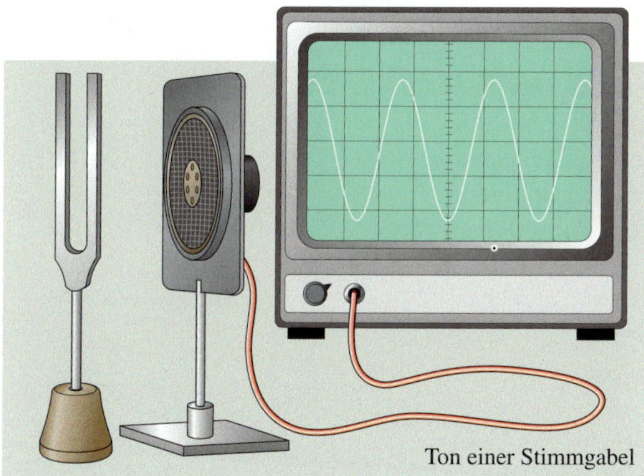

2 Ein *Ton* wird z. B. von einer Stimmgabel erzeugt. Auf dem Bildschirm des Ozsilloskops sieht man eine gleichmäßig auf- und absteigende Kurve, eine sogenannte Sinuskurve.

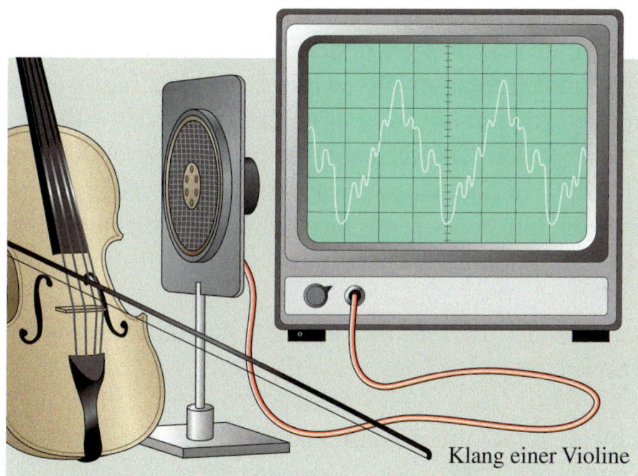

3 Beim *Klang* eines Instruments ist die Schwingung nicht sinusförmig. Die Kurve hat viele scheinbar unregelmäßige Zacken. Dennoch ist erkennbar, dass die Kurve sich regelmäßig wiederholt.

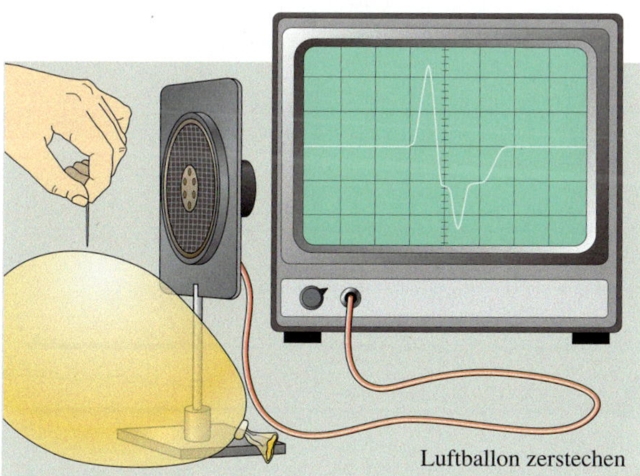

4 Ein *Knall* entsteht, wenn die Schallquelle nur einmal stark angestoßen wird und gleich wieder aufhört zu schwingen.

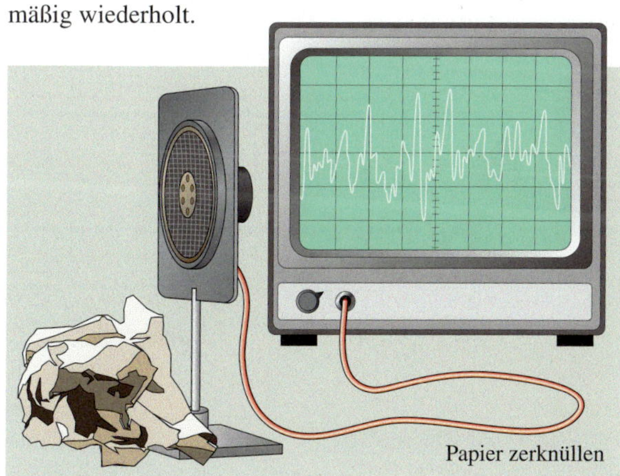

5 Bei einem *Geräusch* schwingt die Schallquelle unregelmäßig. Ein Geräusch entsteht z. B. beim Zerreißen von Papier.

Tonhöhe und Lautstärke

Beim Musikhören können wir nicht nur laute und leise, sondern auch hohe und tiefe Töne unterscheiden.

↑Basiskonzept System

Tonhöhe und Frequenz. Mithilfe einer Lochsirene können auf einfache Weise Töne erzeugt werden. Strömt Luft für kurze Zeit durch ein Loch, erhält die Luft hinter der Scheibe einen Stoß. Durch schnelle Wiederholung solcher Stöße entsteht eine Schallschwingung.

EXPERIMENT 3

1 Blase durch ein Trinkröhrchen gegen die rotierende Scheibe einer Lochsirene! Wiederhole das Experiment bei höherer Drehzahl!

2 Versuche die Drehzahl der Sirene so einzustellen, dass die Tonhöhe der einer Stimmgabel gleicht. Bestimme aus Drehzahl und Anzahl der Unterbrechungen pro Umdrehung die Frequenz dieses Tons!

1

Je höher die Drehzahl der Scheibe ist, umso größer ist die Frequenz der Schwingung und umso höher ist der entstehende Ton.
Um einen Ton zu erzeugen, der so hoch klingt wie eine Stimmgabel, die auf den Kammerton a′ gestimmt ist, muss sich 440-mal in der Sekunde ein Loch vor dem Trinkröhrchen vorbeibewegen. Die Frequenz des Tones ist also 440 Hz. Sie liegt etwa in der Mitte zwischen dem höchsten und dem tiefsten Ton, den wir mit unserer Stimme erzeugen können.
Bild 2 zeigt die $y(t)$-Diagramme von Schallschwingungen.

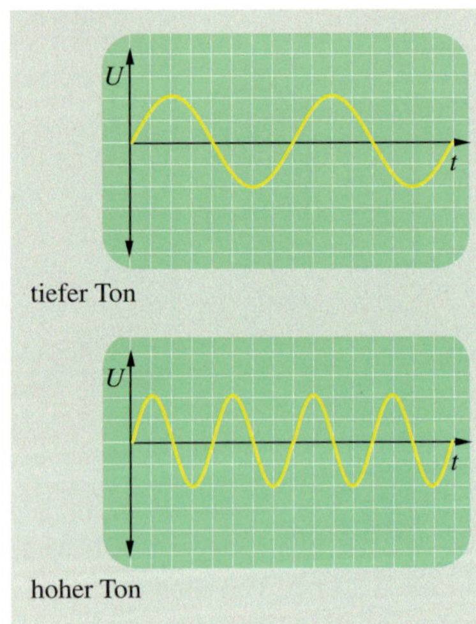

2

Je größer die Frequenz einer Schallschwingung ist, desto höher ist der ausgesandte Ton.

Einige hören mehr – andere weniger. Ein gesunder Erwachsener kann Töne wahrnehmen, deren Frequenzen zwischen 16 Hz und 20 000 Hz liegt. Das ist der Hörbereich des Menschen. Schallschwingungen mit einer Frequenz von über 20 000 Hz, die vom Menschen nicht mehr wahrgenommen werden können, nennt man *Ultraschall*. Bei vielen Tieren liegt die obere Hörgrenze deutlich höher als beim Menschen (Bild 3).

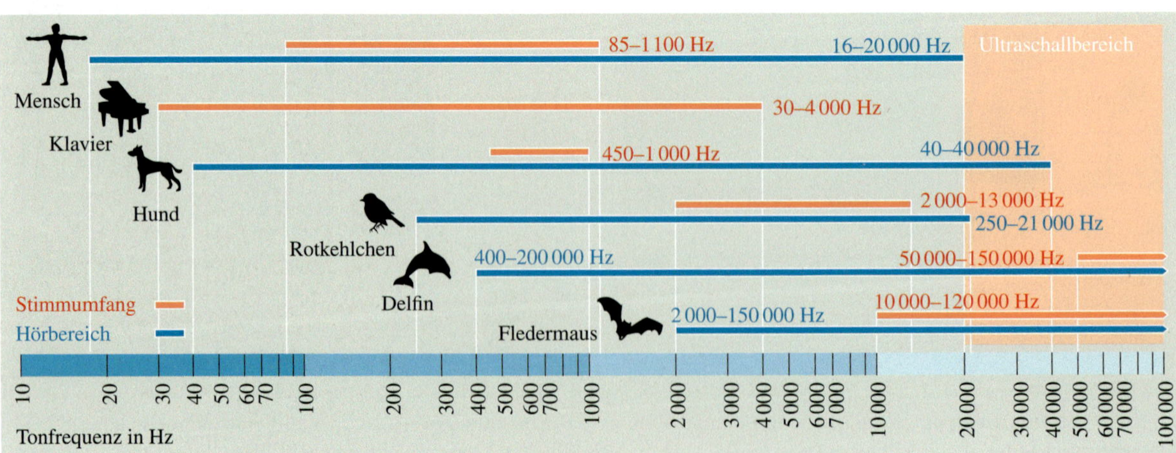

3

Lautstärke und Amplitude. Das kräftige Zupfen einer Saite erzeugt einen lauten Ton. Zupft man die Saite sanft, so ist der entstehende Ton leiser. Eine Lautsprechermembran schwingt umso stärker, je größer die Lautstärke ist; bei großer Lautstärke kann man die Schwingung eines Basslautsprechers mit bloßem Auge erkennen.
Auch mit einem Tongenerator lassen sich Töne unterschiedlicher Lautstärke erzeugen. Auf dem Bildschirm erkennt man, dass die Amplitude der Schallschwingung zunimmt, wenn der Ton lauter wird (Bild 1).

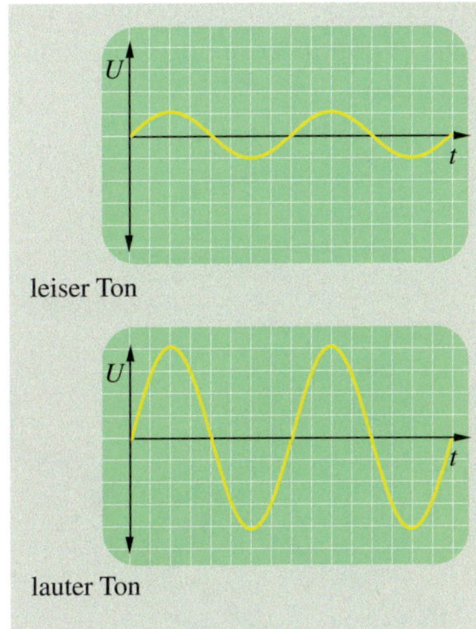

1

Je größer die Amplitude einer Schallschwingung ist, desto lauter ist der ausgesandte Ton.

Messen der Lautstärke. Wenn zwei Schallquellen gleichzeitig senden, dann erreicht den Empfänger von beiden Quellen Energie. Die ankommende Energie ist also die Summe der einzelnen Energien. Erscheint die Lautstärke verdoppelt, wenn die doppelte Energie in derselben Zeit das Ohr erreicht?

2

EXPERIMENT 4
Besorgt euch mehrere gleiche Trillerpfeifen. Lass erst eine Pfeife anblasen und versuche dir den Höreindruck zu merken!
Wie ändert sich der Höreindruck, wenn im gleichen Abstand 2 Pfeifen (später 3, 4 usw.) geblasen werden? Kannst du – mit geschlossenen Augen – raten, wie viele Pfeifen zugleich angeblasen werden?

↑Basiskonzept Energie ↑Basiskonzept Wechselwirkung

Es ist deutlich zu hören, dass zwei Quellen nicht doppelt so laut klingen wie eine. Selbst drei oder vier Quellen scheinen noch nicht doppelt so laut. Tatsächlich hat man herausgefunden:

Das menschliche Gehör empfindet den Schall von zehn gleichen Schallquellen etwa doppelt so laut wie den Schall einer Schallquelle im selben Abstand.

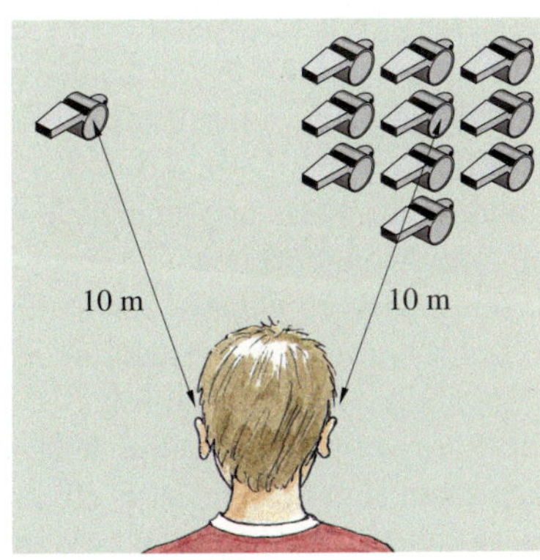

3

Das menschliche Gehör empfindet den Schall von zehn gleichen Schallquellen etwa doppelt so laut wie den Schall einer Schallquelle im selben Abstand.

Unsere Wahrnehmung der Lautstärke steigt also nicht linear mit der übertragenen Energie. Mit „laut“ und „leise“ beschreiben wir, wie wir die Lautstärke empfinden. Diese empfundene Lautstärke ist nicht messbar, aber man kann die je Sekunde auf eine bestimmte Fläche übertragene Energie – die Schallintensität – messen.
Zum Messen der Schallintensität werden Schallpegelmesser verwendet. Als Einheit wird das Dezibel (dB) verwendet. Oft haben solche Messgeräte eine Skala, auf der die Lautstärke in dB(A) (sprich: Dezibel A) abgelesen werden kann. Bei dieser Einheit wird berücksichtigt, dass das menschliche Gehör auf unterschiedlich hohe Töne unterschiedlich stark reagiert. Bei Geräuschen, die wir gerade so hören, steht der Zeiger auf 0 dB(A). Dieser Schallpegel wird *Hörschwelle* genannt.

Ein startendes Flugzeug kann – wenn man in der Nähe steht – so laut sein, dass es Schmerzen im Ohr auslöst. Die *Schmerzgrenze* liegt bei etwa 120 dB(A).

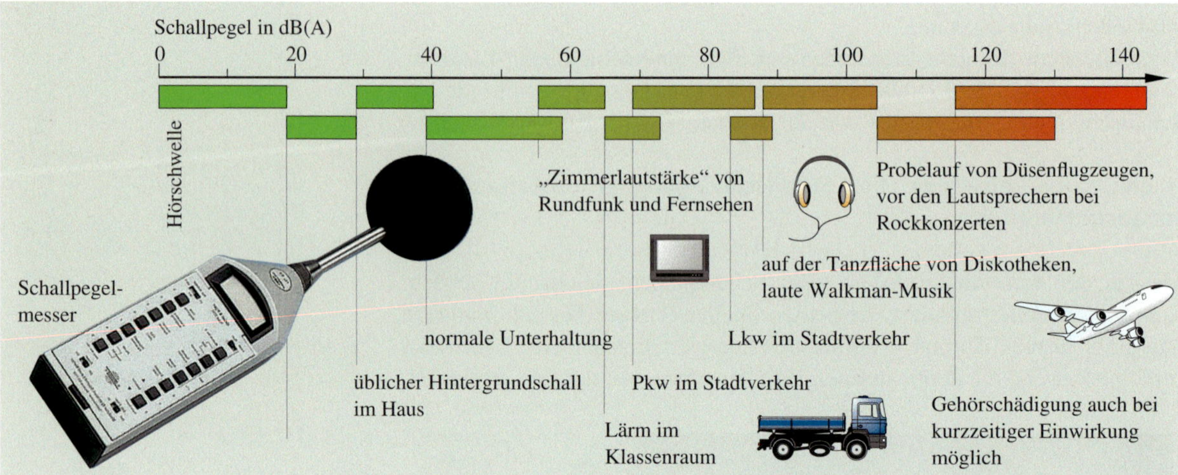

1

Wird ein Mensch von einem Schallpegel von mehr als 180 dB(A) getroffen, dann wird nicht nur das Gehör zerstört, auch die kleinen Lungenbläschen platzen und dies ist tödlich. Einen sehr kurzen Knall empfinden wir gar nicht so laut, selbst wenn der Schallpegel sehr hoch ist. Er ist dennoch schädlich.

Beispiel: Der Knall einer Spielzeugpistole nahe am Ohr hat einen Schallpegel von etwa 160 dB(A). Obwohl der Knall weniger als eine Tausendstelsekunde dauert, kann dieser einen dauerhaften Hörschaden auslösen.

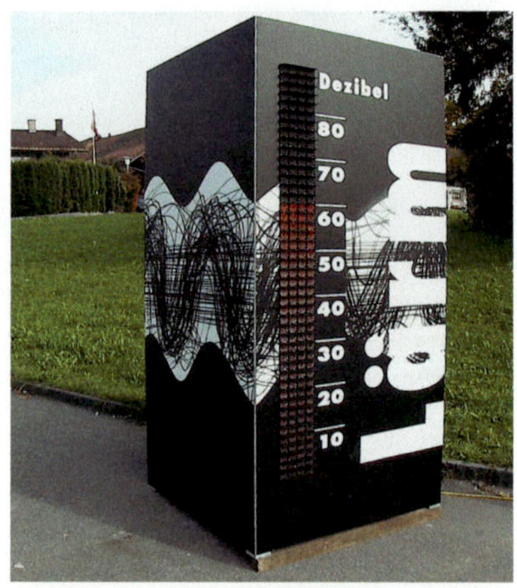

2

Lärm. Sicher hast du schon einmal Diskussionen mit Erwachsenen gehabt, wenn du laut deine Lieblingsmusik gehört hast. Das, was für dich wohlklingend war, empfanden die anderen vielleicht als unerträglichen Krach. Schall kann also stören, belästigen und sogar schädigen. In diesem Fall spricht man von Lärm.

In dicht besiedelten und industrialisierten Regionen leidet ein großer Teil der Bevölkerung unter dem Lärm, der in der Umwelt entsteht. Hauptverursacher des Lärms ist in der Regel der Verkehr von Autos, Bahnen und Flugzeugen, auch ländliche Regionen sind hiervon zum Teil stark betroffen.

Um die Lärmbelastung so niedrig wie möglich zu halten, gibt es im Prinzip zwei Möglichkeiten:

- Die *Lärmvermeidung* setzt an der Schallquelle an.
- Beim *Lärmschutz* versucht man, sich vor dem Lärm bestehender Quellen individuell zu schützen.

Die Lärmvermeidung sollte stets Vorrang vor dem Lärmschutz bekommen, denn zum Beispiel ist es effektiver, Flugzeuge mit leisen Triebwerken auszustatten, als in die Häuser in sämtlichen Einflugschneisen Schallschutzfenster einzusetzen.

Wegen der Gefahren, die von Lärm ausgehen, wurden Verordnungen zum Lärmschutz erlassen. Die Lärmschutzverordnungen setzen Grenzwerte für erlaubte Lautstärken fest.

3

Messung des Verkehrslärms

Reflexion von Schallwellen

Fährt ein Schiff durch einen schmalen Kanal, so bewegen sich seine Bugwellen auf die beiden Ufer zu. Wenn sie dort auftreffen, werden sie zurückgeworfen (Bild 1).
Die Ausbreitungsrichtung einer Welle verläuft senkrecht zur Wellenfront. Die reflektierten Wellenfronten schließen mit einem geraden Hindernis denselben Winkel ein wie die ankommenden Wellenfronten. Diese Aussage entspricht dem Reflexionsgesetz für Licht am ebenen Spiegel.
Auch der Schall wird von einer festen Wand reflektiert. Ist die Wand weit genug entfernt, kann man die Rückkehr des Schalls als Echo wahrnehmen. Wer im Gebirge aus einiger Entfernung in Richtung einer Felswand ruft, hört kurz darauf das Echo: Die Schallwellen werden von der Wand reflektiert. Befindet sich die Wand 170 m entfernt, so hören wir das Echo 1 s nach dem Aussenden des Schalls.

1 Reflexion von Bugwellen

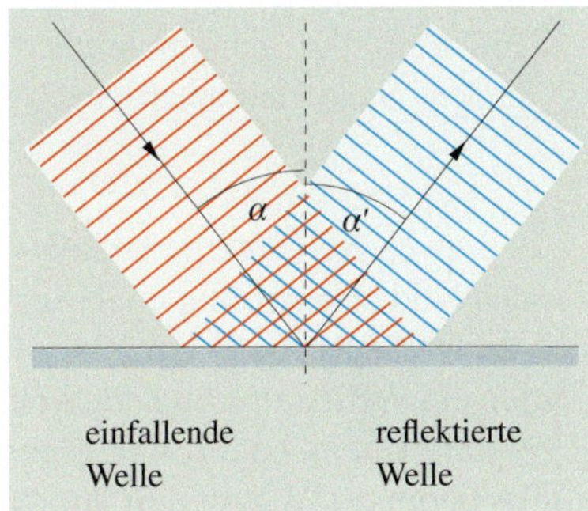

2 Reflexion von Wellen

Schallwellen können an Hindernissen reflektiert werden. Für die Änderung der Ausbreitungsrichtung gilt dabei das Reflexionsgesetz.

Beugung von Schallwellen

In einem Experiment soll untersucht werden, wie sich Wasserwellen verhalten, wenn sie ein Hindernis mit einer scharfen Kante oder einem engen Spalt passieren.

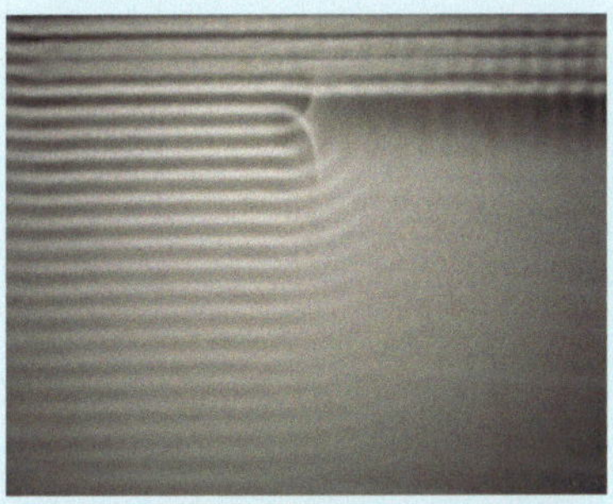
3

4

EXPERIMENT 5

1. In einer flachen Wanne wird eine Wasserwelle mit geraden Wellenfronten erzeugt, die auf ein Hindernis treffen (Bild 3).
2. In die Wellenwanne werden zwei Hindernisse so eingelegt, dass ein schmaler Spalt entsteht (Bild 4).

Die Wellenfronten werden durch das Hindernis nicht scharf begrenzt, sondern treten auch in den geometrischen Schattenraum hinter dem Hindernis ein. Diesen Vorgang nennt man Beugung. Man erkennt kreisförmige Wellenfronten, deren Zentrum an der Kante des Hindernisses liegt. Auch an dem schmalen Spalt, der durch zwei nahe beieinanderliegende Kanten gebildet wird, beobachtet man das Eindringen der Welle in den dahinterliegenden geometrischen Schattenraum. Der Spalt bildet das Zentrum eines ringförmigen Wellensystems.
Ähnlich wie Wasserwellen können auch Schallwellen gebeugt werden: Hinter einer Hausecke können wir ein Geräusch hören, auch wenn wir die Schallquelle nicht sehen.

5

Schallwellen dringen in den geometrischen Schattenraum hinter einem Hindernis oder einem Spalt ein: Sie werden gebeugt.

Interferenz von Schallwellen

Bei Regen kann man auf einer Wasseroberfläche sehen, wie Kreiswellen einander durchdringen, ohne dabei verformt zu werden (Bild 1). Offensichtlich ändert sich weder die Ausbreitungsrichtung noch die Ausbreitungsgeschwindigkeit einer mechanischen Welle, wenn sie mit einer anderen Welle zusammentrifft. Was aber geschieht mit einem Schwinger an dem Ort, wo z. B. zwei Wellenberge zusammentreffen oder wo ein Wellenberg und ein Wellental zusammentreffen?

1

EXPERIMENT 6

1. Die beiden Enden einer langen, horizontalen Schraubenfeder werden von zwei Personen gleichzeitig nach oben ausgelenkt und schnell wieder in die Ausgangslage zurückbewegt (Bild 2a).
2. Ein Ende der Schraubenfeder wird kurz nach oben ausgelenkt, das andere Ende gleichzeitig nach unten (Bild 2b)

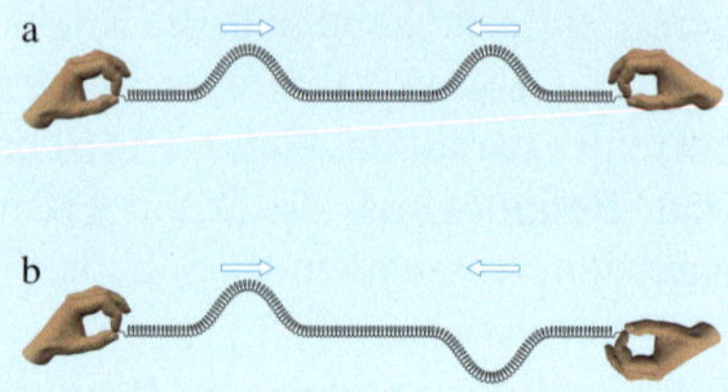

2

↑Basiskonzept Materie

Laufen zwei Wellenberge aufeinander zu, wird beim Aufeinandertreffen aus den beiden kurzzeitig ein besonders hoher Wellenberg. Dann bewegen sich die Wellenberge in ihrer ursprünglichen Form weiter (Bild 3a).
Laufen ein Wellenberg und ein Wellental aufeinander zu, so schwächen sie sich beim Aufeinandertreffen gegenseitig ab. Anschließend bewegen sich Wellenberg und Wellental in ihrer ursprünglichen Form weiter (Bild 3b).

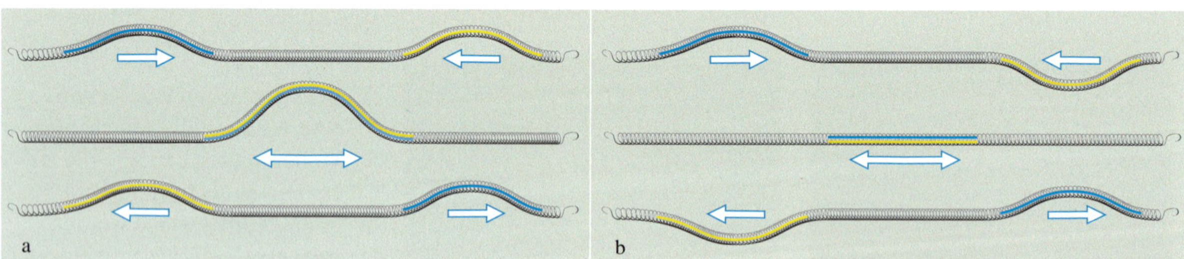

3

Auch in einer Wellenwanne lassen sich Wellen überlagern: Zwei Stifte tauchen periodisch im gleichen Takt ins Wasser ein und erzeugen zwei Kreiswellen (Bild 4). Man erkennt Streifen, auf denen so gut wie keine Bewegung der Wasseroberfläche stattfindet. Hier treffen jeweils Wellenberge auf Wellentäler. An anderen Stellen zeigen sich dagegen verstärkte Berge und Täler. Hier treffen Wellenberge auf Wellenberge und Wellentäler auf Wellentäler. Eine solche Überlagerung von Wellen, bei der es an bestimmten Stellen zu einer Verstärkung und an anderen Stellen zu einer Abschwächung bzw. Auslöschung kommt, nennt man Interferenz.
Auch Schallwellen können sich ungestört überlagern. So kann man z. B. gleichzeitig Musik aus dem Radio hören und ein Gespräch führen. Bei der Interferenz von Schallwellen bedeutet das, dass es Zonen gibt, in denen der Schall verstärkt bzw. nicht zu hören ist.

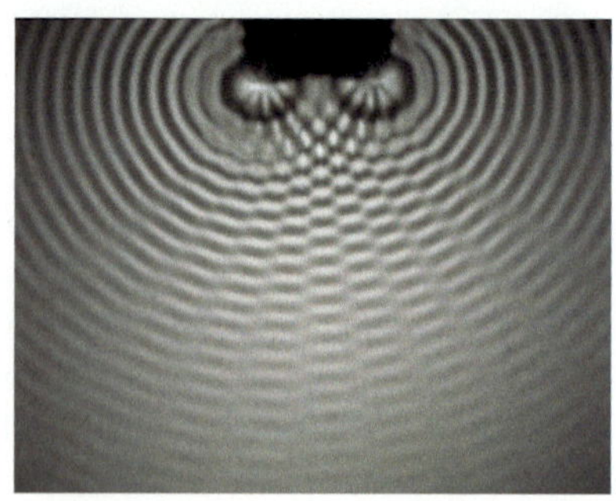
4

Zonen von Auslöschung und Verstärkung bei zwei gleichartigen Kreiswellen

Interferenz ist die ungestörte Überlagerung von Wellen, bei der in bestimmten Bereichen eine Verstärkung, in anderen eine Abschwächung bzw. Auslöschung der Wellen auftritt.

Ultraschall in der Medizin

Messen mit Ultraschall – die Natur als Vorbild. Delfine und Fledermäuse nutzen Ultraschall zur Orientierung. Solch hohe Töne können wir Menschen weder erzeugen noch hören. Wir können ihn aber technisch erzeugen und empfangen. Aus der Laufzeit der reflektierten Wellen wird die Entfernung berechnet. Ähnlich funktionieren Echolote (Bild 2).

1

Blick in den Körper – mit Ultraschall. Ultraschall erlaubt Einblicke in den menschlichen Körper. Das Prinzip ist ähnlich wie beim Echolot. Ultraschall wird z. B. bei Schwangeren eingesetzt, weil die Methode für Mutter und Kind als gefahrlos gilt. Ein „Schallkopf" wird auf den Bauch der Mutter gehalten (Bilder 3 und 4). Der Schallkopf sendet und empfängt Ultraschall. Die Wellen dringen in den Körper ein und werden von Gewebe und Knochen unterschiedlich reflektiert. Die Schallwellen des Echos „übersetzt" der Computer in ein Bild.

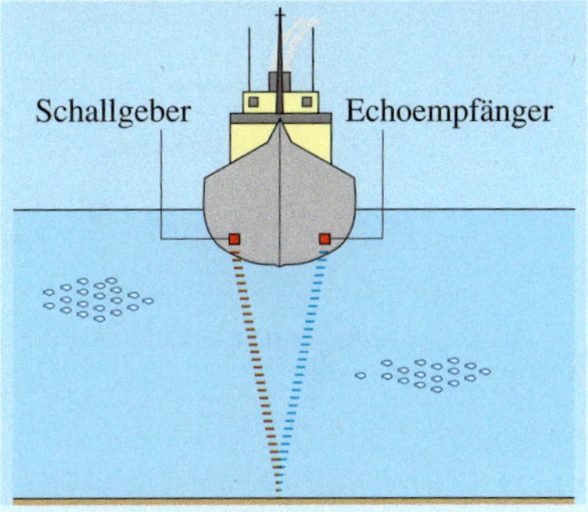

2
Echolot zur Entfernungsmessung

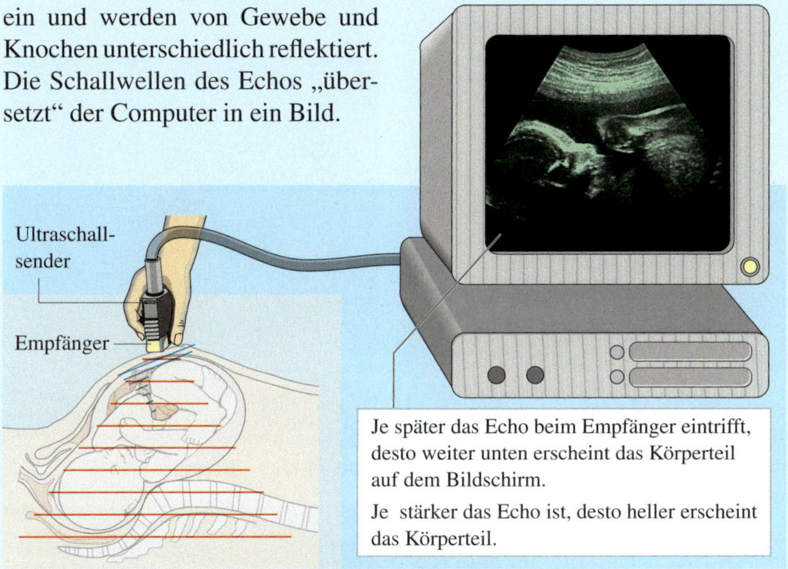

3
Prinzip der Ultraschalluntersuchung des Kindes im Mutterleib

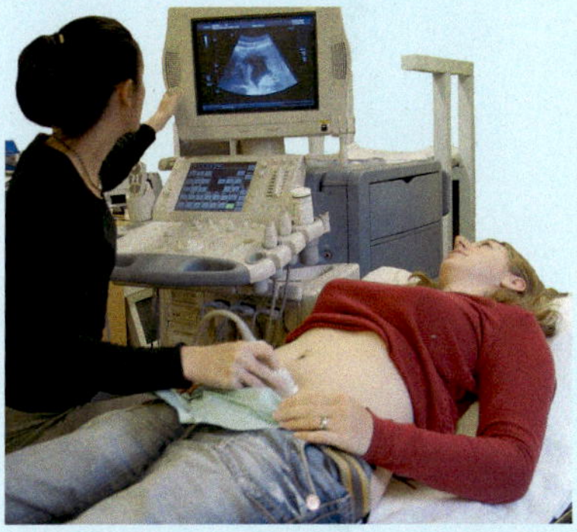
4
Ultraschalluntersuchung

Operieren mit Ultraschall. Wenn ein Splitter ins Auge eingedrungen und „verschwunden" ist, führt der Chirurg ein feines Instrument in den Augapfel ein (Bild 5). Es besteht aus einem winzigen Ultraschallkopf und einer kleinen Zange. Sowohl der Fremdkörper als auch die Spitzen der Zange reflektieren den Ultraschall.

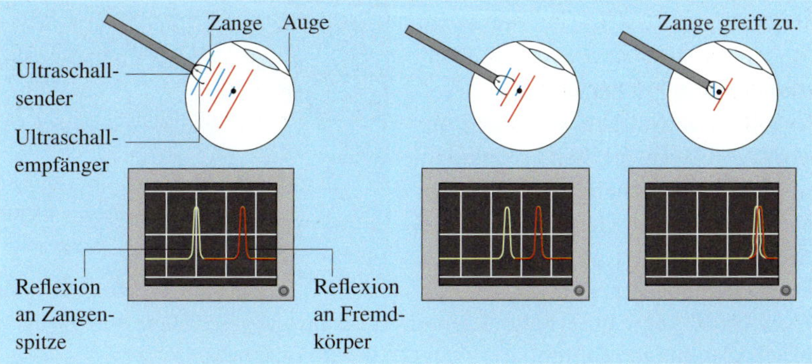

5
Auffinden und Entfernen eines Fremdkörpers im Auge

ÜBRIGENS

Viele Menschen sind „steinreich": In ihrer Niere entstehen Steine durch Kristallbildung aus dem Harn (Urin). Kleine Nierensteine werden mit dem Harn ausgeschieden. Setzt sich aber ein größerer Stein im Harnleiter fest, kommt es zu starken Schmerzen und Krämpfen. Mit gezielten „Stößen" von Ultraschallwellen kann der Arzt solche Nierensteine zertrümmern.

Schutz vor Lärm

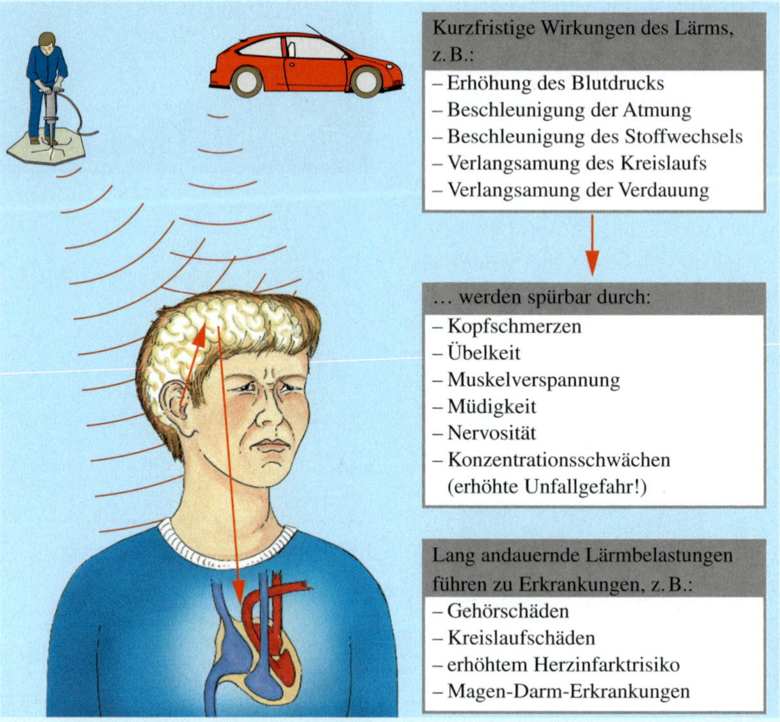

1

Lärm und seine Wirkungen

2

Gehörschutz

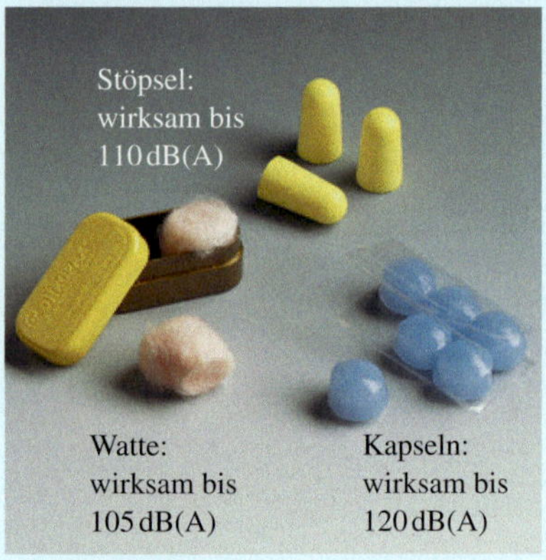

3

Ohrstöpsel

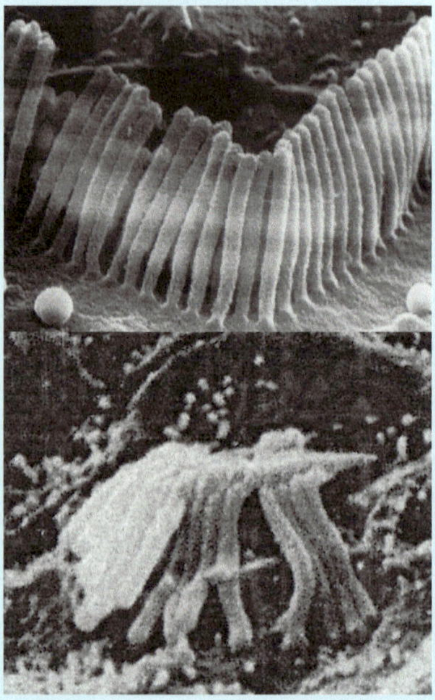
4

Gesunde und geschädigte Sinneshärchen im Innern des Ohres

Dauernder Lärm macht krank. Nicht nur der Lärm von Straßen, Baustellen und Fabriken führt zu Hörschäden, sondern auch zu laute Musik aus Boxen und Kopfhörern.

Am Arbeitsplatz in Fabriken oder Büros gilt die „Unfallverhütungsvorschrift Lärm", die Obergrenzen festlegt. In Büros darf es nicht lauter als 70 dB(A) sein. In Fabrikhallen muss bei Lautstärken ab 85 dB(A) den Beschäftigten ein Gehörschutz gestellt werden. An Arbeitsplätzen, an denen Lärm von 90 dB(A) und mehr auftritt, ist jeder verpflichtet, einen Gehörschutz zu tragen (Bild 2).
Als Schutz kann man mit Stöpseln aus Schaumstoff oder Silicon den Gehörgang verschließen (Bild 3). Man verwendet auch Kapseln, die wie Kopfhörer auf die Ohrmuscheln gesetzt werden. Gehörschutzmittel sind dann geeignet, wenn sie eine „CE"-Kennzeichnung besitzen.

Im Privatbereich gibt es keine gesetzlich vorgeschriebenen Lautstärkegrenzen. Hier setzen sich Personen freiwillig Lautstärken von mehr als 100 dB(A) ohne Schutz aus. Bei einem „voll aufgedrehten" Walkman muss dein Ohr Lautstärken wie bei einem Kompressorhammer aushalten. Dabei kommt es zu bleibenden Schädigungen des Gehörs (Bild 4). Geschädigte Sinneshärchen im Innenohr wachsen nicht nach! Der ganze Körper leidet unter Lärm: Hoher Blutdruck, Magenschmerzen, Nervosität und Schlaflosigkeit sind die Folgen. Am Ende kann eine hohe Lärmbelastung zu Magen- und Herz-Kreislauf-Erkrankungen führen.

Schalldämmung. Du sitzt am offenen Fenster und musst eine schwierige Aufgabe lösen. Draußen dröhnt der Autoverkehr. Du kannst dich schlecht konzentrieren. Also schließt du das Fenster. Es tritt nun weniger Schall in das Zimmer, weil das Fensterglas einen Teil des Schalls reflektiert. Auch das Mauerwerk des Hauses reflektiert den Schall. Diese Art des Schallschutzes heißt *Schalldämmung*. Viel besser als eine einfache Glasscheibe dämmt ein Schallschutzfenster (Bild 1).
Bei der Schalldämmung wird ein Teil des Schalls durch Reflexion fortgelenkt und so die Lautstärke gemindert.
Zur Dämmung kommen Betonplatten, Stein, Holz oder Glas zum Einsatz. Solche Materialien werden auch beim Bau von Lärmschutzwänden an Straßen verwendet (Bild 2).

Schalldämpfung. Bei der Schalldämpfung wird ein Teil der Schallwellen von geeigneten Materialien verschluckt oder abgeschwächt.
Schallschluckende Materialien:
Zur Schalldämpfung eignen sich Materialien mit einer lockeren, rauen Oberfläche oder vielen Poren, in denen Luft eingeschlossen ist. Hartschaumplatten, Teppiche oder Textilien wirken daher in Wohnräumen schalldämpfend (Bild 3).
Schalldämpfer: Der Schalldämpfer eines Motorrads oder Autos ist in mehrere Kammern aufgeteilt, in denen der Schall reflektiert wird. Dadurch wird der Schall abgeschwächt und die Motorgeräusche werden gedämpft (Bild 4).

Tinnitus und Hörsturz. Mehr als 3 Millionen Menschen in Deutschland empfinden ständig Geräusche in ihrem Ohr, obwohl von außerhalb kein Schall ins Ohr dringt. Die Ärzte nennen diese Krankheit *Tinnitus*. Niemand außer dem Betroffenen hört die Geräusche. Für den Kranken ist das starke Ohrensausen aber sehr unangenehm und belastend. Er kann sich oft nur schwer konzentrieren und schläft auch schlecht. Bis jetzt ist die Krankheit nicht heilbar. Selbsthilfegruppen in vielen Orten wissen aber über Möglichkeiten Bescheid, wie man mit der Krankheit leben kann. Häufig werden Jugendliche nach dem Besuch eines Rock- oder Technokonzerts von Tinnitus geplagt.
Wenn ein Mensch plötzlich auf einem Ohr – selten auf beiden – nicht mehr hören kann, ist ein *Hörsturz* eine mögliche Ursache. Zum Hörsturz kommt es, wenn ein Mensch unter Stress steht, wenn er also „viel um die Ohren" hat. Nur die schnelle Hilfe durch einen Arzt kann vielleicht verhindern, dass der Patient schwerhörig oder gar taub wird.

Aufgaben

1. Wie wirken große Lautstärken auf den menschlichen Körper? Wie kannst du dich schützen?
2. Mache für deinen Klassenraum verschiedene Schallschutzvorschläge. Der Schall, der im Raum entsteht, soll leiser werden und die Geräusche von draußen sollen weniger zu hören sein.
3. Der Schlagzeuger eurer Schülerband hat seit Wochen starke Magenschmerzen. Schreibe ihm deinen Ratschlag auf.

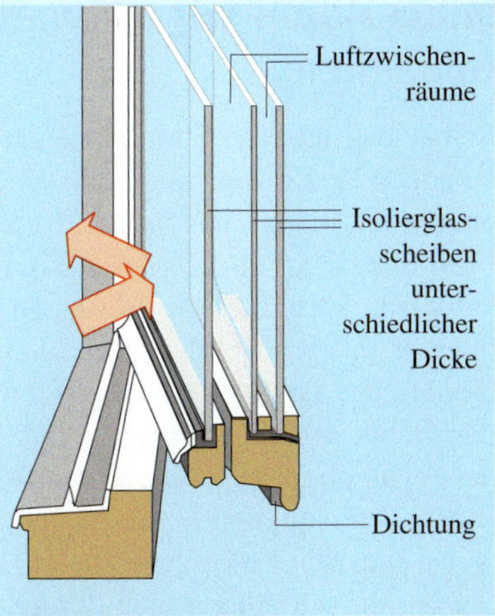

1
Schallschutzfenster

2
Schallschutzwand

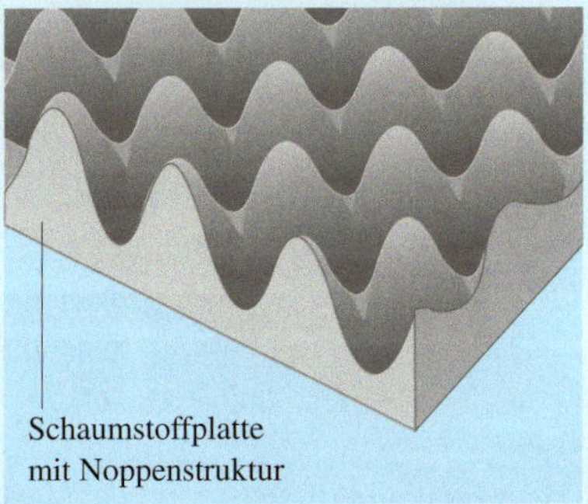

3
Schalldämpfung

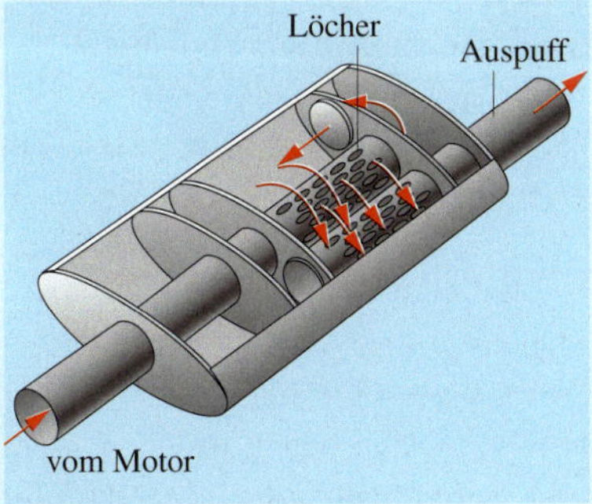

4
Schalldämpfer eines Autos

Methode

Mind-Map – wir sammeln und ordnen unsere Gedanken

Selbst das leiseste Summen einer Mücke kann stören und ein ohrenbetäubendes Konzert finden manche toll. Was man als störendes Geräusch empfindet, hängt davon ab, welche Einstellung der Hörer dazu hat. Empfindet man ein Geräusch als Lärm und tritt dieses Geräusch häufig auf, dann kann dies zu Störungen der Konzentration, zu Bluthochdruck oder zu anderen Beschwerden führen.

Geräusche, die einen Schallpegel über 80 dB(A) erzeugen, können direkt das Gehör schädigen, indem Nervenzellen in der Schnecke zerstört werden, egal, ob man das Geräusch toll findet oder es für Lärm hält.

Einige Lärmquellen sollen genauer betrachtet werden, indem gruppenweise eine Mind-Map erstellt wird. Beschafft euch mehrere farbige Karten, auf die ihr schreiben könnt. Ordnet und beschriftet sie auf einem großen Blatt Papier.

Für das Beispiel Baulärm sind einige Anregungen gegeben. Zu jedem Lärm (rote Karten) sind Schallquellen (weiße Karten) zu suchen, die den Lärm erzeugen. Auf den blauen Karten benennt ihr die Menschen, die von diesem Lärm betroffen sind. Auf den gelben Karten sollt ihr Vorschläge machen, wie man diese Schallquelle leiser machen oder sich davor schützen kann. Mit Zeichnungen und Fotos kann die Mind-Map ausgestaltet werden (Bild 2).

1

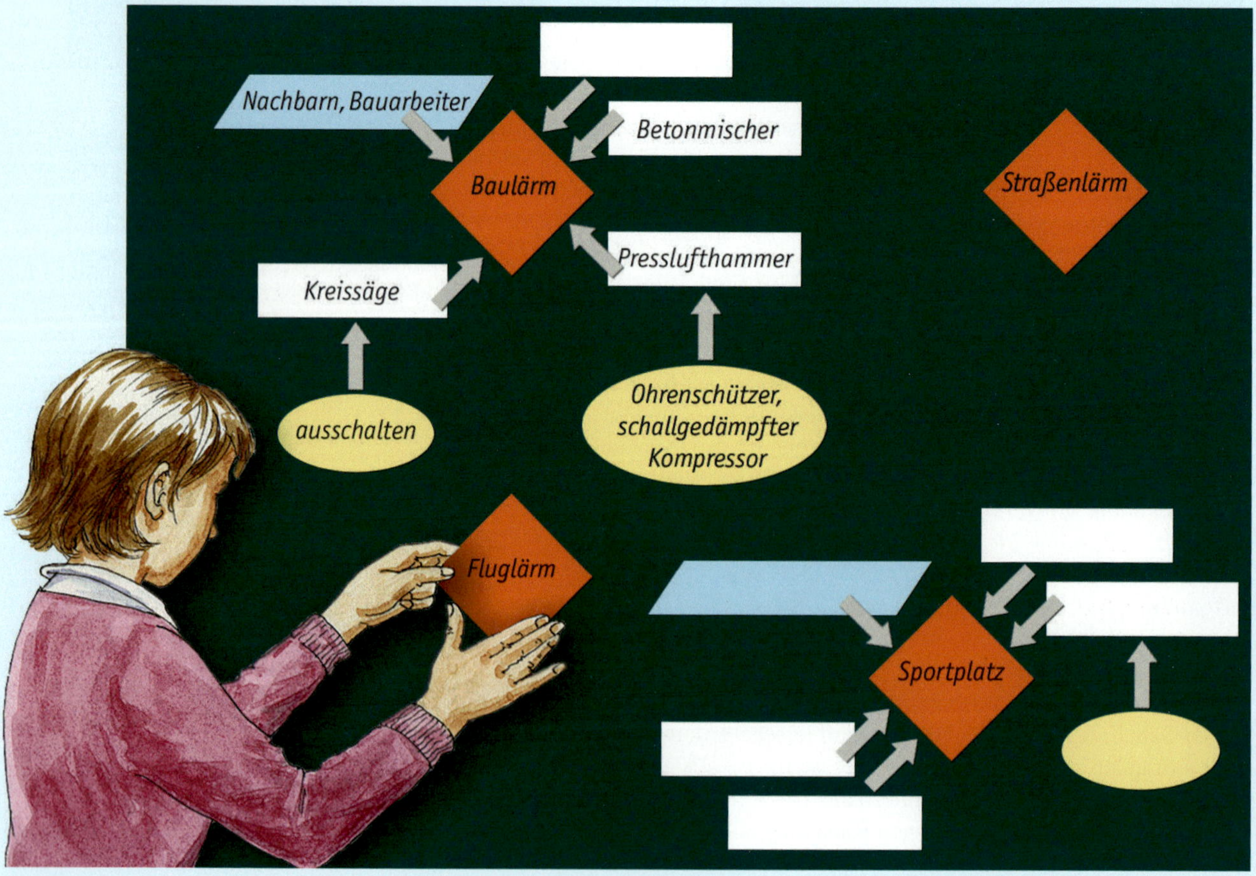

2

Eine Lärmkarte erstellen

Der Lärm gehört zu den größten Belastungen der Menschen besonders in den Städten, aber auch auf dem Land in der Nähe von Autobahnen, Eisenbahnlinien und Flughäfen. Manche Lärmbelästigung ist ständig vorhanden, weil beispielsweise eine Lüftung auf dem Nachbargebäude ununterbrochen läuft. Manchmal gibt es nur hin und wieder großen Lärm, z. B. an einer Eisenbahnstrecke. Oft erzeugen wir den „Lärm“ sogar freiwillig: Auf dem Sportplatz geht es laut zu, in der Disko dröhnen die Lautsprecher und mit den Ohrhörern am MP3-Player holen wir den Lärm direkt in den Kopf.

1

Zu jeder dieser Lärmquellen könnte ein Projekt durchgeführt werden:
- Wie laut ist es auf der Straßenkreuzung neben der Schule?
- Welche Gebiete sind vom Fluglärm des Flughafens betroffen?
- Welche Schallquellen gibt es in der benachbarten Fabrik?
- Wie kann man die Lautstärke in der Turnhalle vermindern?
- Wie müsste der Übungsraum eurer Schulband gestaltet werden?
- Wie laut ist eigentlich ein Ohrhörer? …

Projekt: Erstellung einer Lärmkarte der Schule und ihrer Umgebung

Arbeitsplan

Gruppe 1: Wo wird gemessen? – Anfertigen eines Grundrisses der Schule, Ausschnitt aus dem Stadtplan …

Gruppe 2: Schallpegelmesser – wodurch unterscheiden sich die einzelnen Gerätetypen?

Gruppe 3: Messungen – wie wird mit dem Schallpegelmesser gemessen? Wie stellt man die Messwerte am besten dar? Zu welchen Zeiten muss gemessen werden?

Gruppe 4: Wie wird der Lärm durch die Mitschüler und Lehrer beurteilt? – Interviews und Fragebögen

Gruppe 5: Welche Schlussfolgerungen kann man aus den Messungen ziehen?

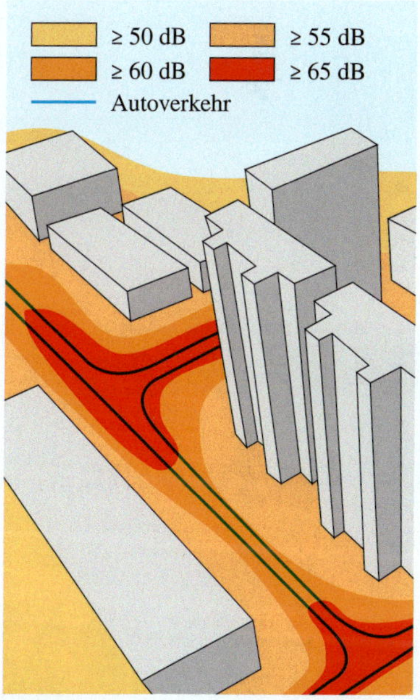

2

Tipp:
Für Lärmanalysen ist ein Schallpegelmesser erforderlich. Ein solches Gerät sollte in der Lehrmittelsammlung der Physik eurer Schule vorhanden sein. Am besten wären gleich zwei Schallpegelmesser, dann können mehrere Arbeitsgruppen an verschiedenen Orten zugleich messen. So kann z. B. direkt an der Straße und gleichzeitig im Haus gemessen werden, wenn ein Lastwagen vorüberfährt.

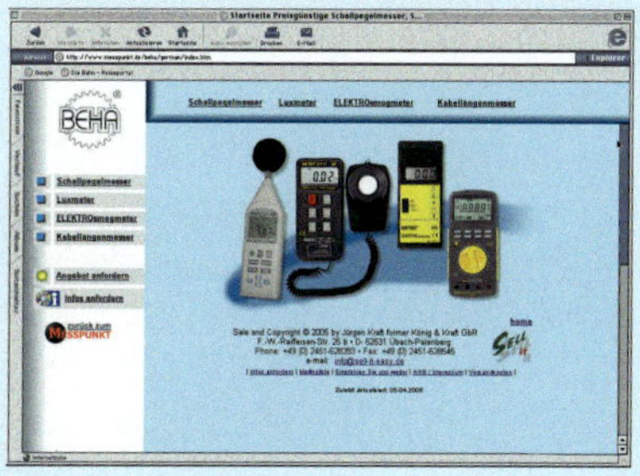
3

Physik erlebt

Tsunami – ein gefürchtetes Naturphänomen

Ein Tsunami (jap., Hafenwelle) besteht aus einer Serie aufeinanderfolgender Meereswellen und gilt als eines der gefürchtetsten Naturphänomene. Er kann innerhalb weniger Minuten an den nahen Küsten große Zerstörungen anrichten und viele Menschenleben fordern. Er entfaltet seine Wirkung aber auch an weit entfernten Küsten, da er sich im Verlauf von Stunden über ganze Ozeane hinweg ausbreiten kann.

Der Tsunami wird in den meisten Fällen durch gewaltige Seebeben, aber auch durch Hangrutschungen, Vulkanausbrüche, Unterwasserlawinen oder durch Losbrechen eines Eisberges verursacht.

Wenn sich bei einem starken Beben unter dem Meeresgrund plötzlich der Meeresboden anhebt, erhalten die sich darüber befindlichen Wassermassen einen gewaltigen Schlag von unten. Große Teile des Meeresbodens werden nach oben gepresst, während andere nach unten absacken. Vergleichbar mit einem Kolben wird das Meer emporgedrückt und mehrfach zu einem Berg aufgebeult, von dem das Wasser nach allen Seiten hin abfließt.

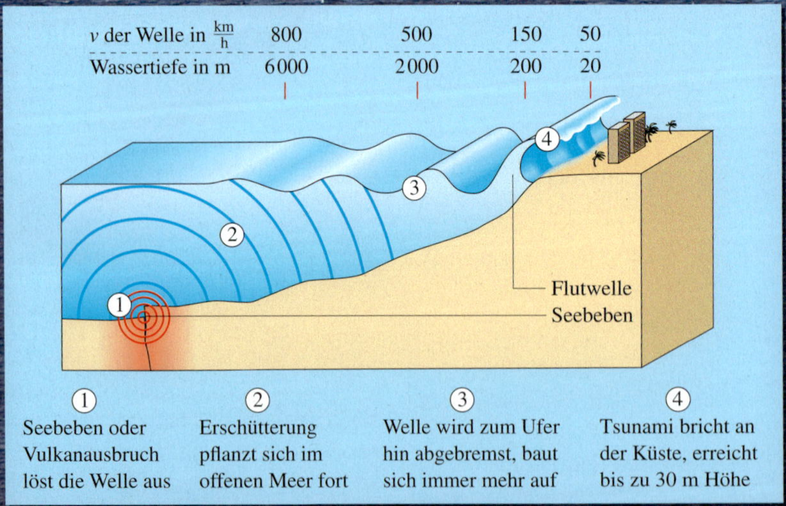

Nicht jedes Seebeben verursacht einen Tsunami. Erst ab einer Stärke von 7 auf der Richter-Skala, wenn das Zentrum nahe unter dem Meeresboden liegt und es eine vertikale Verschiebung des Meeresbodens verursacht, erhöht sich die Wahrscheinlichkeit für die Entstehung eines Tsunamis.

Die sich bildenden Wellen sind im tiefen Wasser zunächst kaum sichtbar. Es sind ungefährliche flache Wellen mit einer Amplitude von bis zu einem Meter, aber mit einer Wellenlänge von einigen Hundert Kilometern, die somit viel größer als die Wassertiefe ist. Hier breiten sie sich mit einer sehr großen Geschwindigkeit von bis zu 800 km/h aus und transportieren eine riesige Energie. Erst wenn die Welle die Küste erreicht, wird sie zur tödlichen Gefahr, denn ihre ungeheure Kraft macht sich erst im flachen Wasser bemerkbar. Die Amplitude der sich auf 30 bis 50 km/h verlangsamten Welle kann hier auf 30 m anwachsen und die Wellenlänge verringert sich auf nunmehr 10 km.

Im Gegensatz zu den durch Wind ausgelösten Wellen, die nur oberflächlich auftreten, bewegt ein Tsunami die gesamte Wassersäule vom Grund bis zur Oberfläche des Meeres.
In Küstennähe macht er sich deshalb zunächst durch eine starke ablandige Strömung bemerkbar, die zu einer kurzzeitigen Trockenlegung von Küstenregionen führt. Gleichzeitig wächst der kilometerbreite Wasserberg auf dem Meer und schiebt sich dann mit Urgewalt auf das Land.
Anschließend entsteht ein enormer Sog zurück zum Meer, der wiederum vieles mitreißen und verheerende Verwüstungen anrichten kann. Gigantische Wassermassen strömen in eine Senke, bevor sich das Zusammenspiel des Absenkens und Aufwölbens mehrfach wiederholt. Die Wellenberge folgen aufeinander in Abständen von 10 Minuten bis zwei Stunden.

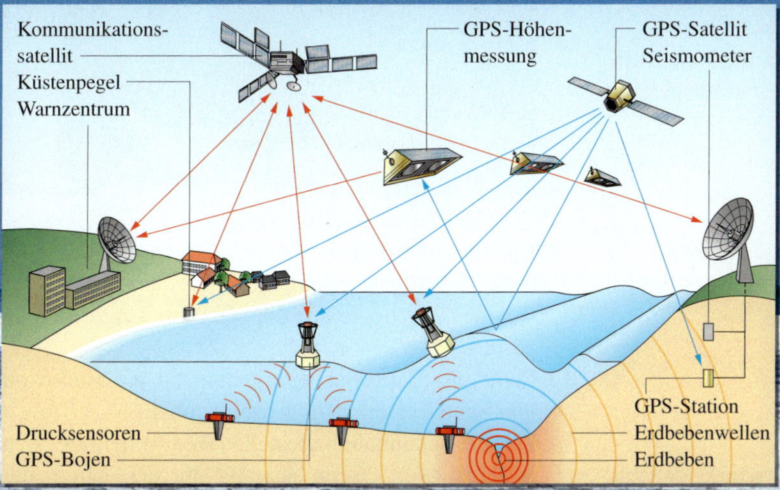

Den durch einen Tsunami ausgelösten Gefahren kann durch Frühwarnung sowie breite Information der Öffentlichkeit begegnet werden. Ein Tsunami-Frühwarnsystem nutzt den Unterschied der Ausbreitungsgeschwindigkeiten von sehr schnellen seismischen Wellen und den Tsunamiwellen. Ist ein dichtes Netz seismischer GPS-Stationen verfügbar, lassen sich bereits nach wenigen Minuten genaue Rückschlüsse über den Ort und die Stärke eines Erdbebens ziehen, das möglicherweise einen Tsunami auslösen kann. Die GPS-Stationen messen sehr genau die Verschiebung der Erdoberfläche und des Meeresbodens. Darüber hinaus misst ein Netz von Bojen die Tsunamiwelle auf hoher See und ermöglicht die Angabe einer Vorwarnzeit.

Als „natürliches“ Frühwarnsystem gilt die einheimische Tierwelt. Tiere werden bei drohender Gefahr unnatürlich stark unruhig.
So ist bekannt, dass sich Tiere rechtzeitig vor Eintreffen eines Tsunamis auf höher gelegene Gebiete zurückziehen und dadurch überleben.

Weißt du es? Kannst du es

1. Beschreibe Vorgänge aus Natur und Technik, bei denen es sich um mechanische Wellen handelt!
2. Wie entstehen mechanische Wellen und wie kann man diese physikalisch beschreiben?
3. Beschreibe ein Experiment, mit dem man nachweisen kann, dass eine mechanische Welle Energie, aber keinen Stoff transportiert!
4. Benenne die Bedingungen, unter denen ein Gegenstand zu einer Schallquelle wird!
5. Die magnetischen Rollen auf einer Schiene sind so gepolt, dass sie einander jeweils abstoßen.
   a) Beschreibe, was geschieht, wenn die erste Rolle kurzzeitig in Richtung der zweiten ausgelenkt wird!
   b) Vergleiche diesen Vorgang mit der Schallausbreitung in Luft!

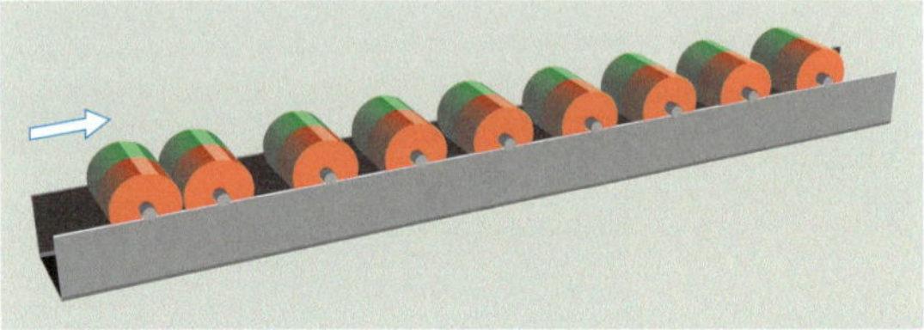
1

6. Das Flügelschlagen von Insekten wurde gezählt: Schmetterlinge 10 Hz, Hummeln 240 Hz, Bienen 400 Hz und Mücken über 600 Hz. Was hören wir davon?
7. Auf dem Weg zum erfolgreichen Karaokesänger:
   a) Erzeuge den Kammerton a′ ($f = 440\,\text{Hz}$) mit einem Tongenerator (Frequenzgenerator). Stelle den Ton auf dem Bildschirm eines Oszilloskops dar (Bild 2)!
   b) Schließe ein Mikrofon am zweiten Kanal des Oszilloskops an und versuche den vorgegebenen Ton möglichst gut nachzupfeifen. Experimentiere auch mit höheren und tieferen Tönen.
   c) Versuche den Kammerton a′ nachzusingen.

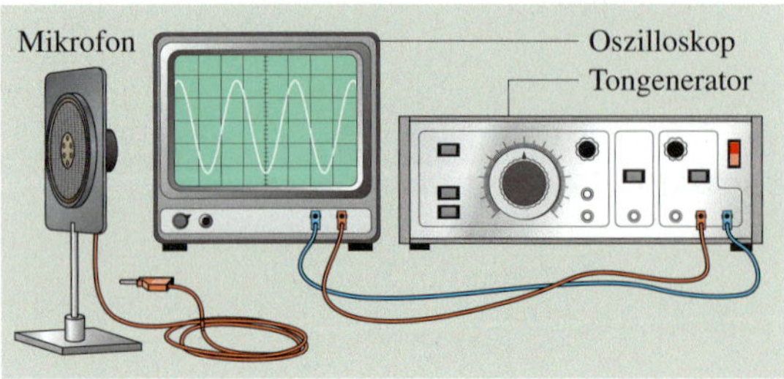

2

8. Worin unterscheiden sich die Schwingungsbilder von einem leisen und einem lauten Ton?
9. Worin unterscheiden sich die Schwingungsbilder von einem tiefen und einem hohem Ton?
10. Oberhalb welcher Frequenzen werden Töne als Ultraschall bezeichnet?
11. Das gesunde Ohr junger Menschen kann Töne zwischen 16 Hz und 20 kHz wahrnehmen. Teste mit einem Tongenerator, bis zu welcher Höchstfrequenz du Töne hören kannst (Bild 3)!

3

12. Bis zum Jahr 2000 flog die „Concorde" mit doppelter Schallgeschwindigkeit über den Atlantik. In welcher Zeit legte sie die 6000 km lange Strecke zurück?
13. Plane ein Experiment, mit dem du die Reflexion von Schallwellen nachweisen kannst!
14. Diese Straßenbahnhaltestelle (Bild 4) befindet sich in Hannover. Wenn jemand in der Mitte der Parabolschalen sitzt, kann er ein Gespräch auf der gegenüberliegenden Seite belauschen. Wie kann das sein? Vergleiche mit einem Hohlspiegel!

4

15. Beschreibe und begründe eine einfache Methode zur Entfernungsbestimmung von Blitzen beim Gewitter (Bild 5)!

5

16. Nenne und erläutere ein Beispiel für die Beugung von Schallwellen!
17. Beschreibe, wie man mit einem Echolot die Meerestiefe misst und Fischschwärme findet!
18. Wie groß ist die Meerestiefe, wenn der Schall eine Zeit von 0,6 Sekunden benötigt, um vom Sender an der Unterseite eines Schiffes zum Meeresboden und von dort zurück zum Empfänger zu gelangen?
19. Haltet einen Kurzvortrag über die Echoortung der Delfine und Fledermäuse!
20. Informiert euch über weitere Anwendungen von Ultraschall in der Technik!
21. Beschreibe das physikalische Prinzip der Ultraschalluntersuchung!
22. Worin liegt der Vorteil der Ultraschallmethode bei Untersuchungen während der Schwangerschaft?
23. Was versteht man unter Lärm? Beschreibe und erkläre Lärmschutzmaßnahmen in Gebäuden und im Straßenverkehr!
24. Welche Vor- oder Nachteile hat es, Musik über Kopfhörer statt Lautsprecherboxen zu hören?
25. Informiert euch über die Lärmschutzgesetze und Schallpegel-Grenzwerte für Autos, Bahnen, Flugzeuge, Baumaschinen, Küchengeräte, Rasenmäher!
26. In Diskotheken werden Personal und Diskjockeys durch Gesetze geschützt – nicht jedoch die Besucher auf der Tanzfläche. Nimm dazu Stellung!
27. „Ich habe mich an der Lärm in der Disko längst gewöhnt.“ Bewerte diese Aussage!

Kurz und knapp !

Eine Welle ist die Ausbreitung einer mechanischen Schwingung, bei der Energie, jedoch kein Stoff transportiert wird.
Die Wellenlänge λ ist der Abstand zweier benachbarter Wellenberge.

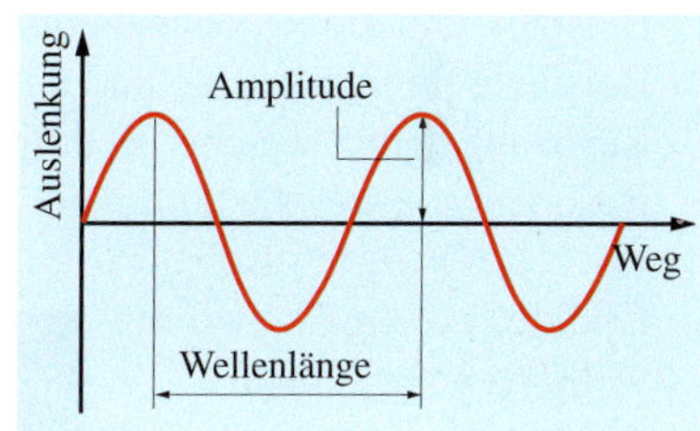

Eine Schallwelle in Luft ist die Ausbreitung von Luftdruckschwankungen und somit von Schallschwingungen.
Die Schallgeschwindigkeit in Luft beträgt etwa 340 m/s.
Zur Schallausbreitung benötigt man einen Stoff.

Je höher die Frequenz einer Schallschwingung ist, desto höher ist der ausgesandte Ton.
Je größer die Amplitude einer Schallschwingung ist, desto lauter ist der ausgesandte Ton.

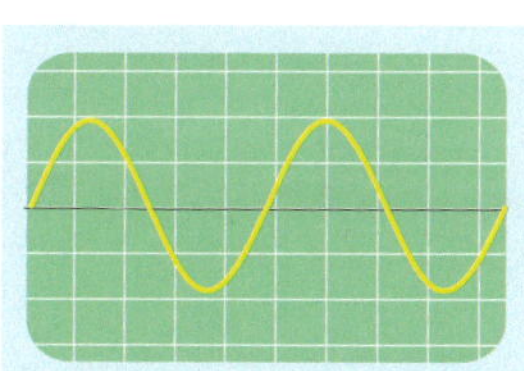
tiefer Ton

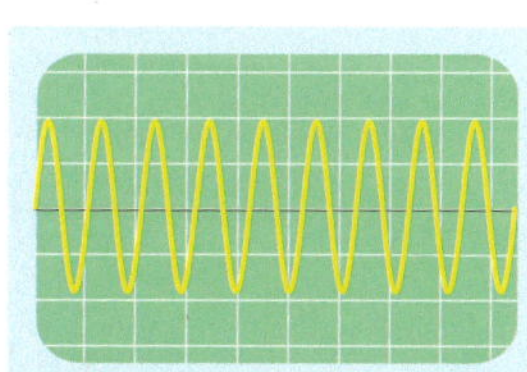
hoher Ton

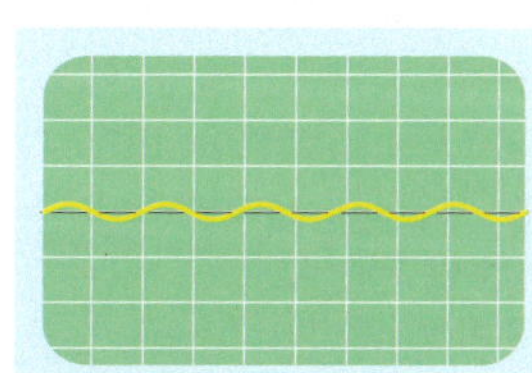
leiser Ton

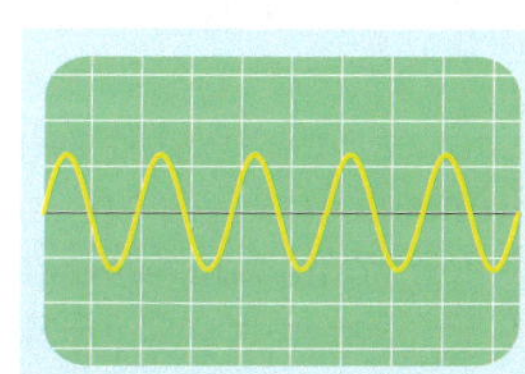
lauter Ton

Reflexion. Schallwellen können an Hindernissen reflektiert werden. Für die Änderung der Ausbreitungsrichtung gilt dabei das Reflexionsgesetz.
Beugung. Schallwellen können an Hindernissen gebeugt werden.
Interferenz. Schallwellen können sich überlagern, was in bestimmten Bereichen zur Verstärkung, in anderen zur Abschwächung der Wellen führt.

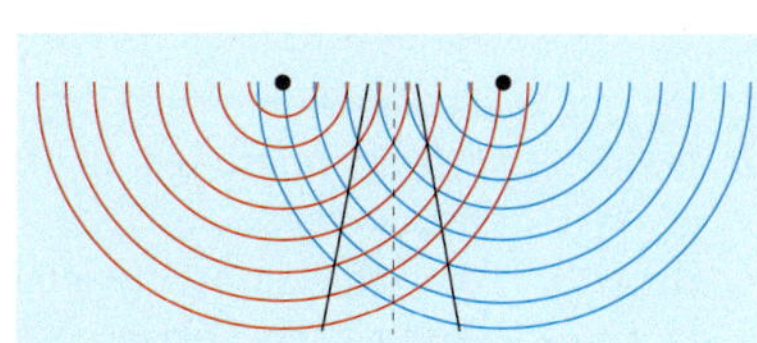
Interferenz

Mit Maßnahmen der Schalldämmung lässt sich die Ausbreitung des Schalls in hohem Maße verringern.

Teste dich!

1 Eine Schwingung wurde aufgezeichnet (Bild 1). Benenne die physikalischen Größen in A, B und C. Die Frequenz dieses Systems beträgt 2 Hz. Wie berechnet man diesen Wert? Welche Bedeutung hat er?

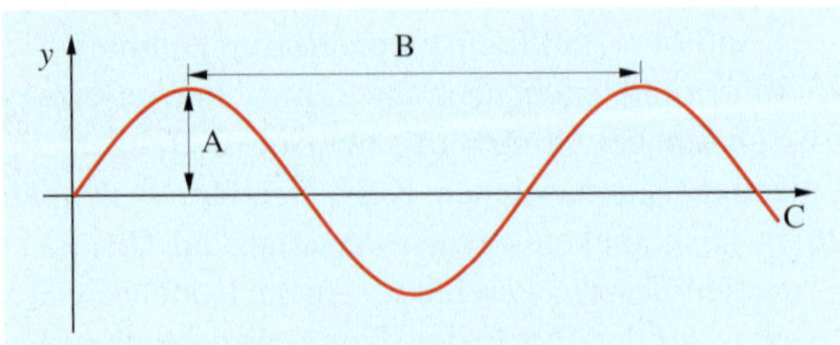

1

2 Erläutere, was man unter den Begriffen freie Schwingung, erzwungene Schwingung, Eigenfrequenz und Erregerfrequenz versteht.

3 Beschreibe das Phänomen der Resonanz an einem Beispiel. Gib die Resonanzbedingung an. Nenne Beispiele für erwünschte und unerwünschte Resonanz. Unter welcher Bedingung kann es zur Resonanzkatastrophe kommen?

4 Erkläre, wie eine Schallwelle an einer schwingenden Lautsprechermembran entsteht.

5 Warum ist auf dem Mond kein Lärm zu hören?

2

6 Die Frequenz eines hohen Tons ist größer als die Frequenz eines tiefen Tons.

a Welches der Oszilloskopbilder zeigt die höhere Frequenz (Bild 3)?

b Welches Bild zeigt den lauteren Ton?

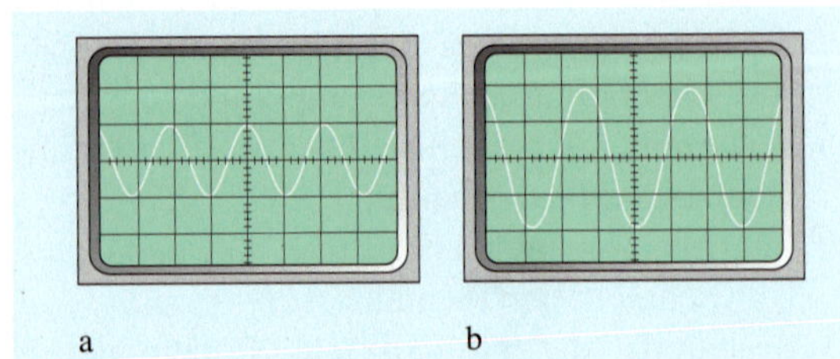

3

7 „Der Orgelton klang sehr laut und sehr tief.“ Was kannst du über die Frequenz und Amplitude des Schalls aussagen?

8 Erläutere und unterscheide die Begriffe Hörgrenze und Schmerzgrenze!

9 Fischschwarm geortet: Zwischen Aussenden und Empfangen des Signals sind 0,14 s vergangen. Berechne, in welcher Tiefe die Fische schwimmen!

10 Wie kann man mithilfe des Echos die Schallgeschwindigkeit messen?

4

Schätze deine Kenntnisse und Fähigkeiten ein.

Ordne dazu deiner Lösung im Heft ein Smiley zu:

☺ Ich konnte die Aufgabe richtig lösen.
😐 Ich konnte die Aufgabe nicht komplett lösen.
☹ Ich konnte die Aufgabe nicht lösen.

› Die Lösungen findest du im Anhang.

Aufgabe	Fähigkeit	Hilfe findest du auf Seite ...
1	Kenngrößen einer Schwingung benennen und berechnen.	146
2, 3	Schwingungsarten und Frequenzen erläutern, Resonanz beschreiben.	148, 149, 152
4, 5	Die Schallausbreitung beschreiben.	158
6, 7	Zusammenhang zwischen Tonhöhe und Frequenz bzw. Lautstärke und Amplitude erkennen.	149, 160, 161
8	Hörgrenze und Schmerzgrenze beschreiben.	161, 162
9, 10	Reflexion von Schallwellen anwenden; Schallgeschwindigkeit berechnen.	163

Optische Phänomene

In der Natur trifft das Licht auf unterschiedlichste Grenzflächen. Dabei kann es reflektiert und gebrochen werden. Unter bestimmten Bedingungen wird es gebeugt oder gestreut und es können Interferenzen entstehen.
Die Zerlegung von Licht in seine farbigen Bestandteile spielt in der Forschung eine wichtige Rolle: Man erhält genaue Informationen über die Zusammensetzung von Substanzen oder von Sternen, die das Licht aussenden.
Zur Erklärung der vielfältigen Phänomene mit Licht und Farben kann man unterschiedliche Modellvorstellungen verwenden.

Das Strahlenmodell des Lichtes

1

Daten sollen auf immer weiter reichenden Verbindungen immer schneller und in immer größeren Mengen übertragen werden. Um das zu erreichen, vertraut man diese Informationen dem Medium mit der höchsten Ausbreitungsgeschwindigkeit an – dem Licht. In der modernen Datenkommunikation werden zunehmend Lichtleiter für die Informationsübertragung, eingesetzt. Wie funktioniert ein Lichtleiter?
Die Ausbreitung von Licht beschreibt man in der Physik mithilfe einer Modellvorstellung – den Lichtstrahlen.

Lichtstrahlen

↑Basiskonzept Wechselwirkung

Das Licht von einer Lichtquelle breitet sich nach allen Seiten geradlinig aus. Den Verlauf von Licht kann man vereinfacht durch Strahlen darstellen. Man darf die Lichtstrahlen aber nicht mit dem Licht selbst verwechseln. Ein wesentlicher Unterschied besteht darin, dass das Licht einer Lampe den Raum vollkommen erfüllt. Die Strahlen sind nur ein Modell, das ausgewählte Lichtbündel kennzeichnet. Mit dem Modell Lichtstrahl lassen sich viele optische Phänomene beschreiben und erklären. Neben der Ausbreitung von Licht und der Schattenbildung sind auch Reflexion, Brechung und die Bildentstehung an einfachen optischen Geräten mit dem Modell Lichtstrahl zu verstehen.

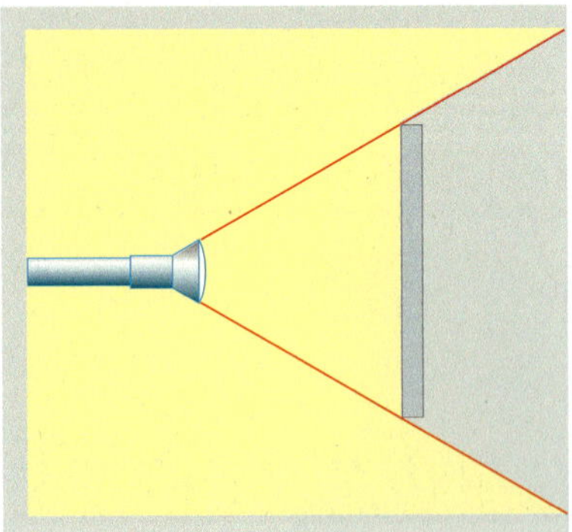

2 Schattenbildung

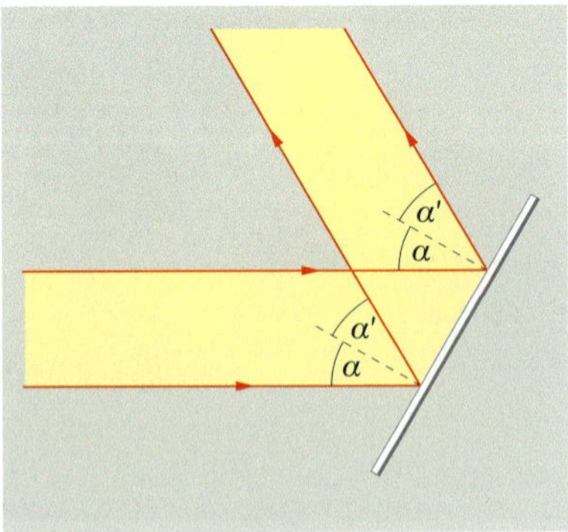

3 Reflexion von Licht

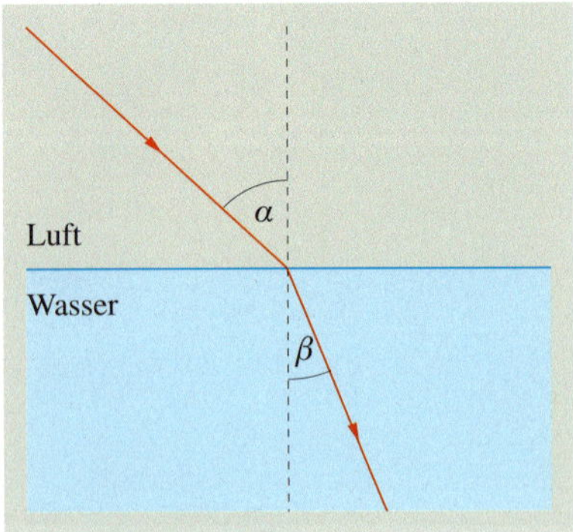

4 Brechung von Licht

Mithilfe von Lichtstrahlen wird der Verlauf von Lichtbündeln dargestellt. Der Lichtstrahl ist ein Modell für das Licht.

Brechung des Lichtes

Wenn man mit einem schmalen Lichtbündel schräg von oben in eine Flüssigkeit leuchtet, dann erkennt man, dass das Licht an der Grenzfläche zwischen der Luft und der Flüssigkeit einen Knick macht. Es ändert also beim Übergang von einem Medium in ein anderes Medium seine Ausbreitungsrichtung.
Im folgenden Experiment soll die Richtungsänderung genauer untersucht werden.

1

EXPERIMENT 1

1 Lenke das Lichtbündel für verschiedene Einfallswinkel α auf den Mittelpunkt der Kreisscheibe!
2 Miss den jeweils dazugehörigen Brechungswinkel β und trage die Werte in eine Tabelle ein!
3 Vergleiche den jeweiligen Betrag von Einfallswinkel und dazugehörigem Brechungswinkel!

2

Man erkennt, dass beim Übergang eines Lichtbündels von Luft in Glas der Brechungswinkel stets kleiner ist als der Einfallswinkel. Das Licht wird zum Lot hin gebrochen. Ursache für diese Richtungsänderung ist die unterschiedliche Ausbreitungsgeschwindigkeit des Lichtes in beiden Stoffen.

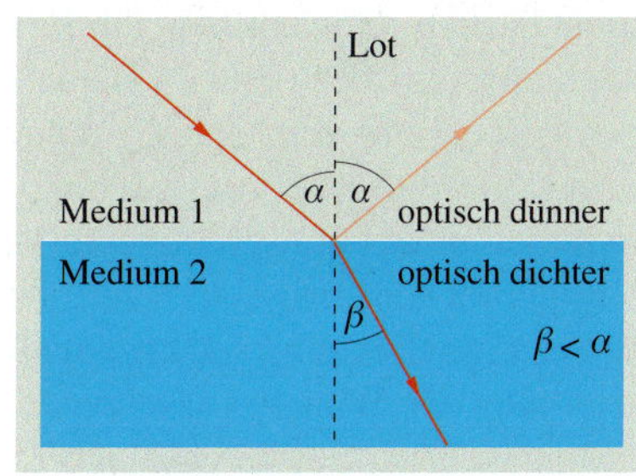

3

Von zwei Stoffen ist derjenige, in dem sich das Licht schneller ausbreitet, das optisch dünnere Medium. Der Stoff, in dem sich das Licht langsamer ausbreitet, heißt optisch dichteres Medium.

Aus den Messwerten von Experiment 1 erkennt man auch, dass sich das Verhältnis von Einfallswinkel und Brechungswinkel ändert, α und β sind nicht proportional zueinander. Um zu einer Gesetzmäßigkeit zu gelangen, kann man jedoch für jedes Wertepaar das Verhältnis $\sin\alpha : \sin\beta$ berechnen. Man erhält im Mittel 1,50. Auch das Verhältnis der Lichtgeschwindigkeiten in Luft $c_L = 299\,711$ km/s und in Kronglas $c_K = 200\,000$ km/s beträgt 1,50.

Messwertetabelle für den Übergang von Luft in Kronglas

α_{Luft}	$\beta_{Kronglas}$	$\frac{\alpha}{\beta}$	$\frac{\sin\alpha}{\sin\beta}$
10°	6,6°	1,51	1,54
20°	13,4°	1,49	1,48
30°	19,6°	1,53	1,43
40°	25,1°	1,59	1,52
50°	30,7°	1,63	1,51
60°	35,0°	1,71	1,52
70°	38,9°	1,80	1,49
80°	41,4°	1,93	1,49

Führt man das Experiment mit anderen Stoffpaaren durch, dann stehen immer die Sinuswerte von Einfallswinkel und Brechungswinkel in demselben Verhältnis zueinander wie die Lichtgeschwindigkeiten vom optisch dünneren Medium (c_1) und vom optisch dichteren Medium (c_2). Es gilt das Brechungsgesetz:

Tritt Licht von einem optisch dünneren Medium in ein optisch dichteres Medium ein, so erfolgt eine Brechung zum Einfallslot hin.
Tritt Licht unter einem Einfallswinkel α (verschieden von 0°) von einem optisch dünneren in ein optisch dichteres Medium ein, so erfolgt eine Brechung mit dem Winkel β.

Es gilt: $\frac{\sin\alpha}{\sin\beta} = \frac{c_1}{c_2}$.

↑Basiskonzept Materie

Der Knick an der Grenze der beiden Medien lässt sich mithilfe eines Gedankenexperiments veranschaulichen: Ein Radfahrer will von A nach Z. Er kann auf Asphalt mit einer Geschwindigkeit von $v_A = 10\,\text{m/s}$ und auf einer Wiese mit einer Geschwindigkeit von $v_W = 5\,\text{m/s}$ fahren. Welches ist der schnellste Weg (Bild 1)?

Berechnung der Zeit für einige Strecken:

$$t_{ABZ} = \frac{100\,\text{m}}{10\,\text{m/s}} + \frac{200\,\text{m}}{5\,\text{m/s}} = 50\,\text{s} \qquad t_{ACZ} = \frac{200\,\text{m}}{10\,\text{m/s}} + \frac{100\,\text{m}}{5\,\text{m/s}} = 40\,\text{s}$$

$$t_{AZ} = \frac{132\,\text{m}}{10\,\text{m/s}} + \frac{132\,\text{m}}{5\,\text{m/s}} = 39{,}6\,\text{s}$$

Der gerade Weg ist jedoch nicht der schnellste Weg. Der Radfahrer ist schneller, wenn er eine etwas längere Strecke auf dem Asphalt zurücklegt und eine kürzere auf der Wiese, z. B. den Weg über den Punkt X:

$$t_{AXZ} = \frac{150\,\text{m}}{10\,\text{m/s}} + \frac{117\,\text{m}}{5\,\text{m/s}} = 38{,}4\,\text{s}$$

Der Weg, für den der Radfahrer die kürzeste Zeit braucht, lässt sich mit besonderen mathematischen Hilfsmitteln berechnen. Man erhält: $\alpha = 52°$ und $\beta = 23°$. Die benötigte Zeit beträgt dann 38,2 s.

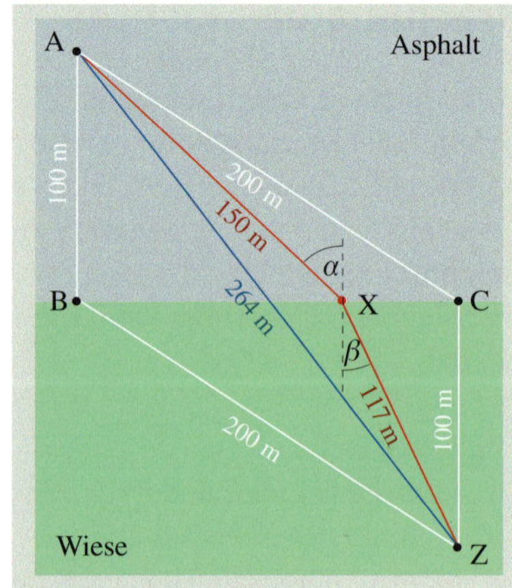

1

Auch Licht „nimmt den schnellsten Weg".

Brechung am Prisma. Hat ein durchsichtiger Körper zwei nicht parallele Grenzflächen, so nennt man ihn Prisma. Ein einfallendes Lichtbündel wird zweimal gebrochen (Bild 2). Beide Male gilt das Brechungsgesetz.
Beim Übergang vom optisch dünneren in das optisch dichtere Medium wird das Lichtbündel zum Lot hin gebrochen. Beim Übergang vom optisch dichteren in das optisch dünnere Medium wird das Lichtbündel vom Lot weg gebrochen. Insgesamt wird das Licht in seiner Richtung durch die zweimalige Brechung stärker abgelenkt als bei einmaliger Brechung. Und je größer der Winkel zwischen Eintrittsfläche und Austrittsfläche beim Prisma ist, desto stärker wird das Licht abgelenkt.

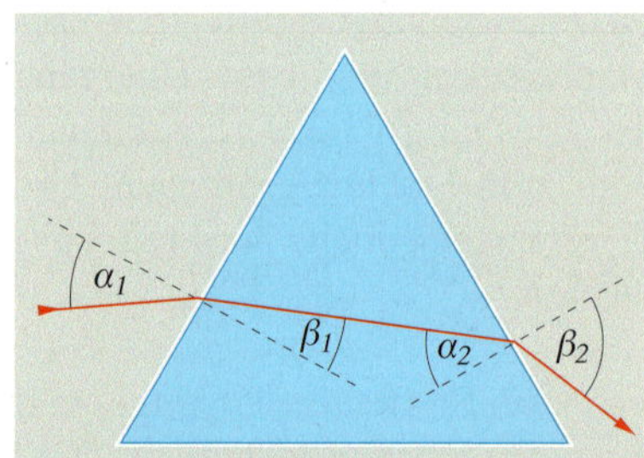

2

Zweimalige Brechung am Prisma

Totalreflexion

Wenn man aus dem Wasser unter bestimmten Winkeln herausschaut, sieht die Flüssigkeit oft silbrig – wie verspiegelt – aus. Was passiert beim Übergang von Licht von einem optisch dichteren Medium zum optisch dünneren Medium? Besonders deutlich kann man den Weg des Lichtes mithilfe der Experimentierleuchte in Bild 3 verfolgen. Stets wird an der Wasseroberfläche ein Teil des Lichtes reflektiert, der Rest gelangt gebrochen nach draußen. Aber von einem bestimmten Winkel an wird das Licht vollständig reflektiert, nichts gelangt mehr hinaus.

3

EXPERIMENT 2

1 Lenke das Lichtbündel auf den Mittelpunkt der Kreisscheibe. Verändere den Einfallswinkel α!
2 Miss den zugehörigen Brechungswinkel β!
3 Trage α und β in eine Tabelle ein!
4 Bestimme den Winkel, bei dem das Licht gerade nicht mehr das dichtere Medium verlassen kann!

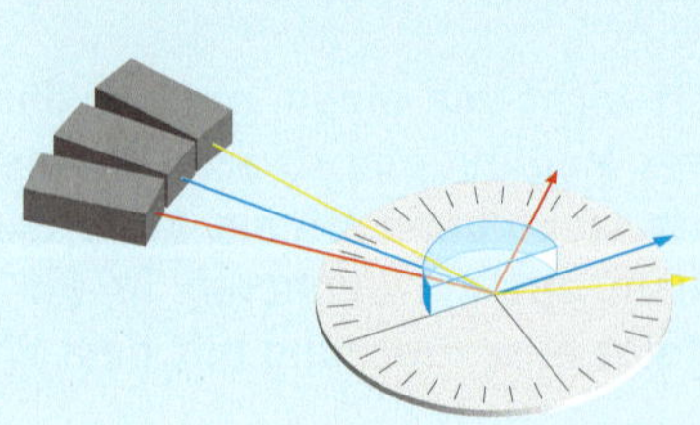
4

Licht kann nur dann von einem optisch dichteren in ein optisch dünneres Medium gelangen, wenn der Einfallswinkel einen bestimmten Betrag nicht überschreitet. Je größer der Einfallswinkel ist, umso mehr Licht wird reflektiert. Ist der Einfallswinkel größer als der Grenzwinkel α_G, wird das Licht total reflektiert.

Den Winkel, bei dem das einfallende Licht gerade nicht mehr in das optisch dünnere Medium übertreten kann, nennt man den Grenzwinkel der Totalreflexion α_G.

Licht in Glasfasern

Mit einem Lichtleitkabel kann man gleichzeitig Millionen von Telefongesprächen übertragen. In einem solchen Kabel fließt nicht – wie bei herkömmlichen Telefonleitungen – ein elektrischer Strom. Die Informationen werden durch Licht übertragen. Auf welche Weise erreicht man, dass das Licht auch dann ungehindert durch das Kabel gelangt, wenn dieses gebogen ist?

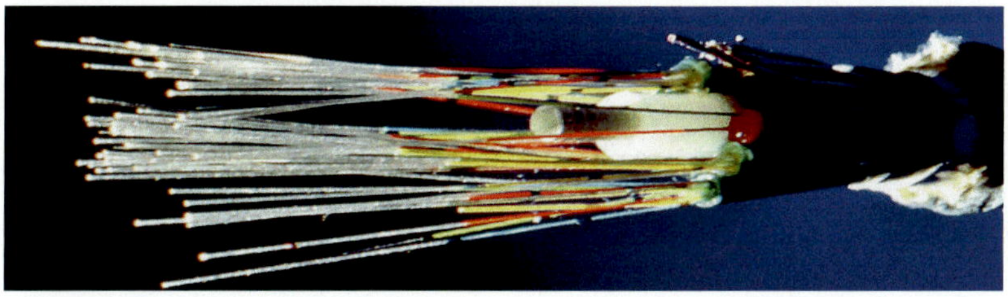
1

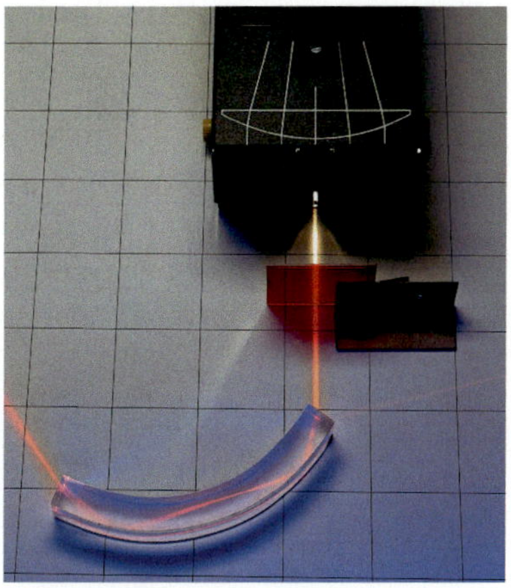
2

Modell eines Lichtleiters

Ein Lichtleitkabel besteht – wie eine Kupferlitze – aus vielen einzelnen Adern (Bild 1). Das Prinzip eines Lichtleitkabels kann man leicht mit einem gebogenen Kunststoffstreifen demonstrieren (Bild 2).

Wie in den Glasstab, so dringt das Licht in jede Glasfaser durch die Stirnfront ein. Da das nie ganz parallel zum Kabel erfolgt und das Kabel gebogen ist, so trifft es irgendwann auf die Begrenzung der jeweiligen Glasfaser. Man verwendet Fasern, deren optische Dichte nach außen hin allmählich abnimmt (Bild 4). Dadurch wird das Licht wieder ins Innere der Faser total reflektiert.
Dieser Vorgang wiederholt sich sehr oft, sodass das Licht die Ader erst am Ende des Kabels wieder verlassen kann. Auf diese Weise folgt es jeder Biegung der Ader bzw. des Kabels.

3

Glasfasern sind so flexibel wie z. B. Seide oder Wolle.

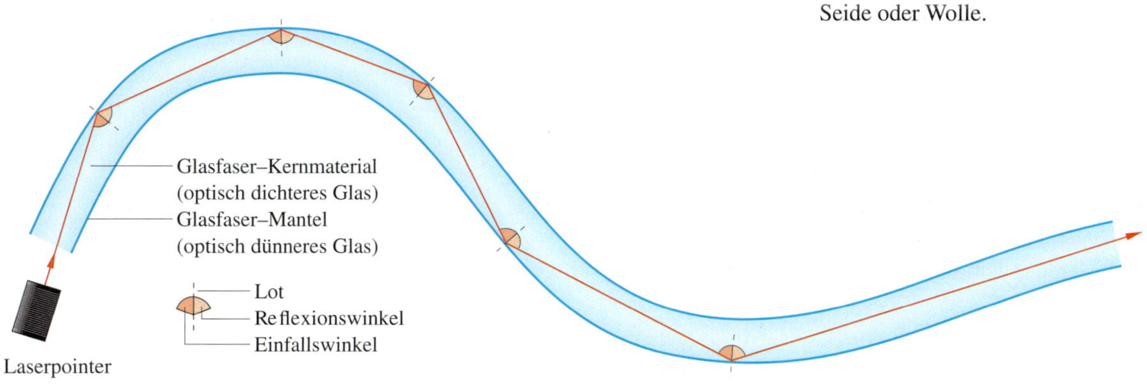

4

Lichtgeschwindigkeit

Bei Gewitter entstehen Blitz und Donner an einer Stelle gleichzeitig. Das kann man feststellen, wenn ein Blitz in unmittelbarer Nähe einschlägt. Je größer die Entfernung zum Blitz, desto stärker verzögert hört man den Donner. Schall benötigt also eine bestimmte Zeit zu seiner Ausbreitung. Aber wie schnell breitet sich das Licht aus?

Schon der italienische Physiker GALILEO GALILEI (1564–1642) wollte experimentell nachweisen, dass sich das Licht mit einer bestimmten Geschwindigkeit ausbreitet. GALILEI postierte seinen Assistenten in großer Entfernung (Bild 1). Er beauftragte ihn, seine Lampe in dem Moment aufblitzen zu lassen, in dem er die aufblitzende Lampe GALILEIS sehe. Eine Verzögerung des Rücksignals konnte GALILEI nicht feststellen. Damit hielt er aber seine Annahme, dass das Licht sich mit einer bestimmten Geschwindigkeit ausbreitet, nicht für widerlegt. Die Geschwindigkeit könnte so groß sein, dass die Zeit zum Zurücklegen des Weges sehr klein und damit nicht mit einfachen Mitteln messbar ist.
Der Franzose HIPPOLYTE FIZEAU (1819–1896) hat 1848 zum ersten Mal die Lichtgeschwindigkeit auf der Erde bestimmt. Dazu verwendete er eine raffiniert ausgedachte Apparatur (Bild 2):

1

GALILEIS Experiment zur Bestimmung der Lichtgeschwindigkeit

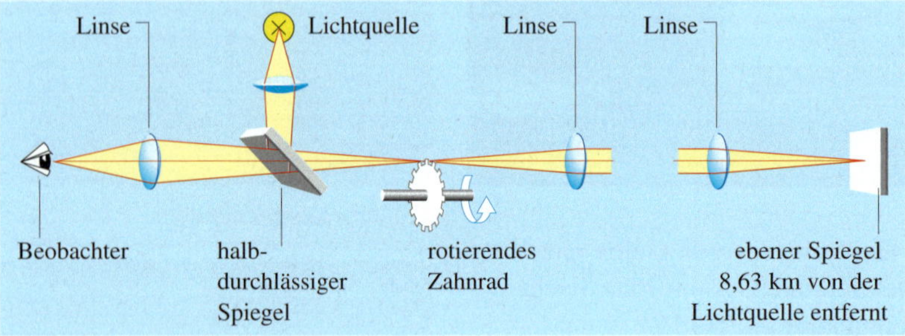

2

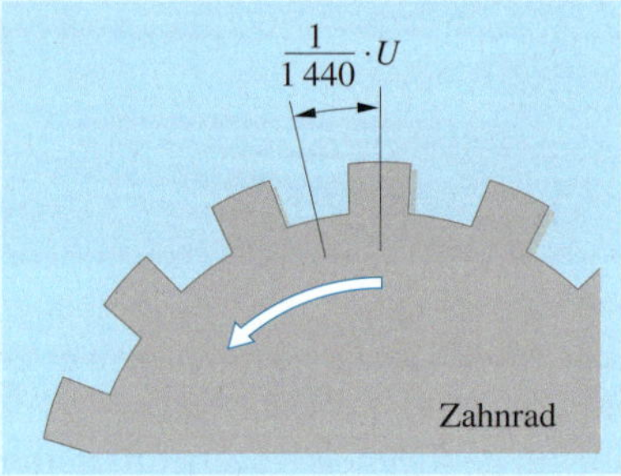

3

Ein Lichtbündel wird über einen halbdurchlässigen Spiegel zwischen zwei Zähnen eines Zahnrades zu dem weit entfernten Spiegel geschickt. Nach Reflexion legt das Lichtbündel die Strecke noch einmal zurück. Durch die Zahnradlücke und den halbdurchlässigen Spiegel gelangt das Licht ins Auge des Beobachters. Dreht man nun das Zahnrad allmählich schneller, so tritt bei einer bestimmten Geschwindigkeit Dunkelheit beim Beobachter auf. Das Licht trifft nun statt auf die Ausgangslücke auf den folgenden Zahn. FIZEAUS Zahnrad hatte je 720 Zähne und Lücken. Von einer Lücke zum nächsten Zahn wird also 1/1440 des Umfangs zurückgelegt (Bild 3). Die Drehzahl betrug $n = 12{,}6\,\text{s}^{-1}$, was einer Umlaufzeit von $T = 0{,}0794\,\text{s}$ entspricht. So beträgt die Zeit, die von Zahn zu Lücke vergeht, 0,000 055 s. Die Entfernung zwischen Spiegel und Zahnrad betrug 8,633 km. Damit ergibt sich für die Lichtgeschwindigkeit:
$c = 2 \cdot 8{,}633\,\text{km} / 0{,}000\,055\,\text{s} = 313\,927\,\text{km/s}$.
Genauere Messungen zeigen heute:
Licht legt im Vakuum in einer Sekunde etwa 299 792 km zurück:
$c = 299\,792\,\text{km/s}$.
Das Licht breitet sich in unterschiedlichen Medien unterschiedlich schnell aus.

Medium	Lichtgeschwindigkeit c in km/s
Vakuum	299 792
Luft	299 711
Wasser	224 000
Kronglas, leicht	197 000
Polystyrol	189 000
Flintglas, leicht	186 000
Diamant	122 000

Taschenlampen und Laserpointer

Taschenlampen werden meist aus Kunststoff, seltener auch aus Eisen- oder Aluminiumblech hergestellt. Sie bestehen in der Regel aus einem länglichen, oft runden Griffstück, in das die Batterien oder Akkus eingesetzt werden. Am vorderen Ende des Griffs befindet sich eine lichtdurchlässige Kunststoffscheibe, hinter der eine Glühlampe sitzt.

Zur optimalen Lichtnutzung ist die Glühlampe von einem besonders geformten Spiegel umfasst (Bild 1).

In neueren Taschenlampen werden oft Leuchtdioden (LED) statt Glühlampen verwendet. Leuchtdioden „brauchen“ zwar auch elektrischen Strom, erzeugen das Licht aber auf eine ganz andere Weise als Glühlampen (Bild 2). Der Spiegel entfällt bei Taschenlampen mit Leuchtdioden in der Regel, da er bereits in die Leuchtdiode eingebaut ist. Leuchtdioden sind stoßfester als Glühlampen und „verbrauchen“ weniger Energie, sodass die Batterien seltener gewechselt werden müssen.

Bei Taschenlampen aus Kunststoff sind zwischen Batterie, Schalter und Lampe stets Kabel oder Metallschienen erforderlich. Bei Taschenlampen aus Metall wird dagegen fast immer das Gehäuse selbst zur Leitung verwendet: Die Batterien berühren mit einem Pol den unteren Kontakt der Lampe und mit dem anderen über eine Spannfeder das Gehäuse. Dieses ist über einen Schalter mit dem oberen Kontakt der Lampe verbunden.

Bei vielen Taschenlampen kann man durch Drehen des Lampenkopfs den Spiegel hin- und herschieben. Dadurch lässt sich das Lichtbündel enger oder breiter einstellen.

1 Taschenlampe mit einer Glühlampe

2 Taschenlampe mit Leuchtdioden

Laserpointer liefern einfarbiges, meist rotes Licht. Die Lichtquelle ist ein batteriebetriebener Laser. („Laser“ ist die Abkürzung für *light amplification by stimulated emission of radiation.*) Laserpointer leuchten sehr weit und erzeugen einen scharf gebündelten „Laserstrahl“ (Bild 3).

Daher werden sie gerne bei Vorträgen als Ersatz für einen Zeigestab eingesetzt. So kann der Vortragende aus größerer Entfernung z. B. gezielt auf Stellen einer Präsentation hinweisen, während er selbst am anderen Ende des Raums steht.

! ***Achtung:*** Der Umgang mit Laserlicht ist nicht ungefährlich. Die wichtigste Regel lautet: Schau niemals direkt in einen Laserstrahl und leuchte keiner Person mit einem Laser ins Gesicht!

3 Laserpointer

Der direkte Blick ins Innere des Körpers – Endoskopie

Mithilfe eines Endoskops (griech. *endo:* innen, *scopein:* schauen) ist ein unmittelbarer Blick in die Körperhöhle und auf die inneren Organe eines Patienten möglich.
Moderne medizinische Endoskope bestehen aus einer speziellen Lichtquelle (Xenonlampe oder Leuchtdioden), die das Körperinnere erhellt, einem starren (Stablinsen aus Quarzglas) oder flexiblen Lichtleiter (Glasfaserbündel) und einem Okular, durch das der Arzt blickt.
Ihr Einsatz erlaubt präzise Diagnosen zum Zustand der inneren Organe ohne komplizierte operative Eingriffe, da das Gerät oft über natürliche Körperöffnungen, z. B. Mund oder After, eingeführt werden kann.
Selbst bei einer künstlichen Einführung des Endoskops, wie sie z. B. bei einer Untersuchung des Knie- oder Schultergelenks notwendig ist, sind die operativen Eingriffe sehr gering, da nur ein 1 bis 2 cm langer Schnitt gesetzt werden muss.
Neben dem direkten Betrachten der Körperhöhle durch das Okular sind moderne Geräte auch in der Lage, über eine eingebaute Kamera Bilder oder sogar Videoaufnahmen auf Monitore zu übertragen. Ihre Auflösung wird dabei von der Anzahl der lichtleitenden Glasfasern bestimmt, deren Anzahl heute bis zu 42 000 betragen kann. Dabei entspricht eine Glasfaser einem Pixel. Deren besondere optische Eigenschaften erlauben Einblicke selbst in stark verwinkelte Organbereiche, z. B. in Gelenke oder Drüsen, ohne dabei das Gewebe zu beschädigen.
Endoskope können aber auch unmittelbar bei der operativen Therapie eingesetzt werden: Durch angeschlossene Operationsgeräte (Nylonschlingen oder kleine Zangen), die über eine Fernbedienung gesteuert werden, kann der Arzt unter endoskopischer Kontrolle z. B. kleine Geschwüre aus dem Rachen oder Magen-Darm-Trakt entfernen.
Bei einer Arthroskopie werden mithilfe eines Endoskops entzündete und beschädigte Gelenksbereiche operativ behandelt.

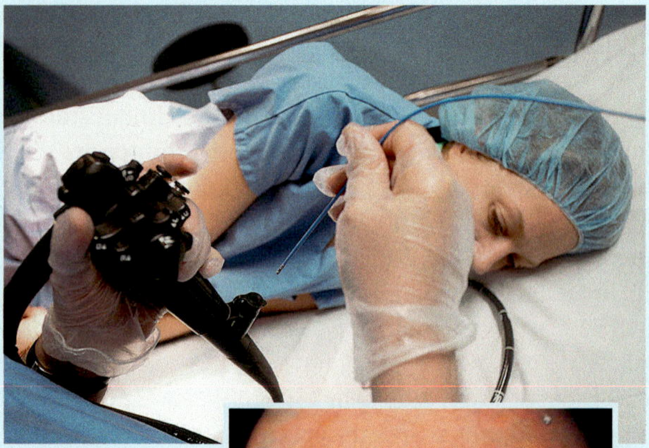
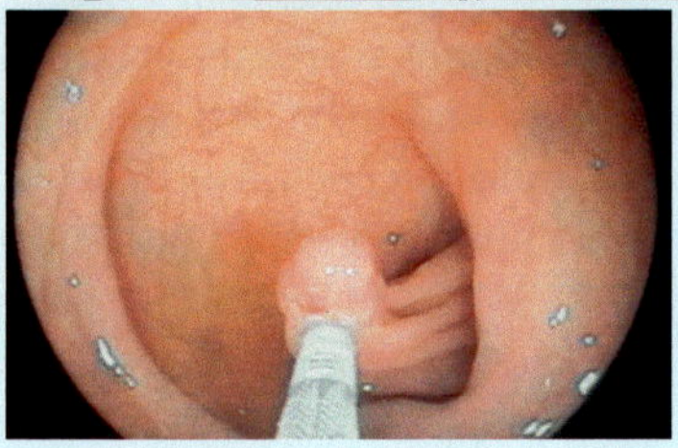

1 Endoskopische Untersuchung

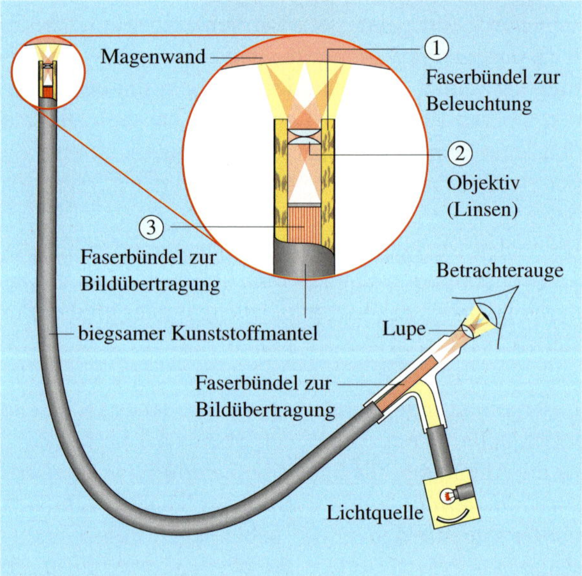

2 Aufbau eines flexiblen Endoskops

Aufgaben

1. Umgangssprachlich wird bei endoskopischen Untersuchungen oft noch von „Spiegelungen“, z. B. Magen-Darm-Spiegelung, gesprochen, obwohl an keiner Stelle ein Spiegel eingesetzt wird. Informiere dich, wie diese Bezeichnung ursprünglich entstanden ist.
2. Aus welchem Grund müssen bei der Endoskopie Lichtquellen mit möglichst geringer Wärmeabgabe eingesetzt werden?
3. Informiere dich, welche Operationen unter endoskopischer Kontrolle durchgeführt werden können.

Weißt du es? Kannst du es

1. Lege eine Münze so in eine Tasse, dass sie gerade hinter dem Rand verschwindet. Fülle die Tasse vorsichtig mit Wasser, ohne den Kopf dabei zu bewegen! Schildere und erkläre deine Beobachtung!
2. a) Erläutere das Begriffspaar „optisch dünn – optisch dicht"!
   b) Stelle den Weg eines Lichtbündels dar, das schräg auf eine Glasplatte auftrifft. Trage auch die Begriffe „optisch dünner" und „optisch dichter" ein!
   c) Ein Lichtbündel fällt schräg auf eine Wasserschicht, die sich auf einer Glasplatte befindet. Zeichne das Lichtbündel ein! *Hinweis:* Glas ist optisch dichter als Wasser.
3. In Bild 1 trifft Licht auf eine 1 cm dicke Glasplatte. Übertrage die Abbildung in dein Heft und zeichne den weiteren Verlauf des Lichtes. Berücksichtige dabei die Brechung an beiden Grenzflächen!
4. Erkläre das Zustandekommen der Totalreflexion!
5. Informiere dich über die Anwendung von Lichtleitern. Fertige eine Präsentation an!

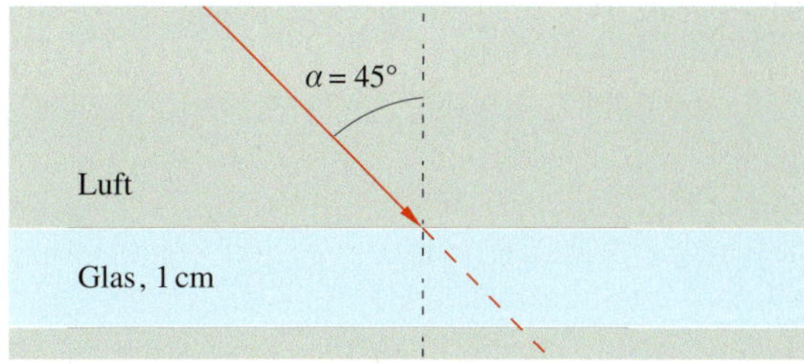

1

6. Licht, das von Luft in Wasser übergeht, wird zum Einfallslot hin gebrochen. Eine schräg ins Wasser gehaltene Stricknadel scheint geknickt zu sein. Sie wird unter Wasser scheinbar vom Einfallslot weg gebrochen. Wie kommt das? Löse die Aufgabe auch zeichnerisch.
7. Warum sieht man den Kopf der Biene durch den gekrümmten Lichtleiter hindurch (Bild 2)?

2

Kurz und knapp!

Brechungsgesetz
Tritt Licht von einem optisch dünneren Medium in ein optisch dichteres Medium ein, so erfolgt eine Brechung zum Lot hin. Es gilt:

$$\frac{\sin\alpha}{\sin\beta} = \frac{c_1}{c_2} \qquad (\alpha \neq 0°).$$

Totalreflexion
Ist der Einfallswinkel am Übergang vom optisch dichteren zum optisch dünneren Medium größer als der Grenzwinkel α_G, so wird das Licht total reflektiert.

Informationsübertragung mit Licht
Mit Lichtleitern können Informationen übertragen werden. Das Licht wird durch Totalreflexion weitergeleitet.

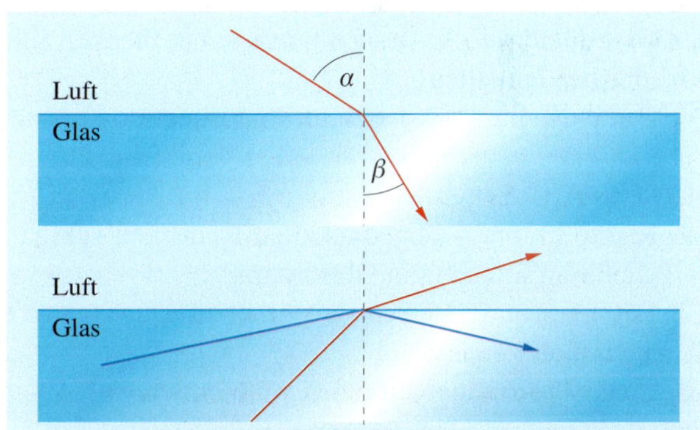

Das Wellenmodell des Lichtes

1

Mit dem Strahlenmodell des Lichtes ist es gelungen, zahlreiche optische Erscheinungen zu erklären, wie z. B. die Schattenbildung oder die Bildentstehung an Linsen.
Allerdings gibt es Experimente, bei denen dieses Modell an seine Grenzen kommt. Dieses Bild zeigt eine einzige Kerzenflamme, die hinter einem optischen Gitter steht. Mit dem Strahlenmodell des Lichtes lässt sich nicht erklären, weshalb hier mehrere Flammen mit farbigen Rändern erscheinen. Um das zu erklären, verwendet man das Wellenmodell des Lichtes.

Farbzerlegung des Lichtes

Wenn weißes Licht durch Wasser oder Glas fällt, kann man häufig Farberscheinungen beobachten. Schaut man beispielsweise durch ein Prisma auf eine Kerzenflamme, so zeigt sich am einen Rand der Flamme ein gelbroter und am anderen ein vom Grün über das Blau bis ins Violett reichender Farbsaum (Bild 2).
Fällt Sonnenlicht durch geschliffenes Glas, so kann man oft an den Wänden oder an der Decke des Zimmers bunte Flecken sehen, die alle Regenbogenfarben enthalten.
Die Farbentstehung lässt sich im Experiment untersuchen.

2

EXPERIMENT 1

1 Richte in einem abgedunkelten Raum ein schmales Lichtbündel aus weißem Licht auf ein Glasprisma!
2 Betrachte das Bündel sowohl beim Durchgang durch das Glas als auch hinter dem Glas!
3 Lenke das Bündel auf einen weißen Schirm!

3

Das weiße Licht wird beim Durchgang durch das Prisma aufgefächert und dabei in farbige Bestandteile zerlegt. Auf dem Schirm ist ein farbiges Band zu beobachten, das **Spektrum** des Lichtes. Es reicht von Rot, Orange und Gelb über Grün und Blau bis zum Violett.

↑Basiskonzept Materie

Weißes Licht ist aus farbigen Anteilen zusammengesetzt. Diese Anteile können mithilfe eines Prismas voneinander getrennt werden. Das entstehende Farbband heißt Spektrum.

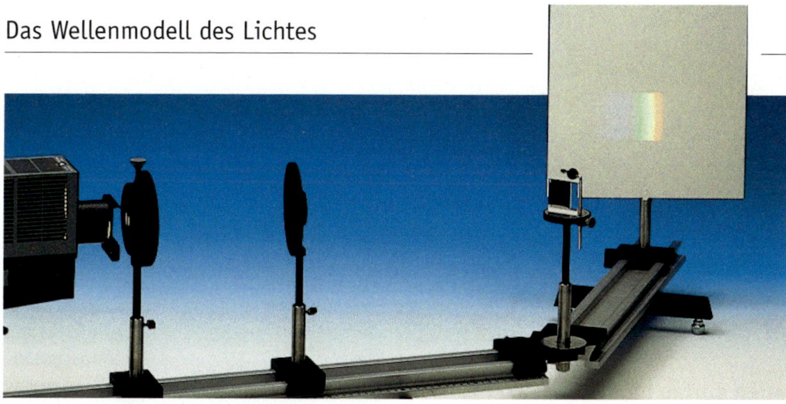

1 Entstehung eines Spektrums

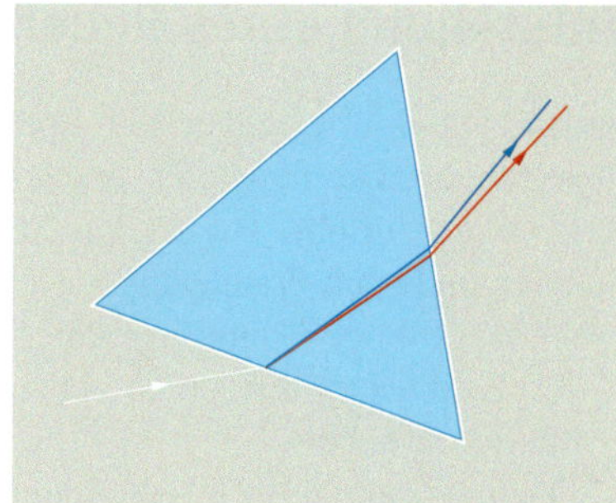

2 Wege von rotem und blauem Licht

Die Zerlegung des Lichtes am Prisma kommt dadurch zustande, dass blaues Licht stärker gebrochen wird als rotes. Dies lässt sich auch beobachten, wenn man anstelle von weißem Licht farbiges Licht unter einem bestimmten Einfallswinkel auf ein Prisma richtet.

Wenn man versucht, mit einem zweiten Prisma das Licht einer bestimmten Spektralfarbe (z. B. Grün) noch weiter zu zerlegen, stellt man fest: Durch das zweite Prisma wird zwar die Richtung des Lichtweges verändert, aber das grüne Licht wird nicht noch einmal in andere Farben zerlegt (Bild 3). Das Gleiche kann man auch bei den anderen Spektralfarben feststellen.

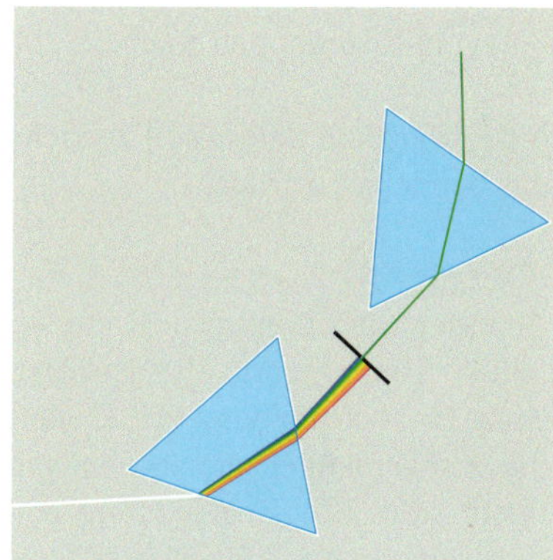

3

Die einzelnen Farben eines Spektrums lassen sich mithilfe eines Prismas nicht weiter zerlegen.

Beim Eintritt in das Prisma wird das Licht gebrochen. Nach dem Brechungsgesetz ist dabei der Brechungswinkel abhängig von der Lichtgeschwindigkeit im Glas. Bei gleichem Einfallswinkel unterscheiden sich die Brechungswinkel von rotem und blauem Licht. Daraus kann man schließen, dass die Ausbreitungsgeschwindigkeiten für die einzelnen Farben im Glas unterschiedlich groß sind. Genaue Messungen ergeben Werte wie in der Tabelle rechts.

Der Unterschied der Lichtgeschwindigkeiten für die einzelnen Farben in einem Medium ist jedoch recht klein. Bild 4 zeigt die Abhängigkeit des Brechungswinkels β in Abhängigkeit vom Einfallswinkel α. Der Unterschied für die Ablenkung von Blau und Rot ist umso größer, je größer der Einfallswinkel ist. Der Unterschied beträgt maximal 0,4°.

Lichtgeschwindigkeiten in km/s für verschiedene Farben

	Kronglas	Wasser
Rot	198 407	225 408
Orange	198 014	225 069
Gelb	197 883	224 901
Grün	197 362	224 564
Blau	197 102	224 228
Violett	196 328	223 559

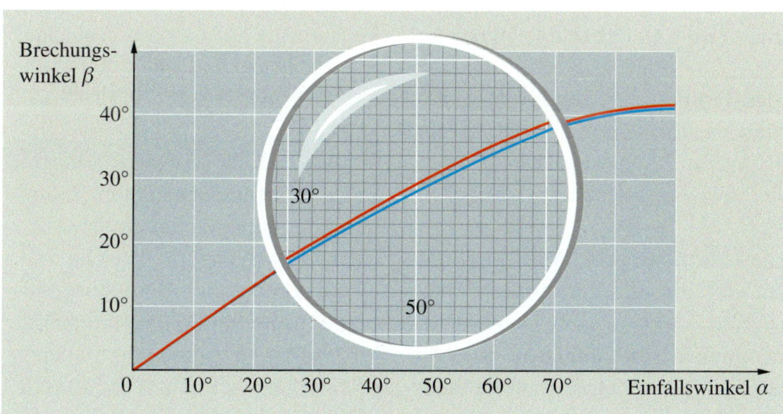

4 Brechungswinkel für Rot und Blau beim Übergang von Luft nach Kronglas

Entstehung eines Regenbogens

In der Natur erscheinen die Spektralfarben am eindrucksvollsten als Regenbogen. Die meisten von euch haben vielleicht schon einmal einen Regenbogen erlebt. Bei vielen Menschen löst diese Naturerscheinung Staunen und auch Freude aus.
Einen Regenbogen kann man unter folgenden Bedingungen sehen:
- Als Beobachter muss man vor sich einen Regenschauer und hinter sich die Sonne haben.
- Die nahezu kugelförmigen Regentropfen dürfen nicht zu klein sein: Bei Nieselregen verblasst der Farbenbogen und schimmert schließlich nur noch weißlich.
- Ob ein Regenbogen erscheint, hängt auch vom Sonnenstand ab.

1

Der Einfachheit halber soll zunächst nur das Modell eines einzigen Tropfens betrachtet werden.

EXPERIMENT 2
In einem abgedunkelten Raum wird eine Wasserkugel von Weitem mit einem Diaprojektor als „Ersatzsonne" angeleuchtet. Als Kugel eignet sich ein Glaskolben, besser noch eine durchsichtige gläserne Weihnachtsbaumkugel, die so dünnwandig ist, dass das Glas so gut wie gar nicht stört. Zur Beobachtung der Farberscheinungen bewegt man sich langsam um die Wasserkugel herum.

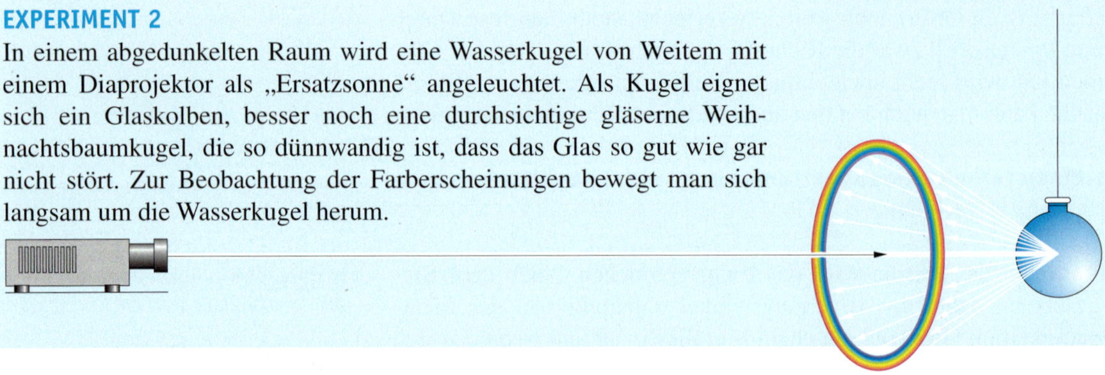
2

Bewegt man sich zunächst in der Höhe von Lampe und Glaskugel, so erkennt man um den Winkel von 41° jeweils regenbogenfarbige Erscheinungen. Auf einem Schirm kann man einen „Regenbogen" auffangen. Bei genauerer Untersuchung erkennt man einen fächerartigen Farbentrichter (Bild 2). Er hat einen Öffnungswinkel von etwa 41° (Rot: etwa 42°, Blau: etwa 40°).

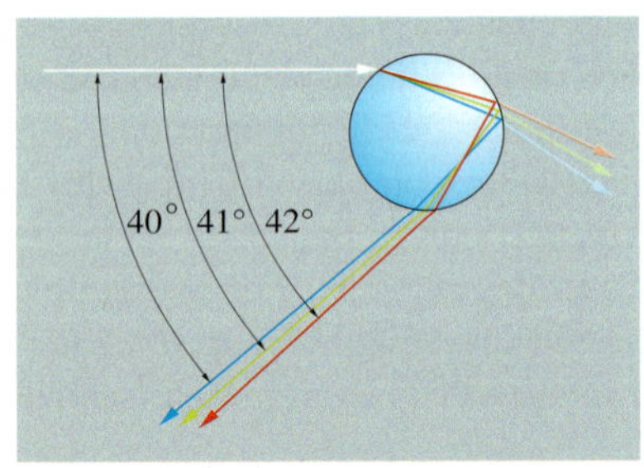

3

Verlauf eines Lichtbündels in einem Regentropfen. Das Lichtbündel wird insgesamt um etwa 41° abgelenkt.

Die Entstehung dieses Farbentrichters lässt sich folgendermaßen erklären: Das einfallende weiße Lichtbündel wird beim Übergang von Luft in Wasser gebrochen und dabei farbig aufgefächert (Bild 3). Die dünne Glaswand wird vernachlässigt.
Das farbige Licht fällt nun im Innern des Tropfens auf die Grenzfläche. Dabei wird ein Teil des Lichtes reflektiert. Nach nochmaliger Brechung verlässt ein Teil des Lichtes den Tropfen. Wenn unser Auge bei 42° steht, empfängt es rotes Licht vom Tropfen.

Ein Regenbogen wird sichtbar, wenn das Sonnenlicht durch Brechung und Reflexion in den Regentropfen um 40° bis 42° abgelenkt wird.

Aus den an einem „Regentropfen" gewonnenen Erkenntnissen über die Winkelverhältnisse lassen sich nun Aussagen über den Zusammenhang von Sonnenstand und Regenbogenhöhe gewinnen.

ÜBRIGENS
Wer selbst im Regen steht, kann den Regenbogen am eindrucksvollsten sehen. Eine Dusche im Freibad oder eine Beregnungsanlage für Felder können bei geeignetem Sonnenstand von manchen Stellen aus betrachtet ebenso ein Regenbogenstück erzeugen.

Bei Sonnenauf- und -untergang, wenn die Sonne niedrig steht, erreicht ein Regenbogen seine größte Höhe von 41°, vom Betrachter gemessen als Winkel gegen die Erdoberfläche. Je höher die Sonne steht, desto niedriger wird der Regenbogen (Bild 1), denn der Winkel, um den das Licht in den Regentropfen abgelenkt wird, ist immer der gleiche. Ab etwa 30° Sonnenhöhe über Horizont, also um die Mittagszeit, ist der Regenbogen sehr klein oder kann überhaupt nicht mehr gesehen werden.

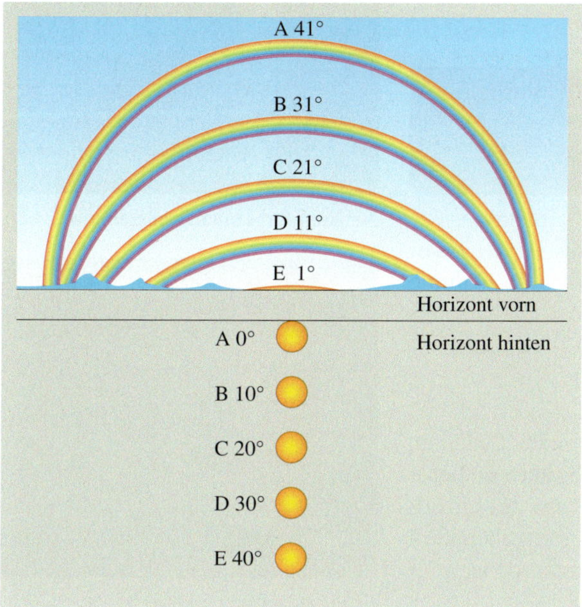

1

Zusammenhang von Sonnenhöhe und Regenbogengröße

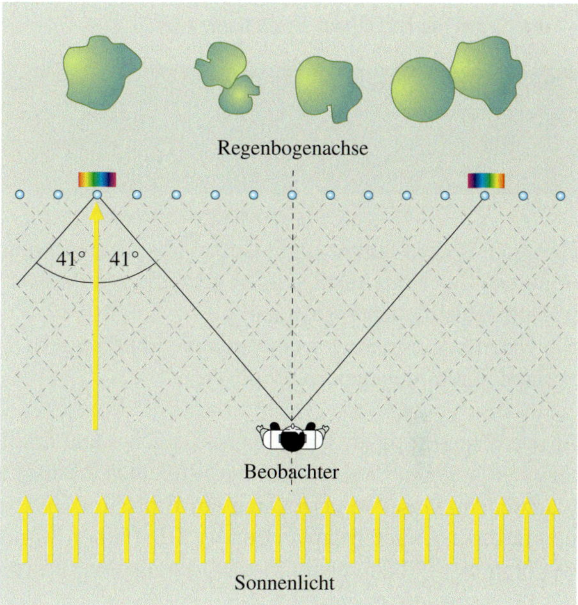

2

Jeder Beobachter hat seinen eigenen Regenbogen.

Ein Regenbogen steht nicht fest an einem bestimmten Ort. Jeder Betrachter hat seinen eigenen Regenbogen, der nur für ihn in Erscheinung tritt (Bild 2). Geht man z. B. 50 m nach rechts, so wandert der Bogen mit. War am Auftreffpunkt des Regenbogens auf dem Horizont vorher ein Baum, so befindet sich dieser nach dem Ortswechsel seitlich davon.

Wenn man das Licht der Sonne, das den Kopf des Regenbogenbetrachters von hinten trifft, verlängert, also dem Schattenwurf seines Kopfes folgt, trifft der Blick in den unsichtbaren Mittelpunkt des Regenbogenkreises. Dieses Zentrum liegt im Gegenpunkt der Sonne (also unter dem Horizont). Der Beobachter befindet sich immer in der Linie, die Sonne und Bogenmittelpunkt verbindet (Regenbogenachse) (Bild 2).

Besonders bei kräftigem Regenfall wird der Hauptregenbogen zugleich von einem größeren und lichtschwächeren **Nebenregenbogen** überwölbt. Bei ihm ist die Farbreihenfolge umgekehrt. Das Licht, das zur Entstehung des Nebenregenbogens führt, durchläuft die Regentropfen mit einem anderen Umlaufsinn (Bild 3, vergleiche dazu Bild 3 auf der vorhergehenden Seite). Dabei wird das Licht zweimal an der Tropfeninnenwand reflektiert. Außerdem wird stets nur ein Teil des Lichtes an der Tropfenwand reflektiert. Ein großer Teil verlässt den Tropfen. Daher ist der Nebenregenbogen nur sehr viel schwächer zu sehen als der Hauptregenbogen. Oft sieht man ihn überhaupt nicht.

SCHON GEWUSST?

In unseren Breiten sind Regenbogen vorwiegend im Frühling und im Herbst zu sehen. Im Hochsommer steht die Sonne die längste Zeit des Tages zu hoch am Himmel. Im Winter hingegen schneit es häufiger, oder Wolken verdecken die Sonne.

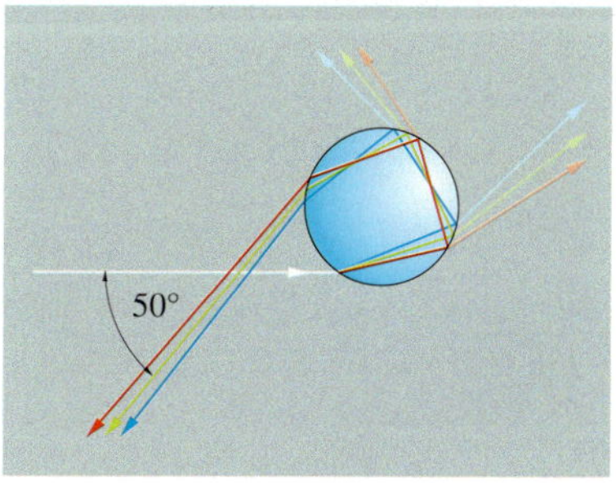

3

Entstehung des Nebenregenbogens

Kontinuierliche Spektren und Linienspektren

Zerlegt man das Licht einer Glühlampe mithilfe eines Prismas, so entsteht auf dem Schirm ein lückenloses Farbband, ein kontinuierliches Spektrum (Bild 1). Auch wenn man das Sonnenlicht mit einem Prisma zerlegt, ergibt sich solch ein Spektrum. Allgemein hat man festgestellt:

Glühende feste Körper und Gase unter hohem Druck senden Licht mit einem kontinuierlichen Spektrum aus.

1

2

Natrium färbt eine Flamme gelb.

Hält man in die Flamme eines Gasbrenners einen Magnesiastab, der zuvor in unterschiedliche Salzlösungen getaucht wurde, so leuchtet die Flamme in unterschiedlichen Farben auf.
Bei Natriumverbindungen erscheint die Flamme gelb (Bild 2), bei Lithiumverbindungen hingegen rot (Bild 3).

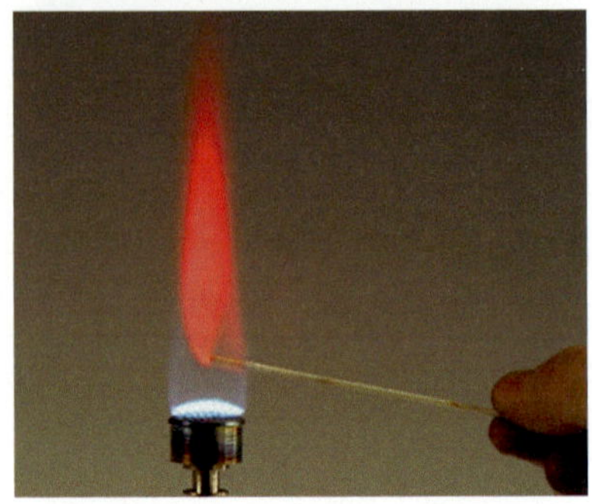
3

Lithium färbt eine Flamme rot.

In speziellen Lampen können Gase, auch Metalldämpfe, zum Leuchten angeregt werden. Erzeugt man mithilfe eines Prismas ein Spektrum dieser leuchtenden Gase, so ergibt sich ein Emissionsspektrum, das aus einzelnen farbigen Linien besteht (Bild 4). Die Farben stimmen weitgehend mit der Flammenfärbung überein. Das Linienspektrum ist charakteristisch für das Gas, aus dem es entsteht.

Gase unter niedrigem Druck senden farbiges Licht aus. Bei der Zerlegung dieses Lichtes mithilfe eines Prismas entsteht ein Emissionsspektrum.

↑Basiskonzept Materie

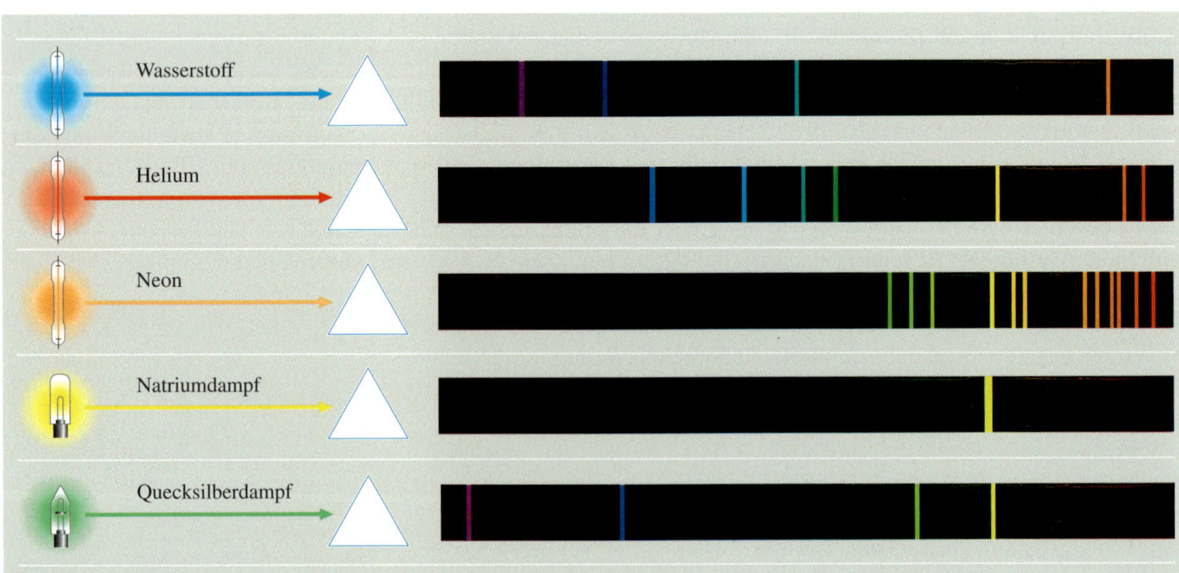

4

Emissionsspektren unterschiedlicher Gase

Wenn weißes Licht einer heißen Lichtquelle durch kühlere Gase hindurch tritt, so entstehen in seinem Spektrum dunkle Absorptionslinien an den Stellen, an denen sich sonst die Emissionslinien der kühleren Gase befinden. Ein solches Spektrum wird **Absorptionsspektrum** genannt (Bild 1). Diese Situation ist bei der Sonne gegeben: Das Licht aus dem Sonneninnern durchdringt die äußeren Gasschichten der Sonne.

1

Das Sonnenspektrum enthält dunkle Absorptionslinien. Sie entstehen beim Durchgang des Lichtes durch die kühleren Bereiche der Photosphäre.

Spektralanalyse. Kennt man die Spektren der einzelnen Stoffe, so lässt sich die Zusammensetzung eines unbekannten Stoffgemisches bestimmen. Dieses Verfahren nennt man Spektralanalyse. Sie ist eine Art Detektivmethode, mit der sich auch kleine Spuren eines Stoffes in einem Stoffgemisch nachweisen lassen. Um eine Stoffprobe zu analysieren, wird diese zum Leuchten angeregt und in einem Spektrometer (Bild 2) spektral zerlegt. Durch den Vergleich des ermittelten Spektrums mit Spektraltafeln, auf denen die Spektrallinien unterschiedlicher Elemente verzeichnet sind, lassen sich die Bestandteile der Probe ermitteln.

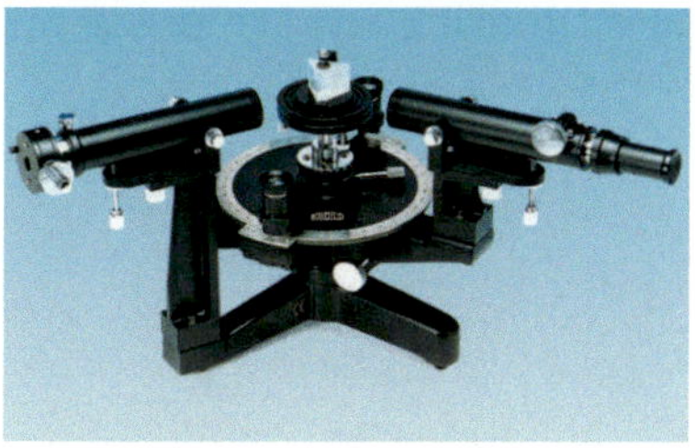
2

Spektrometer

Licht und Wellenlänge

Mit dem Wellenmodell lassen sich in unterschiedlichen Gebieten der Physik ganz verschiedene Vorgänge beschreiben. Radiowellen, sichtbares Licht, Infrarot- oder Röntgenstrahlung können alle als elektromagnetische Wellen betrachtet werden. Gegen Ende des 19. Jahrhunderts hatte der russische Physiker PJOTR LEBEDEW (1866–1912) die Idee, alle bis dahin bekannten elektromagnetischen Erscheinungen nach ihrer Frequenz bzw. Wellenlänge anzuordnen. Diese Zusammenstellung wird heute als *elektromagnetisches Spektrum* bezeichnet.
Sichtbares Licht kann als Bestandteil des elektromagnetischen Spektrums aufgefasst werden. Seine Wellenlängen reichen von etwa 400 nm (violett) bis 750 nm (rot). An den langwelligen Bereich schließt sich das infrarote, an den kurzwelligen Bereich das ultraviolette Licht an.

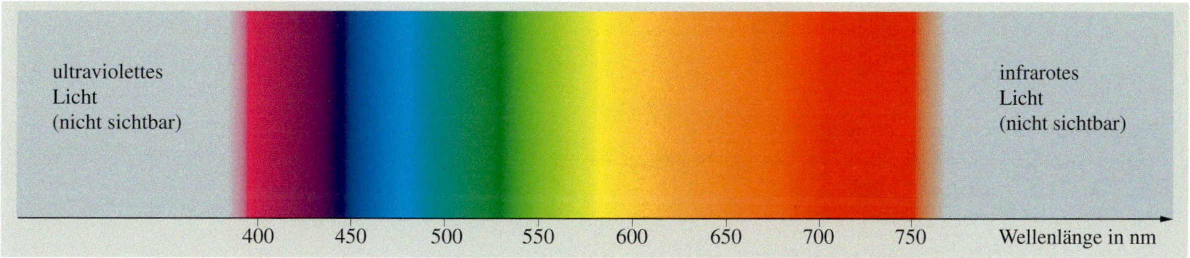

3

Beugung und Interferenz von Licht

Beugung. In der bisher behandelten Optik konnten Experimente mit dem Strahlenmodell des Lichtes beschrieben werden: Licht breitet sich geradlinig aus, zu einer Richtungsänderung kommt es nur an der Grenzfläche zwischen unterschiedlichen Medien. Bild 1 zeigt, was nach diesem Modell zu erwarten ist, wenn man Licht durch einen Spalt schickt: Auf dem Schirm hinter dem Spalt erscheint ein schmaler heller Streifen. Je enger der Spalt ist, desto schmaler ist der Streifen.

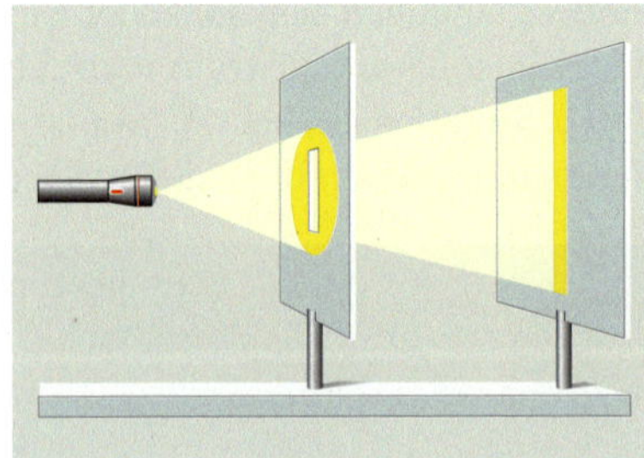
1

In einem Experiment soll untersucht werden, was geschieht, wenn der Spalt, den ein Lichtbündel passieren soll, immer enger gemacht wird.

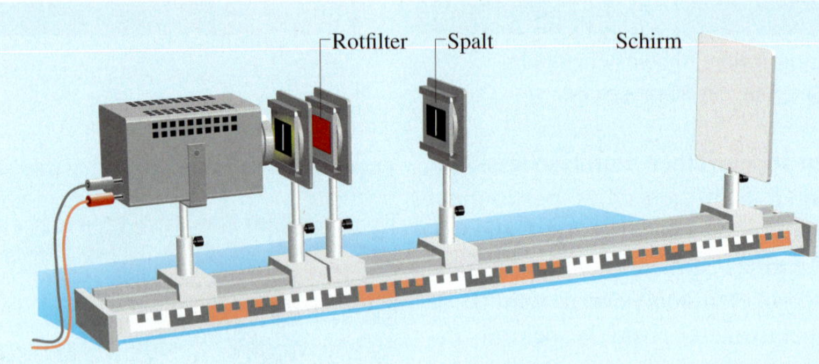

2

EXPERIMENT 3
Ein einfarbiges Lichtbündel aus einer Lampe oder einem Laser fällt auf eine Spaltblende. Das Bild auf dem Schirm dahinter wird beobachtet.
Der Spalt wird nach und nach immer enger gemacht.

Auf dem Schirm erscheint zunächst ein schmaler Streifen. Wird der Spalt immer enger gemacht, so erscheinen links und rechts neben dem ursprünglichen Streifen weitere Streifen. Es entsteht ein Muster aus hellen und dunklen Streifen (Bild 3). Das Licht gelangt also nicht nur auf geradem Weg von der Lichtquelle zum Schirm, sondern es kann in den geometrischen Schattenraum hinter der Spaltblende eindringen. Ein solches Eindringen in den geometrischen Schattenraum lässt sich auch bei der Ausbreitung von mechanischen Wellen beobachten. Dort wird es als Beugung bezeichnet. Ebenso spricht man von der Beugung des Lichtes, und tatsächlich kann man dieses Phänomen mithilfe eines Wellenmodells beschreiben.

3
Beugungsbild hinter einem Spalt

Interferenz. Der Aufbau von Experiment 3 kann verändert werden, indem Licht durch zwei Spalten geschickt wird (Bild 4).

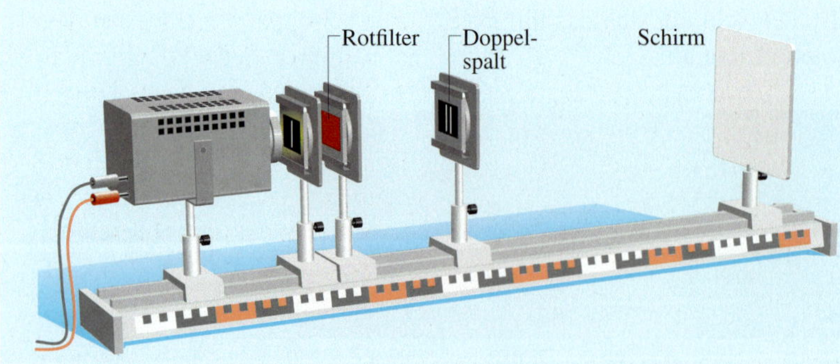

4

EXPERIMENT 4
Ein einfarbiges Lichtbündel aus einer Lampe oder einem Laser fällt auf eine Blende mit zwei sehr engen Spalten. Das Bild auf dem Schirm dahinter wird beobachtet.

Auch hier erkennt man auf dem Schirm hinter den Spalten ein breites Muster aus abwechselnd hellen und dunklen Streifen (Bild 1).
Etwas vereinfacht kann man sich die beiden Spalte in diesem Experiment als Ausgangspunkte für zwei kreisförmige Wellensysteme vorstellen. Bild 2 zeigt zwei solche Wellensysteme, die einander überlagern. Treffen diese überlagerten Wellensysteme auf einen Schirm, so gibt es dort Zonen, in denen die Wellen einander verstärken, und Zonen, in denen sie sich gegenseitig schwächen oder gar auslöschen. In den Zonen der Verstärkung überlagern sich Wellenberge mit Wellenbergen bzw. Wellentäler mit Wellentälern. In den Zonen der Auslöschung überlagern sich Wellenberge mit Wellentälern.

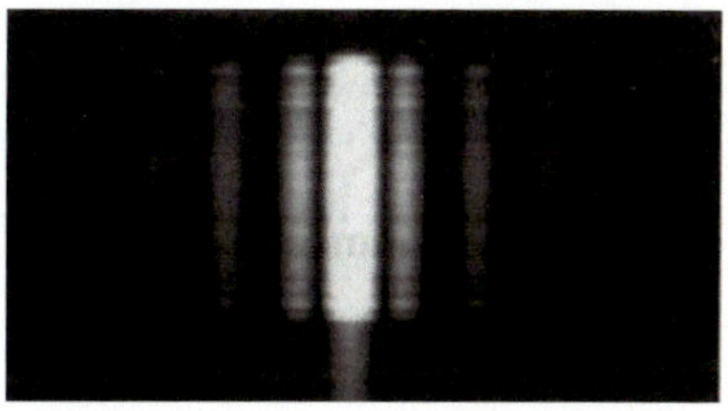
1

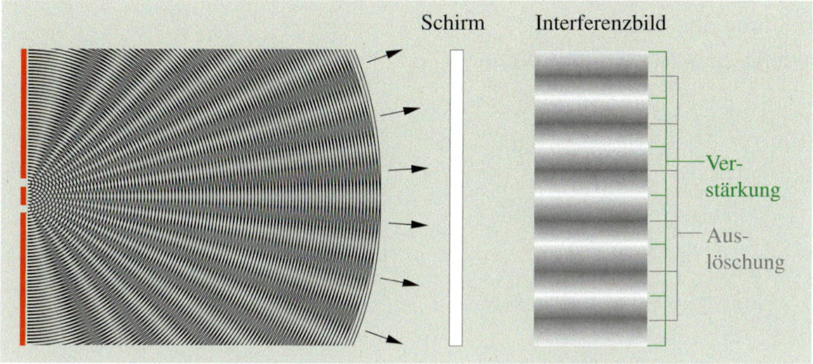

2

Zonen von Verstärkung und Auslöschung bei zwei Kreiswellensystemen

An engen Spalten kann Licht gebeugt werden. Es tritt in den geometrischen Schattenraum hinter Spalten ein. Auf einem Schirm hinter zwei Spalten können Interferenzmuster beobachtet werden.

3

4

Polarisation des Lichtes

Für Foto- und Videokameras gibt es als Zubehör Polarisationsfilter. Bringt man einen solchen Filter vor das Objektiv und dreht ihn langsam, so erscheint der Himmel allmählich dunkler und schließlich wieder heller. Durch das Drehen kann man auch erreichen, dass störende Reflexe an Glasscheiben weitgehend verschwinden (Bilder 3 und 4). In einem Experiment soll die Wirkung von Polarisationsfiltern untersucht werden.

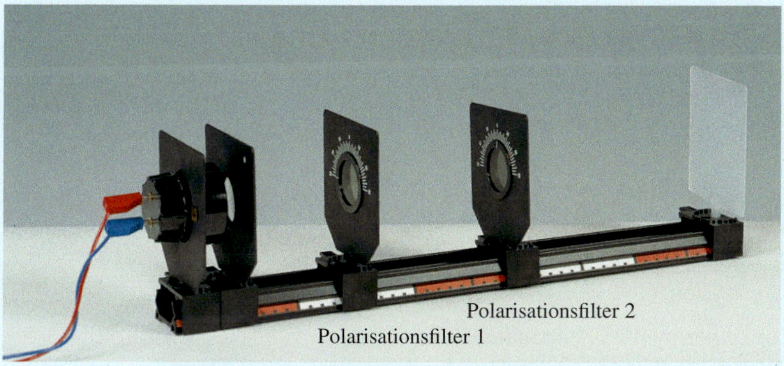

5

EXPERIMENT 5
Auf der optischen Bank werden eine optische Leuchte mit Sammellinse und ein Schirm befestigt. Zunächst bringt man einen Polarisationsfilter in den Lichtkegel und dreht ihn langsam. Der helle Fleck auf dem Bildschirm verändert sich nicht.

Das Experiment wird mit einem zweiten Polarisationsfilter wiederholt. Es tritt das gleiche Ergebnis auf. Nun werden beide Polarisationsfilter hintereinander in das Lichtbündel gebracht (Bild 5 auf der vorhergehenden Seite) und zunächst der eine, nachfolgend der andere langsam gedreht. In beiden Fällen wird der Lichtfleck auf dem Schirm allmählich dunkel, verschwindet schließlich ganz, um nachfolgend wieder zu erscheinen und zunehmend heller zu werden.
Die Experimente auf den vorangegangenen Seiten haben gezeigt, dass man das Verhalten von Licht mit einem Wellenmodell beschreiben kann. Dabei ist die Frage offengeblieben, ob sich das Licht wie eine Querwelle oder wie eine Längswelle verhält. Bei mechanischen Querwellen schwingen die einzelnen Teilchen quer zur Ausbreitungsrichtung, bei Längswellen schwingen sie in der Ausbreitungsrichtung der Welle.
Zu Querwellen lassen sich einfache Modellexperimente durchführen:

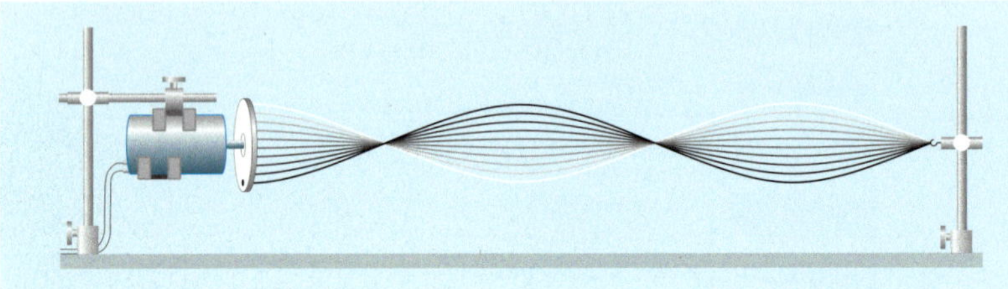
1

EXPERIMENT 6
An der Welle eines Elektromotors wird exzentrisch ein waagerecht ausgespanntes Gummiband befestigt.
Der Motor wird eingeschaltet.

Es entsteht eine sogenannte stehende Welle. Zunächst bewegen sich die Teilchen des Gummibandes auf Kreisbahnen um die Ausbreitungsrichtung (Bild 2a). Nun wird eine spaltförmige Blende in die Welle gebracht. Hinter dieser Blende tritt jetzt eine (stehende) Querwelle auf (Bild 2b). Bringt man eine zweite spaltförmige Blende in die Welle, so verändert sich nichts, wenn der Spalt parallel zu dem der ersten Blende angeordnet ist (Bild 2c). Verdreht man jedoch den Spalt gegenüber dem der ersten Blende, so nimmt die Amplitude der Welle hinter der zweiten Blende allmählich ab, bis die Welle schließlich ganz verschwunden ist (Bild 2d).

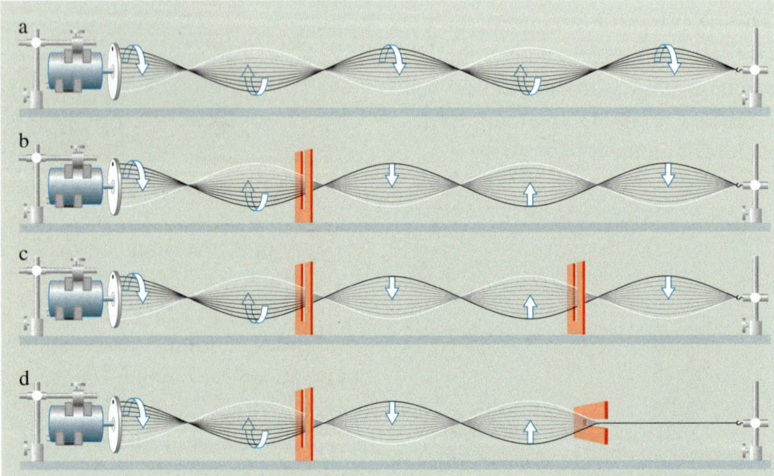

2

Modellexperiment zur Polarisation von Lichtwellen:
a) kreisförmige Wellenbewegung des Seils,
b) Querwelle hinter dem ersten Spalt (Blende 1),
c) Querwelle hinter dem ersten und zweiten Spalt (Blende 1 und 2)
d) Auslöschung hinter dem zweiten, senkrecht zum ersten stehenden Spalt

Dieses Modellexperiment erklärt die im Experiment 5 beobachteten Vorgänge. Natürliches Licht besteht aus Wellenzügen mit jeweils beliebiger

Schwingungsebene senkrecht zu ihrer Ausbreitungsrichtung (Bild 1). Bringt man einen Polarisationsfilter in den Lichtweg, so lässt dieser nur Wellenzüge mit einer bestimmten Schwingungsebene hindurch (Bild 2). Das entspricht der Welle in Bild 2b auf der vorhergehenden Seite. Der zweite Polarisationsfilter lässt ebenfalls nur Wellenzüge mit einer bestimmten Schwingungsebene hindurch (Bilder 3 und 2c auf der vorhergehenden Seite). Liegt die Durchlassrichtung des zweiten Polarisationsfilters senkrecht zur Richtung des ersten, so kommen hinter dem zweiten Filter keine Wellenzüge mehr an (Bilder 4 und 2d auf der vorhergehenden Seite).

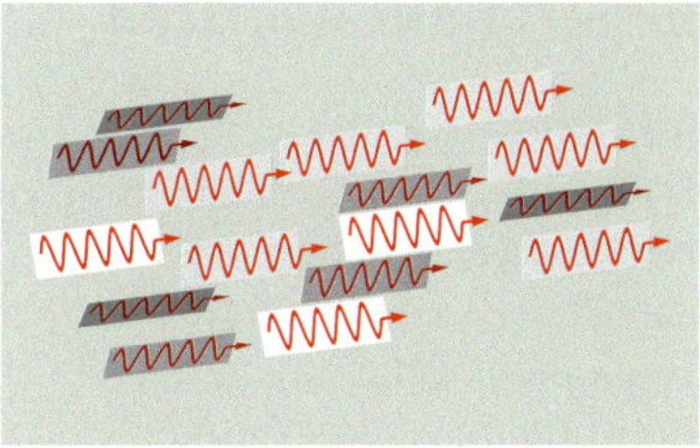
1

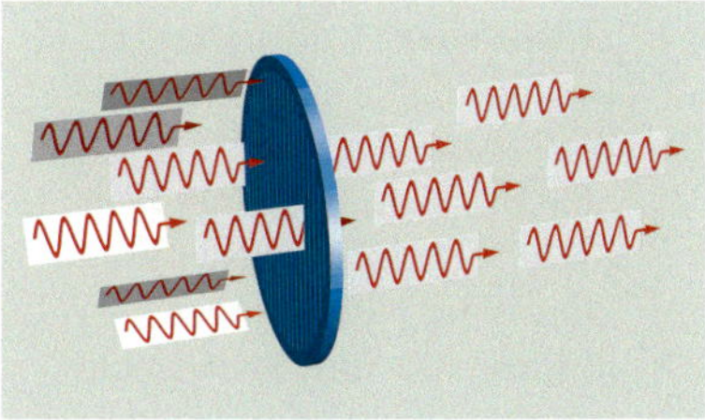
2

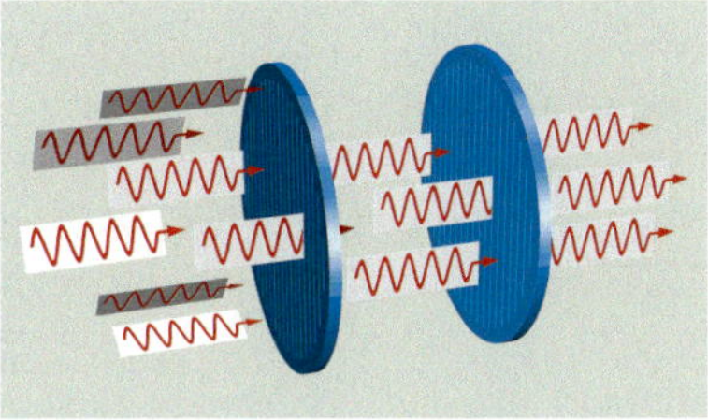
3

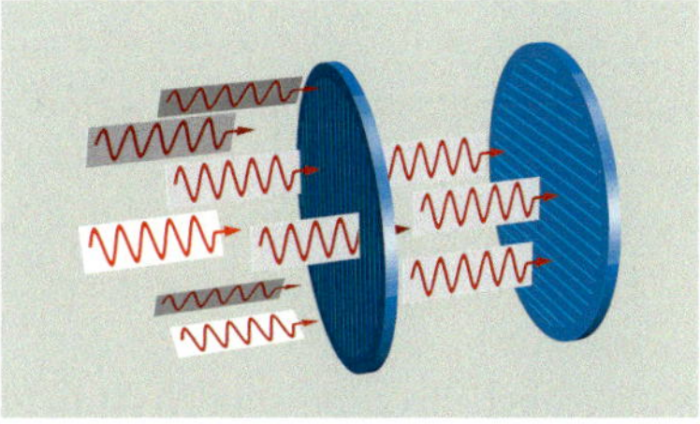
4

Licht verhält sich wie eine Querwelle.
Beim natürlichen Licht unterscheiden sich die Schwingungsebenen der verschiedenen Wellenzüge voneinander.
Linear polarisiertes Licht enthält nur Wellenzüge mit einer bestimmten Schwingungsebene.

Entstehung von Licht

Kontinuierliches Spektrum. Wenn man einen Körper erwärmt, werden seine Atome in immer stärkere Schwingung versetzt, und der Körper sendet immer mehr Wärmestrahlung aus. Bei höheren Temperaturen beginnt der Körper rot zu glühen, nun liegt ein Teil der ausgesandten Strahlung im sichtbaren Bereich. Wird der Körper noch weiter erhitzt, kann er bis zur „Weißglut" kommen, wie der Faden einer Glühlampe – nun sendet er ein Licht aus, das dem der Sonne ähnlich ist. Im Spektrum eines so heißen Körpers sind alle Wellenlängen des sichtbaren Lichtes mit einer bestimmten Intensität vertreten (Bild 5).

Linienspektrum. *Auch innerhalb der Atome* eines Körpers können Prozesse stattfinden, die zu einer Aussendung von Licht führen. Diese Prozesse kann man sich im Schalenmodell eines Atoms veranschaulichen. Danach können sich Elektronen in „Schalen" aufhalten, die um den Atomkern herum angeordnet sind. In jeder Schale kann sich nur eine bestimmte Anzahl von Elektronen aufhalten.
Wenn nun durch Energiezufuhr ein Elektron eine Schale verlassen hat, dann gibt es dort eine Lücke. Diese kann geschlossen werden, indem ein Elektron aus einer weiter außen gelegenen Schale „hineinspringt". Dabei gibt das Atom Energie ab. Der Betrag dieser Energie hängt davon ab, in welcher Schale die Lücke war und aus welcher Schale das Elektron „gesprungen" ist. Je größer die Energieänderung des Atoms beim Übergang des Elektrons ist, desto kleiner ist die Wellenlänge des ausgesandten Lichtes.

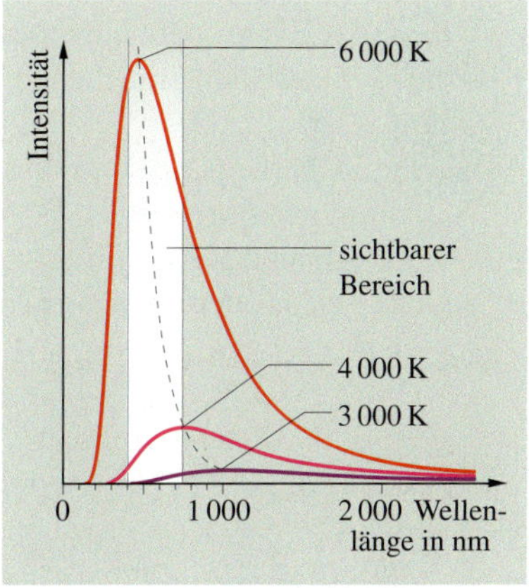

5

Kontinuierliche Spektren zweier Körper mit unterschiedlicher Temperatur

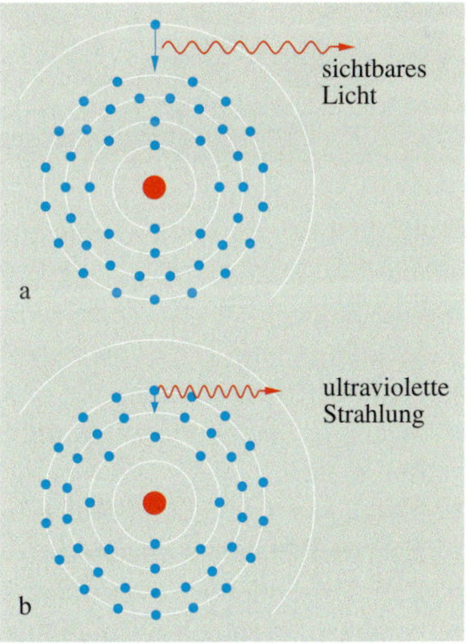

6

Beispiele für Übergänge in einem Atom nach dem Schalenmodell.
In jeder Atomsorte sind nur bestimmte Übergänge möglich.

Experimentalvortrag

AUFTRAG

Halte einen Experimentalvortrag zu einem Experiment deiner Wahl! Nebenstehend findest du einige Themen zur Anregung. Weitere Ideen kannst du aus deinen Physikbüchern und aus Experimentierbüchern in der Bibliothek oder aus dem Internet entnehmen.
Im Mittelpunkt des Vortrages soll das Experiment stehen. Das heißt aber nicht, dass es nur gezeigt wird, sondern deine Zuhörer sollen es am Ende verstehen.

Folgende Fragen können dir bei der Vorbereitung helfen:

- Welche Fragestellung oder welches Experimentierziel habe ich? Welche Erwartungen habe ich zum Verlauf des Experiments und seinem Ergebnis?
- Welches physikalische Wissen braucht man, um das Experiment zu verstehen?
- Wie ist das Experiment aufgebaut und wie wird es durchgeführt?
- Welche Materialien brauche ich und welche Messschritte sind notwendig?
- Welche Sicherheitsaspekte müssen berücksichtigt werden?
- Was kann man beobachten? Welche Messergebnisse stellen sich ein?
- Wie kann man das Experiment auswerten oder deuten?
- Welche Fehler oder Unsicherheiten treten bei dem Experiment auf?

- **„Antrieb durch Rückstoß“** (Raketenauto)
- **„Löcher zeichnen Bilder“** (Lochkamera, Camera obscura)
- **„Von der Lochkamera zum Fotoapparat“** (Lochkamera, Bildentstehung an Linsen)
- **„Lichtleiter“** (Totalreflexion, Demonstration mit einem Wasserstrahl)
- **„Farbzerlegung von weißem Licht“** (Prisma, Regenbogen)
- **„Optische Täuschungen“**
- **„Flüstertüte und Schallschutzwand“** (Reflexion von Schall)
- **„Das Prinzip des Archimedes“**
- **„Fliegen“** (Auftrieb in Luft, Heißluftballon)

1

Worauf ist bei der Vorbereitung eines Referats noch zu achten?

- Gliederung erstellen, Zeitplan überlegen und prüfen.
- Vorführung des Experiments vorher üben und auf Sichtbarkeit achten.
- Fachbegriffe trainieren.
- Wichtige Stichworte auf Karteikarten schreiben, aber keine Texte formulieren.
- Überlegen, wie die Zuhörer aktiviert werden können.
- Eventuell Handout erstellen.
- Zum Präsentieren Power-Point-Folien, Overhead-Folien oder die Tafel benutzen, eventuell Animationen oder ein Modell zeigen.
- Einen Probevortrag halten.

TIPP

Besonders wichtig ist bei einem Vortrag natürlich die Art und Weise, wie gesprochen und präsentiert wird. Sprich frei, laut und deutlich, mache bewusst Pausen und schau deine Zuhörer an. Du kannst sie einbeziehen, indem du Fragen stellst oder um Vermutungen bittest, ihnen Dinge zeigst und in die Hand gibst. Achte auf deine Körperhaltung: Mach dich nicht klein und versteck dich nicht!

Licht als Welle

Bereits seit vielen Jahrhunderten ist es üblich, in Zeichnungen den Weg des Lichtes durch Linien bzw. Strahlen darzustellen (Bild 1). Mithilfe des Modells Lichtstrahl lassen sich die Gesetze der geradlinigen Ausbreitung des Lichtes, der Reflexion und der Brechung sehr gut grafisch darstellen. Auch die Wirkungsweise der Bauelemente in optischen Geräten (Linsen, Spiegel) lässt sich gut beschreiben und erklären.
1661 machte der italienische Mathematiker und Physiker FRANCESCO MARIA GRIMALDI (1618–1663) jedoch Beobachtungen, die er nicht mit dem Modell Lichtstrahl erklären konnte. GRIMALDI ließ Sonnenlicht durch eine kleine, runde Öffnung in ein verdunkeltes Zimmer fallen. In den Weg des Lichtbündels brachte er einen kleinen Körper, sodass ein Schatten entstand. An der Grenze des Schattens beobachtete er helle und dunkle Linien und nannte die Erscheinung Beugung.
Obwohl er die Beugung des Lichtes nicht erklären konnte, formulierte er dennoch als erster die Hypothese vom Wellencharakter des Lichtes. Dabei verglich er die Lichtausbreitung mit der Ausbreitung von Wellen im Wasser. Nach ihm untersuchten ROBERT HOOKE (1635–1703) und ISAAC NEWTON (1643–1727) die farbigen Erscheinungen, die bei der Interferenz an dünnen Plättchen auftreten. Unter dem Mikroskop fand HOOKE bei Glimmerplättchen die Farben in der Reihenfolge: rot, gelb, grün, blau, violett, dann wieder rot, gelb usw. HOOKE vertrat die Ansicht, dass Licht eine schnelle Schwingungsbewegung mit sehr kleinen Amplituden ist. Er nahm an, dass sich die Lichtschwingung wie Schall in der Luft ausbreitet.
Zwölf Jahre später entwickelte CHRISTIAN HUYGENS (1629–1695) dazu eine wissenschaftlich begründete Theorie. An der Wende zum 19. Jahrhundert erschien ein Aufsatz von THOMAS YOUNG (1773–1829), in dem ein Abschnitt die Überschrift trug „Über die Analogie zwischen dem Schall und dem Licht". YOUNG entdeckte das Prinzip der Interferenz und übertrug es von den Schallwellen auf das Licht. Damit konnte er erklären, warum sich Lichtwellen bei Überlagerung nicht nur verstärken, sondern sich unter bestimmten Bedingungen auch bis zur Auslöschung hin abschwächen können. Auf diese Weise deutete er die von GRIMALDI beobachteten hellen und dunklen Streifen. YOUNG formulierte auch die notwendigen Bedingungen für die optische Interferenz: Es interferieren nur zwei Anteile „ein und desselben Lichtes" (kohärente Lichtbündel). Er erklärte das Auftreten verschiedener Farben bei der Interferenz von weißem Licht und ermittelte erstmals die Wellenlänge von Licht verschiedener Farben.
YOUNG konnte seine Ergebnisse nicht ausreichend mathematisch beschreiben. Deshalb wurde seine Theorie nicht anerkannt, sondern als „leere Fantasie" abgelehnt, auch weil sie der damals allgemein anerkannten Newton'schen Auffassung vom Licht widersprach. NEWTON nahm an, dass das Licht aus kleinsten Teilchen besteht.
Wenige Jahre später schuf AUGUSTIN JEAN FRESNEL (1788–1827) eine geschlossene Theorie der Beugung und Interferenz. Die mathematische Darstellung ermöglichte die Beschreibung und Erklärung aller Interferenzerscheinungen. Man war davon überzeugt, dass damit das Wesen des Lichtes erforscht war. Die historische Entwicklung widerlegte diese Auffassung.

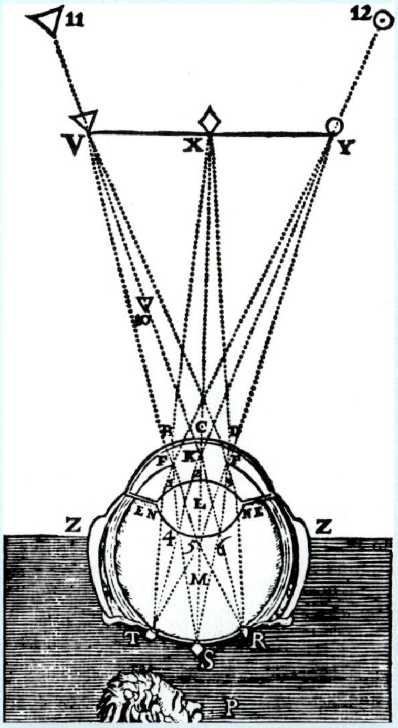

1

Historische Abbildung mit Strahlengang von DESCARTES

2

THOMAS YOUNG

3

AUGUSTIN JEAN FRESNEL

Fata Morgana – ein Trugbild?

Das Phänomen Fata Morgana zeigt, dass auch die Physik uns in die Irre führen kann. Sie gaukelt Gegenstände an Orten vor, wo sie sich nicht befinden.
Im oben stehenden Bild taucht vor den durstenden Wüstenwanderern verheißungsvoll eine Oase auf – doch sie bleibt eine Täuschung. Dennoch entspringt diese optische Täuschung nicht unbedingt dem Wahn der Durstenden, denn eine Fata Morgana ist eine physikalische Erscheinung – eine Luftspiegelung.

Auftrag
Informiere dich über Ursprung und Bedeutung des Begriffs Fata Morgana.

1

An warmen Sommerabenden scheinen ferne Inseln schwerelos zu werden – sie schweben über dem Meer.

2

Häufig kann man Luftspiegelungen an heißen Tagen über asphaltierten Straßen beobachten. Wie also kommt eine solche Luftspiegelung zustande?

Bild 1 zeigt das Prinzip einer Fata Morgana – hier über einem Meer. Wichtig ist, dass Luftschichten verschiedener Temperatur übereinanderliegen. Diese Schichten unterscheiden sich dann auch in ihrer optischen Dichte, denn warme Luft ist optisch dünner als kalte Luft.

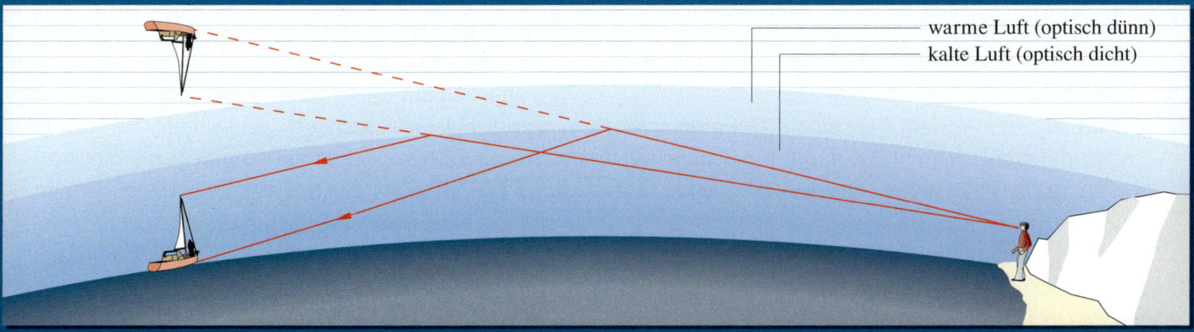

1

An diesen Luftschichten wird das Licht gebrochen und im Extremfall kommt es zur Totalreflexion. Voraussetzung für eine Totalreflexion ist, dass das Licht von einer optisch dichteren Luftschicht auf eine optisch dünnere Luftschicht trifft und dabei den Grenzwinkel der Totalreflexion überschreitet. Das Licht in Bild 1 kann durch die Totalreflexion in das Auge des Beobachters fallen und für ihn schwebt das Bild des Gegenstandes in der Luft. So kann man sogar Schiffe sehen, die eigentlich aufgrund der Erdkrümmung unsichtbar wären (Bild 2).

2

Bei kalter Polarluft hat sich dieses Containerschiff in ein Luftschloss verwandelt.

EXPERIMENT

Eine Fata Morgana lässt sich sogar nachstellen: Stelle hinter einen mit Wasser gefüllten Glasbehälter zunächst eine Abdeckpappe und dahinter eine brennende Kerze. Sieh durch den Glasbehälter und suche die „Fata Morgana“ der Kerze. Erkläre, wie das Bild in diesem Experiment entsteht!

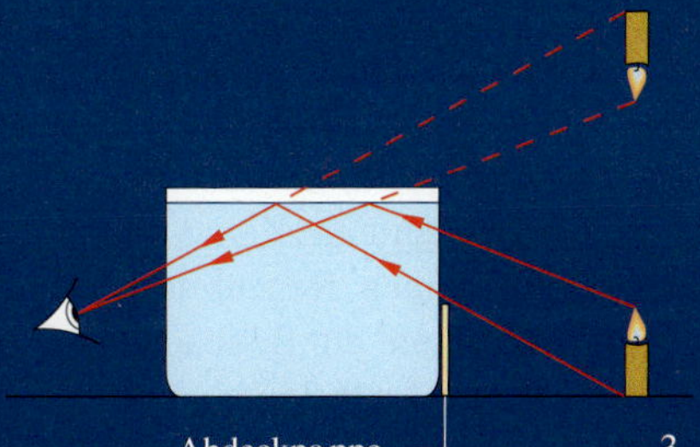

3

Weißt du es? Kannst du es

1. Zeichne ein Spektrum, das beim Zerlegen von weißem Licht mit einem Prisma entsteht!
   Ergänze die Bereiche der infraroten und ultravioletten Strahlung!
2. Konstruiere den Verlauf von einem roten und von einem violetten Lichtbündel durch ein gleichseitiges Prisma aus Kronglas! Der Einfallswinkel soll jeweils 50° betragen.
3. Erkläre die Entstehung eines Hauptregenbogens!
4. Welche Besonderheit bei der Entstehung eines Regenbogens ist in Bild 1 zu sehen?

1

5. Welche Arten von Spektren gibt es? Wie kommen sie zustande?
6. Warum und wie lassen sich aus einem Spektrum Informationen über den das Licht aussendenden Stoff gewinnen?
7. Beschreibe eine Beobachtung, die mit dem Strahlenmodell des Lichtes nicht zu erklären ist!
8. Beschreibe ein Experiment, bei dem sich die Beugung von Licht beobachten lässt!
   Welche Beobachtung wäre bei dem entsprechenden experimentellen Aufbau nach dem Strahlenmodell des Lichtes zu erwarten?
9. a) Begründe, dass es hinter einem Doppelspalt sowohl helle als auch dunkle Streifen gibt!
   b) Weshalb ist der Bereich in der Mitte des Interferenzmusters hinter einem Doppelspalt immer hell und nicht dunkel?
10. Welche optische Erscheinung kann man sehen, wenn man eine Kerze oder eine kleine Glühlampe durch einen Regenschirm betrachtet? Beschreibe und erkläre die Beobachtung!
11. Erkläre Verstärkung und Auslöschung bei der Interferenz zweier Wellen mithilfe einer Skizze!
12. Begründe, dass sich mit einem Doppelspalt (oder mit einem optischen Gitter) weißes Licht in farbige Bestandteile zerlegen lässt!
13. Vergleiche das Beugungsspektrum mit dem Prismenspektrum!
14. Farbige Interferenzerscheinungen kann man oft sehen. So gibt es farbige Ringe auf der Asphaltstraße, wenn sich auf dieser eine dünne Ölschicht befindet. Seifenblasen zeigen oft wechselnde Farben. CDs zeigen Farben, wenn man sie unter einem bestimmten Einfallswinkel betrachtet. Informiere dich darüber, wie diese Interferenzfarben entstehen!

2

15. Luisa versucht mithilfe von zwei Polarisationsfiltern die Polarisation von Licht zu verstehen. Dazu baut sie folgendes Experiment auf:

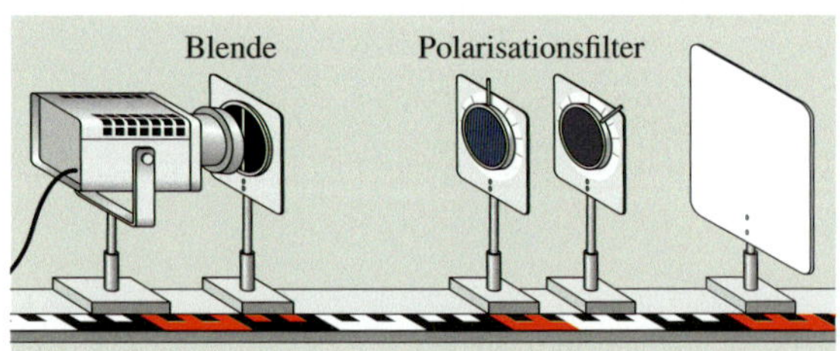

1

Was wird Luisa beobachten, wenn
a) beide Polarisationsfilter auf 0° stehen?
b) ein Filter auf 0° und der andere Filter auf 90° steht?
c) ein Filter auf 0° und der andere Filter auf 45° steht?

Zeichne jeweils auf, was Luisa auf dem Schirm sieht!

Kurz und knapp !

Farbzerlegung des Lichtes. Licht kann durch Brechung in farbige Bestandteile zerlegt werden. Dabei entsteht ein Spektrum.

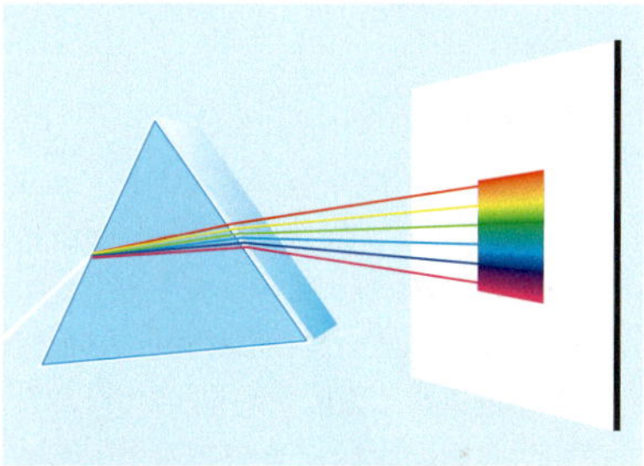

Glühende feste Körper, Flüssigkeiten und Gase unter hohem Druck senden Licht mit einem kontinuierlichen Spektrum aus.

Gase unter niedrigem Druck senden farbiges Licht aus. Bei der Zerlegung dieses Lichtes entsteht ein Emissionsspektrum.

Tritt weißes Licht einer heißen Lichtquelle durch kühlere Gase hindurch, so entsteht ein Absorptionsspektrum.

Kontinuierliches Spektrum

Emissionsspektrum

Absorptionsspektrum

Im Spektrum der Sonne und anderer Lichtquellen gibt es jenseits des Rots die infrarote Strahlung und jenseits des Violetts die ultraviolette Strahlung. Beide sind für das menschliche Auge unsichtbar.

Licht hat Welleneigenschaften.

Den unterschiedlichen farbigen Bestandteilen des sichtbaren Lichtes werden unterschiedliche Wellenlängen zugeordnet.

Beugung. Licht kann gebeugt werden: Es kann in den geometrischen Schattenraum hinter einem oder mehreren Spalten eindringen.

Interferenz. Interferenzmuster hinter Spalten oder Gittern lassen sich mithilfe des Wellenmodells vom Licht erklären.

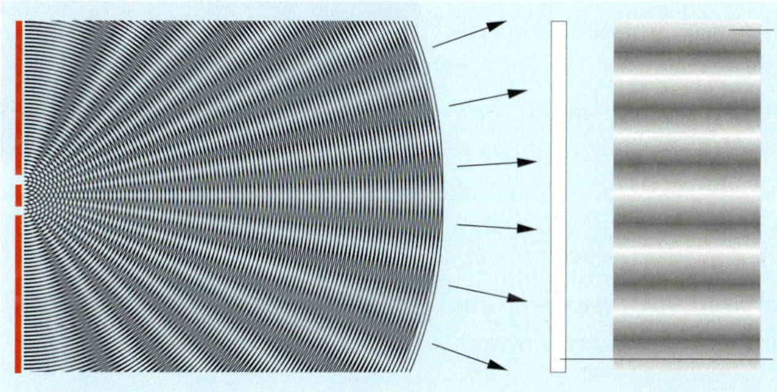

Polarisation. Lichtwellen (und auch die übrigen elektromagnetischen Wellen) können als Querwellen aufgefasst werden. Polarisationsfilter lassen nur Wellen in einer bestimmten Schwingungsebene hindurch. Zwei senkrecht zueinander ausgerichtete Polarisationsfilter lassen kein Licht hindurch.

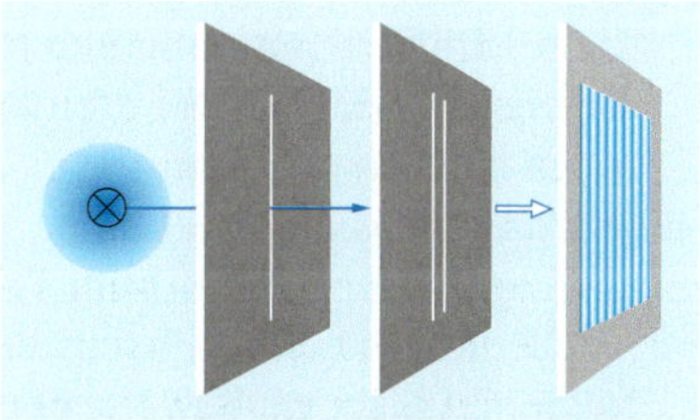

Entstehung des Lichtes. Kontinuierliches Spektrum: Ein heißer Körper sendet ein Spektrum elektromagnetischer Strahlung aus. Je heißer der Körper ist, umso größer ist der Anteil kurzwelliger Strahlung.
Linienspektrum: Durch Prozesse innerhalb der Elektronenhülle eines Atoms wird Licht einer bestimmten Wellenlänge ausgesendet.

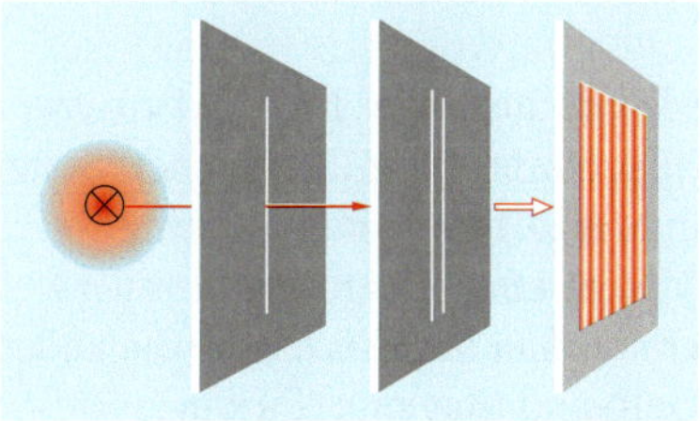

Farben

1

Wie viele Farben gibt es eigentlich? Jeder kann eine ganze Reihe aufzählen. Und wenn man Farben mischt, gibt es immer viele Zwischentöne. Wer einmal versucht hat, einen Fleck an der Wand mit genau der richtigen Farbe auszubessern, weiß, wie schwierig es ist, den richtigen „Farbton" zu treffen. Es soll etwa eine Million unterscheidbare Farben geben.

Additive Farbmischung

Bei manchen Konzerten begeistern sich die Zuschauer nicht nur an der Musik, sondern auch an den Lichteffekten. Die Musiker, Sänger und Tänzer werden von vielen Scheinwerfern mit farbigen Lichtern angestrahlt. Auf der Bühne fallen die verschiedenfarbigen Lichtkegel aufeinander und mischen sich zu neuen Farben. Wie entstehen diese Farbmischungen?
In einem Experiment kannst du erkennen, wie sich die Lichtfarben verschiedener Lampen mischen.

2

EXPERIMENT 1

1 Drei Schüler erzeugen jeweils mit einer Experimentierleuchte und einem Farbfilter (rot, grün und blau) auf einem weißen Bildschirm ein farbiges Rechteck. Die drei farbigen Rechtecke sollen sich anfangs noch nicht überdecken.
2 Verdreht jeweils eine Lampe so, dass sich auf dem Bildschirm die Farben zweier Lampen zum Teil überlagern! Was beobachtet ihr?
3 Stellt die drei Lampen so ein, dass sich auf dem Bildschirm die Farben aller drei Lampen teilweise überdecken! Was beobachtet ihr?

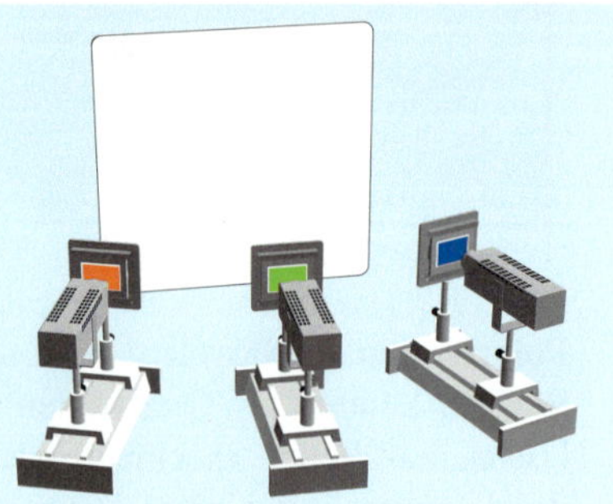
3

Mischt man die Lichtfarben zweier Lichtquellen, so ergibt sich eine Mischfarbe (Bild 1, folgende Seite). Diese Art der Farbentstehung nennt man **additive Farbmischung**.
Mischt man jeweils Licht mit zwei der drei Farben Rot, Grün und Blau, erhält man als Mischfarbe die anderen drei Hauptfarben Cyan (Blaugrün), Gelb und Magenta (Purpur).

↑Basiskonzept Wechselwirkung

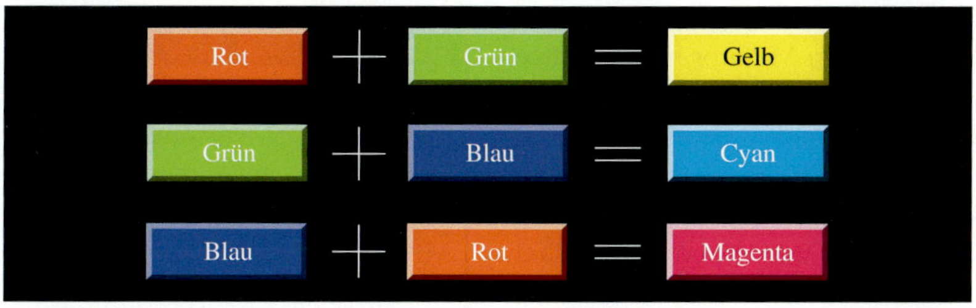

1

2
Additive Farbmischung

Ändert man bei der Mischung die Intensität der einzelnen Lichtfarben, erhält man alle anderen Farben.
Die Farben Rot, Grün und Blau nennt man die drei Grundfarben der additiven Farbmischung. Sie selbst können nicht aus anderen Lichtfarben gemischt werden.

Bei der additiven Farbmischung wird farbiges Licht gemischt. Aus den drei Grundfarben Rot, Grün und Blau können alle Farben entstehen.

Farbenkreis. Der englische Physiker ISAAC NEWTON (1642–1727) war der Erste, der die Zerlegung des Sonnenlichtes in seine farbigen Bestandteile beim Durchgang durch ein Prisma planmäßig untersuchte.
Es gab viele Forscher, die versuchten, ein Ordnungssystem für die Farben zu schaffen. Sehr oft wurde dazu ein Farbenkreis benutzt. NEWTON ordnete erstmalig die Farben des Sonnenlichtes in einem Kreis an (Bild 3). Zum Schließen des Kreises hat er noch die Farbe Purpur aufgenommen. Purpur entsteht als Mischfarbe aus Rot und Violett.

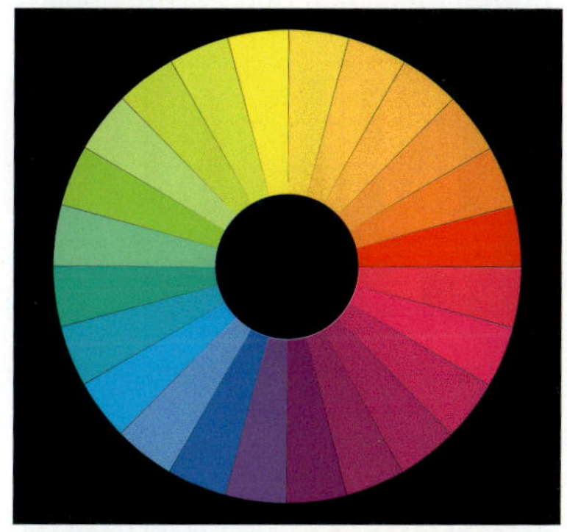
3
Newton'scher Farbenkreis

Der Farbenkreis in Bild 4 zeigt die 6 Hauptfarben bei der additiven Farbmischung. Mit ihm lassen sich alle Experimente zur additiven Farbmischung einfach beschreiben und die Ergebnisse von Farbadditionen vorhersagen:
- Mischt man zwei Grundfarben, ergibt sich eine Mischfarbe, die zwischen den zwei Grundfarben liegt:
  Rot + Grün = Gelb.
- Mischt man zwei Farben, die sich im Farbenkreis gegenüberstehen, entsteht Weiß:
  Gelb + Blau = Weiß.
- Mischt man zwei benachbarte Farben, entsteht eine Farbe, die zwischen beiden liegt:
  Gelb + Rot = Orange.

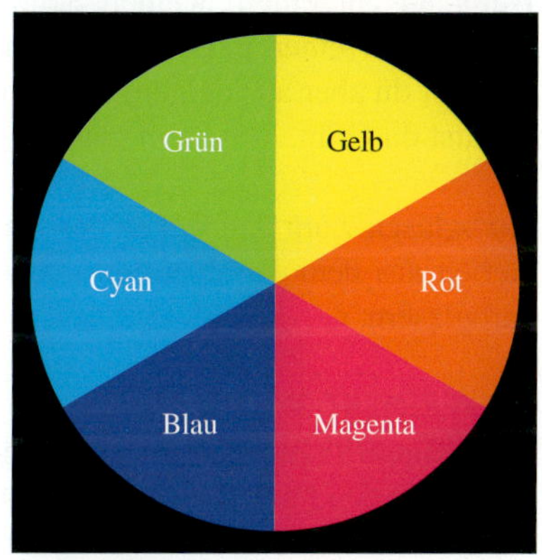

4
Sechsteiliger Farbenkreis

EXPERIMENT 2
Stelle dir verschiedene Farbenkreisel her!
Zeichne auf steifes weißes Papier einen Kreis mit einem Durchmesser von etwa 4 cm bis 6 cm! Unterteile den Kreis in 2 bis 6 Sektoren und male sie mit verschiedenen Deckfarben aus! Stecke einen spitzen Bleistift durch die Mitte und lass den Farbenkreisel rotieren!
Male dieselben Farben in einer anderen Reihenfolge! Was geschieht?
Wähle ganz andere Farben! Was stellst du fest?

5

Farbfernsehen. Die additive Farbmischung kannst du bei Farbmonitoren erleben. Betrachtet man eine weiße Fläche auf dem Monitor mit der Lupe, sieht man viele Streifen aus kleinen Farbflächen. Diese leuchten blau, grün oder rot. Man spricht bei Monitoren von RGB-Farben, was nichts anderes bedeutet als Licht in den Farben R(ot), G(rün) und B(lau).
Egal, ob es sich um Röhren-, LCD- oder Plasmabildschirme handelt, das Prinzip ist immer gleich: Die kleinen Farbflächen werden unterschiedlich kombiniert zum Leuchten gebracht.
An den roten Stellen des Bildschirms leuchten nur die roten Flächen, an den grünen nur die grünen Flächen … Aber wenn die roten und die grünen Flächen gleich hell leuchten, leuchtet der Bildschirm gelb. Weil unsere Augen ohne Lupe die winzigen Flächen nicht einzeln erkennen können, mischt sich ihr Farbeindruck zu der Farbe Gelb (Bild 1). Auch die dunklen Stellen zwischen den Farbflächen tragen zum Farbeindruck bei.

ÜBRIGENS

Jede kleine Farbfläche (rot, grün, blau) kann 256 verschiedene Helligkeitswerte annehmen. Daraus ergeben sich 256×256×256 Möglichkeiten. Dies sind die bei Monitoren oft angegebenen 16,8 Millionen Farben.

1

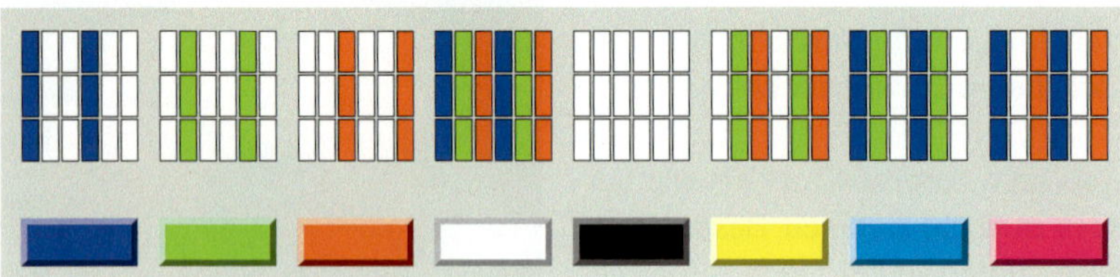
2

Angesteuerte Farbflächen und Farbeindruck

Subtraktive Farbmischung

Wenn du auf einem weißen Schirm das Licht einer blau leuchtenden Lampe und einer gelb leuchtenden Lampe mischst, erhältst du Weiß. Mischst du aber aus deinem Tuschkasten die Farben Gelb und Blau, dann erhältst du Grün. Wie kann man diesen Widerspruch erklären?

Farbgläser. Zum Aufdecken des Geheimnisses der Farbmischung mit den Farben aus dem Tuschkasten untersuchen wir zunächst die Wirkung von Farbgläsern.

EXPERIMENT 3

Auf einem Tageslichtprojektor liegen drei Farbgläser in den Farben Cyan, Magenta und Gelb. Die Farbgläser werden so verschoben, dass sie sich teilweise überdecken.
Die Farben, die auf der Projektionswand entstehen, werden beobachtet.

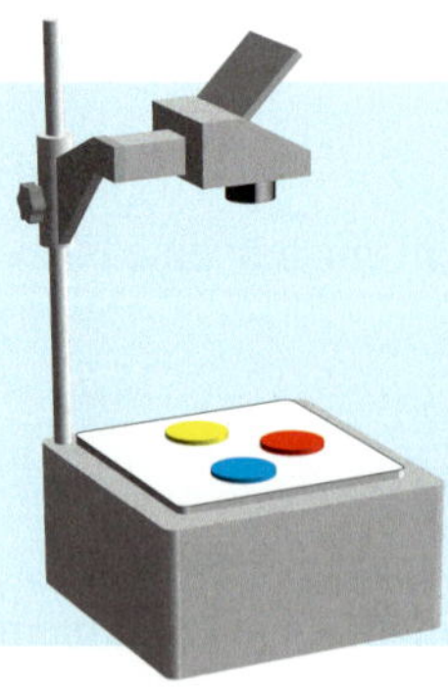

3

Das Experiment zeigt:
Wenn sich Magenta und Gelb überdecken, ergibt das hindurchgelassene Licht auf dem Schirm Rot.
Wenn sich Cyan und Gelb überdecken, ergibt sich Grün.
Wenn sich Magenta und Cyan überdecken entsteht Blau.
Wenn sich alle drei Farben überdecken, entsteht auf dem Schirm Schwarz.

Aus dem Spektrum des weißen Lichtes werden von den Farbgläsern verschiedene Farben weggenommen (oder subtrahiert). Die Restfarben vereinigen sich zu einer Mischfarbe. Diese Form der Farbentstehung nennt man **subtraktive Farbmischung**.

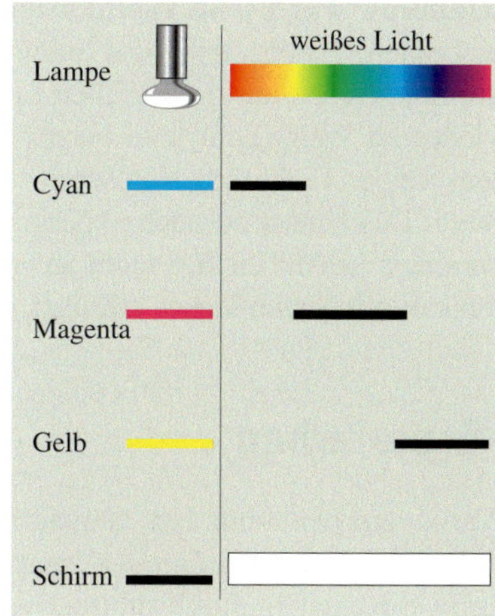

1

Und wie entsteht der schwarze Bereich in der Mitte von Bild 3 auf der vorhergehenden Seite?
Ein Cyan-Farbglas subtrahiert aus dem Spektrum die Farben Rot, Orange und Gelb. Es lässt nur Grün, Blau und Violett hindurch.
Ein Magenta-Farbglas subtrahiert Gelb, Grün und Blau. Es lässt nur Rot und Violett hindurch.
Ein Gelb-Farbglas subtrahiert Blau und Violett. Es lässt nur Rot, Orange, Gelb und Grün hindurch.
Wenn also alle drei Farbgläser übereinanderliegen, gelangt kein Bereich des Spektrums zum Schirm und es entsteht Schwarz (Bild 1).

Farben aus dem Tuschkasten. Auch die Farben aus einem Tuschkasten nehmen aus dem weißen Licht ganz bestimmte Spektralfarben weg. Die restlichen Lichtfarben werden reflektiert und ergeben eine Mischfarbe. So subtrahiert gelber Farbstoff wie ein gelbes Farbglas die Spektralfarben Blau und Violett. Nur Rot, Orange, Gelb und Grün werden reflektiert und rufen in unserem Auge einen gelblichen Farbeindruck hervor. Je nachdem, ob in diesen vier reflektierten Farben Rot, Orange, Gelb oder Grün überwiegt, entsteht ein anderes Gelb.
Bild 3 zeigt, wie beim Mischen von Cyan und Gelb aus dem Tuschkasten in unserem Auge die Farbe Grün entsteht:

2

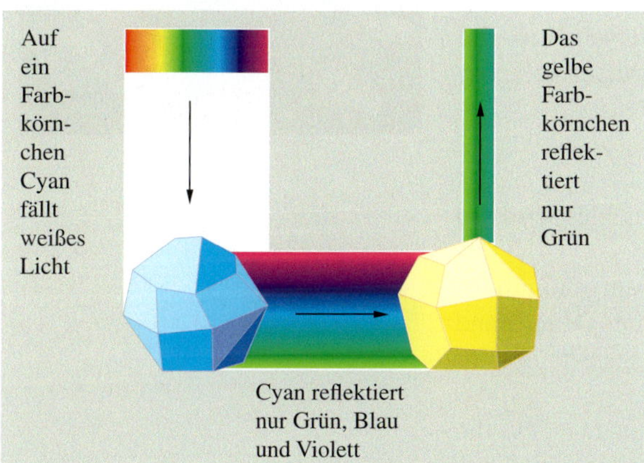

3

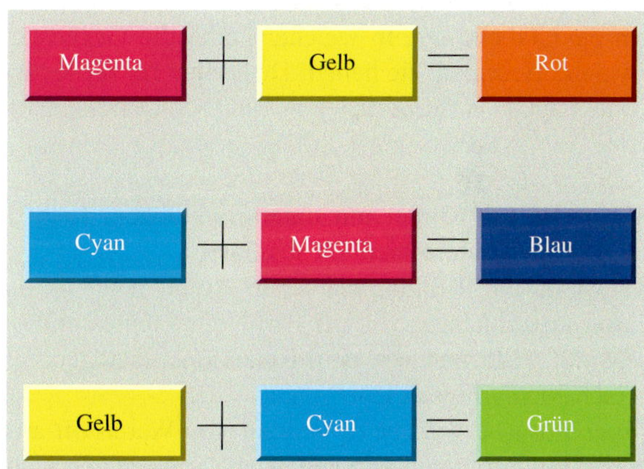

4

Magenta, Gelb und Cyan sind die Grundfarben der subtraktiven Farbmischung. Mit ihnen können alle anderen Farben gemischt werden; sie selbst können nicht aus anderen Farben gemischt werden.

Auch dieses Buch wurde mit den Farben Cyan, Magenta und Gelb gedruckt. Das sind die Farben, die du von einem Farbdrucker kennst. Diese Farben werden auch als CMY-System bezeichnet: C für Cyan, M für Magenta und Y für Yellow.
Damit die Kontraste stärker werden und ein tiefes Schwarz entsteht, benutzt man beim Drucken auch noch reines Schwarz.

ÜBRIGENS

Das ausgeblendete Licht und das verbleibende Mischlicht bilden ein Paar von Komplementärfarben (lat. *complementum:* Ergänzung). Das Mischlicht aus zwei Komplementärfarben enthält das ganze Spektrum und ist daher weiß.

„Unbunte“ Farben im Tuschkasten. Im Tuschkasten gibt es noch die zwei „unbunten“ Farben Weiß und Schwarz. Weiße Farbkörperchen reflektieren alle Lichtfarben aus dem weißen Licht, sie vereinigen sich für unser Auge wieder zu Weiß. Schwarze Farbkörperchen nehmen alle Lichtfarben aus dem weißen Licht weg. Von schwarzen Körpern kommt kein Licht in unser Auge. Das kannst du auch experimentell überprüfen, indem du das Spektrum des weißen Lichtes nicht auf weißem Papier, sondern auf nicht glänzendem schwarzen Papier erzeugst.

Körperfarben

Warum erscheint eine Hose eigentlich rot oder blau? Die Farbe, in der wir einen lichtundurchlässigen Körper im Sonnenlicht sehen, heißt Körperfarbe. Sie entsteht durch subtraktive Farbmischung.
Scheint die Sonne zum Beispiel auf einen blauen Körper, dann nimmt er alle Farben des Spektrums weg, außer Grün, Blau und Violett. Diese drei Farben reflektiert der Körper und sie ergänzen sich zu einem blauen Mischlicht (Bild 1). Wird der blaue Körper mit gelbem Licht bestrahlt, sieht er schwarz aus (Bild 2). Im gelben Licht ist kein blaues vorhanden. Der Körper kann keine Farbe reflektieren.
Gleiche Körperfarben erscheinen also nicht immer gleich. Das kannst du im folgenden Experiment untersuchen:

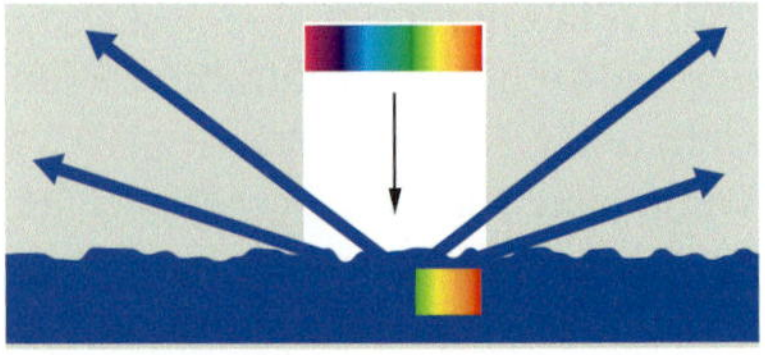
1

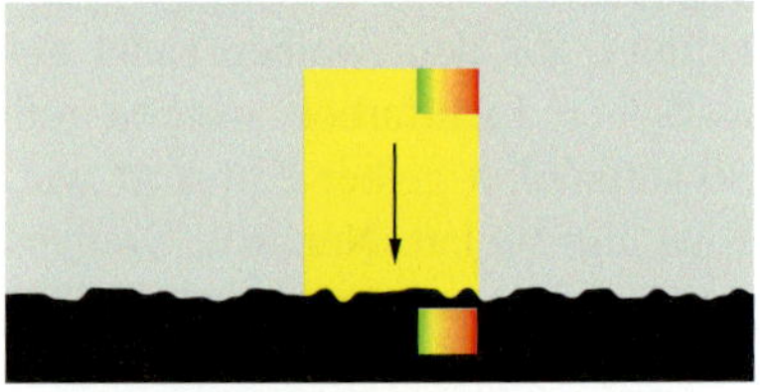
2

EXPERIMENT 4
Beleuchte in einem abgedunkelten Raum unterschiedliche farbige Dinge mit unterschiedlich farbigen Lampen (rot, gelb, grün, blau, weiß). Trage in eine Tabelle ein, in welcher Farbe die Gegenstände erscheinen und welche Helligkeit sie haben. Du kannst für dieses Experiment auch farbige Pappen verwenden.

3

Wenn also ein Körper mit unterschiedlichem Licht beleuchtet wird, so kann er ganz unterschiedlich aussehen.
Kaufst du ein T-Shirt oder einen Apfel, dann ist die wahrgenommene Farbe stets abhängig von der Farbe des Lichtes, mit dem der Gegenstand bestrahlt wird, und von dem Reflexionsvermögen des Gegenstandes für verschiedenfarbiges Licht.
Diese Tatsache wird beim Verkauf von Waren oft ausgenutzt, indem die Waren mit farbigem Licht angestrahlt werden und nicht mit weißem. Deshalb sollten Produkte vor dem Kauf möglichst bei normalem Tageslicht betrachtet werden.
In Verkaufsvitrinen kann man z. B. durch geschickte Beleuchtung die Farben von Fleisch und Gemüse verschönern.

4

5

Im Licht einer Natriumdampflampe sieht unsere bunte Welt ziemlich blass aus. Die Gegenstände erscheinen nicht farbig wie im weißen Licht, sondern nur unterschiedlich hell.

Wie Farben auf den Menschen wirken

In diesem kleinen Projekt geht es um Aspekte des Themas „Farben“, die mit Physik im engeren Sinn wenig zu tun haben:
Wie wirken Farben auf den Menschen?
Lassen wir uns durch Produktfarben beeinflussen?
Weitere Ideen fallen euch sicher selbst ein.

Farben und Gefühle

1 Bittet eure Mitschüler, zu Farben, die ihr nennt, in jeweils 20 s die Begriffe (Stichworte) aufzuschreiben, die ihnen spontan einfallen.

2 Vergleicht anschließend, welche Begriffe bei einer Farbe mehrfach vorkamen.

3 Die Wirkung verschiedener Farben kann man miteinander vergleichen, indem man sie durch ein Muster von Merkmalen beschreibt. In einem *Polaritätsprofil* wird eine Reihe von gegensätzlichen Adjektivpaaren gesammelt. Die Farbe muss bei jedem Paar zwischen den beiden Gegensätzen eingeordnet werden.
Stellt eine Liste von Farben auf und lasst jede von euren Mitschülern und Mitschülerinnen im Polaritätsprofil einordnen. Untersucht, welche Eigenschaften einer Farbe am häufigsten zugeordnet werden.
Aufgabe: In der Tabelle findest du 11 gegensätzliche Adjektive (Gegensatzpaare). Beurteile die Farbe mithilfe dieser Gegensatzpaare.
Beispiel: Bist du der Meinung, dass die Farbe eher mit „warm“ zusammenhängt, machst du das Kreuz bei 1 oder 2. Bei „kalt“ machst du das Kreuz eher bei 4 oder 5.

	1	2	3	4	5	
warm						kalt
hell						dunkel
süß						sauer
schwer						leicht
freundlich						bedrohlich
schön						hässlich
aufregend						langweilig
weich						hart
tot						lebendig
anregend						beruhigend
sanft						wild

Wirkung von Farben auf den Geschmack

Beeinflusst die Farbe von Lebensmitteln den Geschmackseindruck?

1 Färbt Plätzchen mit geschmacklosen Lebensmittelfarben und führt Geschmackstests durch. Wonach schmecken die Plätzchen?

2 Färbt Lebensmittel (z. B. Nudeln) mit verschiedensten Lebensmittelfarben und befragt eure Mitschüler und Mitschülerinnen, welche Variante sie wählen würden.

3 Beleuchtet Speisen mit verschiedenfarbigen Spotstrahlern und untersucht, wie sich die Farbe auf das Aussehen auswirkt.
Ihr könnt auch Fotos machen und deren Farben am Computer mit einem Fotobearbeitungsprogramm verändern (Bild 1).

1

Wirkung von Farben auf das Aussehen von Personen

1 Macht wechselseitig Fotos von euren Gesichtern und verändert die Farben mit einem Fotobearbeitungsprogramm oder fotografiert durch farbige Folien.

Persönliche Farbvorlieben

1 Welche Farben trage ich am liebsten, welche lehne ich ab?

2 Welche Farben bevorzuge ich in meinem Zimmer, bei meinen Gebrauchsgegenständen wie Fahrrad, Schultasche, Stifte usw.?

3 Versucht für die Farbwahl Begründungen anzugeben. Vergleicht mit dem Polaritätsprofil.

GOETHES Farbenlehre

JOHANN WOLFGANG VON GOETHE (1749–1832) war nicht nur ein großer Dichter, sondern ebenso Jurist, Staatsminister und Generalintendant des Hoftheaters. Auch als Naturforscher hat er viel geleistet. So entdeckte er den menschlichen Zwischenkieferknochen und er schuf eine eigene Farbenlehre. Er schätzte sie sogar höher ein als sein dichterisches Werk und glaubte, ISAAC NEWTON einen Fehler nachweisen zu können. GOETHES Farbenlehre wird bis heute geachtet und diskutiert.

GOETHE trat für ein ganzheitliches Natur- und Wissenschaftsverständnis ein, er verabscheute mathematisch formulierte Naturgesetze. Er wollte herausfinden, wie Farben entstehen. Dazu versuchte er, mit einem Prisma die optischen Experimente von NEWTON zu wiederholen. Statt aber ein Lichtbündel durch das Prisma zu leiten und zu untersuchen, schaute er direkt durch das Prisma. Zunächst blickte er auf eine weiße Wand und war enttäuscht, weil er keine Farben sah. Als er aber das Fachwerk eines gegenüberliegenden Hauses betrachtete, entdeckte er am Rande der Balken wunderschöne farbige Ränder (Bild 1).

GOETHE hat beim Betrachten von Hell-Dunkel-Grenzen durch ein Prisma zwei Farbabstufungen mit entsprechenden Übergängen entdeckt: Weiß-Gelb-Rot-Schwarz und Schwarz-Violett-Blau-Weiß (Bild 2).

Bei genauerer Betrachtung der Ränder wird deutlich, dass sich der Rot-Gelb-Saum dort zeigt, wo es ohne Prisma weiß wäre. Es geschieht eine *Abdunklung von Hellem.* Der Blau-Violett-Saum hingegen erscheint im Schwarzen. Es tritt eine *Aufhellung von Dunklem* ein (Bild 2).

In der Natur gibt es gleichartige Farberscheinungen. Abendrot tritt auf, wenn die tief stehende Sonne durch Staub und Nebel getrübt wird. Die Sonne ist vom Weltraum aus betrachtet blendend hell, sie erscheint weiß. Auf der Erde wirkt sie gelb. Blicken wir durch ein trübes Medium auf etwas Helles, so erscheint es uns verdunkelt, gelb bis rot.

Das Himmelblau erscheint uns beim Blick durch die Lufthülle auf den schwarzen Weltraum. Im Hochgebirge, wo die Luft bereits dünner ist, wird das Blau immer kräftiger und geht ins Violett über.

Die Farben beim Prisma und in der Natur sind also von ähnlicher Art. Das Blaue als aufgehelltes Dunkles und das Gelbe als verdunkeltes Helles bilden einen Gegensatz, den GOETHE Polarität nannte.

Betrachtet man zwei Hell-Dunkel-Grenzen, etwa schwarze Pappen vor weißem Hintergrund, mit einem Prisma, so erkennt man die Randfarben (Bild 3a). Schiebt man sie aufeinander zu, so erscheint bei einem bestimmten Abstand die Farbe Grün (Bild 3b). Wir sehen das bekannte Spektrum. Die Spektralfarben lassen sich als Kreis anordnen. Jeweils einander gegenüberliegend findet man die Gegenfarben. Als Gegenfarbe des Grüns findet man Purpur, das den Farbenkreis vollendet. GOETHE verwendete einen Farbenkreis mit sechs Farben (Bild 4). Jede Farbe lässt sich als Mischung ihrer beiden Nachbarfarben herstellen.

GOETHE hat es verstanden, das Phänomen Farbe aus physikalischer und aus ästhetischer Sicht vielfältig zu bearbeiten und Experimente vorgeschlagen. Seine Farbenlehre ist keine physikalische Theorie, die das Wesen des Lichtes beschreibt, sie ist vielmehr eine Theorie der Sinneswahrnehmung von Licht und Farben.

1

2

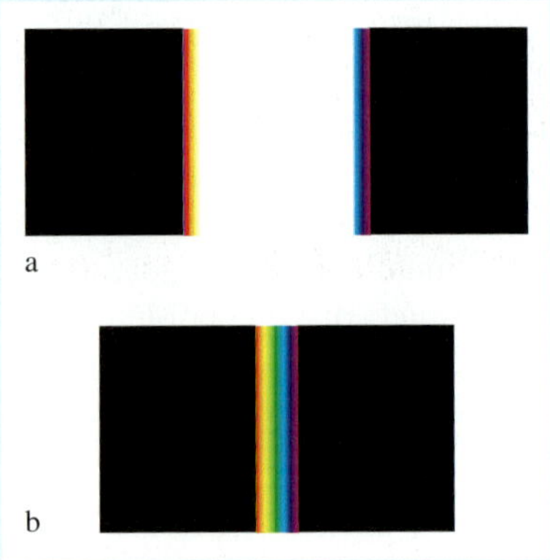

3

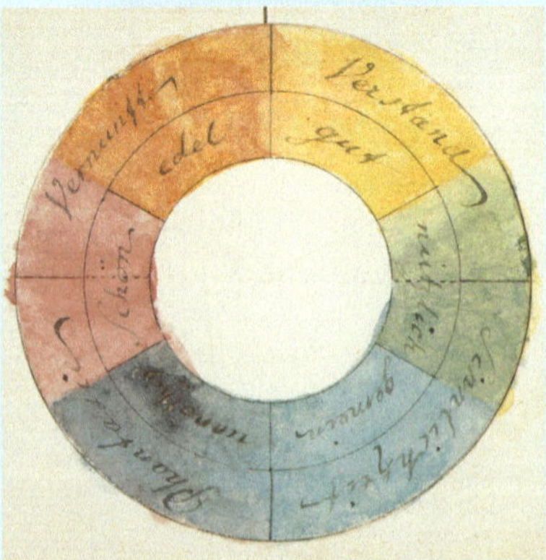

4

GOETHES Farbenkreis

Weißt du es? Kannst du es

1. Erkläre den Unterschied zwischen additiver und subtraktiver Farbmischung!
2. Prüfe, ob du durch Mischen von Magenta, Gelb und Cyan alle bunten Farben erzeugen kannst!
3. Erkläre anhand einer Zeichnung wie im Bild 3 auf S. 203, dass auch dann Grün entsteht, wenn das weiße Licht zuerst auf das gelbe Farbkörnchen und erst danach auf das cyanfarbene Farbkörnchen trifft!
4. Welche Farbe zeigt ein gelbes Kleidungsstück, wenn es in gelbem, rotem bzw. blauem Licht betrachtet wird?
5. Jede Lampe in Bild 1 sendet Licht einer der sechs Farben Rot, Grün, Blau, Cyan, Magenta und Gelb aus. Welche Farbe hat dann die Fläche mit dem Fragezeichen?
6. Halte ein Stück rote Pappe vor einen weißen Hintergrund und betrachte es etwa 15 Sekunden mit fixiertem Blick. Ziehe die Pappe weg und schaue weiter an die Stelle. Was siehst du nach wenigen Sekunden? Probiere es mit anderen Farben! Welche Farbe erscheint jeweils?
7. Informiere dich über die Funktionsweise eines LCD-Bildschirms.
   Bereite einen Kurzvortrag vor!
8. Erzeuge auf dem Bildschirm eines Computers Flächen in unterschiedlichen Farben. Untersuche mit einer Lupe, welche Farben die Leuchtpunkte haben, aus denen die farbigen Flächen zusammengesetzt sind!
9. Beschreibe, wie sich aus den additiven Grundfarben Rot, Grün und Blau die subtraktiven Grundfarben Gelb, Cyan und Magenta herstellen lassen!
10. Wie muss man eine Fleischvitrine oder eine Obstauslage beleuchten, damit das Fleisch oder das Obst besonders appetitlich aussieht?

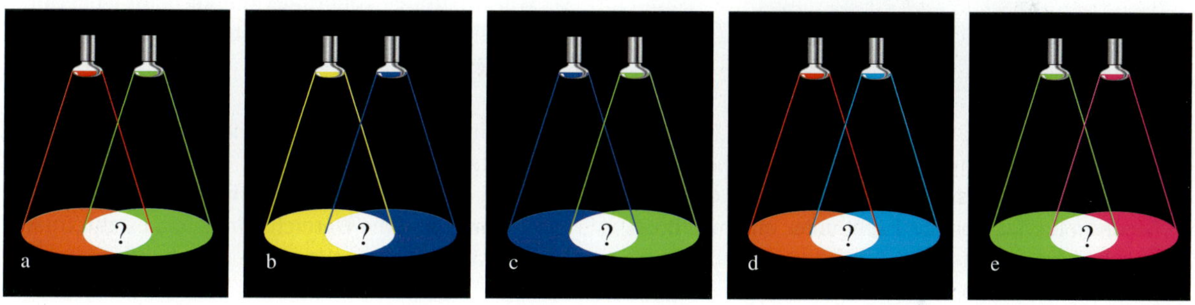

1

Kurz und knapp!

Additive Farbmischung
Bei der additiven Farbmischung wird farbiges Licht gemischt. Aus den drei Grundfarben Rot, Grün und Blau können alle Farben entstehen.

Subtraktive Farbmischung
Magenta, Gelb und Cyan sind die Grundfarben der subtraktiven Farbmischung. Mit ihnen können alle anderen Farben gemischt werden; sie selbst können nicht aus anderen Farben gemischt werden.

Körperfarben
Die Farbe, in der wir einen lichtundurchlässigen Körper im Sonnenlicht sehen, heißt Körperfarbe. Sie entsteht durch subtraktive Farbmischung.

additive Farbmischung

subtraktive Farbmischung

Teste dich!

1 Beschreibe, welche Eigenschaften Licht nach dem Strahlenmodell und dem Wellenmodell jeweils hat.
Nenne Phänomene, die sich jeweils mit den Modellen erklären lassen.

2 Zeige anhand einer Skizze, warum wir Gegenstände hinter dem Spiegel sehen, obwohl sie vor dem Spiegel stehen.

3 Was könnte sich im Innern des Kastens verbergen (Bilder 1 und 2)? Begründe.

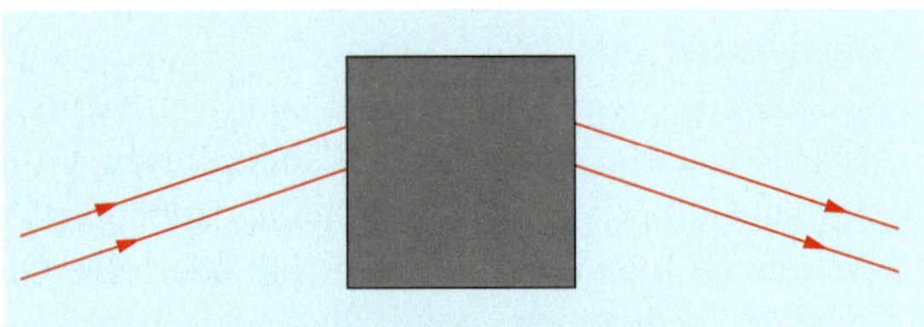
1

2

4 Licht trifft in Luft mit einem Einfallswinkel von 25° auf eine durchsichtige Oberfläche. In dem Medium breitet sich das Licht unter einem Winkel von 16,6° weiter aus.
Berechne die Ausbreitungsgeschwindigkeit in dem Medium.

5 Erläutere anhand einer Skizze, wie das Prisma weißes Licht in seine farbigen Bestandteile zerlegt.

6 Erkläre, weshalb eine Fensterscheibe mal wie ein Spiegel und dann wieder ganz durchsichtig erscheint.

7 Durch das Vermischen unterschiedlicher Farbpigmente sowie das Mischen verschiedenfarbigen Lichtes erzeugt man neue Mischfarben.
a Welche Farbe entsteht, wenn weißes Licht zuerst auf ein gelbes Farbkörnchen und danach auf ein Magenta-Farbkörnchen trifft?
b Welche Farbe entsteht, wenn gelbes und rotes Licht gemischt werden?

8 Wie gelingt es, auf dem Fernsehbildschirm Millionen verschiedener Farben zu erzeugen?

9 Warum gibt es Totalreflexion nur beim Übergang des Lichtes vom optisch dichteren zum optisch dünneren Medium?

10 Beschreibe das Blickfeld eines Tauchers beim Blick nach oben.
Fertige hierzu eine Skizze mit Lichtwegen an.
Kennzeichne die Bereiche, in denen es zur Totalreflexion kommt.

Schätze deine Kenntnisse und Fähigkeiten ein!

Ordne dazu deiner Lösung im Heft ein Smiley zu:
☺ Ich konnte die Aufgabe richtig lösen.
😐 Ich konnte die Aufgabe nicht komplett lösen.
☹ Ich konnte die Aufgabe nicht lösen.

› Die Lösungen findest du im Anhang.

Aufgabe	Fähigkeit	Hilfe findest du auf Seite ...
1	Modelle des Lichtes unterscheiden.	176, 184, 190
2, 3, 9, 10	Reflexions- und Brechungsgesetz anwenden.	177, 178
4	Ausbreitungsgeschwindigkeit mit dem Brechungsgesetz berechnen.	177
5	Brechung am Prisma und Farbzerlegung erklären.	185
6, 9, 10	Totalreflexion anwenden.	178
7	Additive und subtraktive Farbmischung anwenden.	200, 202
8	Farbentstehung erklären.	202

Experimente planen, durchführen und auswerten

In vielen Berufen werden Experimente durchgeführt: Der Chemiker analysiert den Ackerboden. Er will herausfinden, ob sich Schadstoffe im Boden befinden oder ob ein Mangel an bestimmten Nährstoffen besteht. Der Biologe untersucht das Wachstum der Pflanzen bei künstlichem Licht. Er will herausfinden, mit wie viel Licht die Pflanzen im Winter zusätzlich beleuchtet werden müssen, damit sie genau so gut wachsen wie im Frühjahr im Garten. Der Arzt will heraus finden, welche Stoffe bei einem Patienten in jedem Jahr die gleiche Allergie auslösen und wie man sich davor schützen kann.
Der Konstrukteur eines neuen Schiffsrumpfes untersucht dessen Verhalten, indem er ein stark verkleinertes Modell des Schiffes in einen Strömungs- und Wellenkanal bringt. Der Kernphysiker experimentiert mit Elementarteilchen.

Experimente

1

Das Experiment hilft uns, physikalische Zusammenhänge zu erkennen, zu verstehen und anzuwenden. Technische Geräte werden zweckmäßig angewandt, neue Geräte können entwickelt und konstruiert werden. Grundlegende physikalische Arbeitsmethoden wie z. B. die experimentelle Methode oder die Fehlerbetrachtung werden gefestigt und sicher zur Problemlösung genutzt.

Physikalische Experimente

Die Beispiele auf der vorhergehenden Seite zeigen, dass das Experiment nicht nur in der Physik eine Rolle spielt. Mit einem Experiment kann man bisher unbekannte Erscheinungen entdecken und bekannte untersuchen. Das Ziel des Physikunterrichts besteht darin, dass man viel über die Physik weiß und sein Wissen anwenden kann. Das physikalische Experiment ist dabei ein wertvolles Hilfsmittel.

Das physikalische Experiment ist eine wichtige Methode der Erkenntnisgewinnung.

Will man eine Naturerscheinung beobachten, so ist dies nur an bestimmten Orten und zu bestimmten Zeiten möglich. Man kann diese Erscheinung nicht beeinflussen oder wiederholen. Experimentieren kann man im Prinzip an beliebigen Stellen und zu beliebigen Zeiten. Man kann Experimente wiederholen oder Bedingungen verändern. Außerdem kann man Experimente so gestalten, dass die Vorgänge gut sichtbar sind und nur geringe Fehler auftreten.
Mit welchem Ziel man das Experiment einsetzt, hängt von dem Wissen ab, das man vom Objekt oder dem Zusammenhang schon besitzt.

Gewinnung physikalischer Gesetze. Wenn man z. B. nicht weiß, welche Stoffe die Wärme gut leiten, kann man ein Experiment dazu durchführen. Das Experiment ist eine *Frage an die Natur:* Welche Stoffe leiten die Wärme gut und welche nicht?
Das Experiment gibt die Antwort. Kupfer leitet z. B. die Wärme sehr gut, Glas leitet sie schlechter.

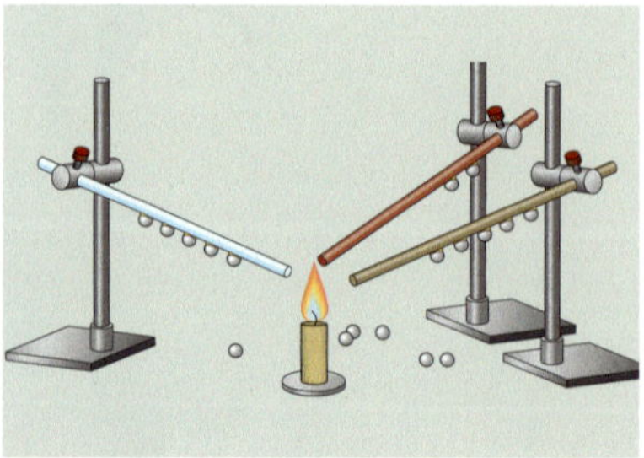
2

Absicherung physikalischer Gesetze. Durch Berechnen aber auch durch Probieren und Experimentieren kann man Zusammenhänge herausfinden, die unter bestimmten Bedingungen das Verhalten von Körpern richtig beschreiben. Mithilfe eines Experiments kann man überprüfen, ob dieser Zusammenhang immer gilt, ob er also ein Gesetz ist. So weiß man aus Erfahrung und Experimenten, dass Kupfer- und Eisendrähte den elektrischen Strom leiten. Man kann also vermuten, dass alle Metalle den Strom leiten. Um diese Vermutung zu überprüfen, wählt man willkürlich einige Metalle aus und schaltet sie in einen Stromkreis. In allen Fällen fließt Strom. Damit hat das Experiment die Richtigkeit der Aussage abgesichert.

1

Durch Experimente kann man Vermutungen oder Vorhersagen auf ihre Richtigkeit überprüfen und Gesetze erkennen oder bestätigen.

Anwendung physikalischer Gesetze. Schließlich kann man mit einem Experiment untersuchen, wie man die Gesetze anwenden und praktisch nutzen kann. In der Geschichte der Physik gibt es viele Beispiele dafür, dass man Entdeckungen und Erfindungen zunächst dadurch genutzt hat, dass man die Abmessungen der Experimentiergeräte immer mehr vergrößert hat. So entstand aus dem Experiment im Labor zunächst eine Anordnung für die Kleinproduktion, in der die gleichen Prozesse wie im Experiment ablaufen. Dann wurden schrittweise immer größere Anlagen gebaut.

Das Ziel des Experiments kann in der Gewinnung, Absicherung und Anwendung physikalischer Gesetze bestehen.

Arbeitsschritte beim Experimentieren

Bei einem physikalischen Experiment gibt es vier Arbeitsschritte, die nacheinander durchgeführt werden müssen.

1. Planung des Experiments

Zunächst muss man über das Ziel nachdenken, das man mit dem Experiment erreichen will. Mit der gestellten Aufgabe ist meist auch dieses Ziel vorgegeben: Welche Größen sind voneinander abhängig und welche Zusammenhänge bestehen? Man muss festlegen, welche Abhängigkeiten man nacheinander untersuchen will und auf welchem Wege man das herausfinden kann. Die Aufgabe könnte z. B. lauten:
Untersuche bei einem Fadenpendel die Abhängigkeit der Periodendauer von der Masse des angehängten Körpers und von der Länge des Pendels.
Dazu brauchst du einen Faden, verschiedene Massestücke, ein Lineal und Stativmaterial. Du musst zwei Teilexperimente planen, um die jeweilige Abhängigkeit zu untersuchen.
Die Planung eines Experiments ist abgeschlossen, wenn man
- das Ziel und den Weg des Experimentierens festgelegt hat
- eine Zusammenstellung der erforderlichen Geräte aufgeschrieben hat
- eine Schaltskizze oder eine Skizze zur Anordnung der Geräte angefertigt hat
- die Messwerttabelle entwickelt und
- sich eine mögliche Auswertung der Messergebnisse überlegt hat.

2

2. Vorbereitung des Experiments

Bei der Vorbereitung eines Experiments werden die benötigten Geräte zusammengestellt, übersichtlich angeordnet, befestigt bzw. elektrisch miteinander verbunden. Dabei sollten die angefertigte Skizze und der Aufbau möglichst gut übereinstimmen. Danach erfolgt eine Kontrolle, ob der experimentelle Aufbau auch keine Fehler enthält. Schließlich wird das Experiment probeweise in Gang gesetzt. Mit diesem Probedurchlauf ist die Vorbereitung des Experiments abgeschlossen.

1

3. Durchführung des Experiments

Bei diesem Arbeitsschritt werden die geplanten Beobachtungen und Messungen durchgeführt. Bei Bewegungsvorgängen sowie zeitlich interessierenden Abläufen sollte ein Count down „drei, zwei, eins, null" gezählt und das Experiment bei „null" gestartet werden. Wenn notwendig, sollte man das Experiment wiederholen. Bei Messungen werden alle physikalischen Größen bis auf zwei konstant gelassen. Die eine Größe wird – wie geplant – geändert. Die andere wird gemessen.

2

4. Auswertung des Experiments

Die Auswertung des Experiments erfolgt in der Weise, wie sie in der Planung des Experiments erarbeitet wurde. Das Ergebnis wird in einem Satz formuliert. Dieser stellt die Lösung der Aufgabe bzw. des Problems dar. Bei der Auswertung von Messwerten sollte der Taschenrechner/Computer Einsatz finden.
Sollten in den Ergebnissen große Fehler auftreten, solltest du nach den vermutlichen Ursachen suchen.

Die vier Arbeitsschritte beim Experimentieren sind: Planung, Vorbereitung, Durchführung und Auswertung. Zu jedem Experiment gehört ein Protokoll.

Fehlerbetrachtung

Die Zahlenwerte physikalischer Größen, die bei Messungen und Berechnungen ermittelt werden, sind Näherungswerte. Messwerte weichen immer vom „wahren" Wert der Messgröße ab.
Bei jeder Messung treten Fehler auf. Wenn man dann die gemessenen physikalischen Größen in eine Gleichung einsetzt und damit die gesuchte Größe berechnet, so wird das Ergebnis nie ganz genau sein. Deshalb ist es nützlich, über die Ursachen der Fehler nachzudenken und ihren vermuteten Einfluss anzugeben. Das nennt man *Fehlerabschätzung*.
So kann man z.B. abschätzen, dass mit einem Lineal die Länge eines Stabes bis auf etwa 1 mm genau bestimmt werden kann.
Mögliche Fehlerarten:
Gerätefehler: Die Messgeräte zeigen nicht genau an. Ursachen: Fehlerhafte Herstellung (Materialfehler). Geräte sind schon oft benutzt bzw. nicht immer sorgfältig genug behandelt worden.
Persönliche Fehler: Beim Ermitteln der Messwerte treten Ablesefehler auf. Beim Ablesen eines Zeigerinstruments muss man z.B. genau senkrecht auf die Skala blicken.

Regeln für sicheres Experimentieren

1 Benutze nur Spannungsquellen, die eine Spannung bis maximal 24 V liefern.

2 Berühre nie die Pole einer Steckdose oder nicht-isolierte Leitungen.

3 Entferne Leitungen immer durch Ziehen am Stecker aus der Steckdose; niemals an der Leitung ziehen.

4 Baue elektrische Schaltungen immer bei ausgeschalteter Spannungsquelle auf.

5 Lass die Schaltung von deinem Lehrer/deiner Lehrerin überprüfen.

6 Beachte die Spannungsart und die Größe der zulässigen Spannung, wenn du Geräte anschließen willst.

Messung und Messfehler

Für Messungen werden unterschiedliche Genauigkeiten verlangt. Es ist nicht sinnvoll, die Ladefähigkeit von einem Lkw auf ein Gramm genau anzugeben. Bei der Wägung von Medikamenten hingegen benötigt man Bruchteile (Milligramm) dieser Einheit.
Bei jeder Messung treten aber auch Fehler auf, die abgeschätzt werden müssen. Dies nennt man Fehlerbetrachtung.

Im Wesentlichen unterscheidet man drei Arten von Fehlern:

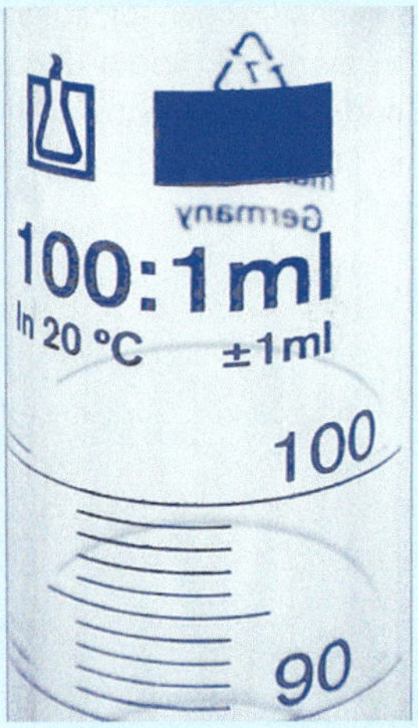

1

1 *Gerätefehler:* Die Genauigkeit von Messgeräten findest du oft auf deren Kennzeichnung (Bild 1). Zusätzlich können noch Abweichungen durch beschädigte Geräte entstehen.

2 *Persönliche Fehler:* Bei vielen Geräten (z.B. Messzylinder, Zeigerinstrumente…) ist es wichtig senkrecht auf die Skala zu blicken (Bilder 2 und 3).

2

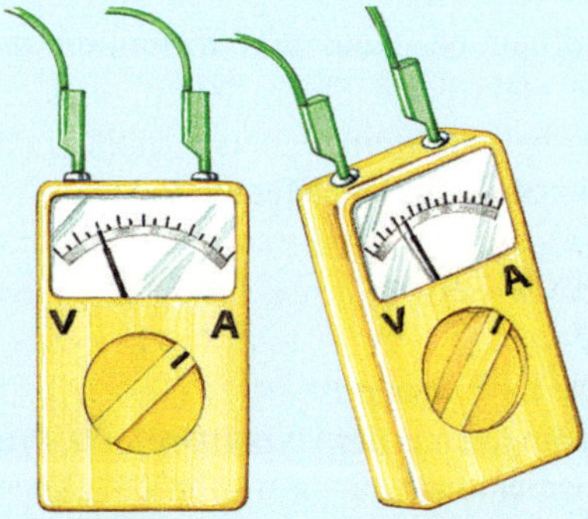

richtig falsch 3

3 *Ungenügende Messvoraussetzungen:* Wählt man ein ungeeignetes Messgerät, einen ungünstigen Messbereich oder sind die Bedingungen (z.B. der Temperaturbereich bei Längen- oder Volumenmessungen) nicht optimal, können große Messfehler auftreten. So sollte man z.B. für die Temperaturbestimmung einer Flüssigkeit mit kleinem Volumen kein sehr großes Thermometer benutzen (Bild 4).

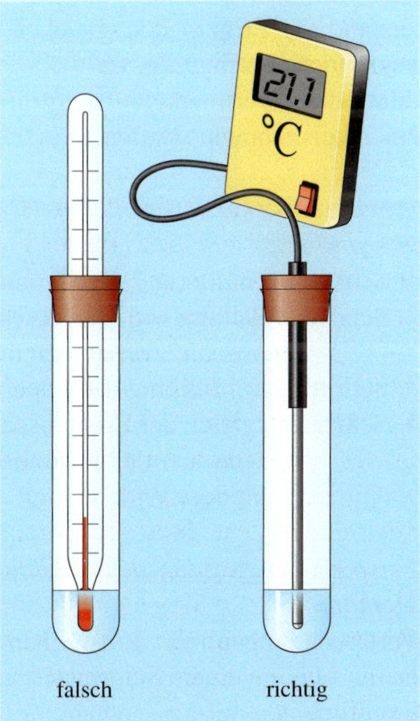

4

Die experimentelle Methode

Hypothesen- und Prognosenüberprüfung. Wenn man schon mehr über bestimmte Objekte, Erscheinungen und Zusammenhänge weiß, kann man das Experiment auch dazu benutzen, um begründete Vermutungen und Voraussagen zu überprüfen.
Dabei versteht man unter der *Hypothese* eine begründete Vermutung für eine Erklärung und unter der *Prognose* eine begründete Voraussage. Hierbei erweist sich das physikalische Experiment als besonders wertvoll. Geht man nämlich von einer begründeten Vermutung (Hypothese) aus, so braucht man nur wenige einzelne Experimente zu ihrer Bestätigung durchzuführen.

Im Unterschied zum „Experiment als Frage an die Natur" ist hier der Erkenntnisgewinn größer. Denn man untersucht nicht nur einzelne Objekte: Wollte man z. B. allein durch Experimente herausfinden, dass alle Metalle den elektrischen Strom leiten, so müsste man auch alle Metalle untersuchen. Damit wäre die „Frage an die Natur" mit großem Aufwand verbunden.

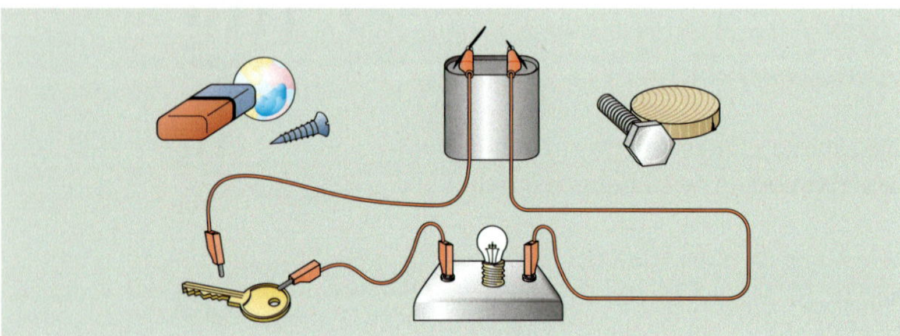

1

Hat man jedoch schon erkannt, dass alle Metalle im festen Aggregatzustand im Prinzip den gleichen Aufbau besitzen, und formuliert die begründete Vermutung, dass alle den elektrische Strom leiten, so kann durch die experimentelle Überprüfung bei nur wenigen ausgewählten der Nachweis erbracht werden, dass die Aussage für alle Metalle gilt.

Schritte bei der experimentellen Methode der Hypothesen- bzw. Prognosenüberprüfung:

1. Schritt: Formulierung der Hypothese bzw. Prognose
2. Schritt: Ableitung von Schlussfolgerungen aus der Hypothese bzw. Prognose, die experimentell prüfbar sind
3. Schritt: Durchführung des Experiments
4. Schritt: Vergleich der Ergebnisse des Experiments mit den Schussfolgerungen aus der Hypothese bzw. Prognose und damit Bestätigung oder Widerlegung

Beispiel: Erarbeitung der Abbildungsgleichung mit der experimentellen Methode
Vorüberlegungen: Mit Linsen kann man Bilder erzeugen. Reelle Bilder lassen sich mit einem Schirm auffangen und dadurch sichtbar machen. Bei Experimenten mit Linsen habt ihr folgende Zusammenhänge gefunden:

- Befindet sich der Gegenstand in großer Entfernung von der Linse, so entsteht ein sehr kleines Bild auf der gegenüberliegenden Seite in der Nähe des Brennpunkts der Linse. Es ist reell und umgekehrt (Bild 1).
- Bewegt man den Gegenstand aus großer Entfernung auf die Linse zu, so wandert das Bild in gleicher Richtung von der Linse weg und wird immer größer, bis Gegenstand und Bild gleich groß sind.
- Bewegt man den Gegenstand in gleicher Richtung weiter zur Linse, so entfernt sich das Bild in gleicher Richtung von der Linse und ist bis zur unmittelbaren Annäherung an den Brennpunkt immer größer als der Gegenstand.
- Tauscht man die Linse gegen eine mit anderer Brennweite aus, so ändern sich auch Bildweite und Gegenstandsweite.

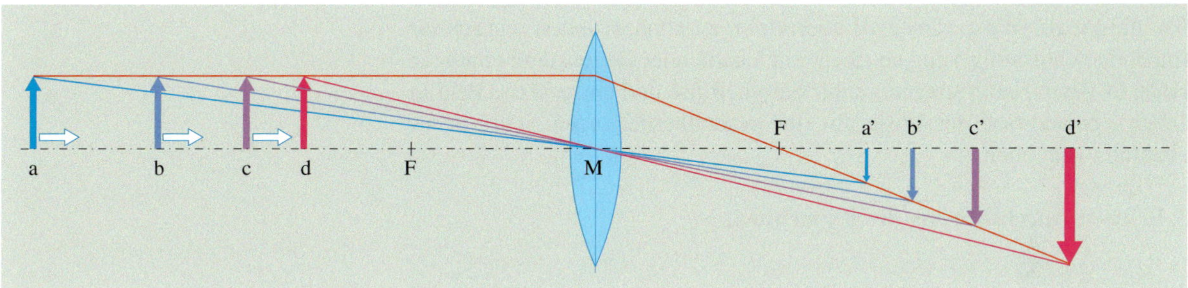

1

Damit haben wir folgende Ergebnisse gewonnen:
1. Bei einer Verkleinerung der Gegenstandsweite g vergrößert sich die Bildweite b und umgekehrt.
2. Je größer der Gegenstand G ist, umso größer ist unter gleichen Bedingungen das Bild B.

Unser Ziel besteht nun darin, eine Gleichung zu formulieren, die diese Zusammenhänge beschreibt. Zu dieser Gleichung sollt ihr durch einfache Überlegungen und geometrische Betrachtungen am Strahlenverlauf gelangen. Bild 2 spiegelt die experimentellen Erfahrungen wider. Es zeigt den Verlauf ausgewählter Strahlen an einer Sammellinse, die ein reelles Bild erzeugen.

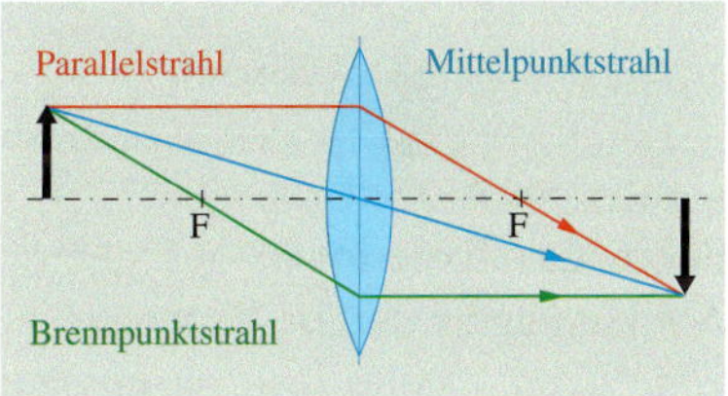

2

1. Schritt: Formulieren der Prognose

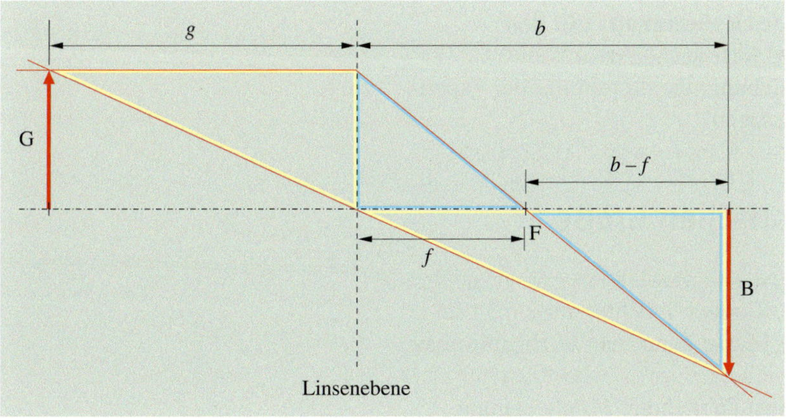

3

Man kann die Vergrößerung V auch mit den Größen Gegenstandsweite g und Bildweite b berechnen. Betrachte dazu die beiden gelb umrandeten Dreiecke in Bild 3 auf der vorhergehenden Seite. Sie sind einander ähnlich. G entspricht g und B entspricht b. Deshalb müssen die Quotienten aus den einander entsprechenden Seiten (lange Katheten bzw. kurze Katheten) gleich groß sein:

$\frac{\mathrm{G}}{\mathrm{B}} = \frac{g}{b}$. Diese Gleichung nennt man die *Abbildungsgleichung*.

Damit habt ihr ausgehend von eurem Wissen und euren Erfahrungen eine Prognose formuliert. Sie stellt die begründete Voraussage dar.

ÜBRIGENS

Für unsere Überlegungen brauchen wir noch die Festlegung, was man unter der Vergrößerung versteht. Sie wird nach der Gleichung $V = \frac{\mathrm{B}}{\mathrm{G}}$ berechnet.

Dieser Quotient gibt an, wie viele Male das Bild gegenüber dem Gegenstand größer ist.

2. Schritt: Ableitung experimentell prüfbarer Schlussfolgerungen aus der Prognose

Um die Prognose experimentell überprüfen zu können, leiten wir aus ihr folgende Schlussfolgerung ab: Steht ein leuchtender Gegenstand von 4 cm Höhe in 10 cm Entfernung vor einer Sammellinse und entsteht das Bild in 10 cm Abstand von der Linse auf der gegenüberliegenden Seite, ist es ebenfalls 4 cm hoch.

3. Schritt: Durchführung des Experiments

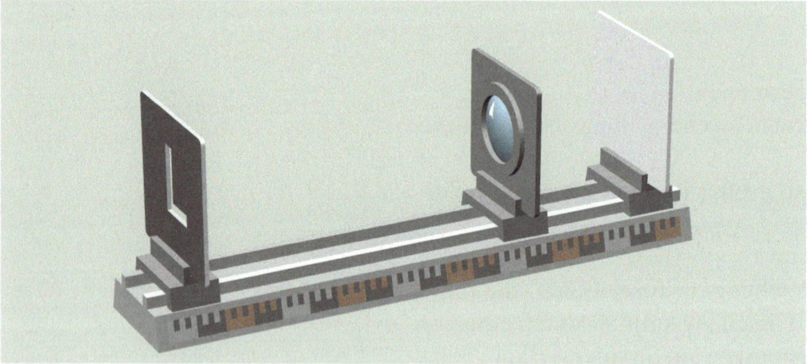

1

Führe das Experiment auf der optischen Bank mit den ausgewählten Abmessungen durch. Verwende eine Sammellinse mit der Brennweite von 50 mm. Stelle fest, ob unter diesen Bedingungen ein scharfes Bild entsteht!

4. Schritt: Vergleich der Ergebnisse des Experiments mit den Schlussfolgerungen aus der Prognose

Was kannst du über die Abbildungsgleichung, die du mithilfe der experimentellen Methode untersucht hast, aussagen?

Bestimmung einer physikalischen Größe

Dichtebestimmung

Wenn man die Dichte eines Körpers bestimmen möchte, muss man seine Masse und sein Volumen kennen. Die Masse kann man leicht mit einer Waage ermitteln.

Für die Bestimmung des Volumens kennst du mehrere Möglichkeiten.

Volumenbestimmung von Flüssigkeiten: Messung mit dem Messzylinder
Volumenbestimmung fester Körper:
- bei regelmäßig geformten festen Körpern durch Längenmessung und Berechnung
- bei unregelmäßig geformten festen Körpern mit der Verdrängungsmethode oder mit der Überlaufmethode (Bilder 1 und 2)

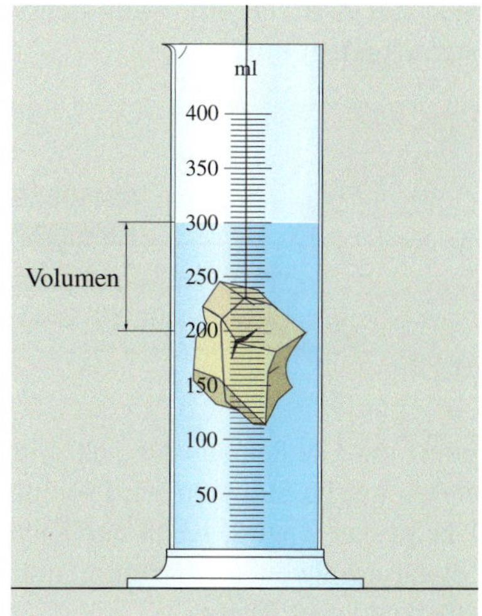

1

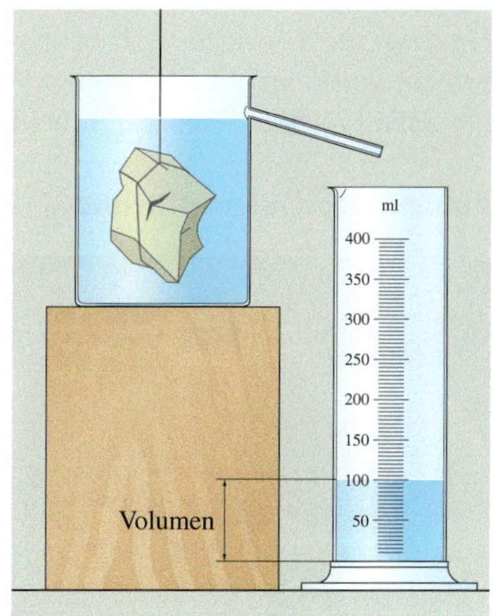

2

EXPERIMENT I

Aufgabe: Bestimme die Dichte eines (vorgegebenen) Körpers.
- Stelle alle Geräte und Hilfsmittel zusammen, die du benötigst.
- Wähle eine geeignete Methode für die Volumenbestimmung aus.
- Entwickle eine Messwerttabelle für je 5 Masse- und Volumenmessungen.
- Stelle die experimentelle Anordnung funktionstüchtig zusammen.
- Führe die Messung zur Masse und zum Volumen jeweils fünfmal durch und trage die Ergebnisse in die Tabelle ein.
- Bilde die Mittelwerte und berechne aus ihnen die Dichte des Körpers.
- Formuliere das Ergebnis in einem Satz.
- Führe eine Fehlerbetrachtung durch.

Messung der Schallgeschwindigkeit

Die Geschwindigkeit, mit der sich der Schall in Luft ausbreitet, kann auf unterschiedliche Weise gemessen werden.

EXPERIMENT II

Aufgabe: Bestimme durch Messung die Geschwindigkeit des Schalls in Luft. Wähle dazu eine der folgenden Anordnungen aus oder entwickle eine eigene Anordnung.

Wie weit entfernt muss ein Knall entstehen, damit er genau 1 Sekunde bis zum Hörer braucht?

Verwendet eine Starterklappe aus dem Sportunterricht, um einen kurzen Knall zu erzeugen. Die Schallquelle soll sich immer mehr vom Hörer entfernen. Der Hörer startet beim sichtbaren Signal eine Stoppuhr und stoppt sie, wenn er den Knall hört.
Die Strecke zwischen Schallgeber und Hörer wird gemessen.
Macht mehrere Messungen und legt eine Messwertetabelle an. Versucht auch die Entfernung zu messen, für die der Schall 2 Sekunden braucht.
Hinweis zur Auswertung: Sind der Schallgeber und der Hörer z. B. 300 Meter voneinander entfernt, so legt der Schall in einer Sekunde 300 Meter zurück. Seine Geschwindigkeit beträgt dann 300 Meter pro Sekunde.

3

Wie viel Zeit vergeht, wenn der Schall die Strecke von 1 Meter zurückgelegt hat?

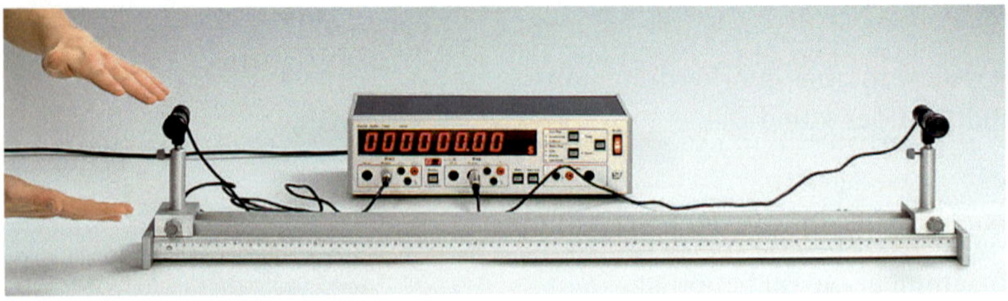
1

Führt mit Geräten aus der Lehrmittelsammlung eine Messung durch: Die elektronische Stoppuhr wird so mit zwei Mikrofonen verbunden, dass die Uhr gestartet wird, wenn der Knall das erste Mikrofon erreicht. Ist das Signal am zweiten Mikrofon, stoppt die Uhr. Die Mikrofone stehen im Abstand von 1 Meter.
Führt mehrere Messungen durch und legt eine Messwertetabelle an.
Hinweis zur Auswertung: Hier messt ihr, welche Zeit der Schall für die Strecke von einem Meter benötigt. Wie könnt ihr ausrechnen, welchen Weg der Schall in einer Sekunde zurücklegt?

Findet den richtigen Rhythmus für Knall und Echo.

2

Sucht z. B. auf dem Schulhof eine große glatte Wand, die ein deutliches Echo zurückwirft. Eine Schülerin oder ein Schüler klatscht in die Hände und alle lauschen auf das Echo. Genau dann, wenn das Echo zu hören ist, wird wieder geklatscht usw. Wenn man den richtigen Rhythmus gefunden hat, wird die Zeit für 10-mal Klatschen gestoppt. Der Abstand zur Wand wird gemessen. Wiederholt das Experiment mit anderen Schülern.
Hinweis zur Auswertung: Der Schall läuft hier von den Händen zur Wand und zurück zum Ohr. Dafür benötigt er die Zeit, die von einem zum nächsten Klatschen vergeht. Die Zeit für 10-mal Klatschen muss also durch 10 geteilt werden.

Widerstandsmessung
Eine Möglichkeit der Widerstandsbestimmung besteht darin, mit einem Vielfachmessgerät Spannung und Stromstärke nacheinander zu messen und dann den Widerstand mit der Gleichung $R = U/I$ zu berechnen.

EXPERIMENT III

Aufgabe: Bestimme den elektrischen Widerstand von drei Spulen mit unterschiedlichen Windungszahlen.

- Zeichne eine Schaltskizze, mit der du den elektrischen Widerstand bestimmen kannst.
- Schreibe die Geräte auf, die du für das Experiment benötigst.
- Führe das Experiment durch und erfasse die Messwerte.
- Berechne den elektrischen Widerstand der drei Spulen und formuliere ein Ergebnis.

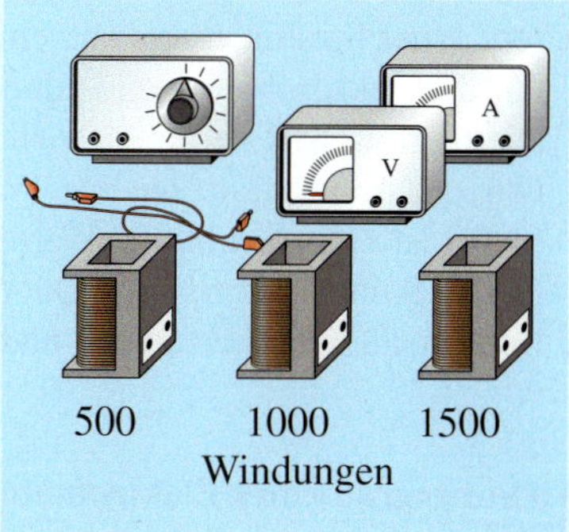

1

Bestimmen des Wirkungsgrades eines Energiewandlers

Wenn man eine Energieform in eine andere umwandelt, ist man immer daran interessiert, dass das mit einem hohen Wirkungsgrad erfolgt. So möchte man z. B. bei einem Pkw mit einer bestimmten Menge chemischer Energie in Form von Kraftstoff im Tank eine möglichst große Wegstrecke fahren können. Mit der elektrischen Energie möchte man möglichst viel Wasser zum Sieden bringen, um viel Tee kochen zu können.
Die Turbinen und Generatoren einer Talsperre sollen die mechanische Energie des gespeicherten Wassers so gut wie möglich in elektrische Energie umwandeln.
Die Qualität dieser Umwandlungen wird durch die physikalische Größe *Wirkungsgrad* beschrieben. Die Berechnung des Wirkungsgrades erfolgt nach der Gleichung:

$$\eta = \frac{E_{\text{abgegeben}}}{E_{\text{zugeführt}}}$$

Um den Wirkungsgrad zu ermitteln, muss man sowohl die abgegebene als auch die zugeführte Energie messen.

EXPERIMENT IV

Aufgabe: Bestimme den Wirkungsgrad eines Energiewandlers! Wähle dazu eine der folgenden Anordnungen aus oder entwickle eine eigene Anordnung.

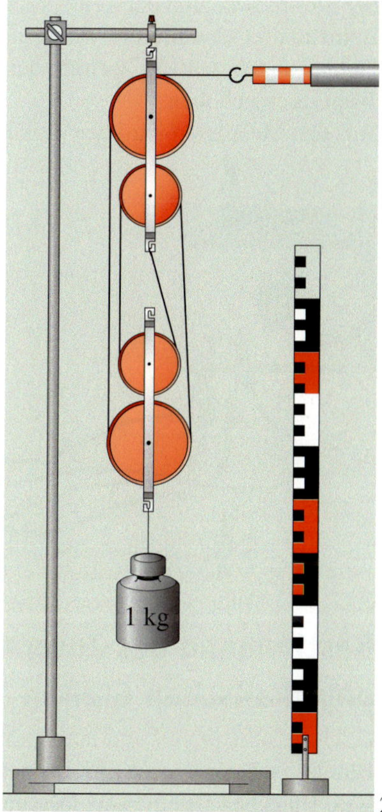

2

Wirkungsgrad eines Flaschenzugs

Bei einem Flaschenzug mit 4 Rollen benötigt man theoretisch nur noch eine Kraft, die 1/4 der Gewichtskraft des Körpers beträgt. Da man das Seil aber den 4-fachen Weg ziehen muss, bleiben zugeführte und übertragene Energie gleich.
Ein Teil der zugeführten Energie kann aber praktisch nicht genutzt werden. So muss die bewegliche Flasche des Flaschenzugs ebenfalls mit angehoben werden sowie auch das Seil. Außerdem tritt eine erhebliche Reibung auf.

Wirkungsgrad eines Wasserkochermodells

In einem Wasserkocher wird elektrische Energie in thermische Energie umgewandelt. Das erfolgt in einer Heizspirale.

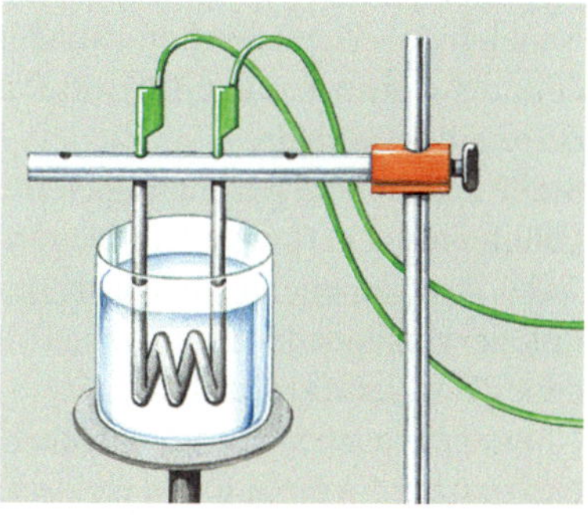
3

- Die zugeführte elektrische Energie wird mittels eines Spannungsmessers, eines Strommessers und einer Uhr bestimmt.
- Für die elektrische Energie gilt die Gleichung $E_{el} = U \cdot I \cdot t$.
- Die thermische Energie lässt sich mithilfe der Wärme bestimmen, die von der Heizspirale an das Wasser übertragen wurde: $Q = m \cdot c \cdot \Delta T$ (dabei ist c die spezifische Wärmekapazität).
- Der Wirkungsgrad η ist der Quotient aus E_{th} und E_{el}.
- Bereite die Messwerttabelle und die durchzuführenden Berechnungen vor.

Wirkungsgrad eines Elektromotors

Ein Kleinstmotor mit Getriebe wird mit einer langen, dünnen Welle versehen. Er wird am oberen Ende eines Stativs befestigt.
Die zugeführte elektrische Energie wird aus der Messung der Spannung, der Stromstärke und der Zeit berechnet.
Beim Laufen des Motors wird ein 50-g-Wägestück, am freien Ende des Fadens angebracht. Es werden der Weg und die Zeit gemessen, die das Wägestück gehoben.
Aus den Messdaten wird der Wirkungsgrad berechnet.

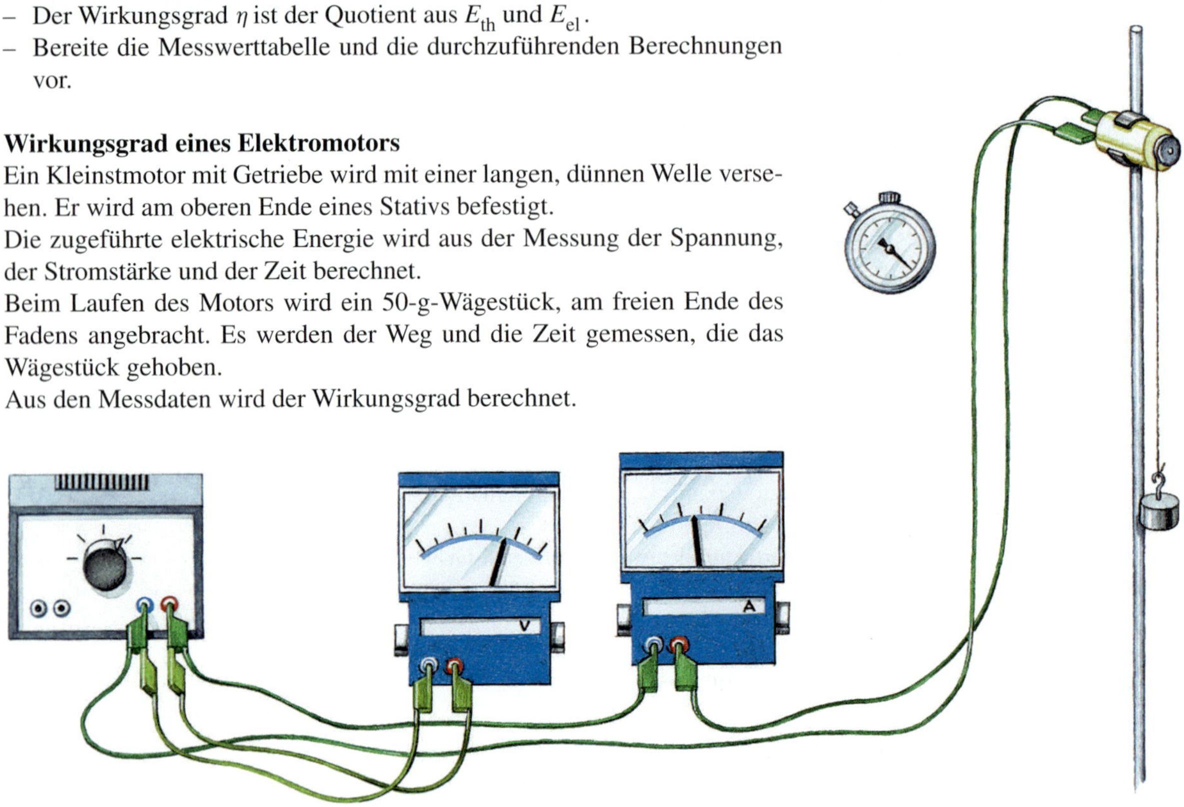

1

Bestimmung des Zusammenhangs zwischen zwei physikalischen Größen

Blackbox-Experiment „Elektrisches Bauelement“

Eine Blackbox ist ein geschlossener Kasten, in dem sich ein unbekannter Gegenstand befindet. Im Falle dieses Experiments ist es ein elektrisches Bauelement. Man kann herausfinden, um welches Bauelement es sich handelt, ohne dass man die Box öffnet. Dazu muss man wissen, wie sich das Bauelement verhält.
Stelle zusammen, welche Bauelemente du kennst: ohm'sches Bauelement, Glühlampe, Thermistor, Halbleiterdiode …
Jedes Bauelement hat eine besondere Kennlinie. Das kann man ausnutzen, um sie voneinander zu unterscheiden. Zeichne die Kennlinien verschiedener Bauelemente auf!
Überlege, welcher Zusammenhang beim jeweiligen Bauelement zwischen elektrischer Spannung und elektrischer Stromstärke besteht.

2

EXPERIMENT V

Aufgabe: Welches elektrische Bauelement befindet sich in der Blackbox?

- Zeichne eine Schaltskizze, mit der du die Kennlinie eines elektrischen Bauelements aufnehmen kannst.
- Entwickle eine Messwerttabelle für die Aufnahme der Kennlinie.
- Bereite die grafische Darstellung der Messwerte vor.
- Schreibe die Geräte auf, die du für das Experiment benötigst.
- Baue die Schaltung zusammen.
- Führe das Experiment durch und erfasse die Messwerte.
- Zeichne das Stromstärke-Spannung-Diagramm.
- Vergleiche das Diagramm mit den Kennlinien dir vertrauter Bauelemente.
- Vervollständige folgenden Ergebnissatz: „Das Bauelement in der Black-box verhält sich so, als wäre es …“.

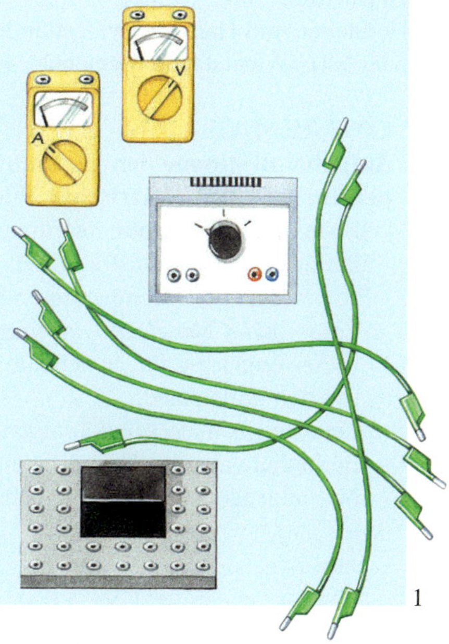

1

Geradlinige Bewegungen

Bewegungen sind dadurch gekennzeichnet, dass die Körper, die in Bewegung sind, ständige ihren Ort verändern. Dabei unterscheidet man gleichförmig geradlinige Bewegungen und gleichmäßig beschleunigte Bewegungen.

EXPERIMENT VI

Aufgabe: Nimm für die Bewegung auf einer Auslaufschiene die *s*(*t*)-Diagramme sowie die *v*(*t*)-Diagramme der gleichförmigen geradlinigen Bewegung für zwei unterschiedliche Ablaufstrecken auf.

- Wiederhole die Gesetze für die geradlinig gleichförmige Bewegung.
- Entwickle eine Messwerttabelle für die Aufnahme der Messwerte.
- Bereite die grafische Darstellung der Messwerte vor.
- Schreibe die Geräte auf, die du für das Experiment benötigst.
- Wähle eine ganz geringe Neigung der Ablaufschiene (z. B. 0,5 cm bei einer Länge der Ablaufschiene von 1 m).
- Lass die Kugel bei der Messung stets die gleiche Ablaufstrecke s_1 abrollen.
- Miss auf der Auslaufschiene für 4 unterschiedliche Strecken s_2 die dazu benötigten Zeiten t_2. Führe jede Zeitmessung dreimal durch und bilde den Mittelwert.
- Wähle für die zweite Messreihe eine veränderte Ablaufstrecke s_1.

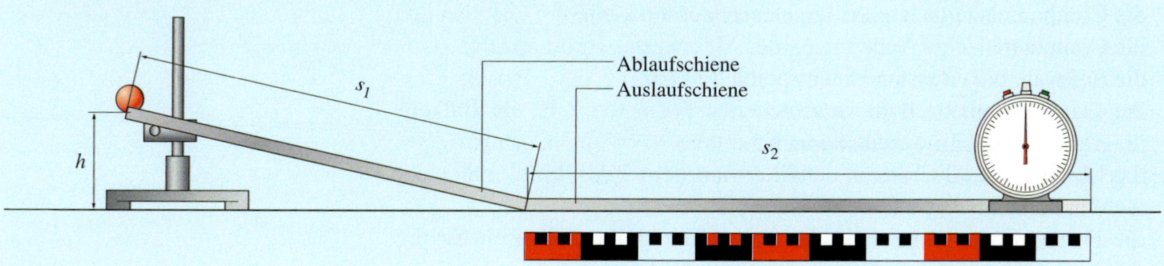

2

Heißleiter

Heißleiter sind Halbleiterwiderstände und werden auch als Thermistoren oder NTC-Widerstände bezeichnet. Heißleiter reagieren auf Erwärmung.

EXPERIMENT VII

Aufgabe: Bestimme den Zusammenhang zwischen Umgebungstemperatur und dem elektrischen Widerstand eines Thermistors.

- Baue die Experimentieranordnung auf.
- Erwärme den Thermistor im Ölbad oder in destilliertem Wasser. Miss zu verschiedenen Temperaturen Spannung und Stromstärke.
- Trage deine Messwerte in eine Tabelle ein und berechne aus den Messwertpaaren für Spannung und Stromstärke jeweils den elektrischen Widerstand.
- Zeichne ein Widerstand-Temperatur-Diagramm.
- Formuliere ein Ergebnis: Wie ändert sich der elektrische Widerstand bei steigender/sinkender Umgebungstemperatur?

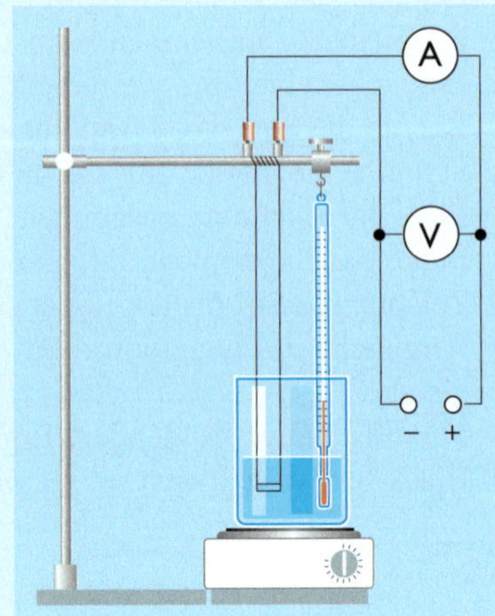

1

Einbeziehung von Computern in den Experimentierprozess

Die Messung physikalischer Größen gehört zu den vielfältigen Einsatzmöglichkeiten eines Computers. In der Regel werden dem Computer digitale Signale zugeführt. Das erfordert eine Anpassung des Messprozesses. Messwerte werden durch spezielle Sensoren (z. B. zur Spannungsmessung, Kraft-, Druck-, Temperatur- oder Lichtsensoren) aufgenommen. Die Aufbereitung der Informationen erfolgt in der Regel durch ein Interface, das zwischen Messstelle und Computer geschaltet wird (Bild 2).
Es ist aber auch möglich, dem Computer bestimmte Messwerte bzw. Folgen von Messwerten oder Messwertpaare physikalischer Größen zu übermitteln. Die Messwertpaare werden grafisch dargestellt. Die Analyse der Graphen gehört dann zur Auswertung des Experiments.

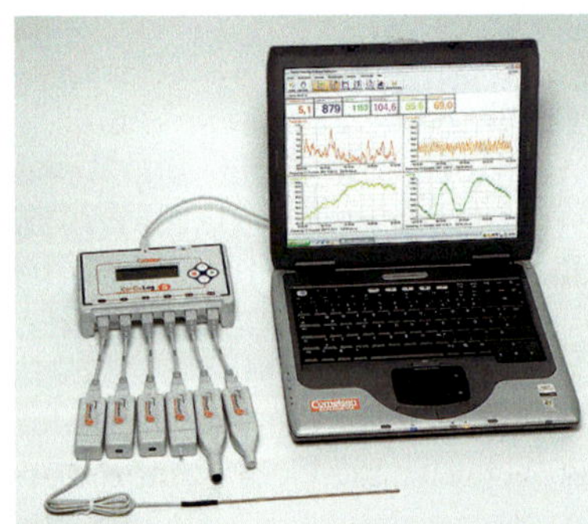
2

Was bedeutet Messen, Überwachen und Daten erfassen?

Diese Begriffe beziehen sich auf die Verwendung von Sensoren in Verbindung mit einem PC zum Sammeln und Ausgeben von Daten, die bei naturwissenschaftlichen Experimenten anfallen. Messungen mit einem Sensor und PC unterscheiden sich von anderen Messinstrumenten wie z. B. einem Flüssigkeitsthermometer dadurch, dass

- die Computeranzeige leichter abgelesen werden kann
- die Computeranzeige Änderungen des Messwertes sofort anzeigt
- die Software die erfassten Daten speichern kann
- die Daten automatisch in verschiedenen Formaten z. B. als Balkendiagramm ausgeben werden können
- die Messwerte und Grafiken detailliert auf dem Bildschirm untersucht werden können
- die Datenerfassung automatisch erfolgt – so bleibt mehr Zeit für die Analyse der Ergebnisse

Für die folgenden Experimente benötigst du:
- PC, Software, USB-Verbindungskabel
- Datenlogger, Interface
- Verschiedene Sensoren (Schall, Temperatur, Licht)
- Stativmaterial, Lineal, Bechergläser, Stoppuhr

EXPERIMENT VIII

Aufgabe: Ermittle mithilfe von zwei Schallsensoren die Schallgeschwindigkeit.
- Baue die Experimentieranordnung auf.
- Schließe die entsprechenden Sensoren über das Interface am PC an und starte die Software. Beachte, dass abhängig vom Interface noch verschiedene Einstellungen vorzunehmen sind.
- Als Geräusch eignet sich am besten ein kurzer Knall, der z. B. durch den Schlag eines Lineals auf ein Buch erzeugt werden kann.
- Starte die Messung. Zeichne die Messwerte auf.
- Überlege, wie du mithilfe der aufgezeichneten Messwerte die Schallgeschwindigkeit bestimmen kannst.
- Wiederhole die Messung mehrmals. Berechne einen Mittelwert für die Schallgeschwindigkeit.

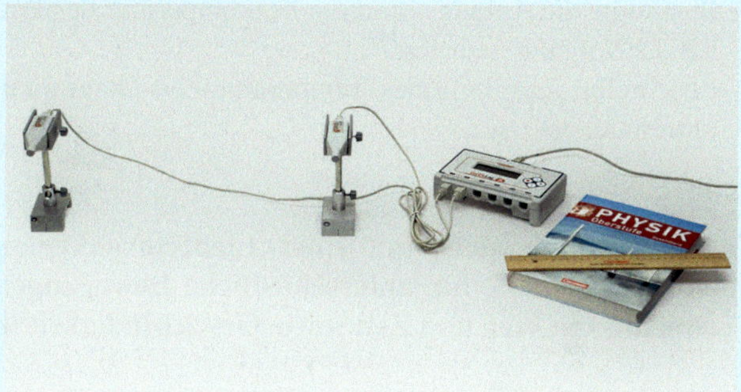

1

EXPERIMENT IX

Aufgabe: Untersuche den Temperaturverlauf beim Abkühlen oder Erwärmen einer Flüssigkeit. Wähle dazu eines der folgenden Experimente aus.

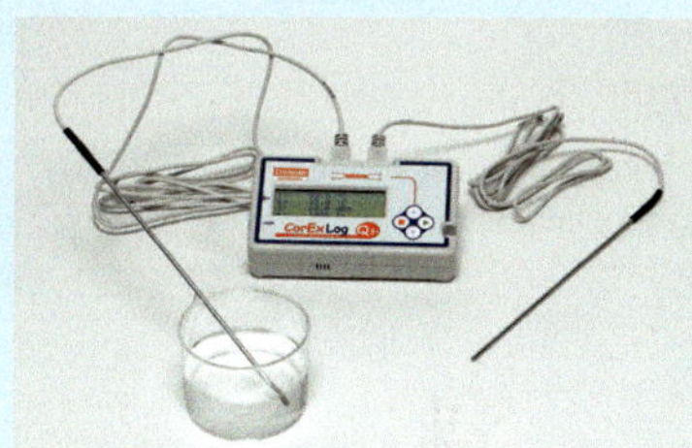
2

Heiße Getränke – Wie lange dauert es, bis sich ein heißes Getränk auf Umgebungstemperatur abgekühlt hat?
- Fülle in ein Becherglas heißes Wasser (Vorsicht!).
- Miss mit dem ersten Temperatursensor die Temperatur des heißen Wassers.
- Mit dem zweiten Temperatursensor wird die Umgebungstemperatur gemessen.
- Das Interface bietet die Möglichkeit, die Daten dieser Langzeitmessung zu speichern. Anschließen können diese am PC mit einer geeigneten Software ausgewertet werden.
- Überwache den Abkühlungsprozess über einen längeren Zeitraum. Erfasse zusätzlich in einer Tabelle die Messwerte für die Wassertemperatur und die Umgebungstemperatur. Lies dazu im Abstand von 5 Minuten die Werte am Interface ab.
- Bestimme die Anfangs- und die Endtemperatur des Wassers. Wie lange hat der Vorgang gedauert?
- Beschreibe mithilfe eines Temperatur-Zeit-Diagramms den Temperaturverlauf.

Schmelzen von Eis – Wie lange schmilzt Eis?

- Gib in ein Becherglas mit kaltem Wasser einige Eiswürfel.
- Miss mit dem ersten Temperatursensor die Temperatur des Wassers.
- Mit dem zweiten Temperatursensor wird die Umgebungstemperatur gemessen.
- Das Interface bietet die Möglichkeit, die Daten dieser Langzeitmessung zu speichern. Anschließen können diese am PC mit einer geeigneten Software ausgewertet werden.
- Überwache den Schmelzprozess über einen längeren Zeitraum. Erfasse zusätzlich in einer Tabelle die Messwerte für die Wassertemperatur und die Umgebungstemperatur. Lies dazu im Abstand von 5 Minuten die Werte am Interface ab.
- Bestimme die Anfangs- und die Endtemperatur des Wassers. Wie lange hat der Vorgang gedauert?
- Beschreibe mithilfe eines Temperatur-Zeit-Diagramms den Temperaturverlauf.

EXPERIMENT X

Aufgabe: Untersuche mit einer Lichtschrankenanordnung und dem Interface/PC für unterschiedliche Bewegungen den Zusammenhang von Weg und Zeit sowie Geschwindigkeit und Zeit.

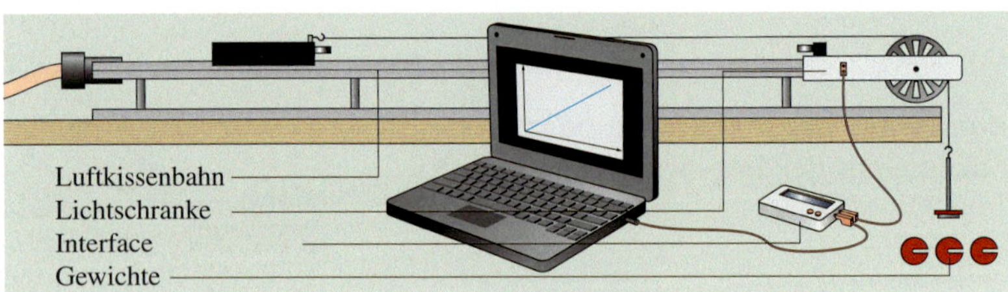

1

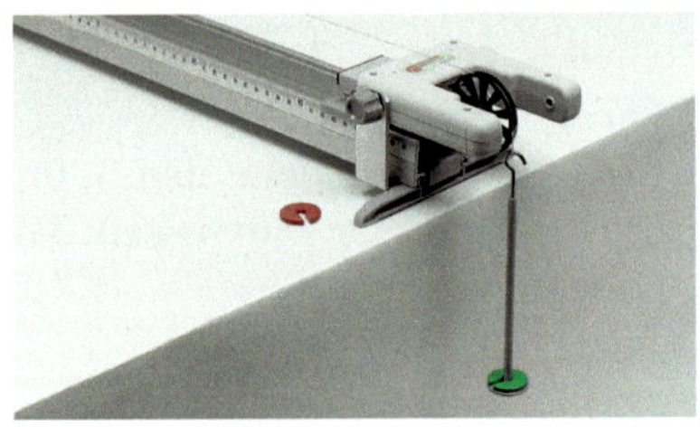
2

- Baue die Experimentieranordnung auf oder verwende einen vorgegebenen Versuchsaufbau.
- Starte die Software und nimm am PC die benötigten Einstellungen vor. Die entsprechenden Daten erfährst du von deinem Lehrer oder deiner Lehrerin.
- Starte die Messwerterfassung.
- Durch einfaches Loslassen wird der Wagen ohne Anstoßen in Bewegung gesetzt. Der mithilfe der Sensoren erfasste Fahrweg und die dazugehörige Fahrzeit werden an den PC übermittelt und gespeichert.
- Zur Auswertung können ein Weg-Zeit- und/oder ein Geschwindigkeit-Zeit-Diagramm gezeichnet werden.
- Durch Auflegen zusätzlicher Gewichte auf den Gewichtsträger kann die Zugkraft schrittweise erhöht werden (Bild 2). Wiederhole den gesamten Versuchsaufbau für unterschiedliche Zugkräfte. Erfasse die Messwerte und betrachte zur Auswertung die entsprechenden Diagramme.
- Handelt es sich bei den untersuchten Bewegungen um gleichförmige oder gleichmäßig beschleunigte Bewegungen? Begründe deine Entscheidung anhand der Diagramme.
- Vergleiche die einzelnen Bewegungen. Bei welcher wurde die größte Endgeschwindigkeit erreicht?

Die Natur verstehen mit physikalischen Basiskonzepten

In der Physik wird versucht, ganz unterschiedliche Vorgänge in Natur und Technik dadurch zu verstehen, dass nach Gemeinsamkeiten und Zusammenhängen zwischen ihnen gesucht wird und sie mit denselben Begriffen beschrieben werden. Diese sogenannten Basiskonzepte können als Wegweiser bei der Suche nach Erklärungen dienen.

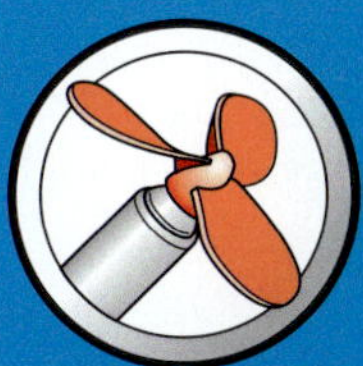

Basiskonzept
Energie

Die Äste der Bäume schwingen, die Schwäne schaukeln auf der Wasseroberfläche eines Sees und die Flügel der Libellen und der Tauben schwingen auf und ab. Aus unserer Erfahren wissen wir: Von allein können diese Bewegungen nicht ablaufen, denn dafür ist Energie notwendig. Die Energie des Windes bewegt die Äste, Wasserwellen transportieren Energie auch zu den Schwänen und die Energie, die Insekten und Vögel mit der Nahrung aufgenommen haben, wird genutzt um die Flügel zu bewegen. Auch die elektrischen Geräte im Haushalt brauchen Energie. In Wärmekraftwerken, Wind- oder Solaranlagen finden Energieumwandlungen statt, die uns die benötigte Energie zum Antrieb komplizierter Anlagen liefern.
Mit dem Energiebegriff kann man Vorhersagen über das Verhalten oder die Funktionsweise technischer Anlagen oder Maschinen machen, ohne genau zu wissen, wie die einzelnen Teile zusammenwirken.

1

Beim Stirlingmotor (Bild 5) laufen komplizierte thermodynamische Prozesse ab. Um aber sein grundlegendes Funktionsprinzip zu beschreiben, reicht es aus, zu wissen, dass ein Gas (Luft) erwärmt wird und der Motor dann Arbeit verrichten kann. Die Zufuhr und Abgabe thermischer Energie ermöglicht die Bewegung des Kolbens. Thermische Energie wird in mechanische (kinetische) Energie umgewandelt.

2

3

4

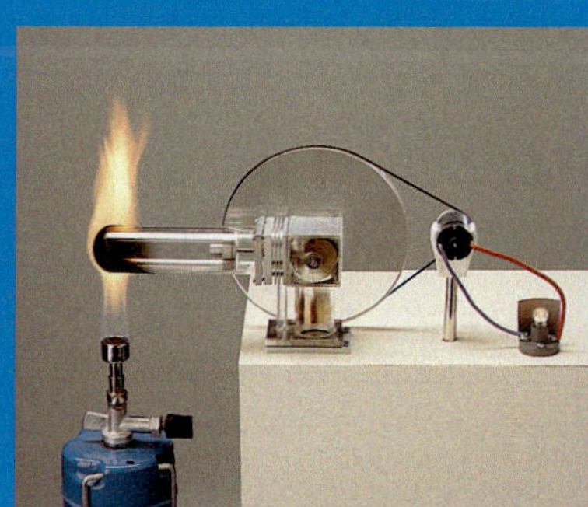

5

Basiskonzept Materie

1

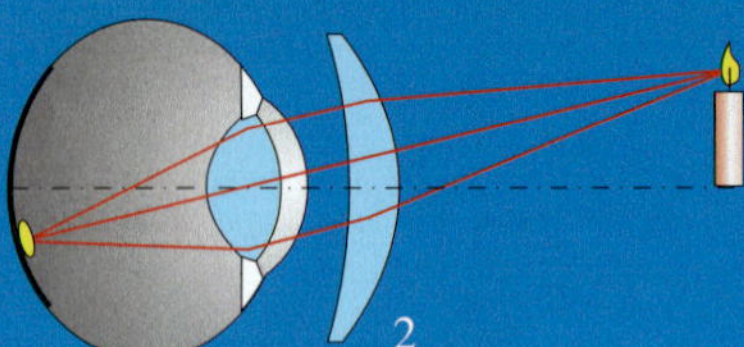

2

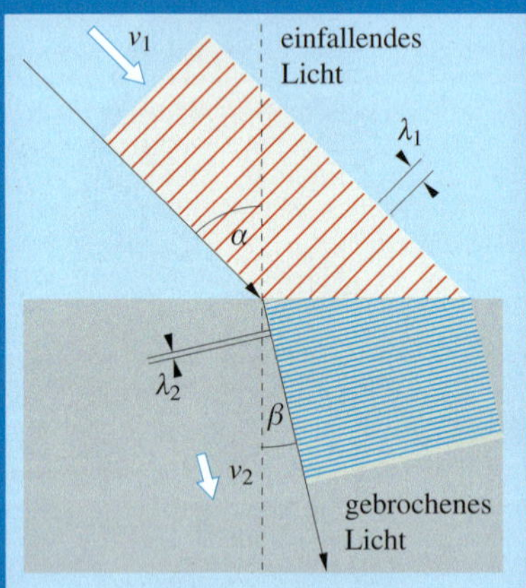

3

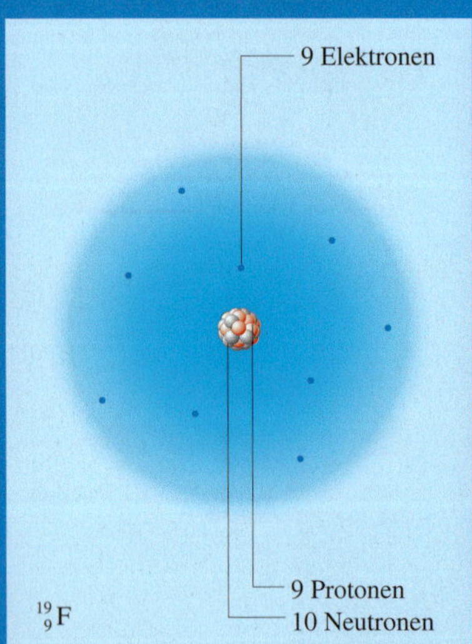

4

Ältere Menschen setzen beim Lesen öfter eine Brille auf als jüngere (Bild 1). Die älteren können ihre Augenlinsen nicht mehr genug krümmen. Das Licht, das vom beleuchteten Buch ausgeht, wird von der Augenlinse nicht mehr stark genug gebrochen. Deshalb ist das Bild im Auge unscharf. Die zu jedem Auge hinzugefügte Sammellinse der Lesebrille bricht das Licht zusätzlich (Bild 2).
Geht Licht von einem durchsichtigen Körper in einen anderen über, so ändert sich seine Richtung, wenn der Einfallswinkel nicht gleich Null ist. Ursache sind Unterschiede im Aufbau der Stoffe aus Teilchen. Die Teilchen haben unterschiedliche Eigenschaften und sind in Körpern verschieden angeordnet. Deshalb ist auch die Lichtgeschwindigkeit unterschiedlich. Während sie im Vakuum 300 000 km pro Sekunde beträgt, legt das Licht im Wasser nur 225 000 km pro Sekunde zurück.
Fällt ein Lichtbündel schräg auf eine Wasseroberfläche, so erkennt man beim Komplettieren der Zeichnung, dass eine Richtungsänderung des Lichtbündels die zwangsläufige Folge ist (Bild 3).

RUTHERFORD hat sich den Aufbau eines Atoms ziemlich einfach vorgestellt (Bild 4). Das erkennt man, wenn man den Aufbau der Materie mithilfe seines Atommodells beschreibt.
Die Atomkerne einiger Grundstoffe senden von selbst eine ionisierende Strahlung aus, sie sind radioaktiv. Von der Gesamtzahl der Atomkerne zerfällt in einer bestimmten Zeit (Halbwertszeit) die Hälfte.
Bei dem Aussenden der radioaktiven Strahlung kann sich die Anzahl der Protonen im Atomkern ändern, es entsteht ein anderes Nuklid.
Beim radioaktiven Zerfall von Kernen tritt Alpha-, Beta- oder Gammastrahlung auf (Bilder 5–7). Alpha-Strahlung besteht aus „großen" Teilchen. Sie werden in Stoffen stark abgebremst und können noch nicht einmal ein Blatt Papier durchdringen Beta-Strahlung besteht aus Elektronen. Sie durchdringen Aluminiumsschichten von mehreren Millimetern Dicke. Gamma-Strahlung ist eine intensive elektromagnetische Strahlung. Sie kann selbst dünne Bleischichten durchdringen.

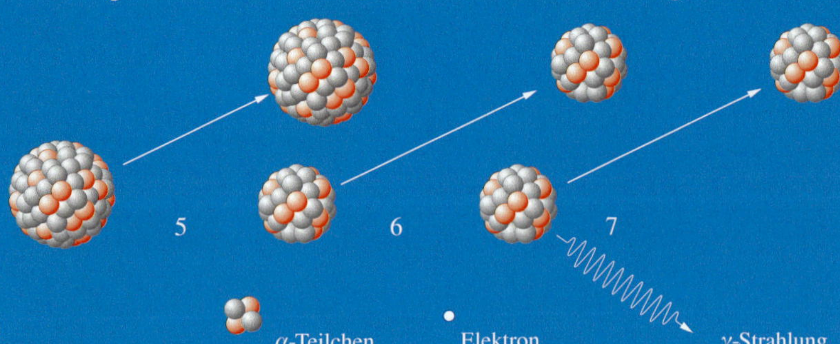

Basiskonzept
System

Um herauszufinden, warum sich Teile eines Ganzen – eines Systems – so und nicht anders verhalten, muss man immer das gesamte System betrachten. Nur so kann man verstehen, warum es unbeabsichtigte Folgen haben kann, wenn man an einer Stelle etwas verändert.

1

In einer Drehpendeluhr führt das Pendel eine ungedämpfte Drehschwingung aus (Bild 1). Die Amplitude der Schwingung ändert sich nicht. Eine ähnliche Schwingung kann man erzeugen, wenn man an einem stabilen Stativ eine Schraubenfeder befestigt, an der eine Metallplatte angebracht ist. Nach dem Verdrillen und Loslassen führt das System Feder-Scheibe eine Schwingung aus. Allmählich nimmt die Amplitude der Schwingung ab (Bild 2).
Dieses unterschiedliche Verhalten der beiden Federschwinger kann man nur erklären, wenn man die kompletten Systeme betrachtet: Die Bewegung der Pendel in Luft führt aufgrund der Reibung zur Dämpfung, also zur Abnahme der Amplitude.
Deshalb sorgt in der Drehpendeluhr eine kleine Batterie dafür, dass geringfügige Verluste an mechanischer Energie wieder ersetzt werden.

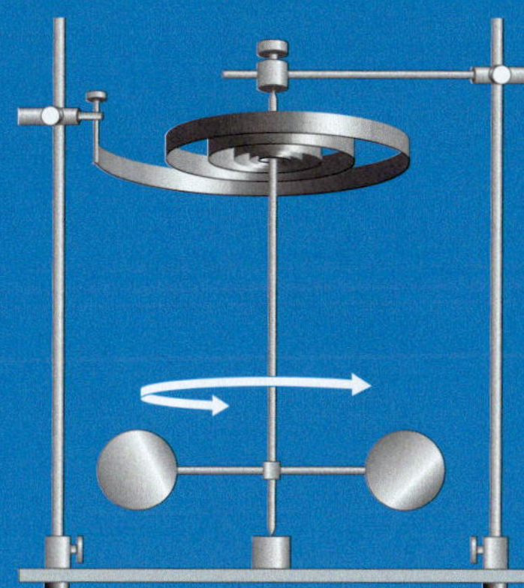

2

Weitere schwingungsfähige Systeme in der Mechanik sind die Musikinstrumente. Es sind Systeme, in denen z. B. schwingenden Saiten oder Luftsäulen Energie zugeführt wird. Das Ziel besteht darin, hörbare Klänge zu erzeugen (Bilder 3–5).
Allein die schwingenden Teile eines Instruments erzeugen aber noch nicht den vertrauten Klang einer Gitarre, eines Klaviers oder einer Trompete. Erst durch das Zusammenwirken aller Teile eines Instruments: Korpus, Saite oder Luftsäule, Bogen oder Mundstück entstehen Ton und Klang.
Ein kleiner Eingriff in dieses funktionierende System kann ungeahnte Folgen haben. Das kann jeder bestätigen, der schon einmal versucht hat, ein Instrument zu erlernen.

3

4

5

Basiskonzept
Wechselwirkung

1

Beobachtet man eine Veränderung und forscht dann nach ihrer Ursache, findet man fast immer andere Veränderungen, die den beobachteten Vorgang bewirkt haben (Bilder 1 und 5).
Nach NEWTON verharrt jeder Körper im Zustand der Ruhe oder der geradlinig gleichförmigen Bewegung, solange die Summe der auf ihn einwirkenden Kräfte null ist, jeder Körper ist träge.
Ändert sich aber der Bewegungszustand eines Körpers, muss es auch eine andere Veränderung gegeben haben. Nur eine Wechselwirkung zwischen verschiedenen Körpern kann eine Kraft hervorrufen, die die Trägheit überwinden kann.

2

Der Kurzstreckenläufer benutzt beim Start Startblöcke. Um eine große Beschleunigung zu erreichen, muss der Lauf mit einer starken nach vorn gerichteten Kraft beginnen. Zu dieser Kraft gehört eine gleich große Gegenkraft, die nach hinten gerichtete ist. Diese nehmen die Startblöcke auf, die aber wiederum fest in der Erde verankert sein müssen (Bild 2).
Wenn die Straßen im Winter glatt sind, sollte der Fahrzeugführer langsam anfahren. Nur wenn er mit Vorsicht beschleunigt, reicht die Wechselwirkung (Reibung) zwischen der Auflagefläche des Rades und der Fahrbahnoberfläche aus, um die gedrosselte Motorkraft als „actio" zum Anfahren des Pkw zu nutzen, da die vereiste Fahrbahn nur dann die erforderliche „reactio" realisieren kann.

3

In einem Generator dreht sich der stark magnetisierte Rotor in den Spulenwicklungen des Stators (Bild 4). Dadurch wird in diesen ein elektrischer Strom induziert. Um die Elektronen in gerichtete Bewegung zu versetzen ist eine große Kraft erforderlich.
Der Induktionsstrom, der in den Spulenwicklungen fließt, ist seiner Ursache entgegengerichtet. Je größer der Induktionsstrom ist, umso stärker behindert er die Bewegung, also die Ursache der Induktion. Bei einem belasteten Generator bewirkt diese Wechselwirkung, dass der benötigte Induktionsstrom selbst die Energieaufnahme des Generators regelt.

4

5

Lösungen der Teste-dich-Aufgaben

Bewegungen von Körpern S. 58

1 Die Bahngeschwindigkeit des äußeren Sitzes ist größer, da er den größeren Abstand von der Drehachse hat.

2 a) verzögerte Bewegung
b) gleichförmige Bewegung
c) beschleunigte Bewegung

3 a ist richtig

4 Tim spricht von der Geschwindigkeit: $v = 250\,\text{km/h}$. Florian meint die Beschleunigung:
In 4 s beschleunigt der Wagen von 0 auf 100 km/h (27,8 m/s)
$a = \frac{v}{t} = \frac{27{,}8\,\text{m}}{4\,\text{s} \cdot \text{s}} = 7\,\frac{\text{m}}{\text{s}^2}.$

5 a) $s = \frac{1}{2} g \cdot t^2 \Rightarrow t = \sqrt{\frac{2s}{g}} = 3{,}2\,\text{s}$
b) $v = g \cdot t = 31{,}4\,\frac{\text{m}}{\text{s}}$
c) Die Werte verändern sich nicht, weil die Beschleunigung nicht von der Masse des Körpers abhängig ist.

6 Motoren: Öl, um die Gleitreibung zwischen Kolbenringen und Zylinderwand zu verringern
Wasserrutsche: Wasser
Kegelbahn: Öl

7 Beschleunigende Kraft: $F = 0{,}02\,\text{N}$
Beschleunigte Masse: $m = 0{,}402\,\text{g}$
Beschleunigung: $a = \frac{F}{m} = \frac{0{,}02\,\text{N}}{0{,}0402\,\text{g}} = 0{,}05\,\frac{\text{m}}{\text{s}^2}$

8 Erklärung mit dem Trägheitsgesetz: Wenn das Zugfahrzeug bremst, wirkt über das Abschleppseil keine Bremskraft auf das gezogene Fahrzeug. Es bewegt sich aufgrund des Trägheitsgesetzes gleichförmig weiter und fährt auf das Zugfahrzeug auf.

9 Erklärung mit dem Wechselwirkungsgesetz: Beim Starten übt der Läufer eine Kraft auf den Starblock aus, die entgegengesetzt zur Laufrichtung wirkt. Da Kräfte immer paarweise auftreten, wirkt auch der Startblock auf den Läufer ein. Diese Kraft greift am Läufer an. Beide Kräfte haben den gleichen Betrag, aber entgegengesetzte Richtungen. Wäre der Startblock nicht befestigt, würde er entgegen der Laufrichtung verschoben werden.

10 Das Wasser des herumgeschleuderten Eimers durchläuft eine Kreisbahn. Beim Schleudern bewirkt der Eimer, dass auf das Wasser eine Radialkraft wirkt. Wenn man den Eimer mit ausreichend großer Geschwindigkeit dreht, ist diese Radialkraft größer als die Gewichtskraft des Wassers und das Wasser läuft nicht aus.

11 Die Gravitationskraft ist proportional zur Masse. Auf den Körper mit der doppelten Masse wird eine doppelt so große Gravitationskraft ausgeübt. Und er übt eine doppelt so große Gravitationskraft auf die Erde aus.

Bereitstellung und Übertragung elektrischer Energie S. 104

1 Der Unterschied besteht lediglich in der Dampferzeugung. Während in einem konventionellen Wärmekraftwerk der Wasserdampf durch Verbrennung von erschöpflichen Brennstoffen erzeugt wird, wird der Dampf in solarthermischen Kraftwerken direkt aus der Energie der Sonne gewonnen. Alles andere, die Turbinen und die Generatoren bleiben unverändert. Man kann also hier auf eine bewährte Technik zurückgreifen. Der wesentliche Unterschied besteht darin, dass es sich bei der Energie der Sonne um eine unerschöpfliche Energiequelle handelt.

2 Bei schönem Wetter, wenn die Sonne scheint, weht meist kein starker Wind. Daher ist dann die Energieerzeugung durch Windkraftanlagen eingeschränkt. Sonnenschein versorgt aber Solarzellen mit reichlich Energie, die wiederum bei schlechtem Wetter, wenn der Wind weht, nur wenig elektrische Energie ins Netz einspeisen.

3 a) Der rollende Leiter bewegt sich quer zu den magnetischen Feldlinien. In diesem wird eine Gleichspannung induziert.
b) Fließt durch den Leiter ein starker Strom, so bewegt er sich auf der Ebene nach oben.

4 a) Bewegt sich ein elektrischer Leiter quer zu den magnetischen Feldlinien, so tritt an seinen Enden eine Induktionsspannung auf. Befindet sich die rotierende Leiterschleife in horizontaler Lage, so zeigt das Messinstrument keine Spannung an. Wenn sie sich in vertikaler Lage befindet, dann ist der Zeigerausschlag am größten. Beim Weiterdrehen geht der Zeiger auf null zurück (horizontale Lage) und bewegt sich dann nach der gegenüberliegenden Seite bis zum Maximum. Schließlich bewegt sich der Zeiger wieder zur Nulllage in Skalenmitte zurück.
b) Befindet sich die Leiterschleife in horizontaler Lage und dreht sich sehr langsam, so tritt zunächst keine und dann nur eine sehr kleine Induktionsspannung auf, weil sich dabei keine ihrer vier Seiten quer zu den magnetischen Feldlinien bewegt. Dreht sie sich weiter, so bewegen sich ihre langen Seiten immer mehr quer zu den magnetischen Feldlinien. Das erreicht ein Maximum in der vertikalen Lage. Beim Weiterdrehen nimmt die Anzahl der Feldlinien, durch die sich die Leiterschleife hindurch bewegt, wieder ab. Die Induktionsspannung wird geringer und der Zeigerausschlag geht zurück. Ausgehend von der horizontalen Lage erfolgt die Bewegung quer zu den Feldlinien in entgegengesetzter Richtung. Deshalb tritt auch ein Polwechsel der Spannung auf usw.

5 Wechselstrom lässt sich gegenüber Gleichstrom leicht transformieren, die Spannung kann der jeweiligen Aufgabe angepasst werden. Wechselstrom kann verlustärmer übertragen werden, da man die Spannung leicht vergrößern und verringern kann.

6 Ein Halbleiterdiode besteht aus einem Halbleiterkristall, in dem sich eine n- und eine p-leitende Schicht berühren. Außen sind diese Schichten mit Kontaktelektroden versehen und der gesamte Kristall ist in Glas oder Kunstharz eingegossen.
Das Verhalten der Diode hängt von der Polung der Spannungsquelle an ihren Anschlüssen ab. Bei der Polung Minus an p und Plus an n fließt so gut wie kein Strom: Die Diode ist in Sperrrichtung geschaltet. Bei der Polung Minus an n und Plus an p fließt ab einer bestimmten Spannung ein Strom: Die Diode ist in Durchlassrichtung geschaltet.

7 *Sperrrichtung:* Wo n-und p-dotierte Halbleiter aneinanderstoßen, wandern die Elektronen aus der n-Schicht in die p-Schicht und füllen dort die „Löcher". Es bildet sich eine ladungsträgerfreie Zone, die Grenzschicht. Die n-Schicht lädt sich wegen der fehlenden Elektronen positiv und die p-Schicht negativ auf. Diese Ladungen verhindern, dass weitere Elektronen von der n-Schicht zur p-Schicht fließen können.
Durchlassrichtung: Beim Anlegen der Spannung werden Elektronen in die bisher ladungsträgerfreie Grenzschicht gedrückt. Sie wird schmaler. Wenn die Sperrspannung erreicht ist, gibt es keine ladungsträgerfreie Schicht mehr – der elektrische Strom kann ungehindert fließen.

8 Taschenrechner, Leuchten an Bushaltestellen, Gartenlampen, Satelliten …

9 Solarzellen sind Halbleiterdioden. Das auf die Solarzelle auftreffende Licht durchdringt die n-Schicht fast ungehindert und wird beim Auftreffen eines Lichtteilchens auf ein Atom absorbiert. Jedes Teilchen überträgt dabei seine gesamte Energie auf ein Elektron. Dieses wird vom Atom abgetrennt und in Bewegung versetzt. Die positiven Ionen an der Oberseite der Grenzschicht ziehen die Elektronen wegen ihrer negativen Ladung an. Auf diese Weise gelangen sie in die n-leitende Schicht. Wenn man den Stromkreis zwischen den Kontakten schließt, so bewegen sich die Elektronen außerhalb der Solarzelle vom n-leitenden Gebiet zum p-leitenden zurück.

Wirkungen von Strahlung S. 142

1 Hertz'sche Wellen werden an leitenden Hindernissen reflektiert. Autos bestehen zum größten Teil aus Metall.

2 *gegeben:* $v = 300\,000$ km/s
Abstand Erde–Satellit: 36 000 km $s = 72\,000$ km
gesucht: t
Lösung:

$$v = \frac{s}{t}$$

$$t = \frac{s}{v}$$

$$t = \frac{72\,000\,\text{km} \cdot \text{s}}{300\,000\,\text{km}} = 0{,}24\,\text{s}$$

3 A, C, D

4 A, D

5 radioaktive Strahlung; Röntgenstrahlung; UV-Strahlung; IR-Strahlung; Hertz'sche Wellen
Die energiereichste Strahlung birgt die größten Risiken für die Gesundheit des Menschen.

6 A: ultraviolette und infrarote Strahlung
B: Hertz'sche Wellen
C: Röntgenstrahlung
D: radioaktive Strahlung

7 Ein Kohlenstoffatom besteht aus einem Atomkern mit 6 Protonen und 6 Neutronen, in der Hülle befinden sich 6 Elektronen.

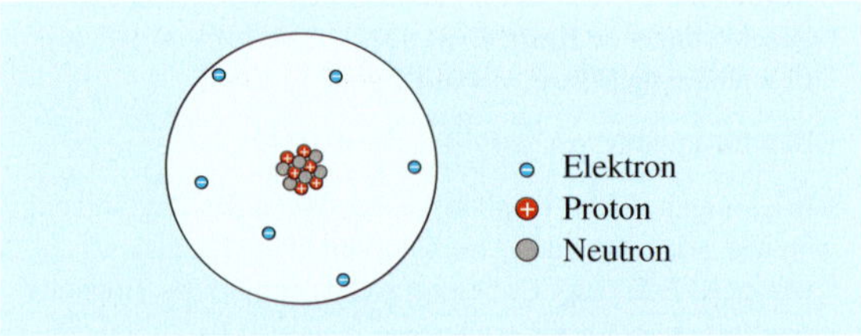

8

Art	Reichweite	Durchdringungsfähigkeit	Ablenkung	biologische Wirkung
α	sehr kurz (wenige cm in Luft)	fast gar keine Absorption durch Luft	schwache Ablenkung	stark, wegen der hohen Masse (Zellschädigung vor allem bei Aufnahme in den Körper)
β	kurz (einige m in Luft)	Absorption durch wenige mm Aluminium	starke Ablenkung entgegengesetzt zur α-Strahlung	schwach, wegen der kleinen Masse und Reichweite (Zellschädigung bei Aufnahme in den Körper und bei Bestrahlung von außen)
γ	theoretisch unbegrenzt	Absorption erst bei dicken Schichten Blei oder Beton	keine Ablenkung	stark, wegen der großen Reichweite und Energie (Zellschädigung bei Aufnahme in den Körper und bei Bestrahlung von außen)

9

Nachweismöglichkeit	Genutzte Eigenschaft der Radioaktivität
Fotomaterial (Filmdosimeter)	Wechselwirkung mit Kristallen ruft Schwärzung hervor.
Geiger-Müller-Zählrohr	Bei Ionisation eines Gases fließt Strom.
Nebelkammer	Erzeugte Ionen wirken als Kondensationskeime und bilden eine Spur von Nebeltröpfchen.

10 Die Halbwertszeit ist die Zeit, in der sich die Anzahl der Atomkerne eines radioaktiven Nuklids halbiert.

11 Alle Lebewesen enthalten Verbindungen des Elements Kohlenstoff. Kohlenstoff existiert dabei immer als Gemisch isotoper Kerne, den stabilen Kernen des C-12 und C-13 sowie den radioaktiven Kernen des C-14. C-14 entsteht in den oberen Atmosphärenschichten ständig neu, so dass das Mischungsverhältnis der isotopen Kerne konstant bleibt. Im lebenden Organismus entspricht das Verhältnis der Nuklide dem in der Atmosphäre. Stirbt aber der Organismus, so werden keine Kohlenstoffatome mehr mit der Umwelt ausgetauscht. Aufgrund des radioaktiven Zerfalls nimmt der Anteil des C-14 ab und mit der bekannten Halbwertszeit kann das Alter bestimmt werden.

Schallausbreitung S. 174

1 A Amplitude y_{max}
B Periodendauer T
C Zeit t
2 Hz = 2 Schwingungen pro Sekunde
$f = 1/T$; $T = 0{,}5\,\text{s}$
$T = 2\pi\sqrt{\frac{l}{g}} \Rightarrow l = \frac{g \cdot t^2}{4\pi^2}$

2 *freie Schwingung:* eine nach einmaliger Energiezufuhr sich selbst überlassene Schwingung
erzwungene Schwingung: entsteht, wenn man ein schwingungsfähiges System periodisch zum Schwingen anregt
Eigenfrequenz: Frequenz eines schwingungsfähigen Systems nach einmaliger Energiezufuhr
Erregerfrequenz: Frequenz, mit der ein schwingungsfähiges System periodisch zum Schwingen angeregt wird

3 *Beispiel für Resonanz:* Luftschaukel auf dem Jahrmarkt; das besonders heftige Mitschwingen der Schaukel erreicht man durch die Übereinstimmung von Erregerfrequenz und Eigenfrequenz der Schaukel. Das „Schwungholen" im Rhythmus der Eigenschwingung ist hier im Resonanzfall besonders wirksam. Die Amplituden vergrößern sich.
Resonanzbedingung: $f_E = f_0$
Resonanzkatastrophe: Tritt ein, wenn unter der Resonanzbedingung die Dämpfung des schwingenden Systems zu schwach ist und die immer größer werdenden Amplituden das System zerstören.

4 Bewegt sich die Membran nach vorn, so kommt es in einem kleinen Bereich zu einer Verdichtung der Luftmoleküle, d. h. zu einer Erhöhung des Luftdrucks. Entsprechend verringert sich der Luftdruck, wenn sich die Membran nach hinten bewegt. Wenn die Membran Schwingungen ausführt, so bewirken die Kräfte zwischen den Luftteilchen, dass diese zum Mitschwingen angeregt werden. Dadurch breitet sich die Schwingung der Membran als Welle aus.

5 Schall benötigt zur Ausbreitung einen Stoff (Luft, Wasser …). Da der Mond keine Atmosphäre hat, kann sich Schall nicht ausbreiten. Also kann man dort keinen Lärm hören.

6 a) Das Oszilloskopbild 3a zeigt die höhere Frequenz.
b) Das Oszilloskopbild 3b zeigt den lauteren Ton.

7 Die Frequenz der Schallschwingung war sehr niedrig, die Amplitude war sehr groß.

8 Mit der Hörgrenze werden Aussagen über die Frequenz von Schallschwingungen getroffen. Ein gesunder Erwachsener kann Töne wahrnehmen, deren Frequenz zwischen 16 Hz und 20 000 Hz liegt. Das ist der Hörbereich des Menschen. Die obere Hörgrenze des Menschen sinkt mit dem Alter.
Mit der Schmerzgrenze werden Aussagen über die Lautstärke von Schallschwingungen getroffen. Für den Menschen liegt sie etwa bei 120 dB(A). (Die Hörschwelle liegt bei 0 dB(A). Bei dieser Lautstärke werden Geräusche gerade so gehört.)

9 *gegeben:* $t_{ges} = 0\ 0{,}14\,\text{s}$ (für Hin- und Rückweg)
$t = \frac{1}{2} t_{ges} = 0{,}07\,\text{s}$ (für einen Weg)
$v_{Wasser} = 1450\,\frac{\text{m}}{\text{s}}$
gesucht: s
Lösung: $s = t \cdot v$
$s = 0{,}07\,\text{s} \cdot 1450\,\frac{\text{m}}{\text{s}}$
$s = 101{,}5\,\text{m}$
Der Fischschwarm schwimmt in etwa 100 m Tiefe.

10 Messen der Zeit vom Aussenden des Schalls bis zum Empfangen des Schalls, Zeit halbieren, Weg messen, Schallgeschwindigkeit berechnen

Optische Phänomene S. 208

1 a) *Strahlenmodell:* Licht breitet sich geradlinig aus und hat dabei eine bestimmte Ausbreitungsgeschwindigkeit.
Wellenmodell: Licht besitzt Welleneigenschaften wie Frequenz und Wellenlänge, die die Farbe des Lichtes bestimmen. Lichtwellen breiten sich mit einer bestimmten Ausbreitungsgeschwindigkeit aus und können dabei in geometrische Schattenräume eindringen, die bei geradliniger Ausbreitung dunkel bleiben müssten.
b) *Strahlenmodell:* Ausbreitungsrichtung, Schattenbildung, Reflexion, Brechung, Bildentstehung an einfachen optischen Geräten
Wellenmodell: Spektrum des Lichtes, Beugung, Interferenz

2

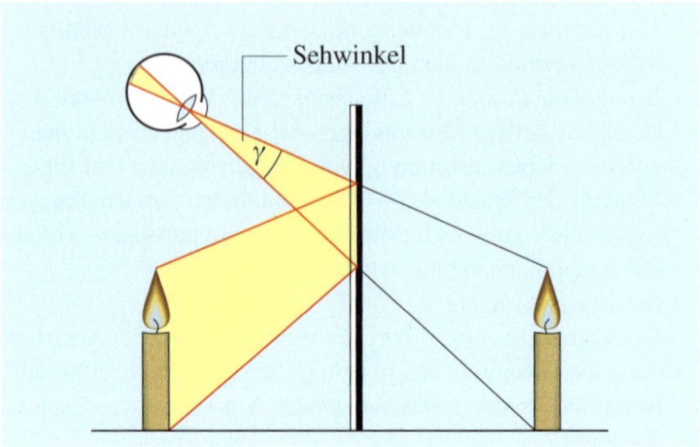

3 Bild 1: Es gibt 3 Varianten: a) 1 horizontal liegender Spiegel; b) 2 horizontal liegende Spiegel; c) Prisma.
Begründung: a, b – Reflexionsgesetz; c – zweimalige Brechung
Bild 2: Es gibt 3 Varianten: a) Sammellinse, deren Brennpunkt im Kasten liegt, Strahlen divergieren hinter Brennpunkt.
Begründung: Parallele Lichtbündel werden so gebrochen, dass sie sich im Brennpunkt schneiden. b) 2 Spiegel (je einer für oberen und unteren Strahl); Begründung: Reflexionsgesetz.
c) 3 gebogene Lichtleiter

4 $\frac{\sin\alpha}{\sin\beta} = \frac{c_1}{c_2}$;

$$c_2 = c_1 \frac{\sin\beta}{\sin\alpha} = 3 \cdot 10^5 \frac{\text{km}}{\text{s}} \frac{\sin 16{,}6°}{\sin 25°} = 202\,799 \frac{\text{km}}{\text{s}}$$

5

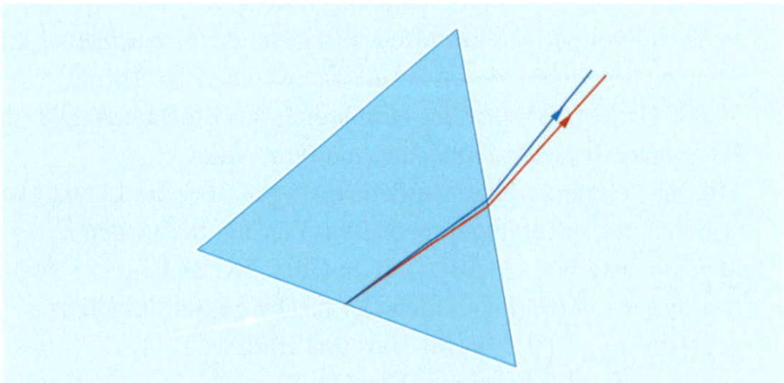

Wenn Licht aus der Prismenoberfläche fällt, wird es entsprechend dem Brechungsgesetz gebrochen. Licht verschiedener Geschwindigkeiten wird unterschiedlich stark gebrochen.
Da Licht verschiedener Farbe unterschiedliche Ausbreitungsgeschwindigkeiten hat, werden die Farbanteile des weißen Lichtes unterschiedlich stark gebrochen. Das weiße Licht wird in seine farbigen Bestandteile zerlegt.

6 Je nachdem, in welchem Winkel Licht auf die Fensterscheibe fällt, kann das Licht die Rückseite der Fensterscheibe noch verlassen, so dass die Scheibe durchsichtig erscheint oder das Licht wird reflektiert, so dass die Scheibe wie ein Spiegel erscheint. Je näher der Einfallswinkel am Grenzwinkel der Totalreflexion liegt, desto größer ist der reflektierte Lichtanteil und desto stärker hat man den Spiegeleindruck.

7 a) An dem gelben Farbkörnchen werden nur rotes, oranges, gelbes und grünes Licht reflektiert, während die Farbanteile Blau und Violett subtrahiert (absorbiert) werden. Trifft das restliche Licht auf ein Magenta-Farbkörnchen, so werden gelb und grün subtrahiert (absorbiert). Übrig bleibt nur noch rotes Licht.
b) Bei der Addition von gelbem und rotem Licht entsteht orange-farbiges Licht.

8 Auf dem Bildschirm sind winzige Flecken aus roter, grüner und blauer Leuchtfarbe nebeneinander angeordnet. Wird ein Fleck vom Elektronenstrahl getroffen, so beginnt er selbst zu leuchten. Durch additive Mischung der drei Farben Rot, Grün und Blau ergeben sich die Mischfarben. Auch die dunklen Bereiche zwischen den Farbflecken tragen zur Farbe bei.

9 Beim umgekehrten Fall wird das Licht zum Lot hin gebrochen, was eine Totalreflexion unmöglich macht.

10 Aufgrund der Totalreflexion sieht er über sich nur durch einen kleinen kreisförmigen Ausschnitt aus dem Wasser. Im anderen Teil des Gesichtsfeldes würde er bei klarem Wetter theoretisch eine Spiegelung seiner Umgebung im Wasser sehen. Ohne Benutzung einer Taucherbrille ist alles unscharf.

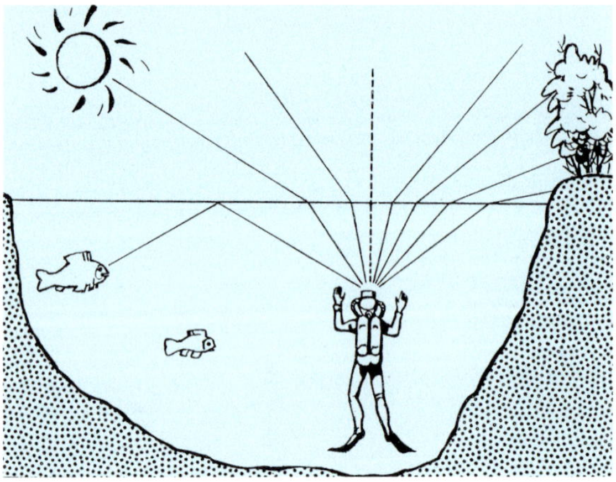

Auswahl physikalischer Größen und ihrer Einheiten

Größe	Formelzeichen	Einheit		Weitere Einheiten		Beziehung	
Temperatur	T	Kelvin Grad Celsius	K °C			0 K 0 °C	≙ −273,15 °C ≙ 273,15 K
Länge	l	Meter	m	Seemeile Zoll	sm	1 sm 1 Zoll	= 1852 m = 2,54 cm
Flächeninhalt	A	Quadratmeter	m^2	Hektar	a ha	1 a 1 ha	$= 100\,m^2$ $= 100\,a = 10\,000\,m^2$
Volumen	V	Kubikmeter	m^3	Liter	l	1 l	$= 1\,dm^3 = 0{,}001\,m^3$
Masse	m	Kilogramm	kg	Tonne	t	1 t	$= 10^3\,kg = 1000\,kg$
Dichte	ϱ	Kilogramm durch (pro) Kubikmeter	$\frac{kg}{m^3}$	Gramm durch Kubikzentimeter	$\frac{g}{cm^3}$	$1\,\frac{g}{cm^3}$	$= 1000\,\frac{kg}{m^3}$
Kraft	F	Newton	N			1 N	$= 1\,\frac{kg \cdot m}{s^2} = 1\,\frac{J}{m}$
Druck	p	Pascal	Pa	Bar	bar	1 Pa 1 bar	$= 1\,\frac{N}{m^2}$ $= 10^5\,Pa = 1000\,hPa$
Energie	E	Joule	J			1 J	$= 1\,N \cdot m = 1\,W \cdot s = 1\,\frac{kg \cdot m^2}{s^2}$
Energiestrom-stärke/Leistung	P	Watt	W			1 W	$= 1\,\frac{N \cdot m}{s} = 1\,\frac{J}{s}$
Zeit	t	Sekunde	s	Minute	min	1 min	= 60 s
Frequenz	f	Hertz	Hz			1 Hz	$= \frac{1}{s}$
Geschwindigkeit	v		$\frac{m}{s}$		$\frac{km}{h}$	$1\,\frac{km}{h}$	$= \frac{1}{3{,}6}\,\frac{m}{s}$
Beschleunigung	a		$\frac{m}{s^2}$				
Stromstärke	I	Ampere	A				
Spannung	U	Volt	V			1 V	$= 1\,\frac{W \cdot s}{A \cdot s} = 1\,\frac{W}{A}$
Widerstand	R	Ohm	Ω			1 Ω	$= 1\,\frac{V}{A}$
Kapazität	C	Farad	F			1 F	$= 1\,\frac{A \cdot s}{V}$
Aktivität	A	Becquerel	Bq	Curie	Ci	1 Bq 1 Ci	$= \frac{1}{s}$ $= 37 \cdot 10^9\,Bq$
Energiedosis	D	Gray	Gy			1 Gy	$= 1\,\frac{J}{kg}$
Äquivalentdosis	H	Sievert	Sv	Rem	rem	1 Sv	$= 1\,\frac{J}{kg} = 100\,rem$

Vielfache und Teile von Einheiten

Vorsatz	Mega-	Kilo-	Hekto-	Deka-	Dezi-	Zenti-	Milli-	Mikro-	Nano-	Piko-
Vorsatzzeichen	M	k	h	D	d	c	m	µ	n	p
Faktor	10^6	10^3	10^2	10^1	10^{-1}	10^{-2}	10^{-3}	10^{-6}	10^{-9}	10^{-12}

Periodensystem der Elemente

Metall
Halbmetall
Nichtmetall

schwarz = Feststoff
weiß = Flüssigkeit
rot = Gas
hellblau = künstliches Element
* = radioaktives Element

1 = Gruppennummerierung IUPAC (1989): Gruppennummern 1 bis 18
2 = vorläufiges IUPAC-Symbol

Periode	1[1] I. Hauptgruppe	2 II. Hauptgruppe	3 III. Nebengruppe	4 IV. Nebengruppe	5 V. Nebengruppe	6 VI. Nebengruppe	7 VII. Nebengruppe	8 VIII. Nebengruppe	9 VIII. Nebengruppe
1	1 1,008 H Wasserstoff								
2	3 6,94 Li Lithium	4 9,01 Be Beryllium							
3	11 22,99 Na Natrium	12 24,31 Mg Magnesium							
4	19 39,10 K Kalium	20 40,08 Ca Calcium	21 44,96 Sc Scandium	22 47,88 Ti Titan	23 50,94 V Vanadium	24 51,996 Cr Chrom	25 54,94 Mn Mangan	26 55,85 Fe Eisen	27 58,93 Co Cobalt
5	37 85,47 Rb Rubidium	38 87,62 Sr Strontium	39 88,91 Y Yttrium	40 91,22 Zr Zirconium	41 92,91 Nb Niob	42 95,94 Mo Molybdän	43 [98] Tc* Technetium	44 101,07 Ru Ruthenium	45 102,91 Rh Rhodium
6	55 132,91 Cs Caesium	56 137,33 Ba Barium	57 138,91 La ● Lanthan	72 178,49 Hf Hafnium	73 180,95 Ta Tantal	74 183,84 W Wolfram	75 186,21 Re Rhenium	76 190,23 Os Osmium	77 192,22 Ir Iridium
7	87 [223] Fr* Francium	88 226,03 Ra* Radium	89 227,03 Ac* ●● Actinium	104 [261] Rf* Rutherfordium	105 [262] Db* Dubnium	106 [266] Sg* Seaborgium	107 [264] Bh* Bohrium	108 [277] Hs* Hassium	109 [268] Mt* Meitnerium

● Elemente der Lanthanreihe (Lanthanoide)

Periode					
6	58 140,12 Ce Cer	59 140,91 Pr Praseodym	60 144,24 Nd Neodym	61 [145] Pm* Promethium	62 150,36 Sm Samarium

●● Elemente der Actiniumreihe (Actinoide)

Periode					
7	90 232,04 Th* Thorium	91 231,04 Pa* Protactinium	92 238,03 U* Uran	93 [237] Np* Neptunium	94 [244] Pu* Plutonium

Ordnungszahl — 7
Atommasse in u — 14,007
Symbol — N
Name — Stickstoff

Die Atommassen in eckigen Klammern beziehen sich auf das längstlebige gegenwärtig bekannte Isotop des betreffenden Elements.

								18 VIII. Hauptgruppe
			13 III. Hauptgruppe	14 IV. Hauptgruppe	15 V. Hauptgruppe	16 VI. Hauptgruppe	17 VII. Hauptgruppe	2 4,003 He Helium
			5 10,81 B Bor	6 12,01 C Kohlenstoff	7 14,007 N Stickstoff	8 15,999 O Sauerstoff	9 18,998 F Fluor	10 20,18 Ne Neon
10 VIII. Nebengruppe	11 I. Nebengruppe	12 II. Nebengruppe	13 26,98 Al Aluminium	14 28,09 Si Silicium	15 30,97 P Phosphor	16 32,07 S Schwefel	17 35,45 Cl Chlor	18 39,95 Ar Argon
28 58,69 Ni Nickel	29 63,55 Cu Kupfer	30 65,39 Zn Zink	31 69,72 Ga Gallium	32 72,61 Ge Germanium	33 74,92 As Arsen	34 78,96 Se Selen	35 79,90 Br Brom	36 83,80 Kr Krypton
46 106,42 Pd Palladium	47 107,87 Ag Silber	48 112,41 Cd Cadmium	49 114,82 In Indium	50 118,71 Sn Zinn	51 121,76 Sb Antimon	52 127,60 Te Tellur	53 126,90 I Iod	54 131,29 Xe Xenon
78 195,08 Pt Platin	79 196,97 Au Gold	80 200,59 Hg Quecksilber	81 204,38 Tl Thallium	82 207,2 Pb Blei	83 208,98 Bi Bismut	84 [209] Po* Polonium	85 [210] At* Astat	86 [222] Rn* Radon
110 [271] Ds* Darmstadtium	111 [272] Rg* Roentgenium	112 [272] Cn* Copernicium	113 [284] Uut^{2*} Ununtrium	114 [289] Fl* Flerovium	115 [288] Uup^{2*} Ununpentium	116 [293] Lv* Livermorium	117 Uus^{2*} Ununseptium	118 [294] Uuo^{2*} Ununoctium

63 151,97 Eu Europium	64 157,25 Gd Gadolinium	65 158,93 Tb Terbium	66 162,50 Dy Dysprosium	67 164,93 Ho Holmium	68 167,26 Er Erbium	69 168,93 Tm Thulium	70 173,04 Yb Ytterbium	71 174,97 Lu Lutetium
95 [243] Am* Americium	96 [247] Cm* Curium	97 [247] Bk* Berkelium	98 [251] Cf* Californium	99 [252] Es* Einsteinium	100 [257] Fm* Fermium	101 [258] Md* Mendelevium	102 [259] No* Nobelium	103 [262] Lr* Lawrencium

Auszug aus der Nuklidkarte (vereinfacht)

a Jahr
d Tag
h Stunde
m Minute
s Sekunde
ms Millisekunde
µs Mikrosekunde

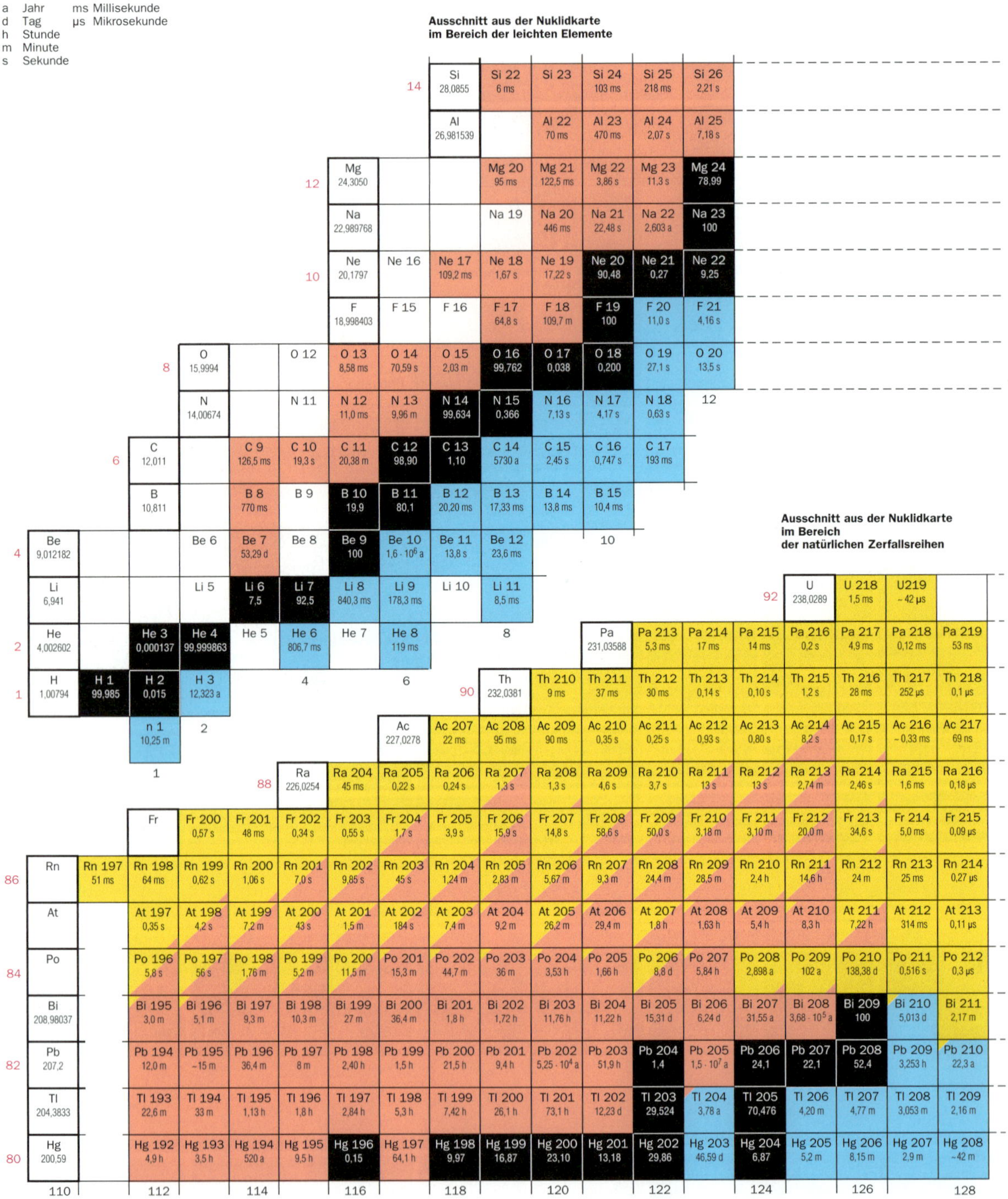

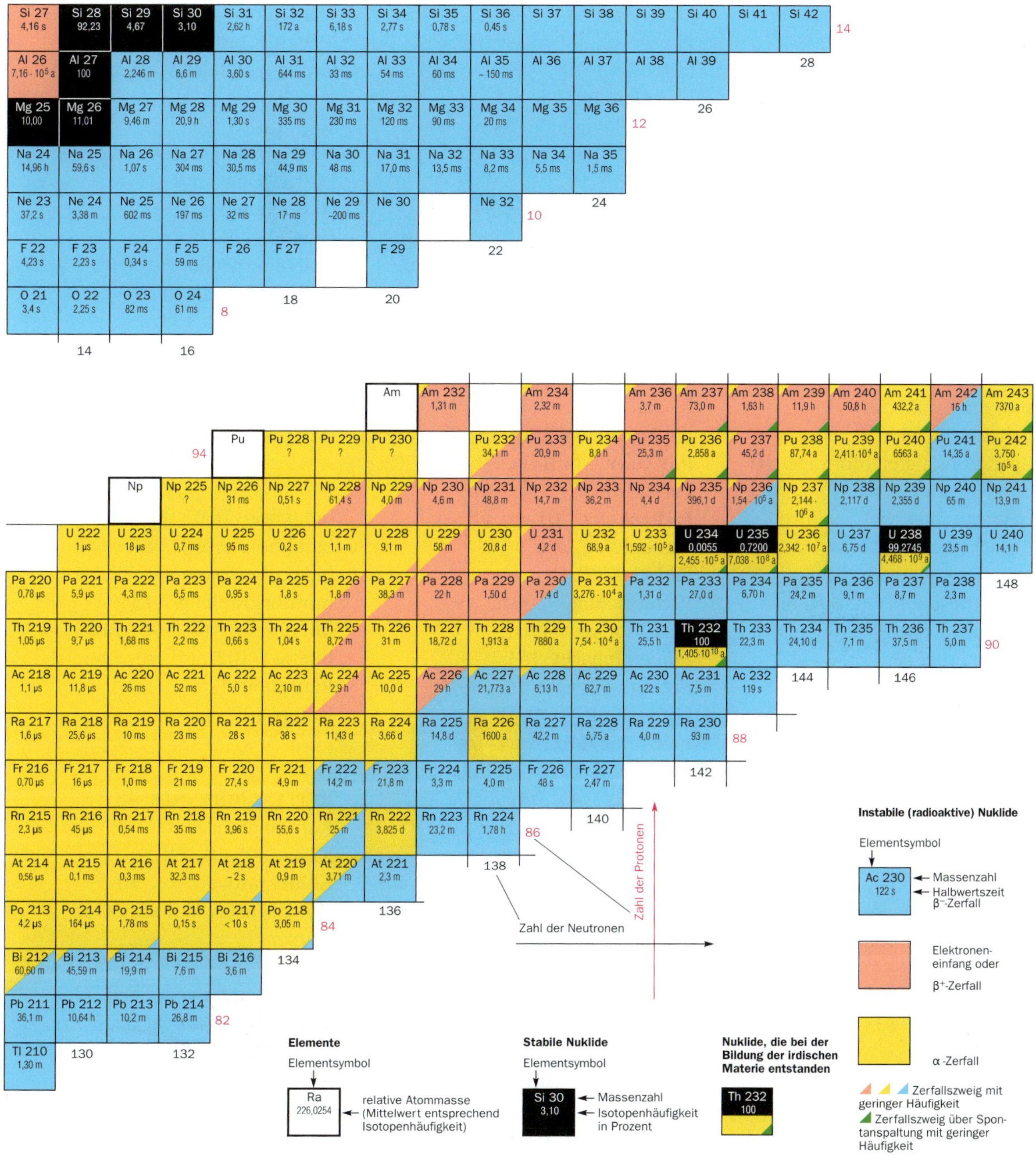

Nach: G. Pfennig, H. Klewe-Nebenius, W. Seelmann-Eggebert: Karlsruher Nuklidkarte. 6. Aufl. 1995, Copyright by Forschungszentrum Karlsruhe GmbH

Register

Bildquellenverzeichnis

A. Krüss Optronic GmbH: 189/2 | ADAC: 39/2, 228/3 | AEG, Hamburg: 64/4, 124/6 | Agentur Focus: Heiner Mueller-Elsner: 40 | Agrafoto.com: 65/3 | Allsport/actionpress: 8/1 | ALSTOM, France: 67/1 | Archiv Hoyer, Galenbeck: 140/1, 175/1 | Arco Digital Images: Jorens Belde: 74 (Wüste), Moosrainer:225/3 | argum/Christian Lehsten: 212/2 | AVM Computersysteme Vertriebs GmbH: 115/4 | Belkin: 115/3 | Best, J. Dresden: 8/3 | Bildart, Döring, V., Hohen Neuendorf: 9/2, 17/1, 17/3, 20/1–4, 24/3, 26/2 , 26/3, 34/1, 36/1, 36/2, 42/1–3, 44/2, 71/1–3, 72/3, 74/75 (8), 84/1, 87/2, 90/3, 100/1, 106/2, 102/3, 110/6, 124/7, 116/1, 116/3, 128/1, 129/2, 144/1, 144/2, 144/4, 145/2, 149/2, 149/5, 150/3, 150/4, 151/1, 151/2, 156/2, 156/3, 156/4, 158/1, 158/4, 160/1, 161/2, 162/1, 163/1, 163/3, 163/4, 164/1, 164/4, 167/1, 169/1, 177/1, 184/1–3, 188/2, 188/3, 191/3, 191/4, 191/5, 194/1, 201/5, 204/4, 204/5, 205/1, 206/1, 209, 213/2, 217/3, 218/2, 228/1 | Bundesamt für Strahlenschutz: 112/2, 140/4 | Bundesanstalt für Arbeitsschutz und Arbeitsmedizin: 166/4 | Bundesverband Solarwirtschaft: 64/5, 92/1 | Bundesverband Windenergie e.V.: 71/4 | Cern: 108/5 | CH-Glattbrugg: 162/2 | Conrad Electronic SE: 130/1 | Corbis: 181/1, Lawson Wood: 30/1, Michael DeYoung: 30, Scott T. Smith: 30/4, Sygma/Christian Durocher: 30/3, Radius Images: 148/1, Rob Matheson: 63/6, Ted Streshinsky: 168/1 | Cornelsen Experimenta: 222/2, 223/1, 223/2, 224/2 | Cornelsen Verlag, Berlin: 8/1, 22/1, 23/1, 28/3, 30/5, 37/1, 38/1–3, 48/2–5, 49/2, 57/2, 76/1 (2), 84/2, 86/1, 95/2, 74 (Schmelze), 108/4, 113/6, 119/8, 120/1, 124/1, 124/2, 124/5, 125/3, 134/3, 143/4, 148/4, 152/1, 152/8, 153/1, 154/1-3, 165/3, 166/3, 172/3, 181/2, 188/1, 181/3, 190/3, 191/1, 195/1–3, 198/2 m., 200/2, 210/1, 211/1, 212/1, 213/1, 220/2, 225/5, 227/1, 227/3-5, 228/2, 228/4 | Daimler AG, Stuttgart: 10/1, 29/1, 29/3, 39/1 (6) | Das Fotoarchiv: 118/1 | DB AG: 37/3 | desertec: 72/1 | Deutsche Lufthansa AG: 126/1 | Deutsche Telekom: 114/4, 115/1 | Deutsches Museum, München: 22/2, 82/1, 82/2, 117/2, 117/3, 125/1, 125/2, 125/4, 134/1, 134/2, 152/2, 152/3, 152/4 | DIGIT: 9/1 | Digitalstock: 226/1 | DLR: 41 (Parabelflug), 64/1, 72/2, 124/4 | Dostmann electronic GmbH: 113/5 | dpa: Bernd Thissen: 32/1, Gero Breloer: 44/1, 45/2 | E.ON Kraftwerke GmbH: 68 (Gaskraftwerk), 70/1 | E.ON Thüringer Energie AG: 61/3 | Eisner, T., Ithaca/New York, Cornell University: 116/4, 116/5 | Elwe Lehrgerätebau Klingenthal GmbH: 157/3 | EnBW: 63/4 | Enercon GmbH, Aurich: 62/4 (rechte Bildhälfte) | ENTSO-E, Brüssel: 89/2 | Environmental Instruments: 130/3 | ESA: 36/5 | EUMETSAT: 55/1 | EWN, Rheinsberg: 133/2 | farmatic biotech energy, Nortorf: 65/2 | Fernwasserversorgung Elbaue-Ostharz GmbH: 62/2 | fotolia.com: allievn: 37/5, Ingo Bartussek: 113/7, 113/8, 121/1, Wiktor Bubniak: Einband, drimi: 65/1, Chester McGullogh: 136/2, Daniel Terence Mock: 123/2, openlens: 11/2, Saniphoto: 49/1, Roman Sakho: 123/3, Karl Heinz Spremberg: 9/2 (Verkehrszeichen), yang yu: 147/5 | Fraunhofer Institut für Lasertechnik ILT, Aachen: 96/4 | Freies Deutsches Hochstift, Frankfurter Goethe Museum: 206/4 | Gattermann, T., Berlin: 21/1 | Gettyimages: Steve Bloom: 156/1, Sean Gallup: 69 (Wind) | GSF, Neuherberg: 129/3 | Heraeus: 113/3 | Heuser-Haan: 113/1 | Hipp Foto: 43/1 | IBM: 108/3 | Intel: 74/(Chip), 75 (4) | iStockkphoto: IdeaBug Media:143, Abrie Viljoen: 8/6, Ales Veluscek 8/7, Ann Marie Kurtz 144/3, archives 170/171, designbase: 116/6, dwphotos: 45/1, Hans F. Meier: 68 (Kernkraftwerk), Havet: 170/1, Hector Mandel: 18/3, hfng: 9/4, johnnyscriv: 165/4, Keith Johnson: 37/4, killerb10: 113/4, Le Thanh Hung: 123/4, Liza McCorkle: 123/1, matteo_parma: 33/4, Milena Lachowicz:186/1, Paul Velgos: 54/3, Rachel Dawis: 113/2, ra-photos: 11/1, Robert Hunt 152/6, Roberto Anguita Escribano: 52/2, slobo: 8/4, technotr: 7, 8/1, TommL: 8/5,ytwong: 10/2 | Kernforschungszentrum Karlsruhe: 133/3 | Kerstin Helman: 172/4 | Kessler, Hofheim: 139/2 | Kettler: 90/4 | Kopte, U., Crostau: 121/2 | Kuttig, S.: 12/5 | Landesgendarmeriekommando Südtirol: 135/1 | Lantelmè, J.: 26/1 | Leybold Didactic GmbH: 130/5, 157/2 | LG: 124/3 | Lichtenberger, J., Fahren: 175/2, 175/3, 196/1, 196/2, 197/2, 198 (Pfaffenhütchen, Bienenorchidee) | Limbrunner, Dachau: 225/2 | Mahrenholz, G.: 59 | Mauritius Images: 116/2, Minden Pictures: 165/1 | Miele: 225/4 | Moser, Freiburg: 138/2, 138/3 | Motorola: 115/2 | NASA: 40 (Labor), 40/41, 48/1, 50/51, 57/1, 106/1, 110/1, 110/7, 125/7, 174/2 | Navigon AG: 9/6 | Nguyen, E.: 52/1 | Philips: 74 (Ameise) | Phywe System GmbH, Göttingen: 140/3, 158/1, 177/2, 178/3, 179/2, 185/1 | Picture Alliance: 3. Umschalgseite, Sampics/Stefan Matzke: 14/1, ZB: 112/3, 153/2 | Pixelio: berwis: 54/1 u. 2, Uschi Dreiucker:136/3, Xenia Kehnen: 53/3, Rike: 52/3, Schnecki: 74/75 | Preußischer Kulturbesitz: 114/1 | ProjectPhotos: 105, 152/7 | RWE: 70/4 | Schott Glas, Mainz: 176/1, 179/3, 183/2, 183/4 | Segway Inc.: 9/3 | sesastra: 114/2 | Siemens AG, München: 68 (Kohlekraftwerk), 69 (Fotovoltaik), 70/5, 81/3, 84/3, 88/1, 90/2, 102/1,119/4, 119/7, 125/5, 138/139, 138/1, 138/4, 139/3, 179/1 | Solar Millenium AG: 73/1 | SPL / Agentur Focus: 75 (IC), 117/1, 3. Umschlagseite, CNRI: 118/3, Fraser: 119/6, Hank Morgan: 130/2, Sheila Terry: 137/1 | Stadt Halle (Saale): 62/4 (Roter Turm) | Stadtwerke Bielefeld/ Bastian Ehl: 64/7 | Stihl, Waiblingen: 166/2 | Superbild/Phanie: 182/1 o. | Superbild: 139/4, 200/1 | Toshiba Europe GmbH: 202/1 | TU Berlin: 162/3 | TV-yesterday: 196 o. | Ultima Ratio Epyon Solucar: 63/6 | Universitätsklinikum Freiburg: 111/4 | Vattenfall Europe AG: 69 (Wasserkraftwerk), 70/3 | VEBA, Gelsenkirchen: 70/6, 228/5 | Version-foto:Christain Ditsch: 74 (Rohsilicium) | Visum: 115/5, Thomas Pflaum: 182/1 u. | Volkswagen AG, Wolfsburg: 39/3 | Wacker Siltronic, Burghausen: 92/2, 74 (Silicium, Einkristall) | Walter Bau AG: 109/4 | Wikimedia: 114/3, 115/6, 136/1, 171/1, 171/3, 171/4, 198/2 u., Pitt Fotografie: 69 (Biokraftwerk), Felix Abraham:60/2 | Windpark Druiberg GmbH & Co. KG: 60/1 (2), 63/1 | Zefa: 225/1